孕哺与女性职业发展

魏国英　周　云　主编

图书在版编目(CIP)数据

孕哺与女性职业发展/魏国英,周云主编. —北京:北京大学出版社,2015.2
ISBN 978-7-301-25402-8

Ⅰ. ①孕… Ⅱ. ①魏… ②周… Ⅲ. ①女性—科学工作者—生育—关系—职业—发展—研究—中国 Ⅳ. ①G316

中国版本图书馆 CIP 数据核字(2015)第 018018 号

书　　名 孕哺与女性职业发展
著作责任者 魏国英　周　云　主编
责任编辑 卢旖旎
标准书号 ISBN 978-7-301-25402-8
出版发行 北京大学出版社
地　　址 北京市海淀区成府路 205 号　100871
网　　址 http://www.pup.cn
电子信箱 zpup@pup.cn
新浪微博 @北京大学出版社
电　　话 邮购部 62752015　发行部 62750672　编辑部 62752032
印 刷 者 三河市博文印刷有限公司
经 销 者 新华书店
965 毫米×1300 毫米　16 开本　27 印张　340 千字
2015 年 2 月第 1 版　2015 年 2 月第 1 次印刷
定　　价 60.00 元

未经许可，不得以任何方式复制或抄袭本书之部分或全部内容。

版权所有，侵权必究

举报电话：010-62752024　电子信箱：fd@pup.pku.edu.cn

图书如有印装质量问题，请与出版部联系，电话：010-62756370

目录

目录

上编

下 编

绪论:调研缘起、设计与收获

魏国英*

生育是女性特有的生命活动。女性在怀孕和生产哺乳期间,有着特殊的心理需求与生理状态,有着独特的社会实践和社会关系,这是女性形成有别于男性本质特征的重要因素。在不同的社会形态下,在不同的女性群体中,这一因素的作用也是存在差异的。21世纪,人类社会进入了人才资源竞争时代。充分开发并利用女性人才资源,是国家获得人才资源比较优势、实现经济社会可持续发展的重要途径。2010年6月,我国颁布了《国家中长期人才发展规划纲要(2010—2020年)》,确立了从人才资源大国向人才强国迈进的战略目标。促进高层次女性科技人才成长,是实现这一目标不可或缺的举措。随着上世纪末以来我国高等院校招生规模的扩大,接受高等教育的人数迅速增多,科技行业人才招聘的学历要求提高,年轻一代女科技工作者职业生涯的起步期和孕哺期出现重叠。为了全面了解孕哺对于女科技工作者职业发展的影响,中国女科技工作者协会委托北京大学中外妇女问题研究中心会同中国科协发展研究中心,于2011年至2013年进行了"女科技工作者'孕哺'两期对职业发展的影响"调研。本书汇集了此次调研的研究成果,上编收入了定量和定性研究报告,基于调研数据和访谈资料的专题研究论文,以及对已有研究文献的述评和对部分原始访谈录音资料的整理;下编收入了对海

* 魏国英,北京大学中外妇女问题研究中心常务副主任、编审。

峡两岸暨香港、澳门,以及日本、美国孕哺政策法规变迁的综述;国内外关于孕哺对女性心理状态影响研究的述评;有关美国理工科大学男女学者平衡工作与家庭冲突、在生物科技与纳米科技领域的性别平等状况等研究成果的译文。本文综合了问卷调查、深度访谈和文献研究组的研究成果,并就此次调研的背景、目标、意义、基本概念、总体框架、研究方法以及主要发现与启示作一简述。

一、研究背景与意义

(一) 研究背景

1. *人口生产与女性人力资源开发受到国际社会普遍关注*

人类自身的再生产是贯穿于人类历史始终的基础性活动,和直接物质生活资料的生产一起,共同促进人类社会的发展。恩格斯在《家庭、私有制和国家的起源》中指出:"根据历史唯物主义的观点,历史中的决定因素,归根到底是直接生活的生产和再生产。但是,生产本身又有两种。一方面是生活资料即食物、衣服、住房以及为此所必需的工具的生产;另一方面是人类自身的生产,即种的蕃衍。"[①]纵观人类历史,在不同制度形态下,社会对于物质生产和人口生产的价值评判并不相同。在高度肯定人口生产社会价值的原始母系社会,怀孕是一件神圣的事情,女性在生育中的特殊贡献得到社会性的肯定。而在贬低人口生产社会价值的私有制社会,社会运用一整套制度强制生育行为,并通过舆论控制和观念灌输,将生育变成了一种制度性义务,生育被看做是一种本能和责任。女性作为人口生产主要承担者的贡献得不到社会性认同,甚至会因为不能生育或没能生育男孩而受到歧视或惩罚。其实,生育从来不是个人责任,它关系到人类和社会发展的大局。而就女性个体而言,生育是一件"损己利人"的事情,如果要"彻底为自己利益打算的,就得设法避免生殖"了。[②] 20世纪末以来,许多发达国家因出生率下降而面临劳动力短缺,直接影响

---

① 马克思恩格斯列宁斯大林论妇女[M]北京:人民出版社,1978:90.

② 费孝通.乡土中国:生育制度[M].北京:北京大学出版社,1998:111.

了经济社会的可持续发展,引起国际社会广泛关注。研究发现,不生育或者延迟生育是突破了"玻璃天花板"的少数女性应对角色冲突的一种有效策略;在美国的一项报告中显示,高层管理者或者年薪高于10万美元的女性中,几乎一半没有生育孩子。①据日本政府2014年年初公布的一份报告显示,日本人口总数自2007年以来持续减少,2013年减少24.4万人。日本少子化担当相森雅子指出:以往,有关女性的政策归入人权和社会问题范畴,但我们现在视它为经济政策的一部分。②

与此同时,女性人力资源的开发与利用也受到国际社会广泛重视。当今世界,以促进人力资源开发和人才发展求得经济社会又快又好发展,已成为各国应对竞争与挑战的重要举措。相对于男性而言,女性整体上还处于人力资源的中低端和末尾,女性人力资源提升的空间比男性更大一些。高盛集团2014年5月发布的一份名为《女性经济学》的报告显示,2013年,日本男性就业率为80.6%,而女性就业率仅为62.5%;如果同期日本女性就业率与男性相当,日本的GDP便能提升12.5%。③

"妇女权利即人权"的呼声也在不断高涨。1993年维也纳世界人权大会明确提出:妇女的人权是普遍人权不可分割的部分。④生育权利是妇女人权的基本组成部分,保障妇女的生育权利是保障妇女人权、实现性别平等的重要环节。生育权利不仅包括女性可以自主地选择生育或不生育,也包括社会对女性生育价值的充分认同、全面评价与合理补偿。但长期以来,女性因对生育的身心投入而形成两性在物质生产上投入产出的差异,导致了两性收入的差距,以及经济、政治、社会和家庭地位的差距,但这一现实问题并没有得到社会高度重视。近年来,维护妇女的生育权益,不断缩小并消除因妇女生育而

---

① Dye, J. L. Fertility of American Women: June 2004[J]. *Current Population Reports*, 2005, 20: 555; Hewlett, S. A. Executive Women and the Myth of Having It All[J]. *Harvard Business Review*, 2002, 80(4): 66—73.

② 日本:GDP呼唤女性不再"隐形"[N].中国妇女报,2014-07-25(A3).

③ 同上注。

④ 参见世界人权会议.1993维也纳宣言和行动纲领(http://daccess-dds-ny.un.org/doc/UNDOC/GEN/G93/142/32/IMG/G9314232.pdf?OpenElement)。

造成的两性发展的差异，成为国际社会的普遍共识。世界银行在其《2012年世界发展报告：性别平等与发展》中强调，推进社会发展和人民福祉，要将减少人力资本方面的性别差距，缩小经济社会、收入和生产率方面的性别差异作为未来政策的优先领域。①

2. 高层次女性人才成长受到国家高度重视

进入21世纪的第二个10年，我国颁布了《国家中长期人才发展规划纲要（2010—2020年）》，明确提出在全面建设小康社会、实现中华民族伟大复兴的进程中，要加快形成我国人才竞争的比较优势，"逐步实现由人才资源大国向人才强国的转变"的战略目标，到2020年实现"人才的分布和层次、类型、性别等结构趋于合理"。人才，是指具有一定的专业知识或专门技能、进行创造性劳动并对社会做出贡献的人，是指人力资源中能力和素质较高的劳动者。人才是我国经济社会发展的第一资源。②女性人才是人才的重要组成部分。但从总体上讲，当前我国女性人才数量相对偏少，层次偏低，影响偏弱。据测算，截止到2007年底，我国科技人力资源中，女性达到1970余万人，占科技人力资源总量的38%。③但与女科技工作者总量规模相比较，质量优势相对较弱。2011年，在具有初级、中级、高级专业技术职称人员中，女性比例分别为48.4%、45.8%和35.4%，正高职称中女性仅有29.7%。④2012年，中国科学院和工程院两院院士中女性比例占5.6%，⑤低于1978年第一届全国科学大会时女院士占6.2%的比例；⑥在"973"计划选聘的首席科学家中，女性占4.6%；"长江学者"中，女性占3.9%；中国青年科技奖获奖者中，女性占8.4%。⑦高层次科技人才性别结构不合理是当前我国面临的实际问题。因此，大力

① 世界银行.2012年世界发展报告：性别平等与发展[M].胡光宇、赵冰译，北京：清华大学出版社，2012年.

② 国家中长期人才发展规划纲要（2010—2020年），北京：人民出版社，2010.

③ 女科技工作者队伍质量优势相对较弱[N].中国妇女报，2009年9月11日A3版。

④ 国家统计局社会科技和文化产业统计局.中国社会中的女人和男人——事实和数据（2012），101.

⑤ 同上书，第100页。

⑥ 杨纯.科技领域女性高端人才缺位严重[N].科技日报，2010-02-01.

⑦ 女科技工作者队伍质量优势相对较弱[N].中国妇女报，2009-09-11（A3）.

促进女科技工作者成长与成才,是国家实现人才发展战略的重要任务,已引起社会广泛重视。

3. 中青年女科技工作者职业发展面临困难

中青年女科技工作者是女科技工作者的主体。据中国科学技术协会(简称科协)的"第二次全国科技工作者状况调查"显示,截止到2007年末,从事基础研究的女性中,35岁及以下的青年女性占41.4%,36岁至49岁的中年女性占33%。[①]中青年女科技工作者职业发展顺畅,既为其自身成长和成才奠定基础,也为高层次女性科技人才队伍不断壮大提供后备力量。1999年我国实施了高等院校扩大招生政策,高等教育由精英教育迅速实现了大众化,[②]科技行业入职门槛随之提升,从事研发工作一般需要硕士研究生及以上学历。这就意味着,进入科技行业的女博士和女硕士们,工作的起步期与孕哺期,是相互重叠的。因此,从一定意义上说,女科技工作者的孕哺期职业发展状况,决定着她们成长的速度和高度。

但从当前高校高层次女性人才成长来看,中青年女科技工作者职业发展状况不容乐观。据统计,全国高校女教师约占专任教师总数的47.28%,女教授仅占教授总数的28.42%。[③]且有数据显示,层次越高的学校,高层次女性人才比例越低。2010年武汉某重点高校女教师占专任教师总数的33.96%,女教授仅占教授总数的17.96%。[④]截止到2014年6月,北京某著名高校女教职工占教职工总数的40.3%,女教师占专任教师总数的26.7%,女教授仅占教授总数的15.4%;而退休女教授的占比则明显高于在岗女教授的占比,退

① 中国科学技术协会调研宣传部.2008年中国科技工作者状况调查[N].科技导报,2009-07:19—26.

② 1970年代美国著名高等教育政策专家马丁·特罗教授提出的高等教育发展的三个阶段理论。如果用数字表示,就是当一个国家高等教育的毛入学率水平在15%以下时为精英教育,在15%~50%之间时为大众教育,达到或超过50%为普及高等教育。参见马万华.中国大陆教育政策变革与女性教育[M]//魏国英,王春梅.教育:性别维度的审视.上海:学林出版社,2007:1.

③ 中华人民共和国国家教育委员会计划建设司.中国教育统计年鉴(2012),人民教育出版社,2013.

④ 罗萍、崔应令、黄锦琳.我国高校女性高层人才发展现状研究[J].山东女子学院学报,2010,6:34—40.

休女教授约占退休教授总数的25%，与女教师在教师中26.7%的占比基本持平。①虽然不排除学校在教师退休前对其职称晋升给以适当照顾，但以上数据还是反映出了高校女性高层次人才成长艰难，她们在中青年时段的发展更为缓慢，这同孕哺给女性带来的影响不无关系。

4. 国内外对科技领域女性人才成长规律研究不断深入

近年来，科技工作者的工作与家庭冲突问题和生育对女科技工作者影响问题，在国内外受到广泛关注和讨论。有学者认为，科学工作者面临工作与家庭的冲突来自三个方面：第一，科学（包括工程）工作对人的要求高，容易形成给非工作领域带来潜在冲突的环境；第二，对科学界的专业人士来说，工作角色对个人身份十分重要；第三，科学界的回报与评估标准增加着工作的强度，刺激着人们对成功的渴望。研究结果表明，即便女性已有很高的事业成就，她们还是要比男性花更多的时间承担家庭事务和责任，因此会经历更多的工作和家庭冲突。②有学者认为，妇女的婚姻和生育作为妇女生命周期中无法躲避的生活，直接影响妇女的职业发展。③女性生育高峰是就业率的低谷，孕哺期是一段持续一年到两年的时期，它会破坏女性职业生涯的连贯性，对职业发展造成阻断。④女科技工作者在31岁至40岁期间会经历职业攀升逆流期，在这一阶段女性由于生育而产生多重社会角色冲突，工作投入度陷入职业生涯低谷。⑤照顾家庭分散了女性的时间，导致了女性两种角色的冲突和压力。⑥生育和抚养孩子客观上导致高知女性无法有充足的时间和精力投入工作，也导致她们

---

① 笔者调研统计。

② Fox, Frank Fox, Carolyn Fonseca and JinghuiBao, *Social Studies of Science*, 41(5): 715—735. Copyright 2011 (sagepub.). Reprinted by Permission of SAGE.

③ 佟新，濮亚新. 研究城市妇女职业发展的理论框架[J]. 妇女研究论丛，2001，3.

④ Whittington, L., Averett, S., Anderson, D. Choosing children over career? Changes in the postpartum labor force behavior of professional women[J]. *Population Research and Policy Review*, 2000, 19(4): 339—355.

⑤ 张廷君，张再生. 女性科技工作者职业生涯发展模式与对策研究——基于天津的调查[J]. 妇女研究论丛，2009，95(5)：11—16，47.

⑥ Greenhaus, J. H., Beutell, N. J. Sources of conflict between work and family roles [J]. *Academy of Management Review*, 1985, (10).

从主观上逐步放弃对事业理想的追求，降低对职业的期望。[①]近几年，我国有关部门也注意到了女性生育对其科研工作可能产生的影响，采取了一些特殊的应对措施。例如，中国青年女科学家、中国青年科技奖中女性获奖年龄，由40岁放宽至45岁；国家自然科学基金也正在研究相关政策，在申请者条件相同的情况下，对30岁左右的女性给予一定倾斜，并将女性生育期间的课题结项时间顺延。[②]欧莱雅中国女青年科学家奖将年龄限制推迟到45岁。[③]

国内外已有的对女科技工作者的孕哺期工作与家庭冲突的研究和关注，多运用定性研究方法，从宏观和理论层面上进行应然性的探讨，少有聚焦于女科技工作者孕哺期工作与生活状况的实证研究。为此，在中国女科技工作者协会支持下，"女科技工作者'孕哺'两期对职业发展的影响"调研便应运而生。

（二）研究目标与意义

1. 研究目标

女科技工作者同男科技工作者一样接受了为期多年的系统教育，不仅具有聪慧的头脑和专业知识储备，还具有事业上自我价值实现的理想追求。她们理应像男科技工作者一样，在为科技事业贡献力量的同时实现自身的职业发展。但受性别与性别分工的制约，女科技工作者一旦选择了结婚和生育，与男性不同的显著特征是，除了承担社会责任，还要承担人口再生产并更多地承担照顾家庭的责任。[④] 从女科技工作者孕哺期应对工作与家庭双重负担的实际出发，探讨孕哺对她们职业发展的影响，提出有针对性的政策建议，这对于更好发挥女科技工作者在科技创新中的贡献和落实人才发展规划无疑具有重要作用。这也正是本次调研的目标和重点所在，即描述当

---

① 国云丹. 高知女性、生育与职业发展——以上海市21位女性为例[J]. 妇女研究论丛，2003，92(2)：26—31.

② 贾婧，刘莉. 女科技工作者中为啥拔尖的少[N]. 科技日报，2010-03-21(001).

③ 王春霞. 女性社团为高层次人才成长建言献策[N]. 中国妇女报，2009-11-27(A2).

④ 全国妇联女性高层人才成长状况研究与政策推动项目课题组. 科技领域女性高层人才成长状况与发展对策——基于五省市定性调查研究报告[J]. 妇女研究论丛，2001，3：31—38.

前女科技工作者生育状况，分析孕哺对她们工作和生活的普遍影响；比较不同年龄、学历、职称、工作单位的女科技工作者孕哺期工作变化状况，探讨孕哺对女科技工作者职业发展影响的群际和代际差异；评估现有的女职工劳动保护相关政策和社会保障体系，提出扶助女科技工作者孕哺期职业发展的政策法规与规章制度建议。

2. 研究意义

在我国经济社会改革不断推进之际，对于高学历、高稳定职业、高社会期待的女科技工作者群体孕哺期职业发展状况进行调研，具有多重价值。一是可以获得孕哺对女科技工作者职业发展影响的相关数据和信息，弥补此前这方面调研不足的缺憾，为日后进一步研究做铺垫。二是可以为党和国家贯彻落实人才发展战略和男女平等基本国策，进一步完善职业女性孕哺期劳动保护的法律政策，分群体制定和实施相关细则提供参考。三是可以为政府和相关部门出台对孕哺期女科技工作者独特的关注措施和支持手段，为解决她们生育期间最关心、最直接、最现实的需求提供服务。四是可以了解社会环境、工作单位、家庭状况和个人应对差异对于女科技工作者孕哺期职业发展的显性与隐性影响，科学解释社会结构、职业领域、性别平等与个体发展的交互作用。五是可以客观、准确地展示我国女科技工作者孕哺期职业状况，回应国际社会对我国女性人才成长的关注，进行不同国家间相关问题的比较研究。

二、总体框架与研究方法

（一）总体框架

1. 基本概念

科技工作者：科技工作者是科学技术工作者的简称。一般认为，“科技工作者是指现代社会中，以相应的科技工作为职业，实际从事系统性科学和技术知识的生产、发展、传播和应用活动的人员”。① 依

① 科技工作者的界定和内涵，科学网，2009.11，http://blog.sciencenet.cn/home.php? mod = space&uid = 336909&do = blog&id = 268924。

据科技工作一般分为研究探索、开发创新、传播普及、应用维护、管理决策等类别,科技工作者也可相应分为从事基础科学、应用科学等方面研究的科学家或科研人员;从事研究开发或发明新产品、新工艺、新创意的研究开发人员或发明家、工程师等;承担模仿创新工作的科技工作者;从事科学技术类教育的教师、专职科普工作者及从事科技管理决策的科技工作者。①女科技工作者就是从事这些工作的女性。

孕哺期:孕哺期是指女性怀孕、生产与哺乳的时期。孕期,又称妊娠过程,是胚胎和胎儿在母体内发育成长期。哺乳期是指婴儿出生后,母乳为孩子最主要食物的时期。从目前大多数幼儿园招收3岁以上幼儿入园的实际出发,依据调研目的在于了解孕哺对女科技工作者职业发展的影响,此次调研将孕哺期定义为从女性怀孕直至孩子3岁这一时段。

职业发展:个人职业发展,一般以个体工作能力的增强、效率的提高、成果的增多,进而担负起更为重要的职责、晋升到更高的岗位、获得更多的报酬来衡量。个人职业发展通常被认为是由各个阶段组合而成的连续发展的过程。②不同年龄阶段有不同的发展任务。依据这一认识,此次调研要考察女科技工作者孕哺期间在工作效率、工作成果、承担的职责与任务等方面的变化情况。

严格地讲,探讨孕哺对女科技工作者的职业影响问题,要进行三个方面的比较:一是女科技工作者自身孕哺前后的比较,二是有孕哺经历和没有孕哺经历的女科技工作者的比较,三是孕哺女性与男性科技工作者的比较。但要进行这样逻辑严谨的对比是很困难的。要找到各方面条件相当的生育与非生育的女性、生育女性与男性,需要投入很多的人力和物力。而且,没有边界规范的工作成果对比是否可以说明生育影响,还是有争议的问题。20世纪80年代,美国社会学家科尔(Jonathan R. Cole)提出了科学领域中的"产出之谜"(the productivity puzzle),他发现女科学家的研究成果明显少于男科学家,

① 科技工作者的界定和内涵,科学网,2009.11, http://blog.sciencenet.cn/home.php? mod = space&uid = 336909&do = blog&id = 268924。

② Greenhaus, J. H., Collins, K. M. Shaw J D. The relation between work - family balance and quality of life[J]. *Journal of Vocational Behavior*, 2003, (63).

男女科学家的科研成果无论是出版的数量,还是出版的频率,权威性和影响力(被引证数)都存在明显差异。科尔和朱克曼还发现,有孩子的女性往往比单身女性的科研产出更多,所以仅从女性的婚姻状况和家长身份并不能完全说明问题。①我们认为,生育给女性带来的影响是多方面的,因人而异的。孕哺的主体是女性,探讨孕哺对女科技工作者职业发展影响问题,最有发言权的是女科技工作者本人,是她们对自身孕哺前后工作的主观感受和客观情况的比较。受限于资源和能力,此次调研将考察孕哺对女科技工作者职业发展的影响,确定为女科技工作者自身孕哺前后的比较。

2. 理论认识

依据"历史过程中的决定性因素归根到底是现实生活的生产和再生产"②,以及事物总是对立统一并普遍联系、不断发展的观点,借鉴生命周期理论、社会分层理论、妇女发展理论和社会性别理论,女科技工作者孕哺期的职业发展研究基于以下基本认识:

其一,相对于男性而言,孕哺对女科技工作者的职业发展有多方面影响。性别比较和分析,是认识女科技工作者孕哺与工作双重负担的重要视角。其二,孕哺对女科技工作者职业发展影响,既有同一性也有差异性,不同工作单位、不同岗位、不同年龄生育、不同层次的个体,受影响的方位和程度是有所不同或大不相同的。其三,孕哺虽是女性的生命事件,但也深嵌在社会结构中。考察孕哺发生的时代背景,对于深刻认识孕哺对女科技工作者职业发展的影响,也是一个重要维度。

(二)研究方法

调研主要采取定量分析与定性分析相结合,即问卷调查与深度访谈相结合的研究方法。定量分析具有普遍性和代表性的长处,定性分析具有材料鲜活和丰富的长处,把二者融合在一起,可以提升研究结论的准确性和深刻性。此外,我们还采用了文献梳理和比较的

---

① 宋琳.女性科技人员的科研产出与投人的计量分析——以中国电子显微学为例[J].山东女子学院学报,2010,6:41—46.

② 马克思恩格斯选集(第四卷),北京:人民出版社,1972:447.

方法。

1. 问卷调查

问卷调查主要了解受访者的孕哺期状况,包括生育时间、孕产准备、孕产决策、产假、产后哺乳以及产后返岗等状况,特别关注从怀孕、生产直至孩子3岁这一时段她们工作状态、工作成果的变化,对现有孕哺政策和社会环境的认可程度,以及她们的需求和建议。借鉴职业发展的相关研究,此次问卷调查从两方面考察孕哺期对女科技工作者职业发展的影响,一是了解受访者对孕哺期工作状态、工作业绩、职业规划及孕哺对工作影响的自我评估;二是从受访者工作时间变化、工作岗位调整、职务和职称晋升、课题申请与参与、培训和交流机会及个人收入变化等方面了解孕哺对受访者职业发展的客观影响。同时比较受访者出生年代、受教育程度、工作单位类型、职务职称等因素对她们孕哺期职业发展的影响。

2. 深度访谈

深度访谈旨在通过面对面的交流,在较为全面了解受访者受教育经历、入职状况、工作经历、家庭结构等基本信息的基础上,聚焦于孕哺给受访者工作与生活带来的变化,她们平衡孕哺与工作冲突的理念与感受,以及对目前政策的评价和渴望得到的帮助。此次访谈基本上是女访员和女科技工作者之间的"女人对女人的谈话",这为受访者提供了更多充分言说自身孕哺经历的机会。同时,课题组格外重视受访者谈到的那些容易被忽略的细节及其背后隐含的意义,并将其与社会结构相联系,以便获得对日常生活的深刻、带有规律性的认识,[①]提炼出孕哺影响女科技工作者职业发展的理论解释框架。

3. 文献与专题研究

课题组梳理了我国大陆和港澳台地区,以及日本、美国的孕哺政策法规变迁与现状,综述了国内外关于孕哺对女性心理状态的影响研究,翻译了有关美国理工科大学男女学者平衡工作与家庭冲突、在生物科技与纳米科技领域的性别平等状况等研究成果,以期从国内外相关研究中吸取有价值的见解和观点,丰富和开拓研究思路,并以

---

① 杨善华,孙飞宇.作为意义探究的深度访谈[J].社会学研究,2005,5.

发达国家相关政策和法律法规作为拟提建议的参考。

三、收获与启示

（一）主要收获

从来自21个省、自治区和直辖市95个工作单位的3402份有效问卷，及对北京市和吉林省长春市36位有孕哺经历的女科技工作者的访谈中，我们获得了女科技工作者孕哺期工作与生活状况的第一手信息和资料。

1. 多数女科技工作者在喜悦和挑战并存的孕哺期希望并尽力兼顾工作与家庭，但面临诸多困难。

调研结果显示，女科技工作者普遍较晚结婚、较晚生育；她们热爱自己所学的专业和所从事的工作，在孕哺期家务负担骤然加重时会努力平衡工作与家庭的冲突。数据显示，女科技工作者生育后希望继续做好原来工作的近五成（49%），希望更好地规划自己职业发展的近三成（27%），而持有减少工作量、调换到更轻松的工作岗位、做全职妈妈等想法的并不多。女科技工作者希望产后尽快恢复工作状态，尽可能减少孕哺给工作带来影响。但要做到工作和孕哺两不误，绝不是一件容易的事，众多女科技工作者陷入顾此失彼的困境。

首先，孕期困难增多。严峻的职场竞争和福利保健措施的缺失，增加了女科技工作者怀孕可能带来的风险，不敢怀孕、高龄怀孕成为不少女科技工作者的一种无奈选择。根据国家计划生育法律法规规定，女性23岁生育则被定义为晚育。但调查显示，71.1%的受访者生育年龄集中在26岁至31岁，生育年龄在32岁及以上的占12.4%，博士学历者生育年龄在32岁及以上的更是高达27.4%。这与她们自己理想的生育年龄有着很大的差距，仅有1.1%的人认为32岁及以上是理想生育年龄，有23.7%认为理想生育年龄应该在25岁及以下。多达37.7%的受访者都有过因工作忙或进修学习而推迟生育的经历。59%的受访者在怀孕7个月至生产前工作时间并无变化，2.6%的受访者工作时间甚至有所延长；46.1%的受访者在怀孕7个月至生产前仍需要加班完成工作；60.6%的受访者工作至生产前1周左右或出现临产征兆时方停止工作。多名接受访谈的女科技工作者都曾有过因孕期工作强度过大(加班、出差等)而导致流产的经历。

其次,产后职业发展遭遇瓶颈。保住原有工作岗位是女科技工作者产后职业发展的基础条件,在受访者最希望得到的工作支持和帮助中占第二位,比例高达 57.4%。但调研显示,仍有一成左右(9.8%)的受访者实际上遭遇了“易岗”问题,分别有 7.4%、2.4% 的女性产后被单位建议无需承担更多工作或调换岗位。对于即使保住岗位的女性来说,学术成长也面临困难。一是课题申请难度增加。高达 89.5% 的受访者认为孕哺对成功申请课题产生了负面影响,她们孕哺期间负责或参与的研究课题也多是本单位自立的项目(68%)。32.0% 受访者在产假期间将课题移交给他人承担,19.4% 主动放弃了课题的申请,失去了资源积累的机会。二是职务和职称晋升速度减缓。超过六成(65%)的受访者在孕哺两期长达 4 年内未曾得到过职务和职称的晋升,尽管有 14.9% 的人对此非常期待。三是培训和交流机会不足。近 60% 的受访者在孕哺两期内没有参加过短期培训,没有参加过长期培训的比例更是高达 83%。参加过培训的也以一两次为主,参加过 3 次及以上短期培训和长期培训的比例分别为 23.8%、8.3%。至于海外访学、交流和考察活动,仅有 8% 的受访者有过此类经历。四是负面影响显著。多数女科技工作者认为孕哺对职业发展有负面影响,持有“完全没有影响”和“有正面影响”的仅占 7% 和 6%。

再次,经济压力加大。调查发现,有 57.3% 的受访者在产假期间的收入低于产前收入,甚至有 22.2% 的受访者不足产前收入的一半。同时,仅有 25.4% 和 11.7% 的受访者表示工作单位发放生育津贴和其他补贴。在访谈中,不少年轻的受访者对经济收入减少的反映尤为激烈。她们认为,收入较少一方面导致她们在抚育孩子的方方面面不得不亲力亲为,必然会挤占大量本应用于工作的时间和精力;另一方面,也增添了她们对生活的焦虑,产生较大的心理压力。

2. 孕哺对女科技工作者职业发展的影响在不同层次的个体中有着不同的体现。总体上看,2000 年以后生育的年轻一代女科技工作者面临的挑战更大。

调查显示，多数女科技工作者选择在“适当时机”，即达到一定的学历、获得稳定工作并且无需因怀孕而中断正常工作时，方才生育。为此，不少受访者有过因工作忙或进修学习而推迟生育的经历。但总的来说，年龄越小，学历越高的受访者平均生育年龄越大：31—35岁、36—40岁、41—45岁、46—50岁的受访者平均生育年龄分别是28.1岁、27.92岁、26.33岁、25.85岁，逐次降低；博士、硕士学历者在32岁及以上生育的比例分别高达27.4%、12.6%，明显高于大学本科的6%、大学专科的3.8%和中专/中技及以下的6.3%。供职于科研院所和高校的受访者32岁及以上生育者比卫生系统和企业更多一些，分别为18.1%和16.7%，高于平均值（12.4%）。博士学历者因工作忙或进修学习而推迟生育的比例高达30.3%，而硕士研究生、大学本科、大学专科、中专/中技以下学历者的比例依次降低，分别是17.8%、9.8%、7.4%和3.1%。

相对于科研院所和高校来说，保住工作岗位对企业中的女科技工作者来说难度更大。企业中有10.6%的受访者不再被赋予更多的工作，3.8%直接调换了工作岗位，远远高于科研院所、高等院校、卫生医疗机构等工作单位受访者的比例。同时，统计结果显示，产后工作安排也存在职称上的显著差异。在无职称的受访者中，有11.5%不再被赋予更多的工作，远远高于其他职称者，初级、中级、副高级、正高级职称的比例分别是7.7%、7.9%、6.8%、4.3%。这反映出生育确实给女科技工作者职业发展带来了挑战。

年轻一代女科技工作者课题申请更加艰难。数据显示，认为课题比孕哺前更难获得的比例随着受访者年龄的递增而逐渐降低，25—30岁年龄组的比例是11.6%，大约是51岁及以上年龄组的近3倍；不想太累、放弃申请的比例也随着年龄的递增而逐渐降低，从25—30岁的21%不断下降至51岁及以上的10.9%。

数据显示，目前是副高级、正高级职称的受访者在“孕哺”两期内进行过访学、交流或考察的比例大约是低级职称的2倍。而且，目前职称越高者，在孩子3岁前晋升过职务和职称的比例也越高，在副高级、正高级职称的受访者中，均有43%曾在这一时期晋升过职务或职称，而仅有24.4%的初级职称者曾得到过晋升，无职称者曾晋升过职务的比例仅有13.5%。这从一个角度说明,孕哺两期正是女科技工作者整个职业生涯的关键时期。

孕哺期收入减少问题在年轻群体中也更为严峻。调查显示,在2000年以后生育的受访者中,27.6%不到产前收入的一半,这一比例比2000年以前生育的高了近10个百分点。同时,在2000年以后生育的受访者中,所休产假少于规定期限的比例是2000年以前生育的受访者的2倍。

总体上说,年龄越小、学历越高的女科技工作者,面临的竞争压力越大,她们推迟生育、高龄备孕的比例高,孕哺期申请课题难,收入减少多,产后休假时间短,职业发展受孕哺影响更大。

3. 多数女科技工作者认可我国现行的生育政策,但对社会和单位提供的孕哺环境与设施满意度低。

调查发现,多数受访者认为,女性孕哺期享受特殊劳动保护并获得帮助和补偿、孕哺期间不得降低女职工工资、产假期间由生育保险基金支付生育津贴、晚婚晚育可以获得生育假奖励等国家生育政策比较合理,认同比例均在90%以上。产假的执行情况也令人乐观,近八成(79.4%)的受访者能够按规定享受产假;超过一半(53.0%)的受访者认为休假时间充分或基本合适。

工作单位为孕哺女科技工作者提供的便利条件和待遇主要有:领导和同事的探望(75.1%)、孕哺期减少工作量(43.4%)、弹性工作时间(43%);但单位提供婴儿补贴(1.9%)、设置挤奶室(2.6%)或哺乳室(4.1%)的很少;仅有25.4%的女科技工作者领取过生育津贴,70.6%没有男性护理假。女科技工作者最为满意的是单位提供的产假多于法定产假、领导和同事的探望,认可比例分别为23.9%、22%;最不满意的问题是未能提供托幼机构,占27.4%。仅有三成(33.2%)的受访者认为目前我国市场化的托幼机构能够满足需求;80%以上认为当前的托幼机构存在价格普遍过高、资质好的不多、对幼儿的教育和管理水平不高、规模和分布还不能满足需求等种种问题。

受访者认为,家庭和工作的冲突首先是孩子的看护和早期教育很牵扯精力、常常妨碍自己较好完成工作(48.8%);其次是工作竞争压力更大了、常常因为工作而无法更多地照顾孩子和家庭（30.5%）；有8.6%的受访者将冲突归结为社会服务体系不健全，6.4%表示是相关保障措施不足，4.3%认为是家庭的和谐和支持不够。相应地，受访者对孕哺期的政策建议围绕工作和生活两大方面。她们认为孕哺期在工作上最需要得到的支持和帮助，是给予平等的晋升、培训与交流机会（67.5%）和保留工作岗位（57.4%）。建议工作单位适当地改善工作条件和环境，也是被着重强调的内容，比如，在课题申请方面，希望能够延长结题时间或专门设立女性科研项目，以弥补孕哺期给女性带来的工作损失。

至于生活上的支持和帮助，受访者最需要得到的便是保障工资待遇不降低和生育津贴、托儿补贴等的发放，各占64.7%和61.5%。其次是希望工作单位设立托儿所，比例为58.2%。有47.2%的受访者希望增加配偶的带薪陪护假时间。

可见，女科技工作者对我国现行的生育政策认可度较高，但对社会和单位提供的环境、设施和相关的规章制度满意度较低。

（二）启示与建议

把女科技工作者孕哺期面临的双重压力和职业发展断裂风险放在社会大背景下审视，我们得到了诸多启示。

1. 在经济社会体制转型中，女性个体发展与传统性别分工之间的张力与冲突加大，女科技工作者孕哺期职业发展明显受阻，专业资源积累存在断裂风险。

绝大多数职业女性，既有工作和事业，也要结婚、生育，有着为人妻、为人母的家庭生活。很多研究认为，不同国家不同文化背景下，几乎人们都认为女性更应该照顾家庭，而男性更应该重视工作。①照顾家庭分散了女性的时间，导致了两种角色的冲突和压力。②职业女

---

① Perrone, K. M., Webb, L. K., Blalock, R. H. The effects of role congruence and role conflict on work, marital, and life satisfaction[J]. *Journal of Career Development*, 2005, 31(4): 225—238.

② Greenhaus, J. H., Beutell, N. J. Sources of conflict between work and family roles[J]. *Academy of Management Review*, 1985, (10).

性孕哺期不得不承担更多的抚育职责,陷入更强烈的工作与家庭矛盾中,显然是世界范围的普遍现象,一些国家的职业女性选择在孕哺期中断工作以缓解矛盾和冲突。但与其他行业从业女性有所不同的是,女科技工作者是经过了较长时间的学校教育和知识积累,获得了较高的学历资格,才跨进科技行业的门槛的。她们往往有着更执著的职业理想,更强烈的事业追求。加之科技行业知识更新快,创新压力大,需要从业者持之以恒的专注和投入。因此,在婴幼儿照料和专业工作都需要时间和精力时,女科技工作者会面临两难选择:减少育儿投入并非她们所愿,减少工作投入退出学术竞争又心有不甘。她们希望兼顾工作与生育,但难度比其他行业女性更大。

尤其是科技行业进入深化改革阶段以后,科研项目引入了市场化的管理机制,以竞争和承包为特征的课题制成为资源分配与项目管理的新方式,科技工作者向上流动的方式也从行政体制内的依靠"资历"积累的提升转变为依靠效率与竞争而晋升的新模式。身在其中的女科技工作者需要付出更多时间和精力去争夺有限资源,才有可能获得实现自身职业发展理想的机会。

伴随着改革的深入,先前计划经济时期"由直系亲属网络、夫妻合作和国家共同负责"① 的儿童抚育模式基本不复存在,原有的与单位制体制相连接的一整套托幼设施转轨或退出,女性及其核心家庭承担起了幼儿抚育的全部工作,家庭性别角色分工得以强化。再加上 2000 年以后,我国工资收入分配制度改革进入全面深化阶段,随着科技行业绩效工资制度的实施,基本工资的比重相对减少,女科技工作者产假期间收入水平大幅降低,而抚育孩子的消费需求却比以前大得多。这导致孕哺期女科技工作者本人及家庭经济压力的增大,进一步加剧了女性职业发展与抚育孩子之间的冲突。

随着计划生育政策的落实,独生子女的抚育有了更高要求。而在思想舆论领域,"妇女能顶半边天"的观念被淡化被贬斥,"男外女内""男强女弱"的性别分工和性别刻板印象被强化和推崇。在社会性期望下,以母职为代表的传统性别分工体系要求女性更多地关注

① 佟新,杭苏红.学龄前儿童抚育模式的转型与工作着的母亲[J],中华女子学院学报,2011,1.

家庭，承担抚育幼儿的一系列职责。年轻一代女科技工作者在“两提高一减少”，即工作投入和抚育子女要求提高、可以依赖的社会力量减少的时代环境中步入生育历程，她们面临的工作和家庭矛盾比上一代人更多，职业发展压力更大。正是这种社会结构、行业规范和育儿特征及旧的传统性别观念回潮所带来的新张力和新挑战，加剧了孕哺对女科技工作者职业发展的负面影响。这些负面影响还将累积至她们此后的职业发展中，产生对其职业生涯的持久性效应。

2. 女科技工作者应对孕哺期双重负担的策略与行动，既是对宏观社会结构变化的适应，也固化了以男性为中心的社会结构和性别文化。

孕哺对女科技工作者职业发展的影响是宏观社会结构与个体行动共同作用的结果，且两者之间相互生成。调研发现，女科技工作者对生育有各自的安排：或选择“适当时机”怀孕，或顺其自然生育；产后或希望更好地规划自己的职业发展，或希望继续做好原来工作，或希望减少工作量和调换到更轻松的工作岗位；面对工作和家庭冲突升级，或把自己的兴趣和热情逐渐转向孩子，或追求事业成就以给孩子做出榜样。这些看似女性个体的选择，实则为社会使然。因为，个体只能“在有限的选择和制约因素中进行挑选，并采取有效的适应行为”。①

以孕哺为代表的对母职的社会规范，要求女科技工作者把生育看做自己应该做出的理性选择，并承担起抚育下一代的责任；而对事业成功的现代女性的社会期待，则要求女科技工作者选择“恰当时机”怀孕，以获得事业的连续性进步。两种社会性规定共同成为女科技工作者顺利实现职业发展的必要条件。而当女科技工作者难以兼顾两种规范之时，便以她们不同的个体认同方式做出各自的选择。但无论是更认同把兴趣和热情逐渐转向孩子和家庭，以适应传统性别分工，还是更认同提高时间效率、弥合冲突，以追寻自我职业发展给孩子做出榜样的意义，都是女性对社会性规定的一种适应，都是对社会结构转型的一种应对。而且，不管女科技工作者选择何种应对

---

① 埃尔德. 大萧条的孩子们[M]. 田禾、马春华译，南京：译林出版社，2002：432.

模式,女性的认同行动,都会进一步固化市场化的科研资源分配制度,固化传统父权制下的性别角色分工,女性的双重压力也由此被进一步加重。可以说,社会转型中影响女科技工作者孕哺期职业发展的制度结构、性别文化与其中的女性个体认同方式,是相互生成相互依存的:女科技工作者个体的认同与应对方式,是被社会规定的,是以适应转型规则为前提的,同时,她们的认同行动又使得这些规则得以不断地生产与再生产。

具有不同资源的女科技工作者孕哺期的应对选择不同,孕哺对她们职业发展的影响也有所不同。一般说来,具有良好的先赋性家庭资源和后致性个人资本的女性,孕哺期工作和家庭的冲突会相对小一些。先赋性家庭资源主要是核心家庭及其背后的母家庭支持女性孕哺的能力与愿望。先赋性家庭资源投入越多,越有利于减轻孕哺女科技工作者家务压力。后致性个人资本主要包括女性个体通过后天努力获得的学历、职称、素质和能力等。相比较而言,职称、学历越高,能力越强的女科技工作者,孕哺期间越有可能获得积累专业资源的机会,从而减少职业发展压力。个案访谈和问卷调查显示,拥有良好先赋性资源的女科技工作者多选择协调和弥合工作与家庭冲突,其职业发展受孕哺影响相对小一些;后致性资本较高的女科技工作者孕哺期得到培训、交流和考察的机会会多一些,职称提升的比例会高一些。当然,不管是良好先赋性家庭资源的占有,还是后致性个人资本的获得,都与个体在社会分层中的位置紧密相关,反过来它们又影响着个体职业发展进程,强化其在社会阶层分化中的优势地位。有研究认为,那些被认为在家庭和事业上都很成功的女性更清楚自己的目标和优势,她们运用“优化策略”和“补偿策略”,更加灵活的管理时间,出色的在众多任务中转换。①

3. 制定支持女科技工作者职业发展的政策法规,国家、单位和家庭共同承担人口再生产的物质和精神成本,才能不断减少孕哺对女科技工作者职业发展的负面影响。

生育是关乎人类延续和社会发展的重大问题。但相当一段时

---

① Cheung, F. M., Halpern, D. F. Women at the top: Powerful leaders define success as work and family in a culture of gender[J]. *American Psychologist*, 2010, 65(3): 182.

期，国家和集体单位从幼儿抚育公共福利体系中陆续淡出，女性及其家庭承担起了孩子抚养的全部工作，生育的大部分直接成本和几乎全部间接成本都转移到女性身上，这是困扰女科技工作者孕哺期职业发展的主因。调研发现，凭借个体努力而实现两者平衡并非不可能，但无疑需要女科技工作者付出更多的代价。无论从社会对人口再生产的责任出发，还是从女性人才成长考虑，国家层面对孕哺的政策支持和公共财政投入，都是不可或缺的。形成公正对待和公平分担生育成本的社会制度和运作机制，是社会文明进步的必然要求和重要标志，也是确保女科技工作者不因孕哺而中断职业进步的治本之举。

首先，从国家公共政策和社会福利保障体系的顶层设计上改善女科技工作者因生育所遭遇的职业发展窘境。

国家与科技行业的相关领导部门，应根据经济体制转型和科技行业的特点，结合女性的生理特点和成长特点，在现有的面向全国各行各业的女职工劳动保护条例等政策法规的基础上，出台面向科技行业女职工，特别是面向一线女科研人员的劳动保护条例，从入职、培训、考核奖励、晋职晋级、资源分配、孕哺设施、生育补贴等多方面制定保护女科技工作者劳动权益、扶助她们职业发展的政策法规和条例，创造更适宜孕哺的环境，完善设施，落实责任。

一是对富有潜力的女性人才苗子，放宽科学研究的入职门槛，招聘一些有研究素质和发展前途的女本科毕业生进入科技行业，入职后再根据工作需要和自身愿望，选择在职继续深造和生育的合理时间表，或“先读博后生育”，或“先生育后读博”，或“边读博边生育”，这既有利于规避女科技工作者事业起步期与孕哺期重叠而出现不敢怀孕、高龄备孕的风险，也有助于她们按科研工作需要提升专业素养和功力。同时，要适当放宽重大科学研究和技术研究公共项目女性参与者的年龄限制，让更多富有潜力和正面临后发力时期的女性能有更多的成长空间和进步机会。还要为结束产假返回工作岗位的女科技工作者提供返岗课题启动基金，以便于她们尽快弥补因产假而丧失的科研资源积累。

二是对女科技工作者孕哺期生活待遇问题给以特别关注，对已婚育龄女科技工作者实行特殊的生育补助政策，以财力帮扶的手段，让更多的年轻女性摆脱家庭琐事的干扰，全身心地投入到科学研究活动中去，为成才和成长打好基础。可以借鉴并改进日本现行的《育儿·护理休假法》（2010 年 4 月 1 日实施），由国家财政负担女科技工作者产假期间减少的绩效工资，使其产假期间收入总数不少于原收入的 80%；在女科技工作者产假上班后至孩子 3 岁前（幼儿园可以招收之前），由国家支付每人每月一定数额的托幼津贴，以减轻孕哺女性或利用家庭资源或请家政工帮助抚育的经济压力，使她们能将更多的时间投入工作。

同时，要建立健全孕哺期保健和社会托幼机构体系。搞好社会托幼机构的布局、结构、质量、收费和监管，在有条件的社区，以社区为单位建立一些公益性托幼机构，或提供邻里互助性质的托幼互助；鼓励女科技工作者比较多的用人单位尽可能以自办或者联办的形式，逐步建立孕妇休息室、哺乳室、托儿所、幼儿园等设施，减轻孕哺期女性照料婴儿的压力。

三是将产假分为生育假和育儿假两部分。问卷调查显示，53% 的女科技工作者认为休假时间充分或基本合适，也有 40.6% 认为休假时间不够。①访谈发现，认为产假时间不够的，多数是从育儿角度考虑的。近来有人建议将女性产假延长至 3 年，由社保提供 3 年的生育津贴或由财政出资保障幼儿家庭生活；休 3 年产假期间，女职工需自愿选择离开原岗位，待 3 年期满后重新自主择业。这个建议无疑是充满善意和人性化的，由国家和社会分担生育成本的思路也值得肯定。但这一建议对于孕哺期希望兼顾并能够兼顾工作和家庭的女科技工作者可能并不是利好消息。当女科技工作者离岗 3 年后重拾旧河山时，面对研究内容已有创新、新成果已大量出现的新局面，她们将难以适应，成才和成功的可能性变得更加渺茫。而 3 年产假制度更加促使科技单位考虑用人成本，更增加了雇佣女性的难度。我们建议，借鉴瑞典、法国、德国等国家的经验，将产假分为母亲个人的生育假和

---

① 此次问卷调查是在 2011 年底进行的，当时规定产假时长为 90 天，2012 年 4 月 18 日国务院公布修改后的《女职工劳动保护特别规定》延长了产假时间，规定“女职工生育享受 98 天产假”。

父母两人的育儿假两部分，母亲的生育假以 14 周为宜，增加育儿假的时长需进一步调研后再确定。但育儿假无论多长，都要采取法律规定和行政与财政措施确保父母双方各休一半。1995 年瑞典开始实施的《父亲法》，就规定父亲在婴儿出世后，必须请一个月的假，以便父亲能在家帮助妻子照顾婴儿，如果父亲不履行这一义务，他将不能享受政府给予的一个月薪水津贴。这样做既可以让父亲参与到抚育婴幼儿的工作中，减轻女性照顾孩子的负担，又可以因男员工也要休产假而避免用人单位拒绝招收女员工。

其次，科技行业主管部门和企事业科研单位，应当尊重女性生育为社会做出的贡献，建立具有人文关怀的孕哺文化与工作环境。

一要给予孕哺女科技工作者平等的晋升、培训和交流机会。要出台相关刚性政策，要求用人单位对孕哺期女科技工作者执行有弹性的业绩考核标准；在业绩评优和职称聘任时，充分考虑女科技工作者对人口再生产的社会贡献，在条件相同时优先考虑孕哺期女性的晋升；积极为孕哺期女科技工作者提供能兼顾工作和休息、便于哺育、培训和交流访学的平等机会。二要进一步完善科研项目管理体系，鼓励孕哺女性申请科研基金和项目，并给予倾斜性扶持；设立孕哺女性专项科研基金；对于结束产假返回工作岗位的女性，提供一定的返岗科研启动津贴。三要根据婴儿月份大小，弹性调整哺乳期女性享有的哺乳时间的时长，或者根据实际工作情况实行哺乳期弹性工作制等。四要为孕哺期女性提供必要的哺乳室或挤奶室，规模较大的单位可以考虑建立单位托儿所或育婴室，并给予一定的托儿补贴。

再次，作为丈夫的男性应当承担起父亲的责任，与妻子一道分担照料家庭和孩子的重任。

如今职业女性的角色已不再是单纯“主内”，她们有与丈夫一样的工作，也需要在职业发展中实现自己的个人价值。作为丈夫，应当意识到生育孩子、抚养孩子是夫妻共同的责任，主动自觉地分担家庭事务，参与到家庭生活中，与妻子一起经历孩子的出生、教育、成长等过程，与妻子一道完成家庭中的各项工作。这既是丈夫的一种责任，也是一种义务，更是家庭关系和谐而美满的基础。国家、社会和企事业单位要为男性承担好父亲的职责提供法律政策保障和舆论支持。

最后，应通过教育宣传等方式，引导全社会支持女性成长成才的选择，鼓励女科技工作者树立攀登科技高峰的责任感和自信意识。

20 世纪 50 年代以来，在国家倡导下，社会主义、集体主义成为我国主流意识形态，人们对工作和家庭的边界分得不是很明确，更没有将两者完全对立，认为两者都是社会主义的组成部分。但随着改革开放的深入，多种思想观念涌入，工作和家庭被认为是“公”“私”两个不同的领域，两者的冲突逐步显现。因为，在个人主义文化背景下，在人们的观念中工作和家庭往往是对立的。过多精力投入到工作，则被认为是牺牲了家庭。但是在集体主义国家，工作被认为是个人为了家庭而付出的努力，是对家庭经济责任的承担。[①]因此，在中国特色社会主义建设中，应大力倡导社会主义核心价值观，继续高扬集体主义的思想旗帜，彻底摒弃“男强女弱”“男尊女卑”的落后社会性别观念和性别角色评价标准，鼓励更多的女科技工作者正确面对工作和家庭的关系，在国家创造的良好的职业发展社会空间中，鼓起勇气，树立信心，为成长为拔尖人才而不懈努力。

在课题组齐心努力下，此次调研获得了有关我国女科技工作者孕哺期工作状况的有价值的数据和信息，发现了一些有意义的问题并作了相应的探讨和研究，具有填补此类调研空白的意义，并且对于我国知识女性职业发展研究有着普遍价值和意义。但由于资源、能力的制约，在样本数量与分布，调研内容的涵盖面等方面都受到限制，对一些问题的研究和探讨还有待进一步深入和细化。尤其值得注意的是，此次调研涉及的科研院所、高等院校、医药卫生部门等目前还属于国家财政拨款的事业单位，但随着改革的深入和事业单位“转制”，女科技工作者孕哺面临的问题将会发生重要变化。另外，女大学生就业难有加剧的趋势，生育是用人单位拒收女毕业生的主要原因，为此单身女人、丁克家族多出现在高学历、高职位、高收入人群中，这一现象在女科技工作者中也有蔓延之势。此类问题需要学界

---

① Yang, N., Chen, C. C., Choi, J., et al. Sources of Work—Family Conflict: A Sino—US Comparison of the Effects of Work and Family Demands[J]. *Academy of Management Journal*, 2000, 43(1): 113—123.

给以提前关注,做更深入的调研。

回顾两年多走过的调研历程,中国女科技工作者协会的信任和支持,北京大学中外妇女问题研究中心和中国科协发展研究中心的通力合作,课题组全体成员的倾心投入,是调研课题顺利完成和取得成果的前提和保障。这里,我们特别感谢中国女科技工作者协会副会长兼秘书长刘碧秀、科协发展研究中心主任王康友研究员的指导、支持和参与;感谢北京大学社会学系女性专业 2009 级研究生孙敏,2010 级研究生李汪洋、南晓娟、孙鲁香,2011 级研究生庞丹丹、王君莉、戴地、涂真承担了大量个案访谈与资料整理、问卷数据录入、统计和分析工作;感谢课题组负责人、北京大学中外妇女问题研究中心副主任、社会学系周云教授精心组织与协调,感谢课题组主要成员北京大学社会学系杨善华教授、吴利娟讲师、人口所柳玉芝副教授、法学院马忆南教授、心理学系苏彦捷教授,以及美国得克萨斯州立大学苑莉均教授、澳门大学张源讲师,他们分别参加了问卷调查组、个案访谈组和文献与专题研究组的工作,并出色完成了所承担的任务。

倘若本书能引起更多读者关注女科技工作者孕哺期的职业发展和成长成才,那将使我们感到欣慰。

上　编

第一章　生活与工作:寻找最佳平衡点

周　云*

2010年联合国经济和社会事务部出版了《世界的妇女2010:趋势与数据》一书,集中讨论人口发展趋势与家庭、健康、教育、工作、权力与决定权、针对妇女的暴力、环境、贫困等议题。书中内容详细说明了世界各国在性别平等方面取得的进步与存在的问题。这些问题的解决需要国家力量的介入和个人自身的努力,涉及如何平衡和协调个人的生活与工作。

工作—生活平衡议题是最近几十年人们开始关注的焦点①②。关注主体多为政府决策部门、企事业单位、各类机构组织以及无数的个体。个体是政策或规则的最终落脚点,因此实现平衡最终依靠个体。本章重点讨论生活与工作平衡的概念问题,利用现有研究结果说明造成两者之间不协调的各类因素,同时利用宏观数据说明不平衡致因的现状问题,以解释工作—生活不协调的症结所在。本章在文中多处使用生活—工作平衡,突出生活与个人的紧密关系以及平衡生活与工作更多地依赖个人的特性。强调对于个人而言,生活是工作的基础,没有和谐的生活,难有突出的工作。这与官方和社会提

---

* 周云,北京大学社会学系教授。

① Guest, E. David. "Perspectives on the study of work-life balance." *Social Science Information* 2002: 41(2):255—279.

② Burnett, C. J. Gatrell, C. L. Cooper, P. SparrowS. B.,. "A gendered analysis of work-life balance policies and work family practices." *Gender in Management: An International Journal* (2010): v.25(7): 534—549.

倡工作—生活平衡的出发点或原则略有不同。

第一节　生活与工作平衡的概念问题

怎样才算工作与生活平衡是一个有争议的问题。目前社会上在讨论生活与工作和谐相处关系时多用工作—生活平衡这一排序来表述和讨论。工作—生活平衡虽然只有六个字、三个词,但定义起来十分不易。其中“平衡”一词本身是一个可主观定义却难以客观量化衡量的概念。此外,工作—生活两者之间的界限经常模糊,例如在家工作或者上下班路上所用时间的归类问题。如今工作已不再仅指到家外固定地点、固定时间从事有偿的工作事情。这种边界模糊造成探讨“平衡”的难度。当然,人们目前还是更多接受工作指受雇于企事业、商贸等单位,以获得收入为目的的工作;而生活则多指工作之外的各类活动。这也是本章讨论生活—工作平衡的一个基本立场。

有关工作—生活平衡的概念,首先涉及工作与生活的关系问题。Guest 根据以往研究概括出五种两者关系的模式:(1) 分割模式——工作与非工作是生活中两个独立部分,相互不影响;(2) 渗溢模式——两者相互有关系,可积极或消极影响对方;(3) 补偿模式——一方的缺憾由另外一方补偿;(4) 促进模式——一个领域的活动对另外一个领域的成功有帮助;(5) 冲突模式——工作和生活对个体都有很强的需求,常导致个体难以抉择,从而造成工作和生活上的冲突。[①] 从这几个模式来看,“冲突模式”是目前多数讨论工作—生活平衡的一个潜在假设,它承认工作与生活之间有关系,而且是个体难以自身平衡的冲突关系。如果没有冲突或压力,我们也就没有必要讨论平衡的问题。

其次是什么是平衡、谁的平衡是标准的问题。因为平衡问题最终落实在个体,每个个体对工作—生活压力的感受不一。如果询问什么是两者间的平衡,我们可能会得到很多不同的回答。在个体层面,人人心中会有一个平衡的标准。然而对企业单位来说,员工能否

① Guest, E. David. “Perspectives on the study of work-life balance.” *Social Science Information* 2002: 41(2):255—279.

平衡好工作—生活,直接影响到企业的运作与效益。对于企业,只要员工不因为工作之外的生活影响到工作时间、工作产量和工作质量,对企业来说就达到了工作与员工生活的平衡。然而由于人们的生活不可避免地在一些层面上与工作冲突,特别是家中有婴幼儿、老年人需要刚性照料时,员工的工作不可避免地要受到影响。个人会把生活与工作放在同等甚至生活重于工作的位置上,因而更可能强调或者希望生活少受工作的影响。而企业单位会看重工作的后果或收益问题,不希望员工因生活影响工作。个人和工作单位对平衡的解释与标准的设定会出现偏差。因此,工作—生活平衡概念探讨的难度不仅体现在简单的"平衡"定义上,也体现在站在谁的立场上提平衡以及提倡怎样的平衡策略。在当今社会,我们看到很多组织机构探讨工作—生活平衡问题,它们会制定一些措施尽量促使两者间在个体层面的平衡。

最后则是具体的定义问题。并不是人人都会很好地思考和定义所谓的"工作—生活平衡"问题,而想当然地认为大家心目中有一个公认的定义。例如英国"平等与人权委员会"2009 年出版的《更好地工作:应对 21 世纪家庭、工人和雇主的变化需求》报告中虽然通篇都在讨论如何更好地平衡工作与家庭,其中却没有提出自己的工作—生活平衡定义标准①。

Guest 在 2002 年时提出了一个最基本的工作—生活平衡定义:"拥有足够的时间应对家庭和工作的担子",其中又可单列出主观的工作—生活平衡定义:"自认的工作和其余生活的平衡"。而更早几年 Clark 则将这两者之间的平衡解释为"在工作单位和家中有满足感、能角色冲突最小化地在两方面正常运作"②。Greenhaus, Collins 和 Shaw 在他们 2003 年的文章中定义工作—家庭平衡为"一个人同等地承担并同等地认可他(她)的工作角色和家庭角色的程度",其中

---

① EHRC. "Working Better: Meeting the Changing Needs of Families Workers and Employers in the 21st Century."

② Clark, C. S. "Work/family border theory: a new theory of work/life balance." *Human Relations* 2000: 53(6):747—70.

包括了正向平衡和负向平衡两方面①。Crompton 和 Lyonette 总结了他人的概念,认为"如果一对夫妻能够基本应付双方都工作以及各种照料责任,这就可认为是平衡了工作与生活";而工作—家庭冲突则是个人工作和家庭角色水火不相容带来的压力的直接后果②。也有人认为,对于双职工工作在专业人才领域的白领家庭,能够成功协调好职业工作与因育儿所承担的担子就可算作工作—生活平衡③。

Bird 站在一个经营者的角度认为④,工作—生活的平衡不是一个要解决的问题,更不是靠政策能给予的平衡,而是一个需要管理的问题,且需要个体进行管理的事情。因为工作—生活平衡的含义因人而异,会因一个人的年龄和所处生命历程的不同阶段而千差万别。因此难以给出定义。但 Bird 将两个概念贯穿在了平衡观念中,也就是成就(achievement)和乐趣(enjoyment),两者是一个事物的两面,如同硬币的两面。有成就也要有乐趣才算是平衡了工作与生活。经过一番解释,Bird 给出了一个常人达到工作—生活平衡的基本概念或定义:每天在生活四个象限(工作、家庭、朋友和自我)中获得有意义的成就与乐趣。⑤ 所谓成就不仅指工作上,也指家中的成就;乐趣也不仅体现在家庭事务中,工作中也可发现乐趣。成就与乐趣不必相互排斥,两者的结合与统一能使一个人更好地达到自己心目中的工作—生活的平衡。Bird 与众不同的平衡观点是,从自身寻找平衡点,即使外部条件对平衡工作与生活不利,个体仍可发挥主观能动性,在现实生活中找到自己生活和工作的平衡点。"不问别人能为我的平衡做什么,只问我能为自己怎样做"。这种解释对个人生活具有积极的指导意义,促使人们时时处处发现工作和生活中的积极一面,以最

---

① Greenhaus, H. Jeffrey, CollinsM. Karen and ShawD. Jason. "The relation between work-family balance and quality of life." *Journal of Vocational Behavior* 2003: 63: 510—531.

② Lyonette, Clare and Crompton Rosemary. "Work-life 'balance' in Europe." *Acta Sociologica* 2006: 49(4):379—393.

③ Burnett, C. J. Gatrell, C. L. Cooper, P. SparrowS. B. ,. "A gendered analysis of work-life balance policies and work family practices." *Gender in Management: An International Journal* (2010): v. 25(7): 534—549.

④ www. worklifebalance. com/ceo. html.

⑤ http://www. worklifebalance. com/worklifebalancedefined. html.

轻松和愉悦的心态面对每一天。然而,他的观念似乎将平衡的担子更多放在个体肩上,忽略了社会和企业的责任。

第二节　生活与工作难以平衡的原因

工作与生活难以协调的原因不外乎有三种①:(1)工作发展的原因,如工作要求提高、工作速度加快、激烈竞争等;(2)工作之外生活变化的原因,如家庭生活的私营化、地域资源和设施的缺乏、单亲家庭等;(3)人们对工作和生活态度和价值观念上的改变。单位、家庭和个人因素是影响平衡的一些具体因素(表1-1)。这些因素对个体能否协调工作与生活产生影响。有研究发现在英国,工作—生活平衡问题更多出现在拥有丰厚报酬的管理职位或高收入、工作时间长、女性,以及家中有小孩或同时做几份工作的人群中②。

表1-1　影响工作—生活平衡的关键因素

单位因素	家庭因素	个人因素
工作需求 职场文化	家庭需求 家庭文化	工作态度 个性 精力 个人控制和应对能力 性别 年龄 生活/事业阶段

注:根据Guest相关内容的整理③

Crompton和Lyonette则认为,周工作时间、性别、社会阶层、年龄、家中有无小孩这些因素是引起工作—生活冲突的一些因素④;他们利用欧洲数据分析的结果也确实说明就职于专业/管理层、周工作小时

---

① Guest, E. David. "Perspectives on the study of work-life balance." *Social Science Information* 2002: 41(2):255—279.

② Ibid.,269.

③ Ibid.,265.

④ Lyonette, Clare and Crompton Rosemary. "Work-life 'balance' in Europe." *Acta Sociologica* 2006: 49(4):379—393.

长、年轻全职、女性、家有小孩以及家务分工传统化这些因素分别会提高工作—生活冲突强度。

Sullivan 在一项英国时间利用的研究中发现,在家务劳动方面,女性比男性的时间压力大;在闲暇类享受生活方面,女性更多经历碎片式闲暇,而男性更多利用大块时间享受闲暇①。欧洲妇女平均每周做15小时的家务,男性却只做5个小时;同居的妇女比单身妇女更多做家务,独居男性要比同居男性家务做的少②。这种家务劳动的性别差异会对女性平衡工作与生活带来巨大的压力和挑战。

中国国内对工作—家庭平衡的关注和研究起步晚。邓子娟和林仲华③曾对中国有关职业女性工作—家庭协调,特别是冲突方面的研究进行了前因、后果及干预对策方面的综述研究。他们发现,20个世纪国内几乎没有人关心这一问题,近十年来讨论工作—家庭冲突的研究增加到160项;此外近十年来也出现一批相关的硕士和博士论文。大家多从管理学和心理学,或者从经济学和社会学的角度研究这一问题。国内学者关注引起工作—家庭冲突的原因有职业性质、工作年限、工作时长、年收入,个体价值取向、人格特征、工作人际关系、年龄、婚姻状况、教育程度、孩子年龄大小、多重角色、配偶和家人的支持等。这些研究角度显示出中国学者对工作—生活冲突研究中的关注侧面,也说明这些角度与其他国家相关研究领域的重合与补充。

第三节 生活与工作平衡的现状

对于个体,生活与工作的平衡难题主要显现在劳动年龄人口中(16—55岁或16—60岁)。这一年龄段的人群在参与工作的同时也开始结婚成家、生儿育女、赡养家中老人。在各种繁杂的工作和家庭

---

① Sullivan, Oriel. "Time waits for no(wo)man: An investigation of the gendered experience of domestic time." *Sociology* (1997): v.31(2): 221—239.

② EHRC. "Working Better: Meeting the Changing Needs of Families Workers and Employers in the 21st Century." 2009:23.

③ 邓子娟,林仲华.国内职业女性工作—家庭冲突研究评述[J].妇女研究论丛,2012:2:103—108.

角色中人们经常遇到平衡的难题,“忠孝两难”给很多人的生活带来巨大的压力。根据以往研究分析的制约工作—生活平衡因素,我们在此将利用世界银行的宏观数据及中国、日本和美国各国的相关资料从几方面展示工作和生活可能产生冲突的来源,包括教育程度、就业水平、生育年龄和生育数量以及工作生活的时间安排。这几项指标能概括性地反映出人们为什么会在生活与工作中出现冲突。其基本原理是教育程度的提高给予人们更多家庭外有酬工作的机会并改变传统男女角色观念,男女(特别是女性)在外工作比例的提高会挤压家庭生活的时间和质量,一旦家中有小孩或者老年人需要照料,人们就更难以协调生活与工作的时间,从而引发两者间的冲突。

3.1　教育

中等教育是小学初等教育后与大学高等教育之间的一个教育阶段,是中国、日本和美国都采用的划分方式,只是中国和日本目前实行的是 9 年义务教育制度,而美国各州采用了 9—12 年不等的义务教育制度。中国和日本学校学制都是 6-3-3-4,也就是小学 6 年、初中 3 年、高中 3 年、大学 4 年;美国的学制不统一,较为多样化。几十年来中国的中等教育发生了很大的变化,入学中等教育的青年比例不断增加,但相关的毛入学率显示出较为明显的性别差异(图 1-1)。1980 年时近 39% 的中等教育适龄女性接受了中等教育,其比例低于男性 14 个百分点。这一中等教育男女差异延续到 2010 年之前。2010 年时女生中等教育毛入学率高于男生。尽管女性高出的比例不及早年男性高出女性的幅度,但这种趋势的本质性变化说明女性升学率的

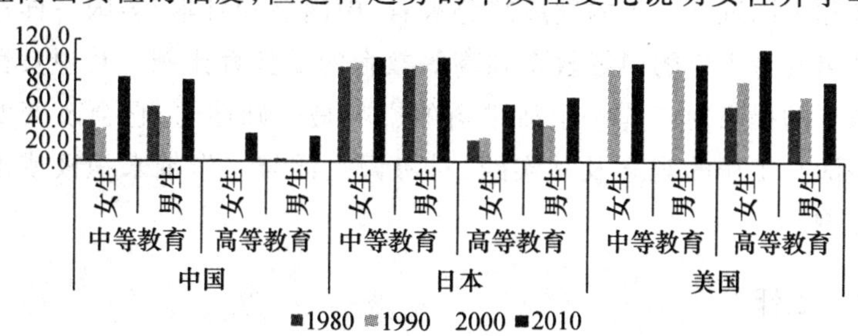

图 1-1　中国、日本、美国男女生毛入学率(%)

提高以及大多数(80%以上)男女都能接受中等教育的现实,这也将改变人们在就业市场上的竞争能力。此外,这一比例的提高也为中国高等教育入学率的提高奠定了基础。

三十年前中国能进入高等院校接受高等教育(含大专)的人口凤毛麟角(图1-1)。1980年仅有0.6%的女性是适龄人群中受教育的幸运者,能考入高等院校学习。男性的高等教育毛入学率虽比女性高出2.8倍,但仍不到适龄人群的2%。因此,三十年前的大学生或大学毕业生是社会上稀有资源,同时也说明当时高等教育发展的滞后性。到2010年,男女高等教育毛入学率又发生了根本性变化,女生的毛入学率高于男生,但两者的毛入学率都还没有达到30%。这说明在适龄人群中有接近30%的人有机会上大学接受高等教育。中国中等和高等教育近年来的女生毛入学率高带给我们社会很多希望——更多女性接受现代教育、今后家庭中夫妻教育程度的差距预期会缩小、更多女性会因其教育程度和所掌握的知识使自己在社会上与劳动力市场中拥有更为有利的一席之地。

与发达国家相比,中国中等教育和高等教育仍处于一个低位水平。例如,邻国日本1980年时中等教育男女毛入学率都高出中国2010年的水平(图1-1),且其毛入学率已达到90%以上。日本中等教育适龄人口的大部分都会升至这一级别的学校。然而应当指出,日本高等教育男性毛入学率始终高于女性。这种趋势也体现在美国。美国从1990年开始中等教育男女毛入学率持平,之后则是女性高于男性比例。高等教育的毛入学率也出现女性高出男性的现象,且女性高于男性比例的差距幅度在拉大。从其他发达国家教育发展经验和中国近几十年的发展趋势来看,中国会和日本、美国一样逐步提升男女青少年的中等教育和高等教育的受教育比例。其中女性教育水平的提高对工作—生活平衡的影响是基础性的,它会改变女性的生活与工作的观念及其实践,对协调生活与工作带来积极或消极的影响。

3.2 工作

如今全世界的就业人口比率显示,2012年时男性在业比例是

73%，女性在业的比例是48%[①]。在中国15—64岁劳动力人口中我们没有看到男女平均地参与劳动力市场的现象（图1-2）。在1990—2010年间，总劳动力人口中女性的比例始终保持在45%左右；言外之意，男性在劳动力市场中的占有比例达到了55%，男多女少。女性人口中劳动参与率[②]整体保持在75%—79%之间，但有逐年略减的趋势。男性也有略减的趋势，但仍高出女性10个百分点。换句话说，男性中参加劳动的比例高，女性中未参加劳动的比例高。因这一比例产生于15—64岁人群，上限年龄超过中国法定退休年龄（男性60岁），因而法定退休年龄的规定会降低部分人参与劳动的可能。

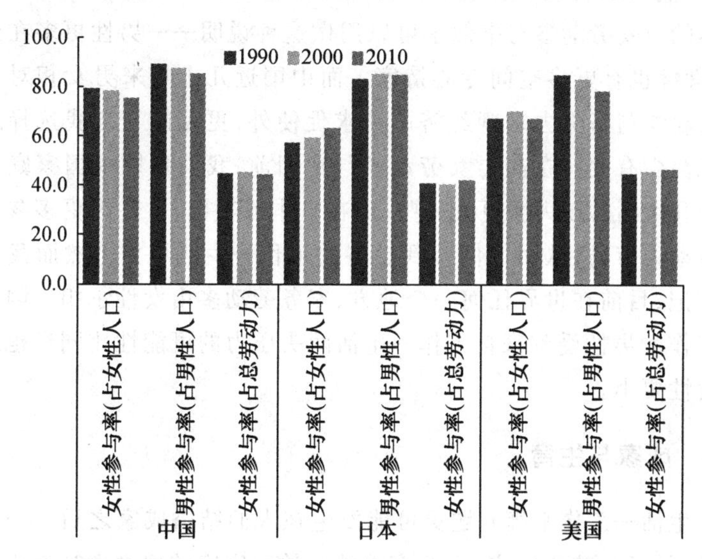

图1-2　中国、日本、美国男女劳动参与率（15—64岁，%）

环顾日本与美国，我们发现日本总劳动人口中女性的比例要比中国的低，但近年来有略升的迹象（图1-2）。美国总劳动人口中女性劳动参与率在45%—46%之间。进一步细看，日本15—64岁女性人口中劳动参与率近年来出现增长趋势，20年间女性劳动参与率增加

① United Nations, 2013 The Millennium Development Goals Report, New York: United Nations. 8.

② 劳动参与率：一定时期内15—64岁人口中从事产品生产与服务的经济活跃人口的比例。

了6个百分点。但其参与程度要比中国低许多:1990年低22个百分点、2000年低19个百分点、2010年则低12个百分点。美国15—64岁女性中始终有67%—70%的人参与劳动力市场,但也比中国女性的低。

中国、日本和美国的资料显示中国女性占总劳动人口的劳动参与率与其他两个国家的差距不大,但参与劳动的男女占各自人口的劳动参与率比日本和美国都高。这是一个需要关注的事实。我们说生活—工作平衡发展的一个前提是若想协调、平衡生活与工作,人们要有机会调整工作和生活的时间或比例。例如当家庭照料压力大时,人们可以暂缓工作或者干脆放弃工作,全力以赴投入家庭生活。日本的男女劳动参与率似乎可以用做这种说明——男性更多在外工作,女性也有更多空间专心持家。而中国近几十年来男女相对都高的劳动参与率除去宏观经济的需求促使外,更可能与自我选择或调节机会少有关。在高男女劳动参与率面前,我们预期中国家庭来自工作和生活的压力会更大一些;而在日本或美国,男性因更多参与家外劳动力市场,从而他们感到更多的工作—生活压力。然而我们不能忘记,目前在世界任何一个地方,家务劳动多由女性承担。因此专注工作的男性受到来自工作—生活两头压力的可能性比同样也工作的女性要小。

3.3 成家与生育

生活—工作平衡问题更可能发生在人们结婚成家之后。一般情况下,结婚是建立家庭、生儿育女的开始。家庭的建立意味着年轻人要独立生活,在生活和工作上独当一面,开始面临生活与工作协调问题。结婚早或晚各有利弊。若积极看待较早结婚,它使年轻夫妻更早开始磨合,更早总结出两个人之间的协调以及两个人与工作—生活之间的协调经验。而晚婚的好处是双方心智上更为成熟,更能智慧地解决和协调好生活与工作。中国法定结婚年龄是男22岁、女20岁①。但国家号召人们晚婚,而晚于法定结婚年龄2年结婚就可算为晚婚。中国女性1990年的平均初婚年龄就卡在这一晚婚年龄,为

① http://china.findlaw.cn/fagui/p_1/340401.html.

22.1 岁(图 1-3)。十年之后,其平均初婚年龄略有上升,提高了 1.2 岁;再十年之后(2010 年)又提高了 1.4 岁。二十年间平均初婚年龄提高了 2.6 岁。

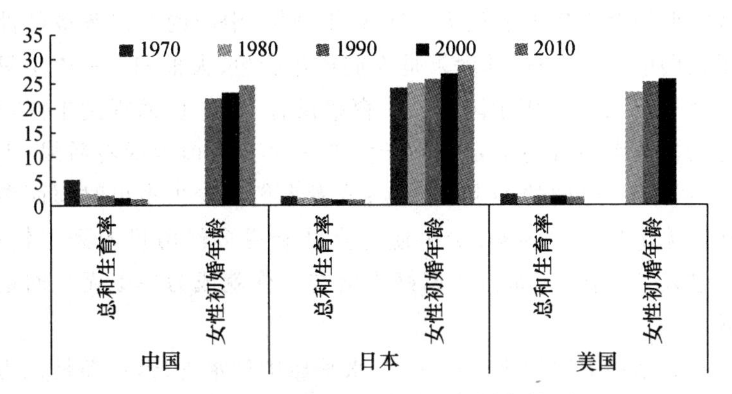

图 1-3　总和生育率(人)与平均初婚年龄(岁)

然而中国女性 2010 年的初婚年龄水平仅比日本 40 年前的水平高出 0.5 岁(图 1-3)。日本民法规定男性 18 岁、女性 16 岁才可以结婚;未成年的男女若想结婚则要征得父母的同意(731 条和 737 条)①。日本女性早在 1970 年初婚年龄就已经达到 24.2 岁。之后的四十年里初婚年龄一直提升,女性不断地推后结婚年龄。2000 年时日本女性初婚年龄为 27 岁,2010 年则达到 28.8 岁,初婚年龄大大延迟,挤压了女性的黄金生育时间。日本女性的平均初婚年龄也要比美国女性的大(图 1-3)②。因此我们可以总结说,中国相对日本和美国,女性更早结婚,其结婚年龄更接近法定年龄,因而法定结婚年龄对人们有指导和限制作用。如果更早结婚有利于夫妻调整和协调工作与生活,那么中国女性更可能受惠于这一因素。

早结婚往往意味着更早开始生育。在没有生育数量限制和个人控制生育手段的情况下,女性要承担更多的生育和养育责任。如果全职养和育,女性面临的生活—工作冲突会小一些。如果既工作又养育,少生也可以减少两者间的冲突。近几十年来中国妇女一生生育的子女数在减少。1970 年时妇女平均一生生育 5.5 个子女(图 1-3)。

---

① http://law.e-gov.go.jp/htmldata/M29/M29HO089.html (2013-6-30).

② 美国没有全国统一的法定结婚年龄,50 个州有各自不同的年龄规定。

假设子女年龄间隔在2岁,那么怀孕和生育要占妇女10年多的时间。很难想象如此高产的妇女还有多少精力投入至工作中。因此我们认为,1970年代以前的中国妇女更可能遭遇家庭生活的压力,但更少考虑或需要面对工作上的压力。1980年开始,中国的人口政策硬性规定了人们的生育数量,其后果是人们逐年少生,大批妇女一生中只生育一个子女。2010年中国总和生育率仅有1.6。前面提到中国妇女高劳动参与率很可能也是少生子女的一个直接前因或者后果:人们因生活与工作时间的冲突而少生;或者人们因少生多出时间而参加工作。无论是什么因素,少生使得女性有更多经历投入到工作中。一旦进入工作状态,如何协调好生活与工作就成为一个无法回避的问题。

与日本和美国相比,中国生育水平居中位水平,但这却是人为或政策干预的结果。而日本的低生育水平更是个体自然选择的结果。日本女性结婚晚、生孩子少,少到使政府犯愁,要采用公共政策干预或提升人们的生育水平。尽管日本女性生育水平低,但她们社会劳动参与率却也相对低。从这些因素考虑,日本女性面临的生活—工作压力可能相对小一些。与中国和日本不同的是,美国妇女生育水平高于中国和日本,但其劳动参与率略低于中国。因此,我们可以推断,相比中国女性,美国妇女虽然生育略多,但较低的劳动参与率适当减轻了可能出现的生活—工作压力或冲突。

3.4 生活与工作时间安排

对个体而言,平衡生活与工作的难点在于时间分配,即生活与工作时间的分配以及生活本身时间的分配。在生活与工作时间安排方面男性与女性面临着不同的挑战。英国2008年对4500位父母有关工作、照料(子女或老人)和家庭生活的一项调查发现,妈妈是子女的主要照料者(76%);53%被访妈妈认为她们现在工作和生活的安排是没有办法的办法,而非自主选择的结果。25%的父母因目前工作—生活的安排而紧张或产生紧张①。根据EHRC的研究,做兼职的女性

① EHRC. "Working Better: Meeting the Changing Needs of Families Workers and Employers in the 21st Century." 2009:14.

中有一半没有充分发挥自己的潜能，原因是她们在照料子女或老人的同时还需要赚钱，这样就只能做与她们的才能不相符的兼职工作。而挣钱的多少又反过来决定了家务在夫妻间的分配。妻子的收入与丈夫越接近，家务更有可能在夫妻间平分①。一般情况下，女性在传统观念的驱使下承担着更多的日常家务，从做饭、维持家庭卫生、照料其他家庭成员到与子女相关的无数其他事务②。统计资料也显示女性在家务、社区和志愿活动方面比男性所用时间多。尽管以往女性可以借助其他亲人帮助照料幼小子女或者家中老人，但由于城镇化和女性参与劳动比例的提高，使得女性在平衡生活和工作方面遇到更大的困难。其中有时间不足或时间安排上不协调的因素。每天24小时中人们常需进行多种活动，难免会因各种活动之间相互挤压、占用时间而产生矛盾。

中国国家统计局社会和科技统计司2008年对中国十个省市的15—74岁人群进行过时间利用调查。调查将一天24小时的活动分成七大类③：有酬劳动（就业活动和家庭生产经营活动）、无酬劳动（家务劳动、照顾家人、对外提供帮助、志愿活动等）、学习培训、用餐、看电视、睡觉及其他个人活动、其他休闲活动。这七项活动在分类上与休闲娱乐活动以及个人活动有交叉；例如，看电视属于休闲娱乐活动，听广播、上网、健身锻炼、社交活动等也都是休闲娱乐活动。“用餐”属于“个人活动”中的一项，个人活动这里主要指满足个人生理需求、只能由本人自己去完成的内容，如睡觉、个人卫生活动等。

在这七大类代表个人一天主要的活动中，数据显示出性别差别以及普通人群与已婚人群之间的差别。在普通人群中，男性从事有酬劳动的时间比女性（4.38小时）多出1.6个小时；无酬劳动类别中女性所用时间比男性多出2.4个小时。虽然睡觉用时男女一样，但男性用于休闲的时间比女性多（图1-4）。若以有酬和无酬劳动边界更

---

① EHRC. “Working Better: Meeting the Changing Needs of Families Workers and Employers in the 21st Century.” 2009:23.

② Department of Economic and Social Affairs, United Nations, 2010 The World's Women 2010: Trends and Statistics, New York: United Nations (ST/ESA/STAT/SER. K/19) 16.

③ 国家统计局社会和科技统计司编. 中国人的生活时间分配：2008年时间利用调查数据摘要[M]. 北京：中国统计出版社，2010:46.

为清楚的城市男女为例，女性虽然有酬劳动的小时数少于男性，但她们无酬劳动的时间多出男性2倍。女性相比男性用餐时间短、看电视的时间少、其他休闲活动所用时间少。

细看无酬劳动，人们多将时间用于家务劳动、照顾家人和相关的交通活动①。家务劳动占无酬劳动用时的73%，其中耗时最多的几项内容依次为准备食物及清理、购买商品与服务、环境清洁整理以及洗衣与整理衣物。这几项也是女性用时最多的无酬劳动；男性则在买东西和修理方面用时相对其他项目多。

如果将分析人群限制在已婚人群，也就是有家庭、更可能有需要照顾小孩和老人的人群，我们发现已婚女性和男性工作时间更长、家务劳动时间也相应增加(图1-4)。虽然已婚男性每天也会做2.4个小时的无酬劳动，但女性每天用于家务类无酬劳动达到近4.4个小时，相当于兼职工作的强度。可以想象，女性每天将更多的时间投入到家庭，她们以缩减自己的休闲娱乐等其他时间来赢得更多替家人劳作的时间。

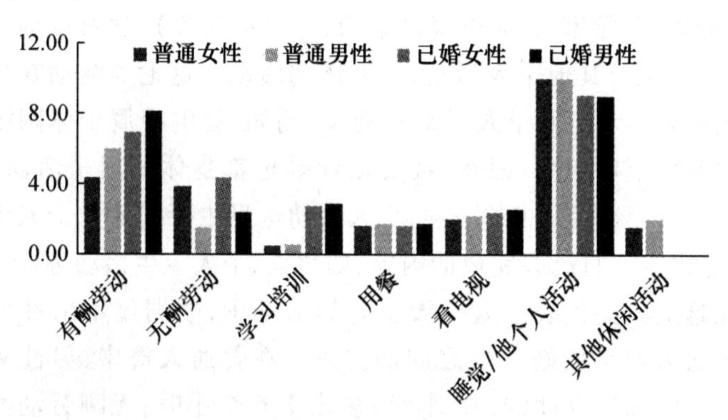

图1-4　中国男女每天时间安排(小时,2008年)

上述资料是2008年一个时点上中国人的时间安排状况。王琪延②曾利用2个时点的北京人生活时间分配资料描述和分析了

① 国家统计局社会和科技统计司编. 中国人的生活时间分配:2008年时间利用调查数据摘要[M]. 北京:中国统计出版社, 2010:21.

② 王琪延. 从时间分配看北京人20年生活的变迁[J]. 北京社会科学, 2007(5):22—26.

1986—2006年间人们时间安排的变迁。20年来,北京人首先是每天休闲时间增加了43分钟,劳动时间减少了2.3个小时。休闲时间虽然始终男性多于女性,但男女休闲时间都在增加,且女性增加的分钟数多于男性。其次,男女之间分工模式日趋回归“男主外、女主内”。但男女用于做饭的时间都在减少,男性减少的更多。再者,工作时间男女同减的同时,女性减少的时间比男性多。这种整体时间利用的变化趋势对女性更好地平衡工作与家庭生活有积极的促进作用。

日本总务省统计局自1976年每5年进行一次人民生活时间安排的调查。2011年是最近一次调查。日本的时间安排分类略有不同。各种活动被分在3类活动中①:1类——睡觉、吃饭等生存所必需的活动;2类——工作、家务等社会生活中义务性较强的活动;3类——1、2类活动之外、在可自由支配的时间里个人所从事的其他活动。根据2011年资料整理显示(图1-5),日本普通人群(10岁以上)中,男性工作时间(4.77小时)是女性的2倍;女性做家务的时间(3.58小时)是男性的5倍多,男性介入家务的时间仅有0.7个小时。在用餐方面,女性用时略多于男性;休闲方面则男性用时更多。如果单看有小孩的夫妻如何安排时间,有小孩的父亲每天工作8.7个小时,相比之下日本妈妈平均每天只工作2.9个小时。但妈妈们的生活并不轻松,她们每天做6.2个小时的家务。家务和工作的时间超过9个小时(比

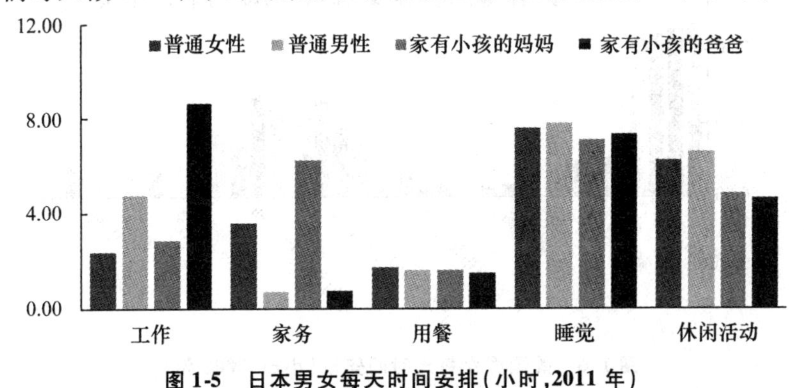

图1-5 日本男女每天时间安排(小时,2011年)

① http://www.stat.go.jp/data/shakai/2011/pdf/houdou2.pdf.

爸爸的工作和家务时间相加之和略少 0.34 个小时），休闲活动却比爸爸们略多。这其中的休闲活动是一个很宽泛的概念，包括外出路上，看电视，听广播，读书看报，休养，学业之外的学习，兴趣娱乐活动，志愿者活动，社交，疗养等。总的来看，家有小孩的夫妻每天时间的安排与普通人群不一样。因为成家立业和养育子女，夫妻用于自己的时间（例如睡觉、休闲、用餐）减少，女性做家务的时间大幅度增加。试想如果女性再有全职工作，其生活与工作的平衡压力会更加沉重。

美国人时间利用的统计资料由美国劳工统计局收集，调查项目的名称为“美国人时间利用调查”（ATUS）（2003—2012）。2008 年的调查结果显示[①]，15 岁以上的个体平均每天工作 7.6 个小时，男性工作时间比女性长。全职工作的男女也有类似的差异，男性比女性多工作 0.6 个小时。在家务劳动方面，83% 的女性和 64% 的男性每天都会做一些家务劳动（包括做饭、割草、家事、账目管理等）；男性一般会做 2 个小时的家务。人们也会拿出一些时间用于休闲活动（看电视、社交、健身等）；男性投入休闲活动的时间比女性长（分别为 5.7 小时和 5.1 小时）。

如果将全职工作且家中有 18 岁以内子女的父母与普通人群相比（图 1-6），全职父母睡觉时间要少、工作时间更长、休闲和健身活动的

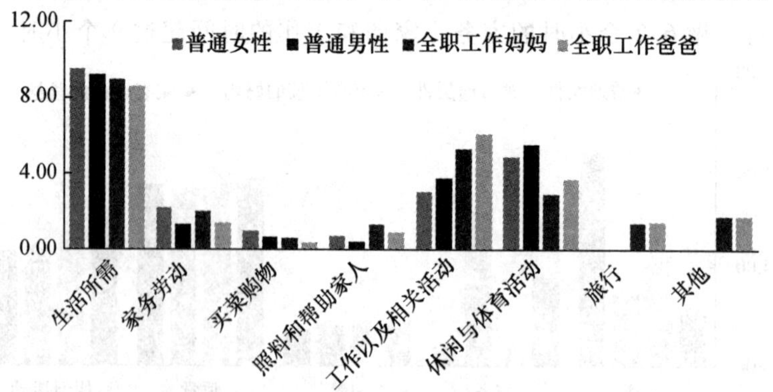

图 1-6　美国男女每天时间安排（小时，2008 年）

① http://www.bls.gov/news.release/archives/atus_06242009.pdf.

参与时间也更短,但他们照料和帮助家人的时间会更多。这与人们对全职工作父母的印象吻合,也暗示夫妻双方都全职工作时,各种角色对时间的要求相互交错,他们对家庭和家人的付出多、留给自己放松的时间少。其中女性在工作的同时在家中投入的时间要比男性多。

3.5　谁更难平衡生活与工作

对许多人来说,在有限的时间内平衡好生活与工作并不是一件容易的事情,需要个人有较好的平衡能力与技巧。根据参与工作越多、家中越有子女或其他家人需要照料,个体就越难在生活与工作之间找到平衡的这一常规假设,我们可以从人们受教育程度、结婚早晚、生育多少以及日常时间利用状况判断人们在平衡生活与工作方面是否会发生困难。前面从这几方面对中国、日本和美国的现状进行了分别的描述与分析。通过研究,我们期待发现中国女性在各种对生活—工作平衡有不同影响的指标上相比其他两个国家的位置。这种位置的判断有利于理解中国女性生活—工作负担的轻重以及影响这种负担的部分因素。

中国的相关资料提示我们,当今的中国年轻人能够接受更长时间的教育,相当一部分人能读到大学毕业。教育年限的增加无形中增加了年轻人在就业市场中的竞争能力,吸引他们进入劳动力市场。中国劳动力市场中女性占到45%,且在女性人口中近80%的女性活跃在劳动力市场里。相比美国和日本两个发达国家,中国女性劳动参与率高(表1-2),已婚女性每天工作时间也比其他两个国家长。说明中国女性的工作压力或负担重于美国和日本的女性。然而中国女性平均结婚年龄却相对年轻,人们更早组成家庭,更早开始既有工作又有家庭的生活。从平衡生活与工作的角度看,中国女性更早涉入必须协调两者关系的生活中,其中也包括生育,而生育(包括怀孕、生产和哺乳)中更多内容由女性单独承担。生育给女性带来更大的挑战。中国女性受益于国家的人口政策,受外在因素的影响转变了传统“多子多福”的观念,如今一生平均只生育1—2个子女。因此低生育水平、控制人口数量的人口政策从一定程度上将女性从养育子女的负担中解放出来。然而相比同样低生育水平的日本女性,中国女性参与工作的比例大,无法像日本女性那样少生、少工作、少出现生活—工作的冲突。如果中国女性在工作的同时又承担着1980年代以前的高生育水平,生活与工作之间的矛盾将十分突出。从受教育程度、劳动参与率以及生育的角度看生活与工作的协调,中国女性的负担要大于日本和美国的女性。

表1-2　2010年中国各项指标与日本、美国的比较

项目	中国所处位置
女性中等教育毛入学率	日本 > 美国 > 中国
女性高等教育毛入学率	美国 > 日本 > 中国
女性劳动参与率	中国 > 美国 > 日本
女性结婚年龄	日本 > 美国 > 中国
总和生育率	美国 > 中国 > 日本
已婚女性每天工作时长	中国 > 美国 > 日本
已婚女性每天家务相关劳动时间	日本 > 中国 > 美国

注:工作时长与家务相关劳动时间资料的年份见文中。

时间利用的详细资料也支持这一结论。尽管中国、日本和美国的女性,特别是已成家立业的女性,相比男性在时间利用的大趋势上一致,也就是家务劳动负担重、休闲活动时间少、自己可支配的用于自己的时间少,但中国女性的担子似乎要重于日本和美国的女性,主要体现在工作时间上和家务劳动时间的不减。然而应该看到相比日本和美国,中国男性每天参与家务劳动的时间最多,这可在一定程度上也减轻了女性的负担。

总而言之,生活—工作冲突这一问题发生在女性身上的可能性大于男性,给女性的生活带来更大的挑战。这种挑战主要体现在女性劳动参与率的提升带来的时间挤压、婚姻家庭带来的家务劳动量的徒增、养育子女和照料家人的照料负担的增加。其中一些因素是人们自我积极选择的结果(例如提升自身教育程度、积极参与劳动力市场),一些因素是自我计划选择的结果(例如结婚和生育时间),而有一些因素则是人们不得已选择的结果(例如家务劳动和家庭事务)。无论原因是什么,生活与工作之间的矛盾、不协调或冲突的现象及其后果不可忽视。

第四节 我们能够做什么

针对个体或多或少都会遇到的生活与工作之间的冲突,我们能做什么?作为国家,政府可以出台各种有利于平衡工作与生活的法律法规或政策,从制度层面改善两者之间的关系。作为企事业机构,单位可以在执行国家相关政策的基础上采取一些更为实际的促进工作与生活平衡的措施。作为个人,人们更可能做到的是权衡利弊,采用各种策略,防止生活与工作冲突的出现,或者将这类冲突的影响程度降低到最低点。

作为关心社会的研究人员,我们可以对生活与工作平衡问题从社会和个人的角度进行深入研究,发现平衡成功的例子、找出冲突的原因和解决问题的最佳方案。例如,女科技工作者在其职业发展过程中也会遇到如何协调其家庭生活和工作的问题;特别是已婚女科技工作者在怀孕、生产、养育子女期间能否完成自己的工作任务、能否同时也完成女性养育下一代的特有任务。目前我们对这一重要议题了解不深,但它关系到家庭的稳定发展、女性人才的充分利用,以及国家政策的落实与完善。我们期待通过我们的研究为人们寻找到生活与工作最佳平衡点提供有益信息乃至重要的政策建议。

第二章　女科技工作者孕哺期职业发展研究述评

孙鲁香*

对绝大多数女性来说，孕哺是生命中必不可免的重大事件。随着社会发展和文化观念改变，在现代社会，就业成为女性参与社会生活的主要途径，“职业女性”队伍日益壮大。孕哺阶段工作和家庭冲突是职业女性职业生涯中遇到的重大难题之一。女科技工作者是职业女性中社会影响力较为突出的群体。科技工作需要较高的学历基础，需要连续不间断的时间和精力投入，需要持续的知识更新和科研资源积累，而女科技工作者在孕哺中又很难投入与同阶段男科技工作者相同的时间和精力来工作。孕哺对女科技工作者职业发展的影响更具特殊性和复杂性。因此，深入分析女科技工作者孕哺两期对其科研工作的影响更具意义，也引起了学界的关注。本章拟对国内有关女科技工作者孕哺期的职业发展研究文献做一回顾和梳理。

第一节　核心概念与研究方法

1.1　核心概念

科技工作者是科学技术工作者的简称，一般认为“科技工作者是

---

* 孙鲁香，北京大学2010级女性学研究生。

指现代社会中，以相应的科技工作为职业，实际从事系统性科学和技术知识的产生、发展、传播和应用活动的人员"①，从类别上划分，科技工作可分为研究探索、开发创新、传播普及、应用维护、管理决策等。据此，科技工作者可相应分为：从事基础科学、应用科学等方面的研究科学家或科研人员；从事开发或发明新产品、新工艺、新创意的研究开发人员或发明家、工程师等；承担模仿创新工作的工作者；从事科学技术类教育的教师及专职科普工作者以及从事科技管理决策的科技工作者②。相应的，女科技工作者就是从事这些工作的女性。这里的"女"，是指生物意义上可以怀孕哺乳的女性。

孕哺，顾名思义就是怀孕和哺乳的合称。我们这里研究的是孕哺两期对女科技工作者职业的影响。根据相关法律规定，女职工生育可享受不少于 98 天的产假，在怀孕七个月及哺乳未满一周岁的婴儿期间，不得安排其延长工作时间和夜班劳动(《中华人民共和国劳动法》《女职工劳动保护特别规定》)。综合考虑法律和实际生活中的各种因素，笔者认为，影响女科技工作者科研的孕哺两期可能会持续约三年的时间，即从怀孕到生产、哺乳，再到孩子上幼儿园。

1.2　文献研究方法

在对研究对象及相关的概念进行明确界定后，我们进行了文献研究。关于孕哺两期对女性特别是女科技工作者影响的研究比较少，且缺乏专业性，传统的文献回溯方法不太适用于此主题的研究。对此，我们利用万方数据资源系统的全文数字化期刊和中国期刊网全文数据库进行了以关键词检索为主的"专项检索"和"组合检索"，检索的关键词有"女科技工作者""女性人才""女科学家""孕哺""生育""婚育""哺乳""怀孕"等，并辅之以文章摘要筛选了与"女科技工作者孕哺两期对工作的影响"最相关的 67 论文和报道进行了阅读、

---

① 科技工作者的界定和内涵，科学网，2009.11，http://blog.sciencenet.cn/home.php?mod=space&uid=336909&do=blog&id=268924。

② 同上。

梳理;并在此基础上查阅了《社会性别研究导论》①、《女性权力的崛起》②、《中国女性史》③、《改革中的妇女问题》④和《女性职业与近代城市社会》⑤等书中的相关内容,对近年来孕哺两期对女科技工作者影响的相关研究有了初步的了解。由于专门对女科技工作者进行研究的论文较少,因此我们在选取论文时并没有将研究对象仅限定在女科技工作者,而是尽量扩大研究对象规模(见“检索的关键词”),然后再根据研究的主题对所要研究的内容缩小范围,只有这样才能在现有的研究范围内收集最多的相关资料。

第二节　已有研究回顾

从对上面提到的67篇论文和报道以及5本著作中提到的孕哺对女科技工作者职业发展的影响进行简略概括,发现这些研究主要有以下几方面的特点:

2.1　从研究成果看,结论比较一致,且都突出了孕哺对女科技工作者的影响

研究结论较一致。查阅的论文、报道和著作普遍反映:女科技工作者职业生涯受家庭和生命周期的影响较男性大;怀孕和哺乳会在客观上使女科技工作者接受培训的时间缩短、机会减少;孕哺期的女性处在职业、科研的关键时期,孕哺无疑会阻碍女性科技工作者的职业发展。如有文章指出,家庭对独生子女的期望增高,而生育教养的负担基本落在母亲的身上,这进一步加重女性双重角色的压力⑥;女科技工作者在31—40岁会经历职业攀升逆流期,在这一阶段的女性

---

① 佟新.社会性别研究导论[M].北京:北京大学出版社,2005.

② 李银河.女性权力的崛起[M].北京:中国社会科学出版社,1997.

③ 高大伦,范勇.中国女性史(1851—1958)[M],成都:四川大学出版社,1987.

④ 张连珍.改革中的妇女问题[M].南京:江苏人民出版社,1988.

⑤ 王琴.女性职业与近代城市社会[M].北京:中国社会出版社,2010.

⑥ 丛志杰.对我国社会转型时期职业女性角色冲突问题的几点思考[J].内蒙古大学学报(人文社会科学版),2011,33(6):38—40.

由于生育义务而产生多重社会角色冲突，工作投入度陷入职业生涯低谷①；访谈研究发现，从个体层面看，生育和抚养孩子客观上导致高知女性无法有充足的时间和精力投入工作；另一方面，也导致她们从主观上逐步放弃对事业理想的追求，降低对职业的期望②。

孕哺影响较突出。相关论文、报道和著作在分析时都提出影响女性职业发展的因素有很多，孕哺只是其中的一个因素。但是这些研究也都把孕哺作为影响女性职业发展一个非常重要的因素。张莉认为，职业女性的职业发展受到宏观层面、中观层面和微观层面因素的影响，生育和哺乳是微观层面的重要因素，很难和其他因素相区分；也有学者对宏观、中观和微观三方面进行比较分析后指出，女科技工作者的主要职业发展障碍可能集中于中观层面，即科研单位不友好的内部环境和外部交流机会的缺乏，但不可否认孕哺的事实在身心上影响着女科技工作者③，特别是有些科研单位会夸大孕哺对工作的负面作用，认为孕哺会让女科技工作者降低目标定位等。可见影响女性职业发展的因素多种多样，不同学者的见解也有差异，尽管如此，所有学者都承认孕哺对女性职业发展有着独特影响。

2.2　从研究方法看，年龄因素受到重视，对职业发展衡量指标存在争议

上述论文、报道和著作已经注意到了男女科技工作者退休年龄的差异对其科研成果数量的影响；注意到了评定职称时对年龄的限定可能对女科技工作者产生不利的影响并考虑采取一些应对措施。例如，中国青年女科学家、中国青年科技奖中女性获奖年龄，由40岁放宽至45岁；国家自然基金也正在研究相关政策，在申请者条件相同的情况下，对30岁左右的女性给予一定倾斜④；中国科学院院士马瑾

---

① 张廷君，张再生．女性科技工作者职业生涯发展模式与对策研究——基于天津的调查[J]．妇女研究论丛，2009，95(5)：11—16，47．

② 国云丹．高知女性、生育与职业发展——以上海市21位女性为例[J]．妇女研究论丛，2009，92(2)：26—31．

③ 李全喜．女性科技工作者职业发展影响因素的三维解析[J]．科学学与科学技术管理，2009(12)：188—191．

④ 贾婧，刘莉．女科技工作者中为啥拔尖的少[N]．科技日报，2010-03-21(001)．

也提出,评青年科技奖,要求男女都是45岁,而女青年在45岁之前几乎都有一个孕期和生育期,她们的科研积累时间自然就比男青年少,因此不要强调年龄问题,而是看结果①。尽管这些文章指出了年龄限制对女科技工作者科研产生不利的影响,但总体来看,大部分研究者对女科技工作者年龄限制的影响考虑并不周全,女性科技工作者依然缺乏相关政策性保护。

职业发展衡量标准不统一。相关论文、报道和著作在分析孕哺对女科技工作者科研的影响时,没有一个详尽统一、令人信服的衡量标准。首先,在对科技工作者进行职业评价时,标准并不统一,有的标准是科技工作者发表在核心期刊上的论文数量以及著作、授权专利的数量②,有的标准是职称的高低③,还有的标准是其参与的课题项目抑或女科技工作者在科技工作者中的比例④。

2.3 从研究前景看,深入探索空间大

这些论文、报道和著作,只是简单陈述了一些大众熟知的信息——孕哺不利于女科技工作者的职业发展,鲜有相关方面的深入分析。比如,在2009年9月9日第十一届中国科协年会"女科学家高层论坛"上,几乎所有的女科学家都谈到了生育问题对女性造成的困扰。刘恕指出,女科技人员也不例外,得为照顾子女和家庭花费大量时间和精力;女性比较困难的时间是25岁到35岁之间,因为要结婚生育,而且要承担比男性更多的责任,这段时间会影响她的成长⑤。但几乎没有文章专门研究孕哺两期到底会对女性科技工作者以后的职业发展产生怎样的影响,以及影响程度有多大。有些文章提出了使女科技工作者规避有害影响并进而利用有利因素的措施,但措施

---

① 邱海黎.女科技工作者期盼更多发展空间[N].中国妇女报,2009-09-23(A03).

② 李全喜,女性科技工作者职业发展影响因素的三维解析[J].科学学与科学技术管理,2009(12):188—191.

③ 郑向敏,刘丹.高校知识女性职业发展困境与出路[J].中华女子学院学报,2010(2):29—34.

④ 贾婧,刘莉.女科技工作者中为啥拔尖的少[N].科技日报,2010-03-21(001).

⑤ 祝艳红.生育对女性职业发展有何影响——智联招聘特别调查[J].职业,2009(16):36.

的落实和可操作性需进一步研究。也就是说,孕哺对女科技工作者的影响研究依然有很大的空间。

通过对以往相关研究内容简略概括和对特点进行初步总结,可以看出:孕哺两期对女科技工作者职业发展的影响问题,已有的研究还比较浅显。以往的研究仅仅是意识到了这个问题的存在以及可能的影响因素,但都缺乏深入的分析。已有文献大多是在理论上做相应的探讨,或以此为基础做出宏观上的政策建议,缺少翔实而有说服力的数据分析和经验研究,人们难以看到女科技工作者的真实感受,无法了解这一群体的个体体验。

第三节 评价与展望

3.1 评价

研究不是一蹴而就的,而是一个发现问题、解决问题的过程。在对以往研究进行初步分析之后,发现以往孕哺两期对女科技工作者影响的研究确实存在一些缺陷。

3.1.1 相关概念缺乏明确定义。以往的研究,没有对诸如孕哺、女科技工作者等概念进行明确界定;读者对孕哺两期的时间界定、女科技工作者的分类和范围没有清晰的认识,这都会减弱研究成果的影响力,模糊评价影响的标准。

3.1.2 比较对象较为模糊。研究孕哺对女科技工作者职业发展的影响,比较对象应该是女科技工作者自身,在此基础上再和相关男科技工作者进行对比。以往进行的研究表明孕哺两期对女科技工作者的研究工作产生消极的影响,而与之对比的是男性科技工作者的科研成果。男女科技工作者的研究成果对比是否可以表明孕哺两期的独特影响,是值得我们探讨的问题。生育是女性生命周期中的一件大事,孕哺可能影响着女科技工作者的职业发展,对此最有发言权的是女科技工作者本人,即女科技工作者孕哺前后的自身比较和主观感受是很重要的;再者,我们需要将各方面程度相当的已生育的女性和没有生育的女性进行对比,才有益于得出最基本的结论。孕哺的主体是女性,不能剥离孕哺影响的也只能是具有生育能力的女科技工作者。所以最理想的状况是首先对已生育女科技工作者跟非生育女科技工作者的职业发展进行比较,看生育是否对女科技工作者产生影响,在此基础上再进一步和男性科技工作者的成果进行比较,以发现生育对女科技工作者的独特影响。但是在现实中进行这样逻辑严谨的对比是很困难的,生育的影响对女性来说更多是一种心理感受,很难进行量化,对生育感受的深入挖掘需要大量的人力、物力和精力;且生育的事实和经历在当代中国依然是一种家庭隐私,大部分人可能都会有种防御心理,而且恰恰是最有发言权的拥有孕哺经历的职业女性在整个研究中最容易失声,这是需要引起注意的。

3.1.3 衡量标准难以统一。以往研究中,研究孕哺对女科技工作者独特影响的衡量标准依不同研究者的分析而有所差异,并不统一。综观已有研究,进行衡量的标准一般有三个:一是女性占科技领域中高层人才的比例,科学院中男女科技工作者占科研人员的比例、课题负责人中男女的比例等;二是不同职称的男女科技工作者的比例,学校机构中具有讲师、副教授、教授等职称的男女比例,科研院所中研究员系列、工程师系列以及院士中男女的比例等;三是男女科技工作者在核心期刊上发表的学术论文、学术专著、课题以及授权专利的数目等。这其中也存在很多问题。男女从事的专业工种因个人兴趣、教育程度、社会评价以及文化观念等的不同是有差别的,单纯的对比男女科研队伍的比例而没有考虑各种因素造成的差异是不科学的。具体到学术论文和学术专著等,很多专著是多人合著而只记载第一作者,这会使很多女性科技工作者的成果隐而不见;只注重数量,不注重视角的对比也存在不少问题。以上困难导致衡量标准难以统一,这也是今后研究中存在的难题。

3.1.4 影响因素交织难以剥离。女性在职业发展中所遇到的"职业天花板效应"在多大程度上是由于生育后代造成的,在多大程度上是因为受到了国家经济形势的变化、两性生理的自然差异、受教育程度的性别差异、社会文化中的传统性别观念、法律法规的滞后性与不完善性的影响,已有的研究文章中往往没有清楚的区分,这些因素常常汇集在一起讨论。当然我们不能将这些缺陷归咎于以往的研究者,一则这些因素的影响程度很难进行量化研究并加以区分,二则以往研究者的研究方向和目的也不单纯在这一方面。但只有控制了其他变量之后，才能得出孕哺两期对女科技工作者的单独影响，才能分别与其他因素的影响力进行对比。

3.1.5　年龄等因素易被忽视。年龄因素是以往研究中比较容易忽视的问题，例如，职称评定时会对男女年龄标准一视同仁，而没有从时间上考虑孕哺可能使女科技工作者出成果时间延迟的问题；此外，女科技工作者的退休年龄一般比男科技工作者早五年，而这五年刚好是女科技工作者成果高产的“第二个春天”，这种硬性的规定极可能会打击女性科技工作者科研动力、影响其科研成果的数量和质量。受生育、哺乳和子女抚养教育等影响，女性在事业发展上比同龄男性差不多滞后 5 年左右的时间，且退休时间比男性早 5 年，女性科研生命基本上比男性短 10 年，再加上很多基金、奖励项目的年龄限定在 40 岁，这在一定程度上阻碍了女性科技工作者的职业发展。

研究概念不明确、对比对象较模糊、衡量标准难统一、影响因素交织再加上年龄等因素被忽视等问题的存在，使得相关研究还不太完善。尽管存在有待改进的问题，但现有的文献资料仍为我们今后的进一步研究打下基础，同时也激励我们在现有研究的基础上对可能存在的问题进行规避，以不断取得进步。

3.2　展望

从 20 世纪 80 年代开始，学界开始关注女性就业问题，到 90 年代掀起了研究热潮。全国妇联、各高校和研究所进行了相关课题的研究，其对中国女性就业的研究脉络清晰，涉及众多女性就业的领域和与之相关的问题，但是由于许多研究者各自为战，没有形成统一的网络以达到分工合理、重点突出的效果，许多内容相互重复，而有些内容则被遗漏，没有更新的突破。这其中遗漏的很大一块就是对女科技工作者的深入研究，而孕哺两期对女科技工作者影响的分析研究更是寥寥无几。女性职业发展无可避免地要与婚姻家庭相交织，“30 岁左右是女科技工作者成长非常重要的时期，而这个时候她们要成家、生育，包括对社会职业生涯的选择，生完孩子回到工作岗位，可能课题没有了,‘一步赶不上,步步赶不上’”[①]。因此我们必须在以往研究的基础上,进一步深入研究孕哺两期对女科技工作者有何积极、消极影响以及消极影响在多大程度上可以改善。随着独生子女政策的推行,孩子越来越少,女科技工作者对婚姻、孕哺的关注也在增多。在方新的一项涉及2000名女科技人员和2000多名女研究生的调查中,年轻的女大学生赞同“干得好不如嫁得好”的声音不绝于耳[②],可见婚姻在女大学生中的重要性提升。女大学生是女科技工作者的后备军,婚姻、孕哺对女科技工作者的重要性不可小觑。当然,计划生育的实行减少了女科技工作者的育孩数量,少孩化也在一定程度上减轻了女科技工作者孕哺的负担,目前我们面临的最大问题就是怎样使女科技工作者克服孕哺的消极影响,充分利用孕哺的积极影响。

为此,我们认为应从定量和定性角度深入探讨孕哺两期对女科技工作者职业发展的影响,应特别关注女科技工作者个体对孕哺经历的独特感受和应对策略,希望能为女性出台一些到位的政策,落实一些到位的服务,协助女科技工作者顺利度过怀孕、哺育孩子这段困难期,为她们搭建成长的台阶。简单说来,从宏观政策方面,可以设定公平合理的退休年龄;在组织政策层面,给予女科技工作者分职业阶段的发展激励——为职业探索阶段的女科技工作者搭建较完备的发展平台,着力改善职业攀升阶段的女科技工作者的生活质量,研究职业高原阶段女科技工作者的职业需要,为其提供工作心理疏导和培训,提高退休阶段女性科技工作者的相互适应性[③];在个人层面上,女科技工作者也应该清醒地意识到,如果将自己的职业角色让位于家庭角色,结果非但不能带来家庭幸福,还有可能因社会价值的缺失而导致个人和家庭的不平衡等[④]。整体来看,孕哺虽有年限,但哺乳两期对女科技工作者的影响并没有限定在特定的时期,而是与整个职业发展生涯都有密切的影响,我们的研究必须以点到线,才能真正凸显此项研究的重大意义。

---

① 贾婧,刘莉.女科技工作者中为啥拔尖的少[N].科技日报,2010-03-21(001).

② 同上。

③ 张廷君,张再生.女性科技工作者职业生涯发展模式与对策研究——基于天津的调查[J].妇女研究论丛,2009,95(5):11—16,47.

④ 国云丹.高知女性、生育与职业发展——以上海市21位女性为例[J].妇女研究论丛,2009,92(2):26—31.

第三章　女科技工作者孕哺期职业发展定量研究报告

李汪洋*

第一节　研究框架与路径

纵观既有的研究,“妇女的婚姻和生育作为妇女生命周期中无法躲避的生活,直接影响妇女的职业发展”“追求职业发展的妇女面临着由于生育而出现的时间成本问题”正是妇女职业发展研究的主要理论假设。[①] 但是,已有研究大多是在理论层面上进行应然性的探讨,或是从宏观的视角讨论整体女性职业状况和问题,鲜有分群体、分时段的研究,更少聚焦到女科技工作者“孕哺”两期对职业发展的影响,且多运用定性研究方法。这使得我们很难把握生育这一关键的生命事件对女科技工作者存在的普遍影响,从而无法提出行之有效的对策建议。

那么,我国女科技工作者“孕哺”两期的基本状况是什么?“孕哺”两期对女科技工作者的职业发展会有影响吗?如果有,会是什么影响?现有的孕哺期政策和环境如何?是否得到女科技工作者的满意和认可?对这些问题的回答将有助于我们深入了解女科技工作者在“孕哺”两期的职业发展状况,分析“孕哺”两期对女科技工作者学

---

* 李汪洋,北京大学2010级女性学研究生。

① 佟新,濮亚新.研究城市妇女职业发展的理论框架[J].妇女研究论丛,2001,3.

术成才和职业发展的影响,从而提出切实有效的社会政策建议,以促进女科技工作者的成长成才,保障妇女的生育权,并进一步推动性别平等的进步、性别差距的缩小。正是带着这些问题,中国女科技工作者协会和北京大学中外妇女问题研究中心于2011年11月至2011年12月开展了"女科技工作者'孕哺'两期职业发展影响研究"的大型问卷调查。

本调查的研究内容包括如下4点:(1)描述和反映我国女科技工作者"孕哺"两期的基本状况及其对职业发展的影响;(2)通过历史比较和群际比较,反映女科技工作者"孕哺"两期对职业发展影响的变迁和差异;(3)分析和揭示形成上述差异、影响女科技工作者"孕哺"两期职业发展的因素;(4)对现有的生育政策和环境进行评估,探究切实可行的社会政策建议。

"孕哺"两期对职业发展的影响是本次调查的主要目的。对于女科技工作者"孕哺"两期职业发展的评估,既包括女科技工作者自身对产后职业规划、工作状态、工作业绩以及孕哺期与职业发展关系的主观评估,也包括孕产前后的工作时间、工作岗位、职务和职称的晋升、培训和交流的机会、工作产出、个人收入等客观指标。此外,已有的研究表明,妇女受教育程度、市场结构、妇女在社会结构中的位置等结构性因素的影响也是不容忽视的。正是基于此,本调查设计了女科技工作者"孕哺"两期对职业发展影响的指标体系,大致划分为5大类:(1)职业规划;(2)工作岗位调整;(3)职务和职称晋升;(4)课题申请;(5)培训与交流。并将年龄、学历、工作单位类型、职称作为衡量职业发展影响的关键性指标。此外,本调查还将考察对产假、生育津贴等现行政策的态度及其执行情况、与生育相关的单位和社会环境以及女科技工作者的政策建议,作为对当前政策和环境的评估。

本研究的调查问题正是根据以上理论思考和分析框架设计的,力图运用较为有效的工作,测量女科技工作者"孕哺"两期职业发展各个方面的状况及其影响因素。在多位专家学者的指导下,北京大学中外妇女问题研究中心和中国科协发展研究中心共同设计了本次调查问卷。经过多次修改以及在北京大学的预调查后,最终定稿的问卷由4个部分，即个人基本信息、孕哺期状况、孕哺与职业发展、政策与环境，共计72个大问题组成。

第二节　数据收集与受访者基本状况

本次调查将“女科技工作者”定义为：在科研院所、高等院校、医疗卫生系统和企业中的女性技术人员、科学研究人员和教学科研人员。具体而言，本次调查的对象为符合以下3个条件的女科技工作者：目前在职；已婚；有生育经历，即生育过孩子。被调查者的年龄在25岁以上。其中，25—40岁的被调查者需占调查总人数的60%以上。

在实际抽样过程中，还注意选取了不同岗位、不同层次、不同年龄段的女科技工作者，且以一线女科技工作者为主。

本次调查最终在21个省市95个工作单位共计发放问卷3583份，回收有效问卷3402份，回收率为95.0%，其中女科技工作者2817人，占82.8%，另有585名不符合上述条件的职业女性，即非女科技工作者，可供比较研究。女科技工作者的基本特征见表3-1。

表3-1　女科技工作者基本特征

项目		占比(%)	项目		占比(%)
年龄段	25—30岁	13.3	最高学历	博士研究生	23.4
	31—35岁	28.4		硕士研究生	25.8
	36—40岁	25.1		大学本科	36.3
	41—45岁	16.6		专科及以下	14.5
	46—50岁	10.7	专业技术	工程技术人员	27.2
	50岁以上	5.9		卫生技术人员	25.2
民族	汉族	93.6		农业技术人员	3.3
	其他民族	6.4		科学研究人员	11.3
政治面貌	群众	43.5		教学科研人员	33.0
	中共党员	51.3	职称	无职称	3.4
	民主党派	5.2		初级	12.9
工作地点	直辖市、省会城市	68.9		中级	47.5
	市(地)级城市	27.7		副高级	27.7
	县、乡(镇)	3.3		正高级	8.4

（续表）

项目		占比(%)	项目		占比(%)
单位类型	科研院所	17.6	行政职务级别	无行政职务	64.9
	高等院校	34.5		一般管理人员	23.9
	医疗卫生机构	24.2		中层管理人员	10.6
	企业	23.7		高层管理人员	0.5
专业（最后学历）	理学	21.9	健康状况	很好	28.3
	工学	26.5		较好	47.2
	农学	6.6		一般	22.6
	医学	27.8		较差	1.4
	人文社会科学	15.9		很差	0.1
	其他	1.2		说不清	0.4

第三节 主要发现

3.1 孕与育

3.1.1 生育年龄

3.1.1.1 总体状况

受孕是整个生育历程的起始点，与受孕相连的孕哺紧随而至。调查显示，绝大多数女科技工作者的生育年龄①集中在26—31岁，比例高达71.1%；25岁及以下的比例仅为16.5%；同时，尚有12.4%在32岁及以上生育。这远远高于她们自身的理想生育年龄：在调查中，仅有1.1%的人认为32岁及以上是理想生育年龄，而有23.7%认为理想生育年龄应该在25岁及以下。

表3-2 女科技工作者的实际和理想生育年龄

年龄	实际生育年龄百分比(%)	理想生育年龄百分比(%)
25岁及以下	16.5	23.7
26—31岁	71.1	75.2
32岁及以上	12.4	1.1
合计	100.0	100.0

① 由于被调查者有高年龄组而可能存在多孩现象，因此本调查将其限定为孕哺第一孩的相关信息。

3.1.1.2　群体差异

第一,年龄越小的女科技工作者,其平均生育年龄越大。

如图 3-1 所示,31—35 岁、36—40 岁、41—45 岁、46—50 岁的平均生育年龄逐次降低,分别是 28.1 岁、27.7 岁、26.2 岁、25.8 岁。50 岁以上年龄组的平均生育年龄略有变大,这恰恰说明:在竞争和风险较小的计划经济时期,女科技工作者的生育安排与职业发展之间并不存在显著的矛盾。此外,25—30 岁女科技工作者的平均生育年龄相对较小,为 26.2 岁。①

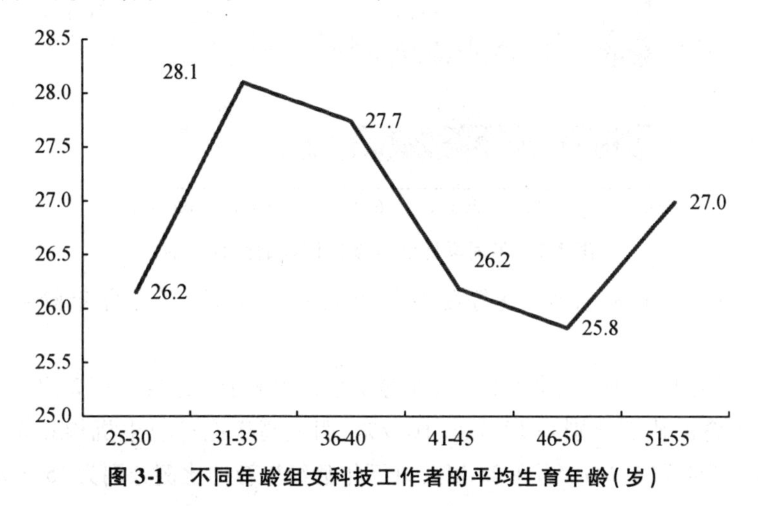

图 3-1　不同年龄组女科技工作者的平均生育年龄(岁)

第二,学历越高的女科技工作者,其生育年龄越大。

如图 3-2 所示,博士研究生、硕士研究生学历者在 32 岁及以上生育的比例高达 27.4%、12.6%,明显高于大学本科的 6.0%、专科及以下的 4.2%。相反,专科及以下、大学本科学历者在 25 岁及以下生育的比例高达 33.0%、20.7%,远远高于硕士研究生的 9.5%、博士研究

① 鉴于本调查得到的是生育年龄组原始数据,分别为“22 岁以下”“23—25 岁”“26—28 岁”“29—31 岁”“32 岁及以上”,我们无法采用常用方法计算不同年龄组的平均生育年龄(Mean Age of Child-bearing,简标为 MAC)。因此,我们首先对生育年龄组分别赋值为 1—5,并计算不同年龄组的平均生育年龄组分值($i=1,2,\cdots,5$,即 1 至 5 组);其次,通过平均生育年龄分值找到相对应的生育年龄组,将该组生育年龄段最小年龄(A_i)作为基数、平均生育年龄分值作为权数,求得不同年龄组的平均生育年龄 MAC_i。即 $MAC_i = A_i + 3 * r_i$(r_i 为平均生育年龄分值与本组赋值之差,与生育年龄组差值 3 岁相乘)。

生的7.3%。这一发现与本调查中非女科技工作者群体有所不同，后者的实际生育年龄在25岁及以下的比例更高，32岁及以上的比例更低，分别是24.6%、6.9%。

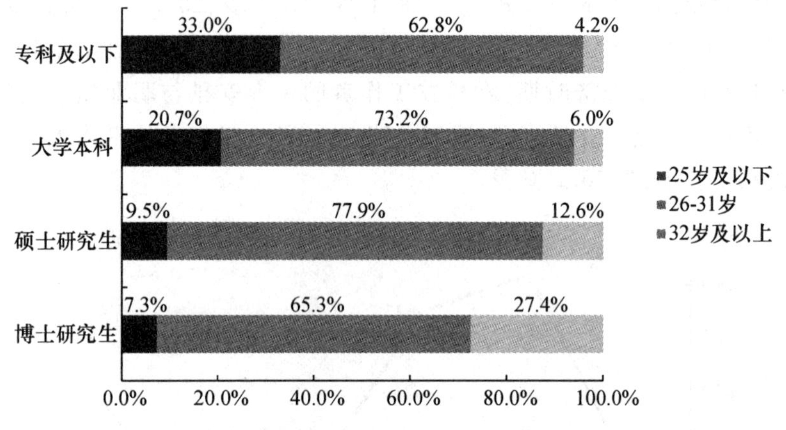

图3-2　不同学历女科技工作者的生育年龄

第三，科研院所、高等院校的女科技工作者，其生育年龄普遍偏高。

如图3-3所示，科研院所、高等院校的女科技工作者在32岁及以上生育的比例分别是18.1%、16.7%，明显高于医疗卫生机构和企业的9.0%和5.6%，而在25岁及以下年龄组生育的比例分别为15.3%、10.9%，也低于医疗卫生机构的18.9%和企业的23.0%。统计结果

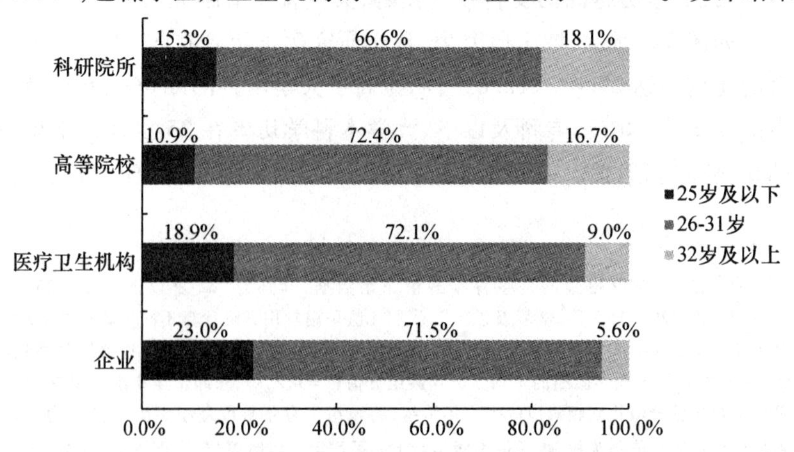

图3-3　不同工作单位女科技工作者的生育年龄

也发现,不同工作单位的女科技工作者在生育年龄上存在显著差异。可见,科研院所、高等院校的女科技工作者生育年龄普遍更高一些。这在一定程度上与近年来科研院所、高等院校等科技岗位对学历的要求普遍升高有关。

第四,目前职称越高的女科技工作者,其生育年龄也越大。

不同职称的女科技工作者在生育年龄上有显著性差异。如图3-4所示,从无职称、初级、中级、副高级直至正高级职称,32 岁及以上高龄生育的比例分别是 8.3%、3.9%、11.9%、17.4%、14.0%。而在 25 岁及以下生育的群体中,无职称者的比例最高,为 31.3%;初级职称者居于第二位,为 19.3%。这说明女科技工作者的生育安排与职业发展存在一定的矛盾和冲突。

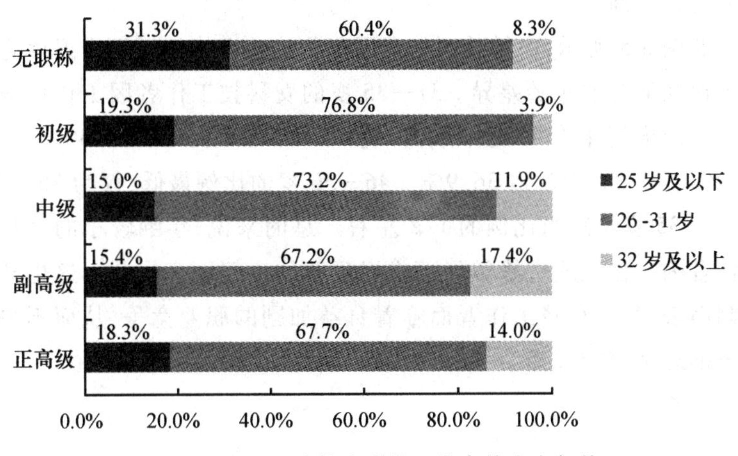

图 3-4　不同职称的女科技工作者的生育年龄

3.1.2　生育与工作

3.1.2.1　总体状况

调查显示,多达 37.7% 的女科技工作者都有过因工作忙或进修学习而推迟生育的经历。事实上,尽管超过半数(57.0%)的女科技工作者在选择要第一个孩子的时间是顺其自然的,仍有 16.2% 将工作视为所考虑的相关因素中最重要的一点。此外,分别有 61.8% 和 27.7% 的女科技工作者希望在工作稳定或初有成效后再要孩子。

表 3-3 生育时所考虑的主要因素

主要因素	选择的频率	百分比(%)
工作	449	16.2
家庭支持	212	7.7
经济条件	225	8.1
身体状况	257	9.3
顺其自然	1579	57.0
其他	48	1.7
合计	2770	100.0

3.1.2.2 群体差异

第一,40 岁以下年龄组的女科技工作者,因工作或进修而推迟生育的比例更高。

如图 3-5 所示,女科技工作者因工作忙或进修学习而推迟生育的经历存在显著的年龄差异。31—35 岁的女科技工作者因工作忙或进修学习而推迟生育的比例最高,为 47.8%;其次是 36—40 岁的占 40.9%、25—30 岁的占 36.9%。46—50 岁的比例最低,仅为 25.1%,是 31—35 岁年龄组比例的 1/2 左右。总的来说,年龄较小的女科技工作者因工作忙或进修学习而推迟生育的比例更高一些。这也从一个侧面表明,女科技工作者面临着日益加剧的职业竞争,从而不得不做出推迟生育的选择。

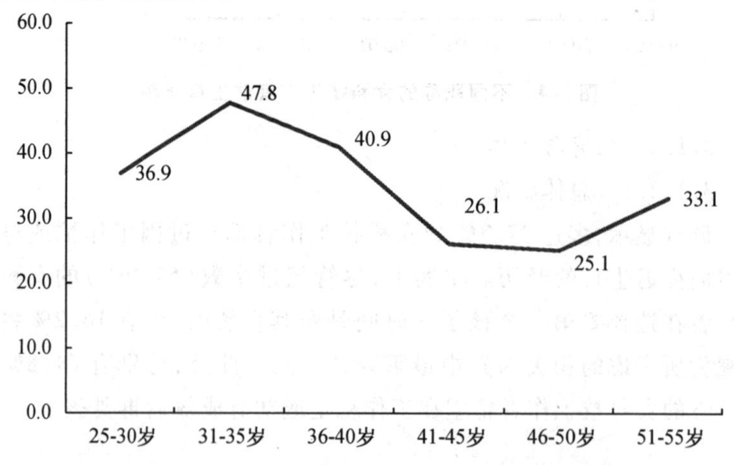

图 3-5 不同年龄组女科技工作者因工作/进修推迟生育的比例(%)

第二，学历越高的女科技工作者，因工作或进修而推迟生育的比例越高。

学历不同的女科技工作者因工作或进修而推迟生育的比例呈现出显著性差异。从图 3-6 可见，高达 30.3% 的博士研究生学历者有过因工作忙或进修学习而推迟生育的经历，硕士研究生、大学本科、专科及以下学历者的比例逐渐降低，分别是 17.8%、9.8%、10.5%。

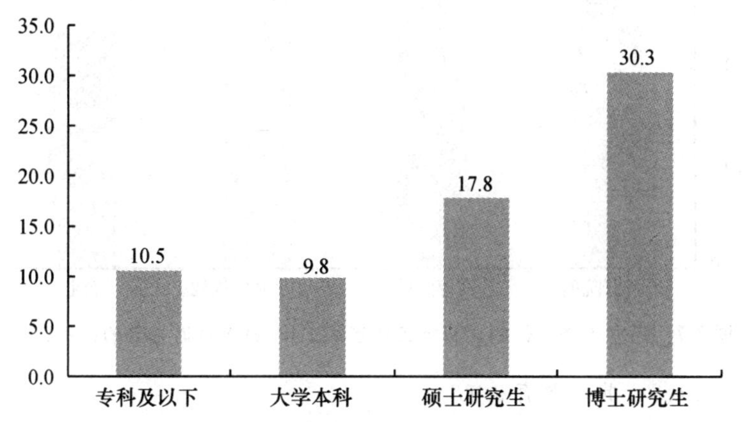

图 3-6　不同学历女科技工作者因工作/进修推迟生育的比例(%)

第三，高等院校、科研院所的女科技工作者，因工作或进修而推迟生育的比例更高。

在高等院校和科研院所工作的女科技工作者，因工作忙或进修学习而推迟生育的比例更高一些，如图 3-7 所示，分别为 45.0%、42.3%，大约是企业的 2 倍。医疗卫生机构的女科技工作者因工作或进修推迟生育的比例居第三位，为 37.6%。这实际上与高等院校、科研院所对从业者学历要求的提高以及科技岗位本身的工作特性密切相关。女科技工作者为了职业发展的需要而不得不推迟生育。

第四，不同职称的女科技工作者在因工作或进修而推迟生育的问题上不存在显著性差异。

从无职称至正高级，女科技工作者因工作忙或进修学习而推迟生育的比例相差无几，均在 35% 至 40% 之间，并没有显著性差异。

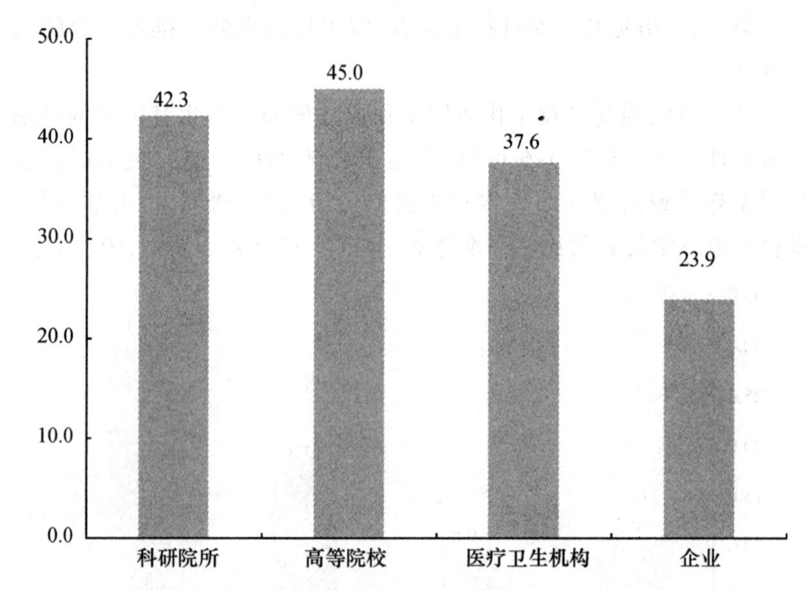

图 3-7　不同工作单位的女科技工作者因工作/进修推迟生育的比例(%)

3.1.3　其他孕育状况

除生育年龄、生育与工作外,调查问卷关于孕育状况的问题还涉及产假、产后精神状态、母乳喂养、育儿培训、幼儿抚育等几个方面,结果如下:

3.1.3.1　产假

总体状况

表 3-4　女科技工作者的产假时间

产假天数	回答的频率	百分比(%)
少于 45 天	162	5.8
45—90 天	957	34.0
91—180 天	1479	52.5
多于 180 天	217	7.7
合计	2815	100.0

根据我国《女职工劳动保护规定》①,女职工产假为90天,其中产前假15天,产后假75天。在本调查中,60.2%的女科技工作者都享受到法定的产假时间;不过,也有34%的被调查者产假为45—90天,5.8%的被调查者产假少于45天。

群体差异

第一,年龄越小的女科技工作者,其产假时间越长。

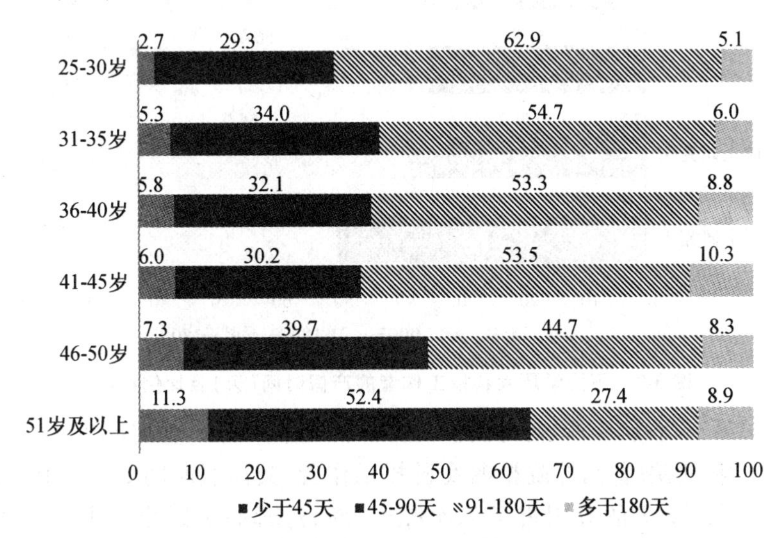

图3-8　不同年龄组女科技工作者的产假时间(天)及比例(%)

统计结果显示,女科技工作者所享受到的产假时间存在显著的年龄差异。也就是说,低年龄组的女科技工作者享受到的产假时间明显多于高年龄组。比如在25—30岁年龄组中有62.9%的产假时间为91—180天,而在51岁及以上年龄组中,一半左右的产假时间是54—90天。当然,这也和我国不同时期的产假规定密切相关。

第二,学历越高的女科技工作者,其产假时间越短。

博士研究生学历者享受到的产假时间如图3-9所示:少于45天的比例为10.8%,该比例是其他学历者的2倍以上;45—90天的比例为39.3%,略高于其他学历者;91—180天的比例为44.2%,比其他学

---

① 该规定源自2011年调查阶段施行的《女职工劳动保护规定》,而2012年4月28日起实施的《女职工劳动保护规定》,女职工产假调整为98天。

历者低了大约 10 个百分点。至于多于 180 天的产假时间,随着学历的升高,比例依次下降。可见,高学历的女科技工作者更有可能身处严峻的职业竞争之中,而不得不压缩个人的产假时间,以弥补怀孕带来的影响。

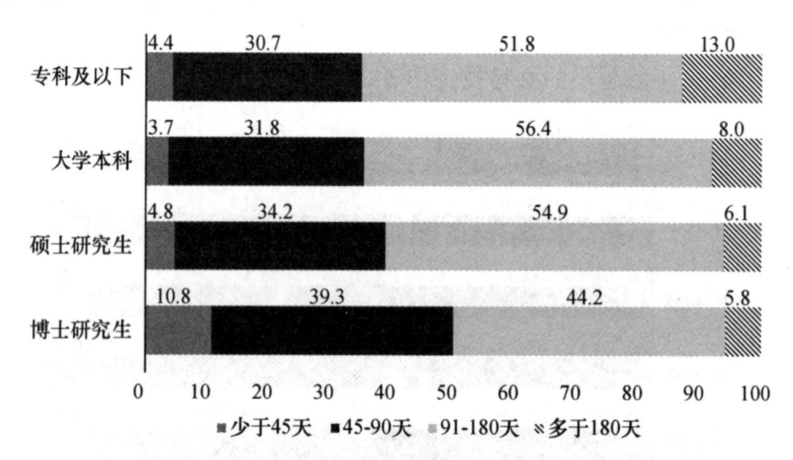

图 3-9　不同学历女科技工作者的产假时间(天)及比例(%)

第三,科研院所、高等院校的女科技工作者,其产假时间更短。

科研院所、高等院校的女科技工作者,其产假时间如图 3-10 所示:少于 45 天的分别占了 7.5%、9.4%,远远高于医疗卫生机构的 2.5%、企业的 2.4%;45—90 天的比例分别是 32.5%、41.4%,同样高于医疗卫生机构(29.9%)和企业(28.5%)的情况。相应地,在医

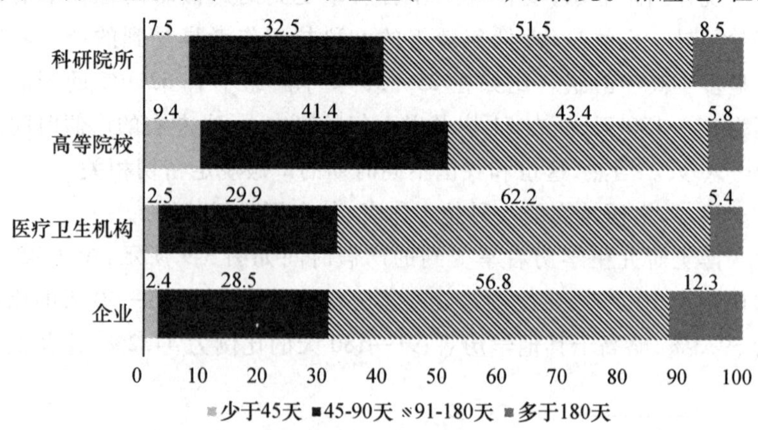

图 3-10　不同工作单位女科技工作者的产假时间(天)及比例(%)

疗卫生机构、企业工作的女科技工作者享受到91—180天产假时间的比例明显高于科研院所和高等院校。统计结果也表明，女科技工作者的产假时间在不同的工作单位之间存在显著性差异。

第四，目前职称越高的女科技工作者，其产假时间越短。

统计结果显示，女科技工作者享受的产假时间存在职称上的显著差异。如图3-11所示，产假时间少于45天的比例随着学历的递增而呈现出逐渐上升的趋势，正高级的比例最高，为10.6%；91—180天的比例则随着学历的升高而逐渐下降，初级的比例最高，为60.4%。同样，在产假时间多于180天的情况中，无职称的比例最高（14.4%），正高级的比例最低（4.7%）。

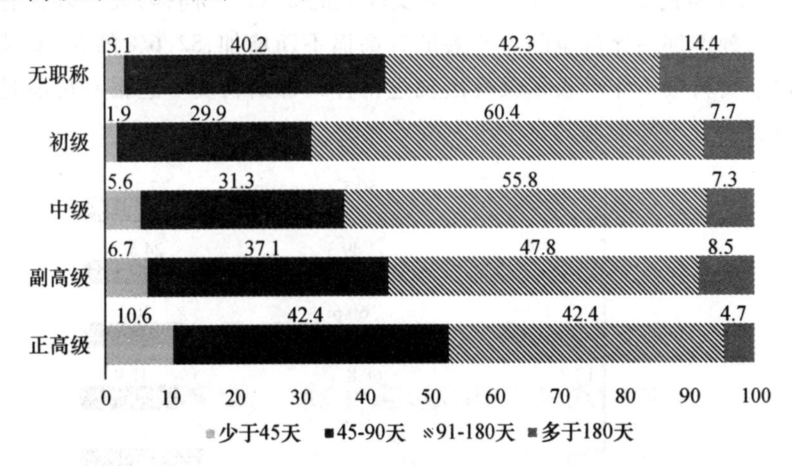

图3-11　不同职称女科技工作者的产假时间（天）及比例（%）

3.2.3.2　产后精神状态

在被问到"孕哺期是否有过精神抑郁的症状"时，59.6%的女科技工作者表示未曾有过，但也有18.1%明确表示有过，另有22.3%表示不甚清楚（如表3-5所示）。

孕哺期有过精神抑郁的女科技工作者中，平均抑郁时间为6个月，并且仅有5.7%选择去看医生，自我排解、与朋友交流、与家人交流是最常见的3种缓解方式，比例分别是82.8%、63.7%、60.8%。这说明女科技工作者产后的精神状态值得关注，并且有待提供良好的引导方式。

表 3-5　女科技工作者的产后精神抑郁

产后精神抑郁	回答的频率	百分比(%)
有过	507	18.1
未曾有	1672	59.6
说不清	625	22.3
合计	2804	100.0

群体差异

第一,年龄越小的女科技工作者,越有可能得产后精神抑郁症。

随着年龄的增高,女科技工作者有过精神抑郁的比例锐减,从25—30岁的22.3%下降至51岁及以上的2.4%。同样,表示未曾有过精神抑郁的比例也随着年龄的升高而不断增加,82.6%的51岁及以上女科技工作者表示没有出现过精神抑郁的情况。这很有可能是科技岗位不断加剧的竞争压力所导致的。

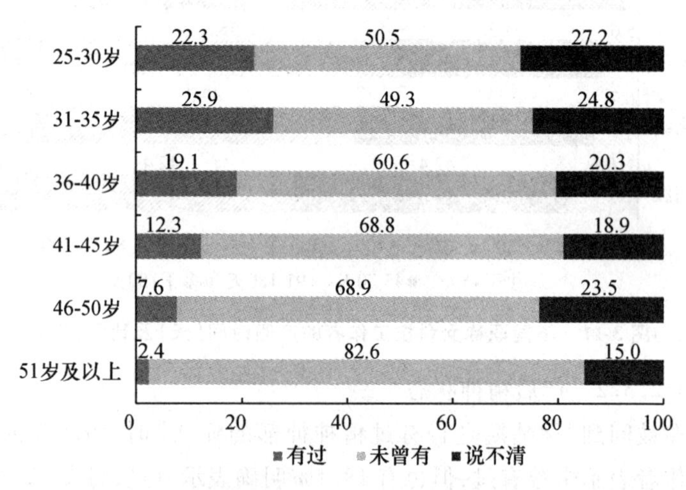

图 3-12　不同年龄组女科技工作者产后精神抑郁的比例(%)

第二,学历越高的女科技工作者,越有可能得产后精神抑郁症。

统计结果显示,学历不同的女科技工作者患产后精神抑郁的情况存在显著差异。如图3-13所示,硕士研究生、博士研究生学历者有过产后精神抑郁的比例分别为24.6%、22.0%,均是专科及以下、大学本科学历者的2倍左右。相应地,低学历者未曾有过产后精神抑郁的比例较高。必须指出的是,这一结果也有可能与不同学历者对产后精神抑郁的认知有关。

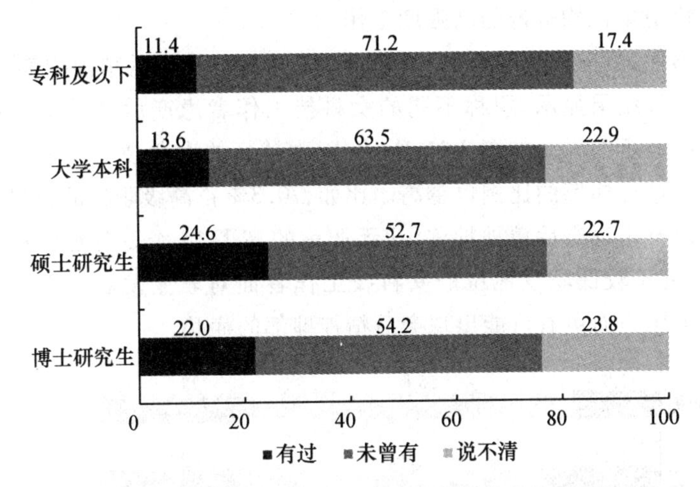

图 3-13　不同学历女科技工作者产后精神抑郁的比例(%)

第三,高等院校、医疗卫生机构的女科技工作者有过产后精神抑郁的比例更高。

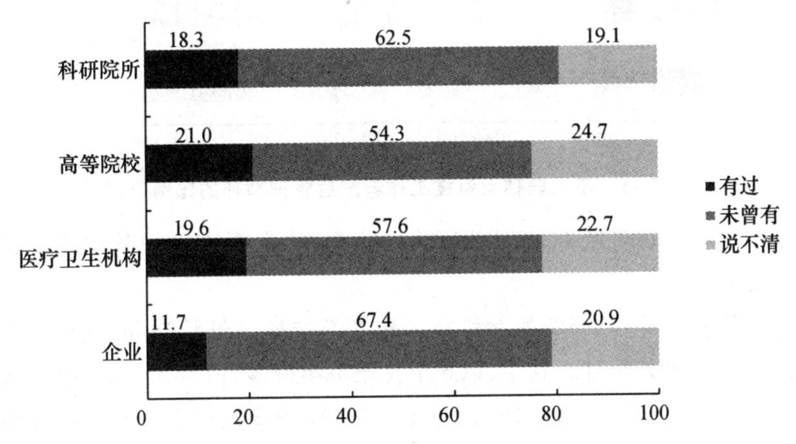

图 3-14　不同工作单位女科技工作者产后精神抑郁的比例(%)

如图 3-14 所示,在高等院校工作的女科技工作者有过产后精神抑郁的比例最高,为 21.0%,未曾有过的比例最低,为 54.3%。类似的情况也出现在医疗卫生机构和科研院所,医疗卫生机构的女科技工作者有过产后抑郁的比例是 19.6%,而未曾有的比例是 57.6%。相对来说,企业的情况要好一些,仅有 11.7% 的被调查者出现过产后抑郁。这在一定程度上源于近年来高等院校的科研要求日益提高以及医疗卫生机构普遍的高强度工作。

第四,目前职称较低的科研女性,越有可能有产后精神抑郁。

统计结果显示,职称不同的女科技工作者患产后精神抑郁的情况存在显著差异。如图 3-15 所示,职称越高的女科技工作者未曾有过产后精神抑郁的比例也越高。比如,70.3% 正高级职称的女科技工作者没有出现产后精神抑郁,比无职称的高了 15 个百分点。这也反映出,处于较低职业地位的女科技工作者面对职业发展和生育带来的双重压力而更有可能出现产后精神抑郁的症状。

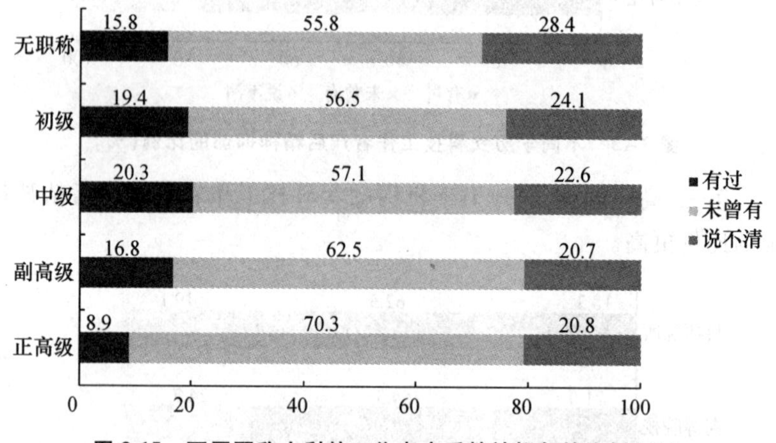

图 3-15　不同职称女科技工作者产后精神抑郁的比例(%)

以下对母乳喂养、育儿培训、幼儿抚育、人际交往的基本状况做简要介绍。

母乳喂养:92.6% 的女科技工作者都选择了母乳喂养,且母乳时间大多超过 2 个月。其中,以 6 个月至 1 年最多,占 38.1%;其余依次是 2 个月到 6 个月(27.1%)、多于 1 年(16.9%);少于 2 个月的比例为 10.5%。在产假后,30.8% 的女科技工作者不得不中断母乳喂奶。另外分别有 41.9% 和 13.4% 选择上班中间回家哺乳或是上班中间挤奶,下班后带回家,从而继续母乳喂奶。

育儿培训:在孕哺期间,有 36.8% 的女科技工作者参加过幼儿哺育、健康、早教的相关培训。

幼儿抚育：对于产假结束后至孩子3岁前，孩子白天的照料，主要是家庭中的直系亲属（父母或公婆）承担的，比例高达69.9%。也有5.2%的女科技工作者承担起了孩子白天的照料，并且近六成（57.9%）的女科技工作者每天用于孩子和家务上多达3小时以上（见图3-16）。相对来说，仅有0.6%的男性照料孩子，比例最低。事实上，在问到“生第一个孩子时丈夫的状态”，有42.4%的女科技工作者表示男性能够帮忙做一部分家务；有23.0%的男性除自己工作时间外全身心投入家务；也有19.4%和13.8%的男性分别因工作忙很少帮助做家务或基本帮不上忙。并且，近一半的男性（40.7%）并没有休带薪陪护假。可见，女科技工作者承担着更多与抚育相关的职责，男性并没有真正参与到孕哺之中。

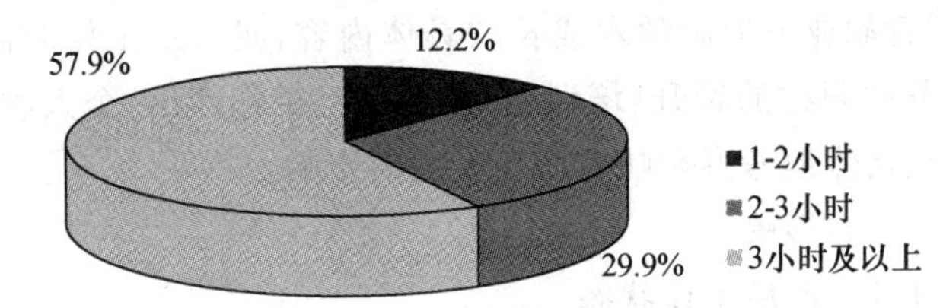

图3-16 女科技工作者孕哺期每天用于孩子和家务的时间

人际交往：调查发现，女科技工作者生育以后的人际交往有了一定的变化。具体而言，绝大多数女科技工作者生育以后变得更愿意和别人交流（65.9%），对人对事更为宽容（81.3%），不太会脾气急躁和常常没有耐心（68.5%）。不过，近半数（49.9%）的女科技工作者表示参加社交活动的兴趣有所减少。这和她们承担起了更多的抚育和家庭职责有关。

综上所述，推迟生育正逐渐成为女科技工作者普遍的选择。事实上，这与当前科技领域对学历要求的提高以及科技岗位本身的工作特性相关联。近年来，科研院所、高等院校等科技岗位对学历的要求普遍提高，并且，高学历女科技工作者的孕哺期往往与她们参加工作的最初几年相重合，这意味着她们正处于职业发展的起步阶段，即资源积累阶段。与其他职业不同的是，科技领域更强调劳动者在时间、精力和资源上的连续性投入和积累。在起步阶段，怀孕必然会对她们的学习和工作产生一定程度的影响，从而给资源积累造成中断的风险，而这一结果又会成为她们之后学术成长和职业发展的障碍。也就是说，女科技工作者只有选择在具备维持家庭生活和职业发展的基本条件并保证其延续这一“恰当时机”时，即达到一定的学历、获得稳定的工作并且无需因怀孕而中断正常工作，方才考虑生育。此外，女科技工作者的产后精神抑郁、幼儿抚育与工作的冲突、人际交往等孕哺状况也应当成为关注的焦点。

3.2 孕哺与职业发展

正如前文所述，本调查首先从女科技工作者对自身的工作状态、工作业绩、产后职业规划以及孕哺与职业发展关系的主观评估等角度来把握女科技工作者孕哺对职业发展的影响情况。其次，基于女科技工作者职业发展和学术成长的具体内容，我们从工作时间、工作岗位、职务和职称的晋升、培训和交流机会、工作产出、个人收入等方面来综合、具体地考察孕哺对职业发展的影响。

3.2.1 总影响

3.2.1.1 产后工作状态

总体状况

调查发现，对于产后重回工作岗位的感受，六成左右(60.4%)的女科技工作者能够在产后很快恢复正常状态，但也有人表示竞争激烈、要加倍努力(19.3%)，或工作衔接有些吃力(11.8%)，或有距离感、力不从心(7.2%)。

表 3-6 女科技工作者的产后工作状态

主观感受	回答的频率	百分比(%)
竞争激烈，要加倍努力	542	19.3
很快恢复正常状态	1697	60.4
工作衔接有些吃力	332	11.8
有距离感、力不从心	203	7.2
其他	35	1.2
合计	2809	100.0

群体差异

第一，年龄越小的女科技工作者，其产后工作状态的恢复难度越大。

相比高年龄组的女科技工作者，低年龄组的女科技工作者更多地感受到产后竞争激烈、要加倍努力，或工作衔接有些吃力，或有距离感、力不从心。随着年龄的递增，产后很快恢复工作状态的比例也随之提高。51 岁及以上的被调查者能够很快恢复正常工作状态的比例为 79.8%，比 25—30 岁的高了近 30 个百分点。这恰恰反映出，在当前社会转型背景下，女科技工作者面临着更大的职场竞争。

第二，学历越高的女科技工作者，产后工作状态的恢复难度越大。

学历不同的女科技工作者，产后很快恢复正常状态的比例，分别是专科及以下的 75.7%、大学本科的 67.6%、硕士研究生的 55.2%、博士研究生的 45.4%，学历越高，该比例越低，如图 3-17 所示。相应地，学历越高的女科技工作者表示竞争激烈、工作吃力的比例也更高一些。比如，博士研究生学历者认为产后竞争激烈的比例是专科及以下的 4 倍。统计结果也表明，学历不同的女科技工作者的产后工作状态有显著的差异。显然，学历越高的女科技工作者在产后回归工作时面临着更大的挑战和压力。

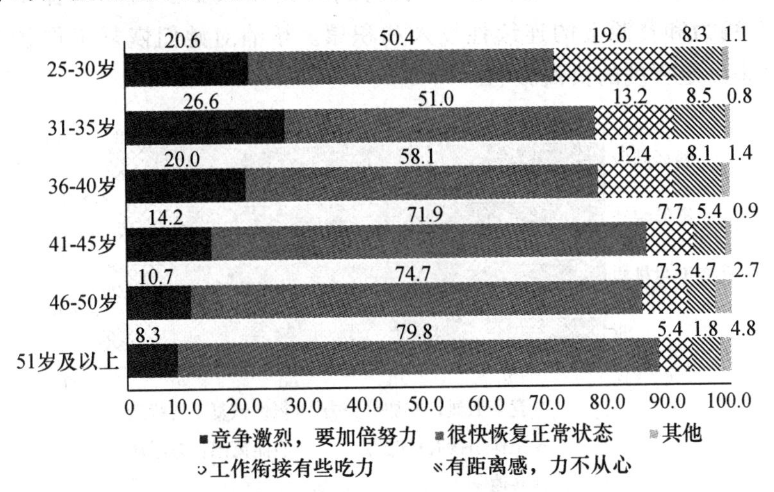

图 3-17　不同年龄段女科技工作者的产后工作状态及比例(%)

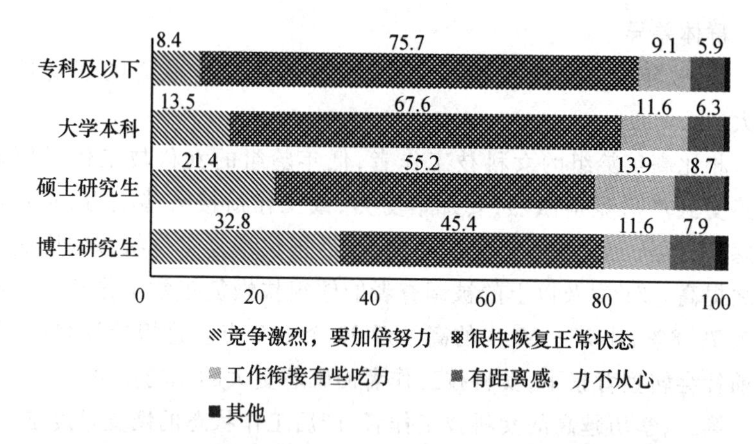

图 3-18　不同工作单位女科技工作者的产后工作状态及比例(%)

第三，高等院校、科研院所的女科技工作者，产后工作状态的恢复难度更大些。

如图 3-19 所示，在企业工作的女科技工作者产后很快恢复正常状态的比例最高，为 67.1%，感到竞争激烈、要加倍努力的比例最低，为 14.0%。前者比高等院校的女科技工作者高了近 12 个百分点，后者则低了近 10 个百分点。这与女科技工作者的职业特性密切相关。正如前文所述，与其他职业不同的是，科技领域更强调劳动者在时间、精力和资源上的连续性投入和积累。孕哺对她们恢复工作状态带来一定程度的负面影响。

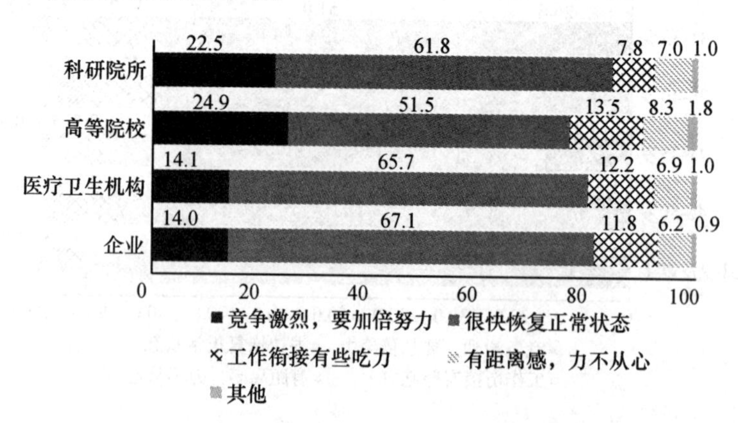

图 3-19　不同工作单位女科技工作者的产后工作状态及比例(%)

第四，职称不同的女科技工作者在产后工作状态的恢复上存在显著的差异。

目前职称越高的女科技工作者，在产后回归工作时表示竞争激烈、要加倍努力的比例越高。如图 3-20 所示，正高级职称的比例为 20.0%，比无职称的高了近 8 个百分点。与此同时，目前职称越低的女科技工作者，感到产后工作衔接有些吃力的比例也远远高于职称较高的女科技工作者。在无职称的女科技工作者中，认为工作衔接吃力的比例为 22.7%，是正高级职称的 2 倍左右。这也从一个侧面反映出，产后工作状态的恢复情况对女科技工作者的职业发展起着至关重要的作用。

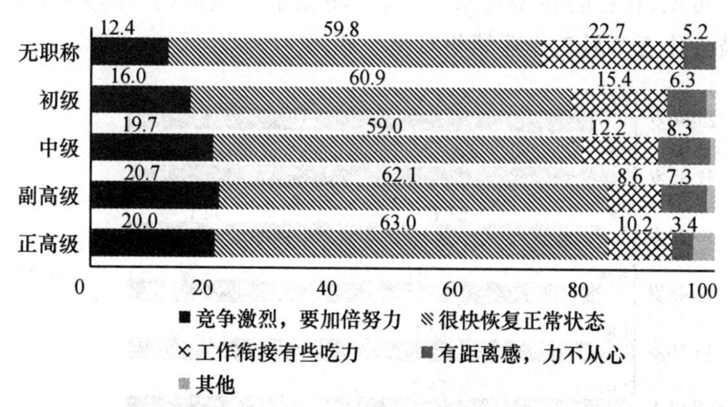

图 3-20　不同职称女科技工作者的产后工作状态及比例(%)

3.2.1.2　产后工作业绩

总体状况

从整体上来看，大部分女科技工作者表示自己在孕哺期的工作业绩与怀孕前相比没有显著变化(62.8%)。不过，也有 30.3% 的女科技工作者认为不如怀孕前，而认为孕哺期的工作业绩比怀孕前好的仅占 7.0%。

表 3-7　女科技工作者的产后工作业绩

工作业绩	回答的频率	百分比(%)
比怀孕前好	180	7.0
和怀孕前没什么特别变化	1620	62.8
不如怀孕前	781	30.3
合计	2581	100.0

群体差异

第一，年龄越大的女科技工作者，产后工作业绩和怀孕前没有变化的比例越高；年龄越小的女科技工作者，产后工作业绩不如怀孕前的比例越高。

随着年龄的递减，认为工作业绩和怀孕前没什么特别变化的比例大幅度降低，不如怀孕前的比例则呈现为递增的趋势。如图 3-21 所示，在 51 岁及以上的女科技工作者中，近八成（78.3%）认为产后工作业绩没什么变化，显著高于 25—30 岁的 59.1%。高年龄组的女科技工作者认为产后工作业绩不如怀孕前的比例明显低于低年龄组。可见，在社会转型背景之下，职场竞争日益加剧，年轻一代的女科技工作者产后工作业绩相对差一些。

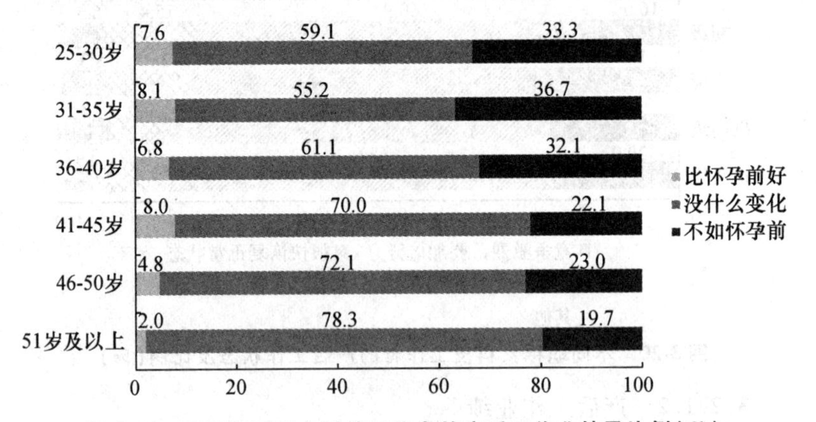

图 3-21　不同年龄组女科技工作者的产后工作业绩及比例（%）

第二，学历越高的女科技工作者，产后工作业绩不如怀孕前的比例越高。

如图 3-22 所示，在博士研究生学历的女科技工作者中，近半数（46.2%）的产后工作业绩不如怀孕前，远远高于硕士研究生的 34.3%、大学本科的 21.6%、专科及以下的 18.2%。同样，随着学历的增高，认为工作业绩在怀孕后没什么变化的比例逐渐降低。

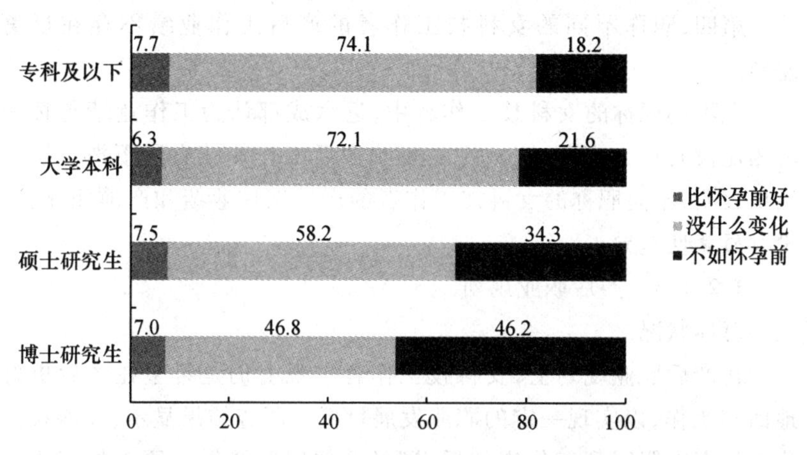

图 3-22　不同学历女科技工作者的产后工作业绩及比例（%）

第三，高等院校、科研院所的女科技工作者，产后工作业绩不如怀孕前的比例更高些。

如图 3-23 所示，在高等院校、科研院所的女科技工作者中，分别有 40.5%、31.2% 认为产后工作业绩不如怀孕前。这一比例明显高于医疗卫生机构的 24.3% 和企业的 20.8%。而认为工作业绩和怀孕前相比没什么变化、比怀孕前好的比例，医疗卫生机构和企业都位居前列。可见，高等院校、科研院所的女科技工作者产后工作业绩可能面临着更大的挑战。

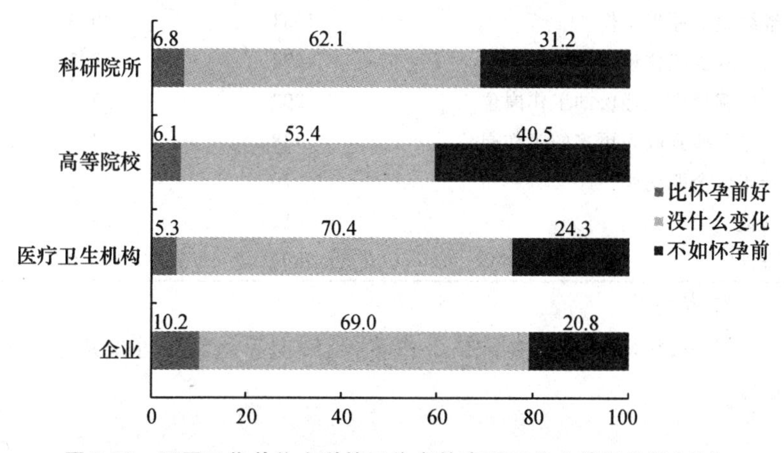

图 3-23　不同工作单位女科技工作者的产后工作业绩及比例（%）

第四,职称不同的女科技工作者的产后工作业绩不存在显著差异。

在不同职称的女科技工作者中,近六成都认为工作业绩与怀孕前相比没有什么变化,三成左右感到产后工作业绩有所下滑。统计结果表明,不同职称的女科技工作者的产后工作业绩和产前相比,并没有显著性差异。

3.2.1.3 产后职业规划

总体状况

在产后职业规划上,女科技工作者主观上仍是希望在产后更好地回归工作,以实现一定的职业发展目标。调查结果显示,女科技工作者休完产假回到工作岗位后,还是希望以继续做好原来的工作为主,占49.3%;其次便是重新更好地规划自己的职业发展,比例为27.2%。至于减少工作量、调换到更轻松的工作岗位、做全职妈妈等迁就孩子和家庭的想法并不多见(见表3-8)。这说明,从个人层面来看,女科技工作者还是希望在产假后尽快融入工作环境中来,充分发挥自身的才能,以实现一定的职业发展目标。

表3-8 女科技工作者的产后职业规划

产后职业规划	回答的频率	百分比(%)
重新更好地规划自己的职业发展	765	27.3
继续做好原来工作	1383	49.3
希望减少工作量	234	8.3
希望调换到更轻松的工作岗位	203	7.2
希望调换到收入更多的工作岗位	138	4.9
希望做全职妈妈	70	2.5
其他	11	.4
合计	2804	100.0

群体差异

第一,年龄越小的女科技工作者,越倾向于重新更好地规划职业发展。

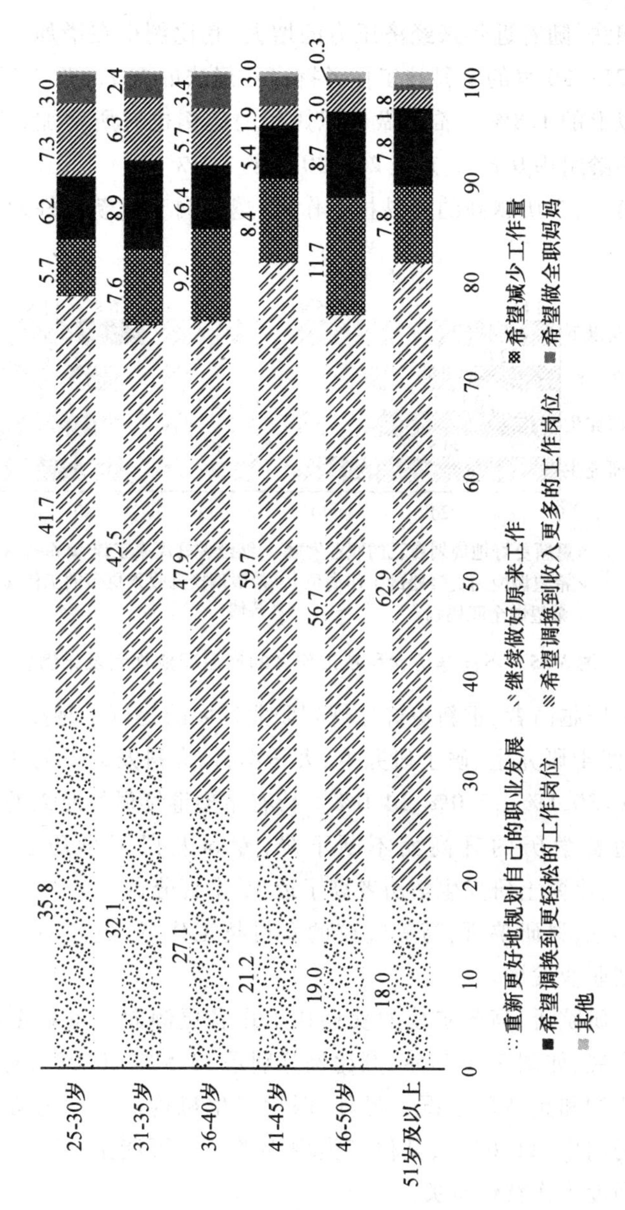

图 3-24　不同年龄组女科技工作者的产后职业规划及比例(%)

从整体上看,随着年龄降低,重新更好地规划职业发展的比例逐渐增高。相应地,想继续做好原来工作的比例则随着年龄的增高而呈现上升的趋势。值得注意的是,希望调换到收入更多的工作岗位这一想法，随着近年来经济压力的增大，其比例也在增加。如图 3-25 所示，25—30 岁的女科技工作者持这一想法的有 7.3%，明显高于 51 岁及以上的 1.8%。希望做全职妈妈的比例也有所增加，从 51 岁及以上年龄组中 0%，上升至 25—30 岁的 3.0%。

第二，学历越高的女科技工作者，越倾向于重新更好地规划职业发展。

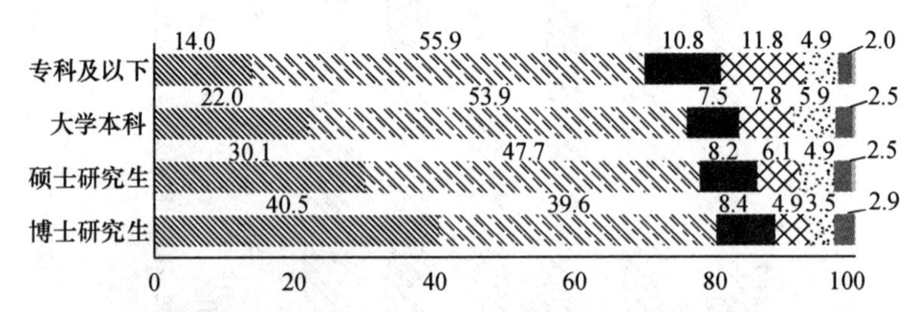

图 3-25 不同学历女科技工作者的产后职业规划及比例(%)

学历越高者，重新更好地规划职业发展的比例也越高。如图3-25所示，博士研究生、硕士研究生、大学本科、专科及以下的比例依次是 40.5%、30.1%、22.0%、14.0%。持有希望继续做好原来的工作的比例也随着学历的升高而不断下降，专科及以下学历者的比例是 55.9%，比博士研究生学历者高了近 15 个百分点。

第三，科研院所、高等院校的女科技工作者，更倾向于重新更好地规划职业发展。

科研院所、高等院校的女科技工作者更倾向于重新更好地规划职业发展，如图 3-26 所示，其比例分别是 33.5%、30.0%，略高于医疗卫生机构和企业的情况。另外，医疗卫生机构的女性更希望调换到轻松的岗位(11.6%)，其他三类则不然。这可能是与医疗卫生机构的高强度工作特性有关。

第四，目前职称越高的女科技工作者，希望产后减少工作量或调换到更轻松的工作岗位的比例相对越低。

统计结果显示，不同职称的女科技工作者的产后职业规划存在显著差异。如图 3-27 所示，目前职称较高的女科技工作者，希望产后

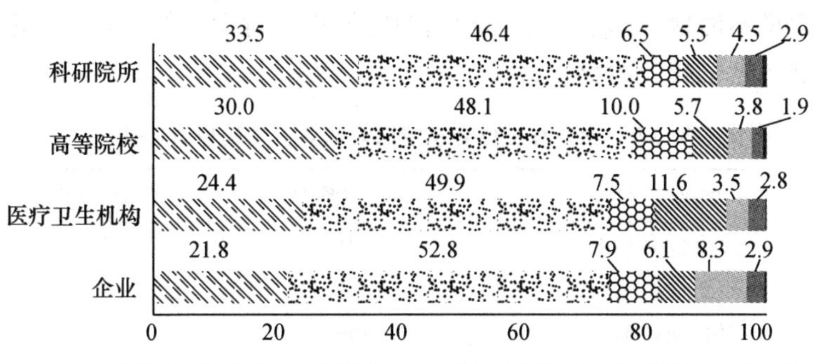

图 3-26　不同工作单位女科技工作者的产后职业规划及比例(%)

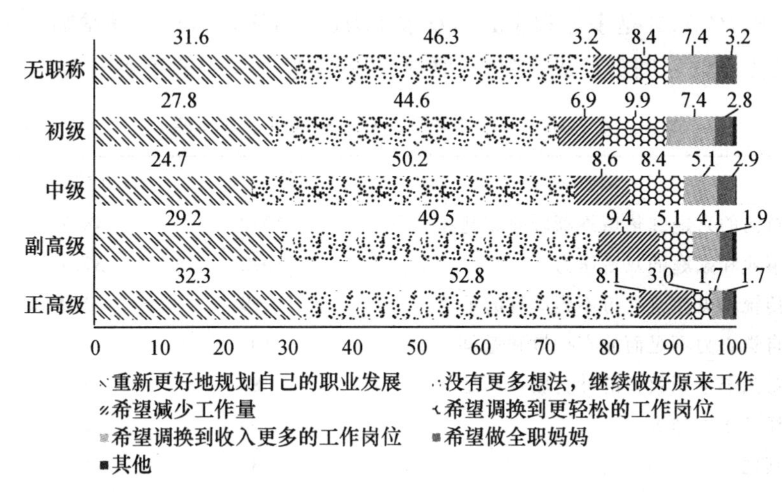

图 3-27　不同职称女科技工作者的产后职业规划及比例(%)

减少工作量或调换到更轻松地工作岗位的比例相对较低。但是，从整体上来看，在不同年龄组中，均有近半数的被调查者产后希望继续做好原来的工作，而希望做全职妈妈的比例都很低。

3.2.1.4　孕哺对职业发展的影响

总体状况

在问到“孕哺期对职业发展是否有影响”时，仅有 7.2% 的被调查者表示完全没有影响，高达 52.5% 认为产生了负面影响，另有 34.2%

对此说不清楚(见表3-9)。可见,孕哺期确实对女科技工作者的职业发展产生了较大的影响。

表3-9 女科技工作者孕哺期对职业发展的影响评估

受影响程度	回答的频率	百分比(%)
完全没有影响	201	7.2
有正面影响	171	6.1
有负面影响	1464	52.5
说不清	954	34.2
合计	2790	100.0

至于孕哺期影响职业发展的最主要因素,被调查者认为基本上有两点(见表3-10):一是自己的兴趣和热情逐渐转向家庭和孩子(48.7%),二是事业和家庭的双重压力(37.4%)。可见,随孕哺而来的更多的家庭责任成为阻碍女科技工作者职业发展的重要因素。

表3-10 孕哺期影响职业发展的最主要来源

影响因素	回答的频率	百分比(%)
自己的兴趣和热情逐渐转向家庭和孩子	1330	48.7
事业和家庭的双重压力	1022	37.4
传统偏见使自己得不到应有的重用	79	2.9
自觉心力不足而放弃拼搏和竞争	108	4.0
对孩子早期教育的社会服务不足	88	3.2
经济压力加大	68	2.5
其他	35	1.3
合计	2730	100.0

群体差异

第一,高年龄组的女科技工作者认为孕哺对职业发展完全没有影响的比例更高;低年龄组的女科技工作者表示孕哺对职业发展有负面影响的比例更高。

认为孕哺对职业发展完全没有影响的比例随着年龄的递增而呈现明显上升的趋势(如图3-28所示),从25—30岁的5.4%上升至51岁及以上的15.6%。此外,持有产生负面影响观点的比例则随着年龄的增加大体上呈现不断下降的趋势，31—35 岁年龄组的比例最高，为 59.6%，而 51 岁及以上年龄组的比例最低，为 37.7%。年龄越小的女科技工作者在孕哺期遭遇了越大的职业发展难题。

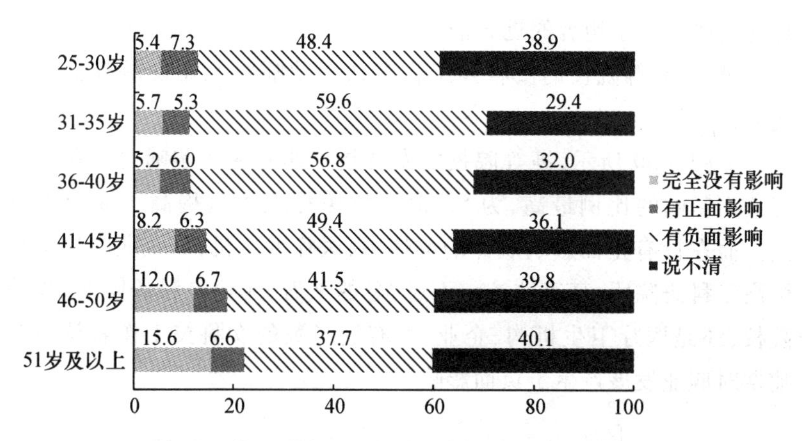

图 3-28　不同年龄组的女科技工作者对孕哺影响职业发展的评价及比例(%)

第二，学历越低的女科技工作者，认为孕哺对职业发展完全没有影响的比例越高；学历越高的女科技工作者，认为孕哺对职业发展有负面影响的比例越高。

统计结果显示，学历不同的女科技工作者对孕哺影响职业发展的评价存在显著差异(见图 3-29)。具体而言，随着学历的升高，认为孕哺对职业发展有负面影响的比例依次增高，其中，博士研究生学历

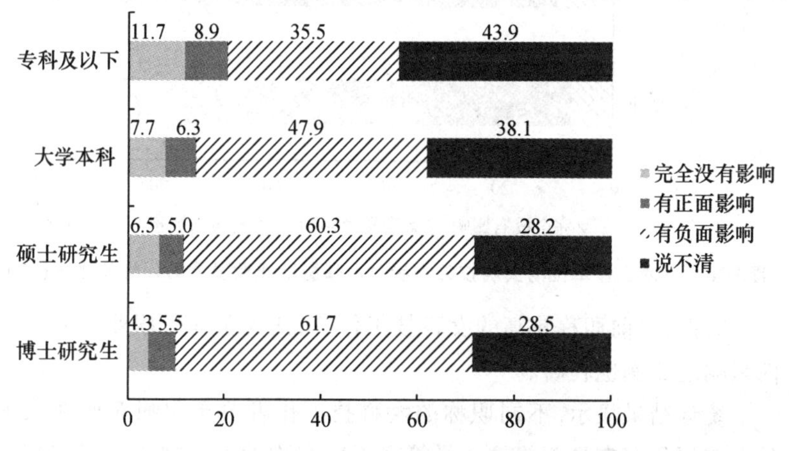

图 3-29　不同学历的女科技工作者对孕哺影响职业发展的评价及比例(%)

者的比例高达 61.7%，这一比例是专科及以下学历者的近 2 倍。此外，我们看到：学历越高的女科技工作者，认为孕哺期对职业发展完全没有影响的比例越低，专科及以下学历者的比例最高，为 11.7%，是博士研究生学历者的近 3 倍。

第三，高等院校的女科技工作者认为孕哺对职业发展有负面影响的比例最高。

如图 3-30 所示，高等院校的女科技工作者认为孕哺对职业发展有负面影响的比例最高，为 57.3%，比医疗卫生机构高了 8 个百分点。而在持有正面影响观点的群体中，医疗卫生机构、企业的比例略微高于科研院所、高等院校。不过，总的来看，无论是科研院所、高等院校，还是医疗卫生机构、企业，均有近半数的女科技工作者认为孕哺期对职业发展产生了负面影响。

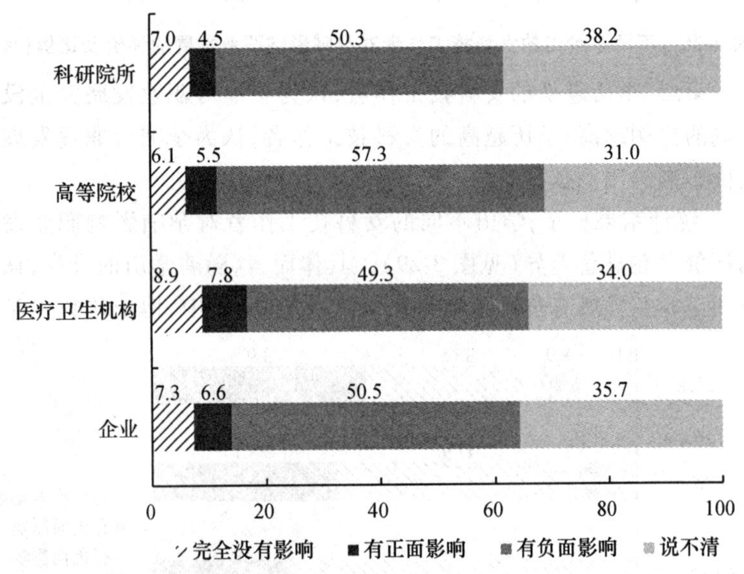

图3-30　不同工作单位的女科技工作者对孕哺影响职业发展的评价及比例(%)

第四，目前职称较高的女科技工作者，认为孕哺对职业发展有负面影响的比例也较高。

统计结果显示，不同职称的女科技工作者关于孕哺对职业发展的影响评价存在显著差异。尽管在不同职称的女科技工作者中均有一半左右表示孕哺对职业发展产生了负面影响，但较高职称的比例仍略高于较低职称的比例。如图3-31所示55.2%正高级职称的女科技工作者认为孕哺对职业发展有负面影响，比初级职称者高了约12个百分点。

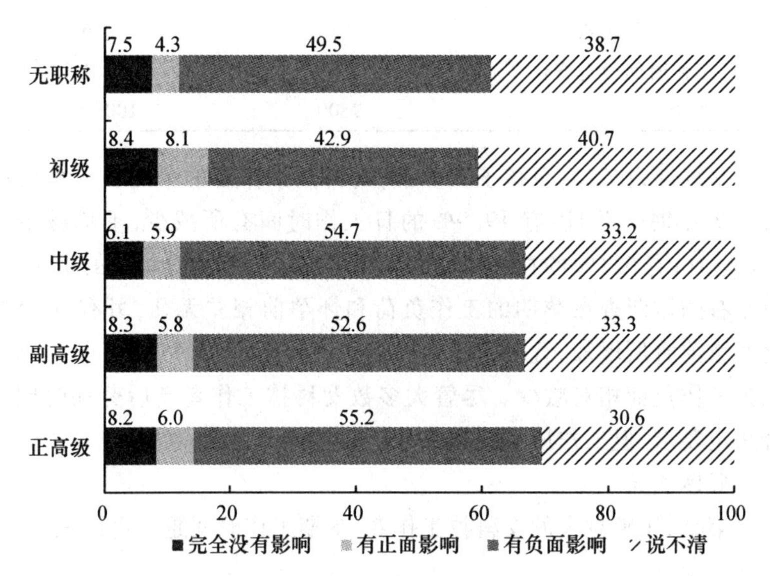

图3-31　不同职称的女科技工作者对孕哺影响职业发展的评价及比例(%)

3.2.2　具体的影响内容

3.2.2.1　工作时间

总体状况

在问卷调查中，有59%的被调查者在怀孕7个月至生产前工作时间并无变化，还有2.6%的被调查者工作时间甚至有所延长(见表3-11)。此外，近半数(46.1%)的女科技工作者在怀孕7个月至生产前仍需要加班完成工作；29%直至出现临产征兆时方停止工作，另有31.6%则工作至生产前1周左右。22.2%的女科技工作者有过因工作而不能定期产检的经历。女性在孕期本应降低劳动强度，注意休息和补充睡眠。然而，调查显示，女科技工作者在孕期的工作压力并未减少，不得不保持既有的工作时间和工作量部分，甚至有所增加。这在很大程度上应当是激烈的职场竞争所致。

表 3-11　女科技工作者孕期工作时间变化情况

工作时间	回答的频率	百分比(%)
工作时间缩短	1079	38.4
工作时间延长	73	2.6
工作时间没有变化	1657	59.1
合计	2809	100.0

据统计,在产后至孩子 3 岁前,女科技工作者的平均日工作时间为 7.7 小时。并且,有 19.9% 的日工作时间有所减少,平均减少了 2.1 小时;有 5.1% 的日工作时间平均增加了 2.1 小时。总的来说,半数左右的被调查在孕期的工作负荷和怀孕前相差无几,另有 34.5% 比怀孕前有所增加,且表示增加很多的占总体的 15.1%,仅有 11.4% 认为工作负荷相对减少。尽管大多数女科技工作者产后劳动时间符合法定要求,但工作压力仍然非常严峻。

群体差异

第一,年龄越大的女科技工作者,孕期工作时间越不可能减少。

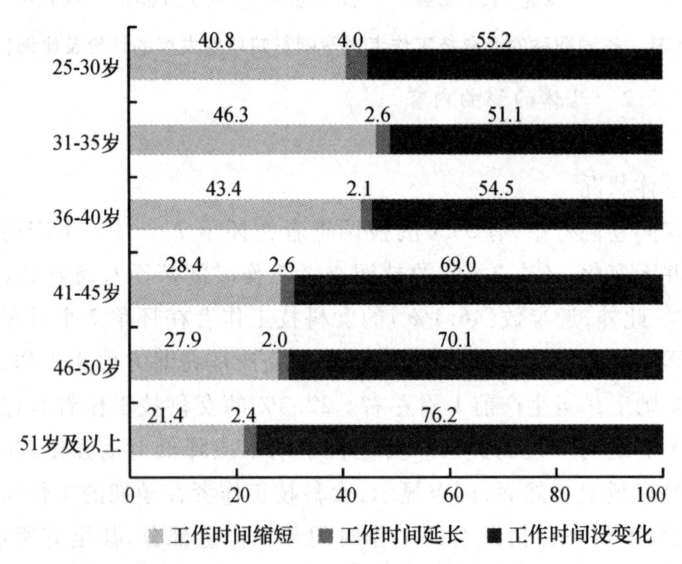

图 3-32　不同年龄组女科技工作者的孕期工作时间及比例(%)

随着年龄的递增,孕期工作时间缩短的比例依次下降。如图 3-32所示,在 25—30 岁年龄组的女科技工作者中,有 40.8% 的孕期工作时间有所减少，但在51岁及以上的年龄组，只有21.4%的工作时间缩短。此外，76.2%的51岁及以上女科技工作者孕期工作时间没有变化，55.2%的25—30岁年龄组的孕期工作时间没有变化。正如前文所述，年龄越大的女科技工作者，其产假时间越短。这些都与我国不同时期的生育政策有关。

第二，学历越低的女科技工作者，孕期工作时间越不可能减少。

随着学历的增高，孕期工作时间缩短的比例依次升高，分别是专科及以下的29.6%、大学本科的31.2%、硕士研究生的41.7%、博士研究生的51.6%。相应地，孕期工作时间没有变化的比例则随着学历的增高而呈现下降的趋势，从专科及以下学历者的69.0%，不断下降至博士研究生学历者的45.5%（见图3-33）。高学历者往往具有更强烈的法律意识，强调个人合法权益的保障，并掌握了相对更多的法律和制度规定。

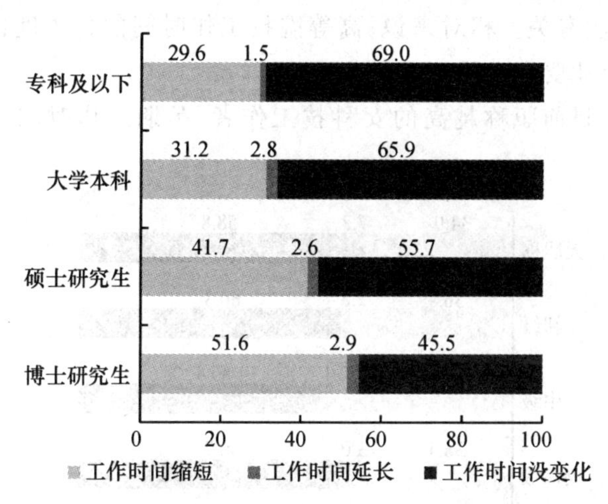

图3-33　不同学历女科技工作者的孕期工作时间及比例（%）

第三，高等院校的女科技工作者孕期工作时间缩短的比例最高，而医疗卫生机构的女科技工作者孕期工作时间没有变化的比例最高。

在孕期工作时间延长的情况上，上述四类工作单位的比例都很低。如图3-34所示，医疗卫生机构的女科技工作者孕期工作时间没变化的比例最高，为71.7%，工作时间缩短的比例最低，为25.5%。高等院校的女科技工作者孕期工作时间缩短的比例最高，为48.3%，

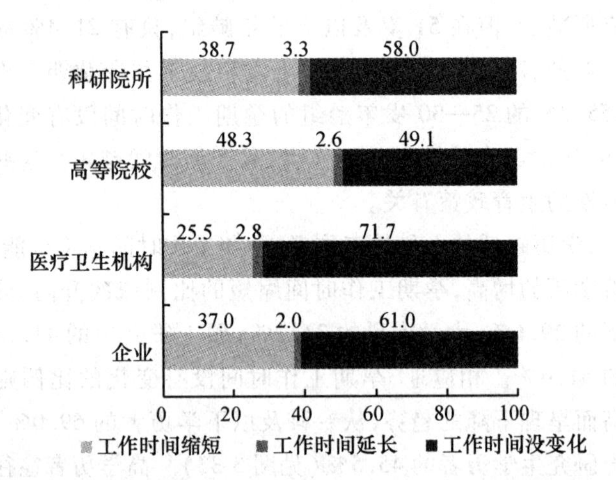

图 3-34 不同工作单位女科技工作者的孕期工作时间及比例(%)

工作时间没变化的比例最低,49.1%。这与不同工作单位的工作环境和工作性质有关。相对来说,高等院校工作时间的自主度比医疗卫生机构、企业要高一些。

第四,目前职称越高的女科技工作者,孕期工作时间越不可能减少。

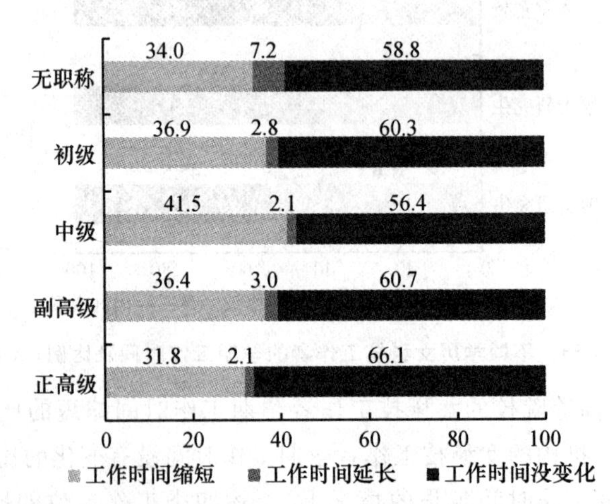

图 3-35 不同职称女科技工作者的孕期工作时间及比例(%)

统计结果显示,不同职称的女科技工作者孕期工作时间存在显著差异。如图 3-35 所示,目前是正高级职称的女科技工作者,孕期工作时间缩短的比例最小，为31.8%，而孕期工作时间没有变化的比例最高，为66.1%。显然，为了寻求更好的职业发展，女科技工作者即便在孕期也不得不加快工作进度。这在一定程度上给她们的健康带来了潜在的隐患。

3.2.2.2　工作岗位

总体状况

表3-12　单位对女科技工作者产假后工作的建议与调整

单位的建议与调整	回答的频率	百分比(%)
没有建议或调整	2376	85.0
建议承担更多工作	133	4.7
不再让承担更多工作	206	7.4
建议调换岗位	68	2.4
其他	13	0.5
合计	2796	100.0

表3-12显示了单位对女科技工作者产假后工作的建议与调查。另外，在问到"产假期间您的岗位工作是如何安排"时，大部分(64.8%)女科技工作者表示领导调整了工作安排，由他人代替；其次是暂时中断手中的工作，比例为17.5%；还有少数是自己安排由同事临时代替(8.6%)或部分工作带回家干(6.6%)。这意味着，孕哺的确对女科技工作者工作的完成存在一定的影响，从而对工作岗位的变动带来了潜在的风险。

在产后，女科技工作者要想顺利实现职业发展，首先必须解决的问题是保住原来的工作岗位。从整体上看，一成左右(9.8%)的被调查者实际上遭遇了这一问题，分别有7.4%、2.4%被单位建议毋庸承担更多工作或调换岗位。实际上，有38.8%的女科技工作者有过因生育耽误了承担核心工作的机会。而且，在这些工作建议或调整中，有34.6%明确表明是因为有了孩子。

群体差异

第一，不同年龄组的女科技工作者在产后工作岗位变化上不存在显著差异。

统计结果表明，不同年龄组女科技工作者的产后工作岗位变化并没有显著差异。对于不同年龄组的女科技工作者来说,均有一成左右需要面对单位对工作任务减少的建议与调整。比如,在25—30岁年龄组中,有12.9%被建议不再让承担更多工作或调换岗位。

第二,不同学历的女科技工作者在产后工作岗位变化上不存在显著差异。

从整体上来看,85%的女科技工作者都没有遭遇单位对工作的建议与调整(见表3-12)。统计结果显示,不同学历女科技工作者在产后工作岗位上并没有显著差异。

第三,保住工作岗位对企业中的女科技工作者来说难度更大。

如图3-36所示,企业中有10.6%的女科技工作者不再被赋予更多的工作,3.8%直接调换了工作岗位,比例明显高于其他三类工作单位,尤其是高于科研院所、高等院校。相对来说,后者的工作自主性较大,而企业有更严格的坐班制度和绩效考核制度。

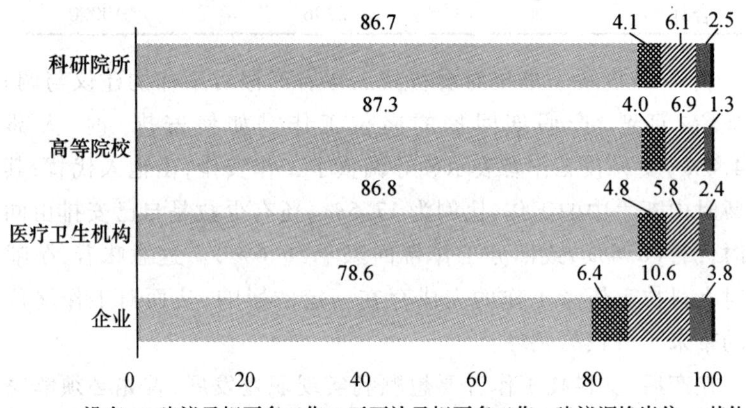

图3-36　不同工作单位的女科技工作者产后工作情况及比例(%)

第四,目前职称较低的女科技工作者,单位不再让其承担更多工作的比例更大。

统计结果显示,不同职称的女科技工作者的产后工作存在显著差异。如图3-37所示,在无职称的女科技工作者中,有11.5%不再被赋予更多的工作,而初级、中级、副高级、正高级职称的比例分别是7.7%、7.9%、6.8%、4.3%。可见,目前职称越低的女科技工作者,越有可能面临单位对其工作的调整。这也反映出生育确实给女科技工作者职业发展带来了挑战。

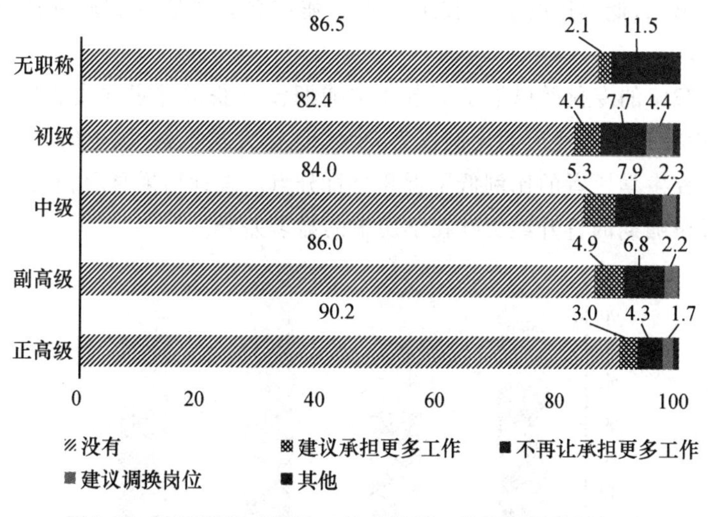

图 3-37 不同职称女科技工作者产后工作情况及比例(%)

3.2.2.3 职务和职称的晋升

总体状况

职务和职称的晋升是对个人工作业绩的肯定。在问卷调查中，多达 37.3% 的女科技工作者因生育而耽误了晋升的机会。并且，有 64.9% 未曾在孕哺两期内获得过晋升，尽管有 14.9% 的被调查者对孕哺期的晋升持有非常期待的态度。

表 3-13 女科技工作者的晋升期待

对晋升的期待	回答的频率	百分比(%)
无所谓，顺其自然	1864	66.3
暂时放下	527	18.7
非常期待	420	14.9
合计	2811	100.0

群体差异

第一，不同年龄组女科技工作者孕哺期的晋升没有显著差异。

统计结果表明，不同年龄组的女科技工作者在孕哺期晋升职务和职称上并没有显著差异。从整体上来说，对于不同年龄组的女科技工作者来说,均有七成左右没有获得过职务和职称上的晋升。

第二,低学历的女科技工作者孕哺期晋升过职务和职称的比例更低。

72%的专科及以下学历者在孕哺期没有获得过职务或职称的晋升,而有过晋升经历的比例仅为28%,这比大学本科、硕士研究生、博士研究生学历者的比例低了近8个百分点。统计结果显示,女科技工作者孕哺期的晋升经历存在学历上的显著差异。

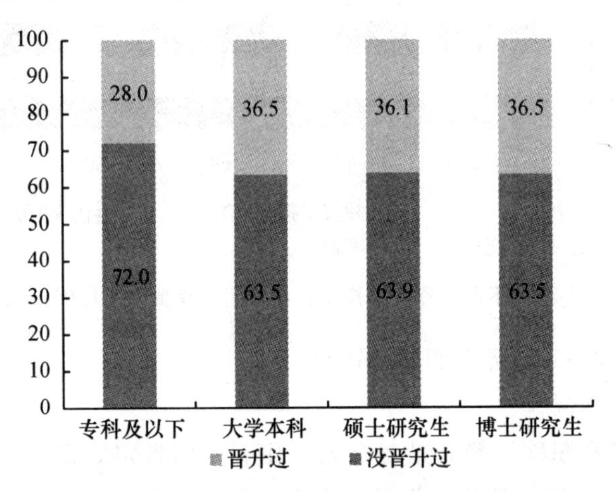

图3-38　不同学历女科技工作者孕哺期晋升过职务和职称的情况及比例(%)

第三,不同工作单位的女科技工作者在孕哺期的晋升方面没有显著差异。

在科研院所、高等院校、医疗卫生机构、企业四类不同的工作单位内部,被调查者在孕哺期没有过职务和职称晋升的比例都高达65%左右。统计结果显示,不同工作单位的女科技工作者孕哺期的晋升没有显著差异。可见,女科技工作者在孕哺期的晋升困难是每类工作单位都存在的问题。

第四,职称越高的女科技工作者,在孕哺期晋升过职务和职称的比例越高。

目前职称越高者,在孕哺期晋升过职务和职称的比例越高。在目前具有副高级、正高级职称的被调查者中,均有43.4%曾在这一时期内晋升过职务和职称,而仅有24.4%的初级职称者曾得到过晋升,无职称者曾晋升过的比例仅有13.5%(见图3-39)。这恰恰从另一个角度说明,孕哺期正是女科技工作者整个职业生涯的关键时期。

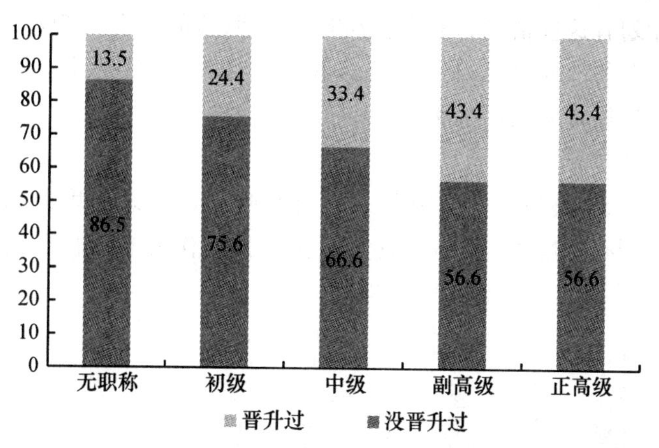

图3-39　不同职称女科技工作者孕哺期晋升过职务和职称的情况及比例(%)

3.2.2.4　培训和交流机会

总体状况

在问卷调查中,近60%的女科技工作者在孕哺期内并没有参加过短期培训,没有参加过长期培训的比例更是高达82.8%(见图3-40)。其中,有57.9%的女科技工作者曾因生育耽误了参加短期培训的机会。即便是在参加者中,参加的频率也是以1—2次为主,参加过3次及以上短期培训和长期培训的比例分别为23.8%、8.3%。至

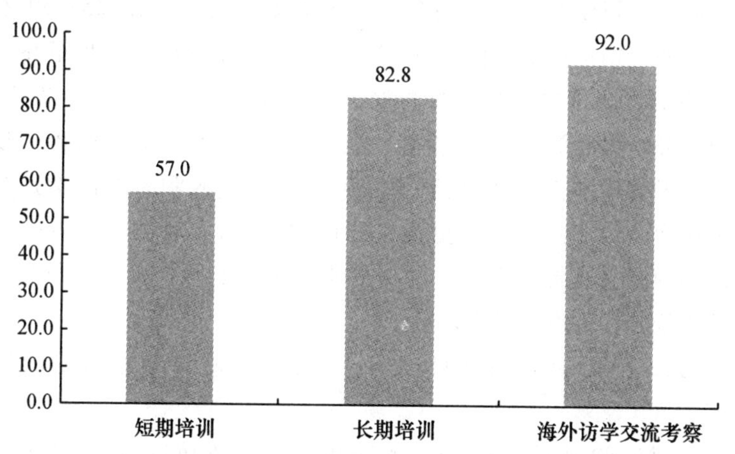

图3-40　女科技工作者孕哺期未参加过培训和交流的比例(%)

于海外访学/交流/考察活动,仅有8%的被调查者有过类似经历,并且原计划有这些活动,但因怀孕/哺乳而取消的也有3.5%。培训和交流机会的放弃必然会带来资源积累的中断,最终对女科技工作者的职业发展带来负面的影响。

群体差异

第一,年龄较小的女科技工作者孕哺期参加短期培训和海外访学的比例有所增加,而年龄较大的女科技工作者参加长期培训的比例更高。

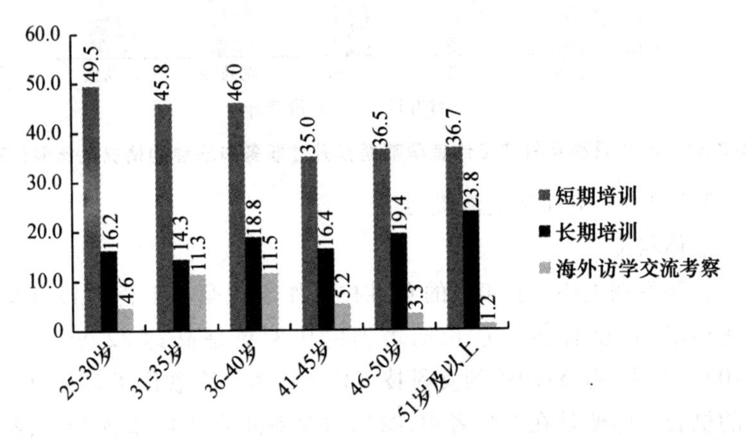

图3-41 不同年龄组女科技工作者在孕哺期培训和交流的情况及比例(%)

近年来短期业务培训的参加情况有所改善。比如,25—30岁年龄组参加短期培训的比例高达49.5%,比51岁及以上年龄组高了近11个百分点。这主要是改革开放的大环境使然。但值得注意的是,长期业务培训和海外访学/交流/考察的情况并没有太大改善。较之与一两天的学术交流和培训,中长期的业务进修和海外访学是个体学术功力和专业技能提升更为主要的途径,对女科技工作者个人职业发展的意义非常重要。这说明孕哺女科技工作者面对的职业发展和后代抚养的冲突并没有弱化。

第二,学历越高的女科技工作者,孕哺期到海外访学的比例越高。

如图3-42所示,随着学历的升高,有过海外访学、交流、考察经历的比例有了显著的提高。至于长期培训,不同学历者之间并不存在

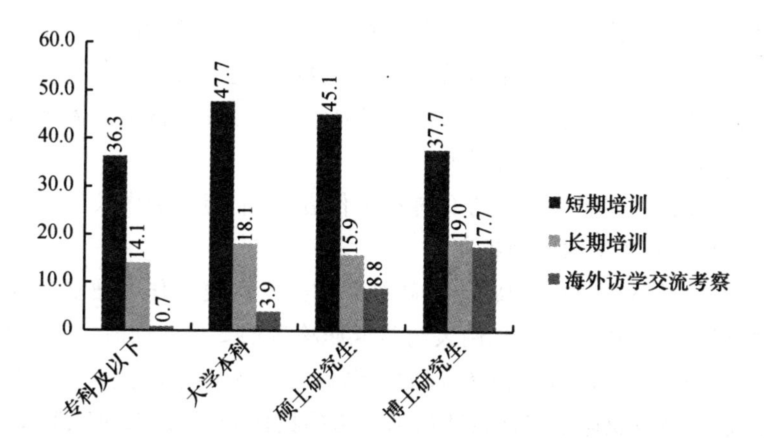

图 3-42 不同学历女科技工作者在孕哺期培训和交流的情况及比例(%)

显著差异。不过,总的来看,无论是短期培训、长期培训,还是海外访学,专科及以下学历者所占的比例都是最低的。因此,给女科技工作者提供充分的培训和学习机会是很有必要的。

第三,科研院所、高等院校的女科技工作者孕哺期参加海外访学的比例较高,医疗卫生机构、企业的女科技工作者参加短期培训的比例较高。

来自科研院所、高等院校的女科技工作者参加海外访学的比例分别是 11.8%、10.8%,大约是医疗卫生机构、企业的 2 倍(见图 3-43)。而在医疗卫生机构、企业中,近半数的被调查者都参加过短

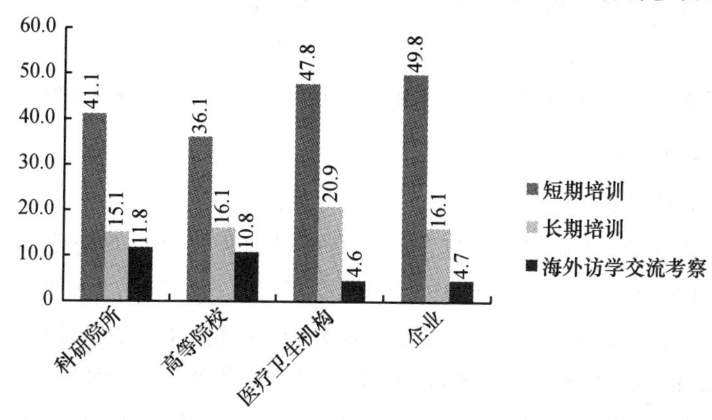

图3-43 不同工作单位女科技工作者在孕哺期培训和交流的情况及比例(%)

期培训，这一比例又显著高于科研院所、高等院校的情况。至于长期培训，医疗卫生机构的比例最高，为20.9%。这主要是与不同工作单位的工作特性决定的，近年来科研院所、高等院校日益强调海外访学经历，并且这类机会也有增加。

第四，目前职称越高的女科技工作者，孕哺期参加中长期的业务进修和海外访学的比例越高。

问卷调查发现，副高级、正高级职称的女科技工作者孕哺期参加过访学、交流或考察的比例大约是低职称者的2倍。同时，较高职称的女科技工作者参加长期培训的比例也明显高于低职称者。比如，副高级、正高级职称者有过长期培训经历的比例分别为21.6%、22.2%，远远高于中级、初级、无职称的比例（如图3-44所示）。可见，培训和交流机会是女科技工作者职业发展的助力，但是实际情况令人担忧。

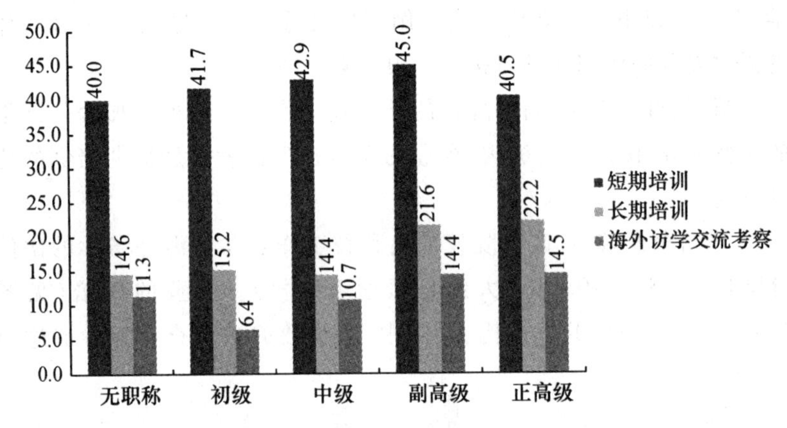

图3-44　不同职称女科技工作者在孕哺期培训和交流的情况及比例（%）

3.2.2.5　工作产出

总体状况

在问到“孕哺期工作成果产出与怀孕前相比有没有变化”时，近半数（47.1%）的女科技工作者表示没有变化；另有23.9%明确表示有所减少，12.6%认为有所增加。此外，在工作成果减少的原因中，负担加重、精力不足位列首位（81.3%）；其次是工作精力分散（77.9%），需要一段时间调整（70.0%）。可见，孕哺期工作和家庭的双重压力对女科技工作者的工作成果产生决定性的影响。

课题是衡量科技工作者工作成果的关键指标。正如我们反复提及的，在社会转型背景下，科技体制开始纳入以自由和竞争为特征的市场元素，课题制成为我国的科研项目管理与资源分配方式，这种分配方式的实质是确立市场化的合同制度，通过竞标和承包来分配资源，以实现资源效用的最大化。因此，为了获取更大的提升可能，女科技工作者有必要参与课题竞争，实现资源积累。在调查中，我们发现，孕哺期会对女科技工作者的课题参与产生不同程度的影响。一方面，高达 89.5% 的女科技工作者都认为怀孕和哺育孩子对成功申请课题产生了负面影响，其中认为是明显的负面影响的更是占了被调查者的 33.7% 。另一方面，女科技工作者孕哺期所负责/参与的研究课题以本单位自立的项目为主，高达 68% ，其他级别研究项目相对较少（见图 3-45）。并且，她们也多是参与者的角色，而非研究项目的负责人。例如，尽管有 45.1% 参与到省部级研究项目之中，但作为负责人的仅占 10.3% 。这也从一个侧面证实了其负面影响的存在。因此，无论是从研究项目的规模和数量，还是从所承担的具体任务，女科技工作者在课题申请方面的处境都不容乐观。

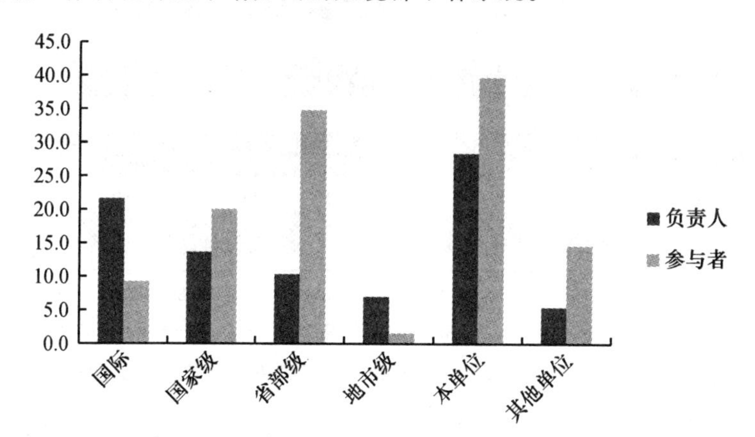

图 3-45　女科技工作者孕哺期负责或参与的研究课题情况及比例（%）

群体差异

第一，年龄越小的女科技工作者，孕哺期课题申请的难度越大。

从图 3-46 可见，课题比以前更难获得的比例随着年龄的递增而逐渐降低，25—30 岁年龄组的比例是 11.6% ，大约是 51 岁及以上年龄组的近3倍。此外,不想太累、放弃申请的比例也大体随着年龄的递增而逐渐降低,从25—30岁的21%下降至51岁及以上的10.9%。这说明,对于年轻一代的女科技工作者,课题申请的难度更大一些。

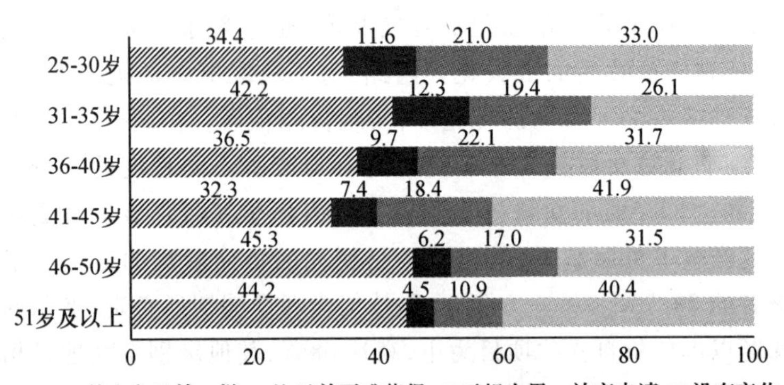

图3-46 不同年龄组女科技工作者孕哺期的课题申请情况及比例(%)

第二,学历越高的女科技工作者,孕哺期课题申请的难度越大。

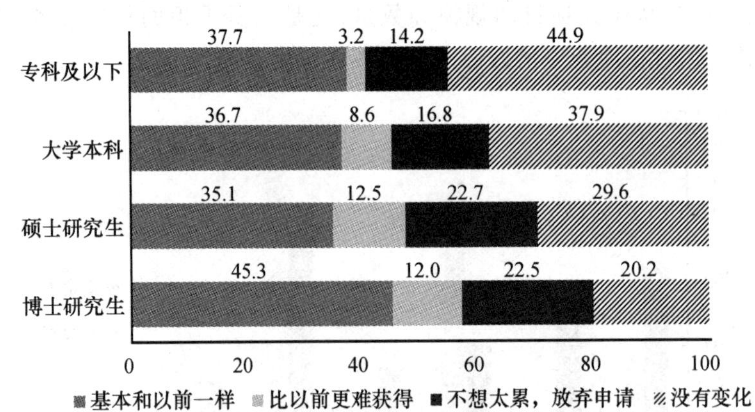

图3-47 不同学历女科技工作者孕哺期的课题申请情况及比例(%)

学历越高的女科技工作者,往往在孕哺期的课题申请上处在更为艰难的处境,比以前更难获得或不想太累、放弃申请的比例都更高一些。如图3-47所示,硕士研究生、博士研究生学历者认为孕哺期课题比以前更难获得的比例分别是12.5%、12.0%,这远远高于专科及以下的3.2%、大学本科的8.6%。类似地,14.2%的专科及以下学历者和16.8%的大学本科学历者表示孕哺期不想太累、放弃申请,这显著低于硕士研究生的22.7%和博士研究生的22.5%。

第三，高等院校的女科技工作者，孕哺期课题申请的难度更大。

如图3-48所示，高等院校的女科技工作者在孕哺期遭遇了更大的课题申请困难，其表示课题申请比以前更难获得或不想太累、放弃申请的比例都是最高的，分别是13.2%、24.0%。此外，在不想太累、放弃申请的情况中，医疗卫生机构的比例也很高，为23.0%，仅次于高等院校；科研院所、企业的比例相差无几，都比其他两类单位低了大约10个百分点。

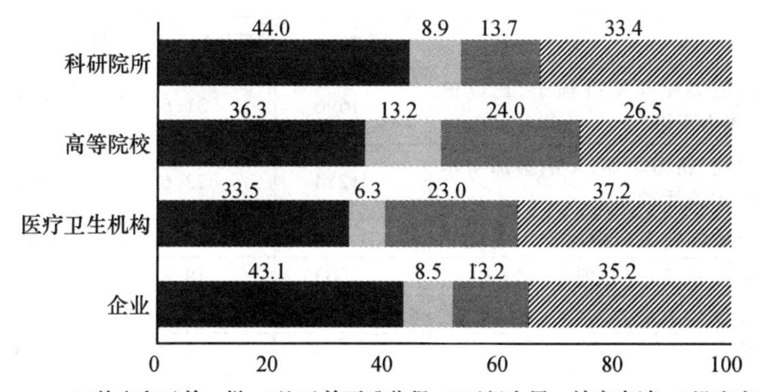

图3-48　不同工作单位女科技工作者孕哺期的课题申请情况及比例(%)

第四，目前职称越高的女科技工作者，孕哺期课题申请的难度相对较小。

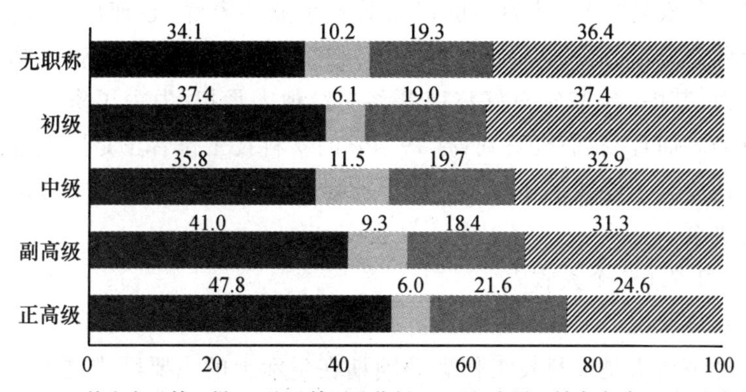

图3-49　不同职称女科技工作者孕哺期的课题申请情况及比例(%)

统计结果显示，不同职称的女科技工作者在孕哺期的课题申请上存在显著差异。如图 3-49 所示，目前是正高级职称的女科技工作者认为课题申请基本和以前一样的比例最高，高达 47.8%。不过，我们也看到，对于不同职称的女科技工作者，表示课题申请比以前更难获得或不想太累、放弃申请的比例都很大。总之，孕哺期课题申请的困难对女科技工作者的职业发展产生了负面影响。

表 3-14 女科技工作者孕哺期负责/参与研究课题的主要困难

主要困难	响应		个案百分比(%)
	样本量	百分比(%)	
要工作还要照顾家庭孩子，比以前辛苦，体力下降	1696	31.6	68.2
由于时间、精力不够，影响参加学术交流和相关活动	1214	22.6	48.8
精力分散导致工作效率比以前低	774	14.4	31.1
兼顾事业和家庭，心理压力较大	1063	19.8	42.8
基本没什么困难	210	3.9	8.4
机会减少	313	5.8	12.6
其他	90	1.7	3.6
总计	5360	100.0	215.6

如表 3-14 所示，与工作成果减少的原因相类似，课题参与最主要的困难还是来自于既要工作还要照顾家庭和孩子，比以前辛苦，体力下降。其次是时间、精力不够以及兼顾事业和家庭，心理压力较大。问卷调查显示，近一半(47%)的女科技工作者在产假期间曾面临课题压力，其中，有 32% 只好将课题移交给他人承担，失去了资源积累的机会。而且，我们也看到：有 19.4% 的女科技工作者正是因上述困难主动放弃了课题的申请；有 34.3% 则是因生育直接放弃了课题申请的机会。

3.2.2.6　个人收入

总体状况

经济压力是女科技工作者孕哺期在生活上的主要困难之一。如图 3-50 所示，共有 57.3% 的被调查者在休产假期间的收入低于产前收入，甚至有 22.2% 不足产前收入的一半。同时，仅有 25.4% 和

11.7%的被调查者表示工作单位发放生育津贴和其他补贴。可见经济压力可能导致一些女科技工作者在抚育孩子的方方面面不得不亲力亲为,必然会挤占大量本应用于职业发展的时间和精力;同时,这也增添了她们对家庭和生活的焦虑,产生较大的心理压力。最终的结果便有可能影响女科技工作者产后的职业发展。

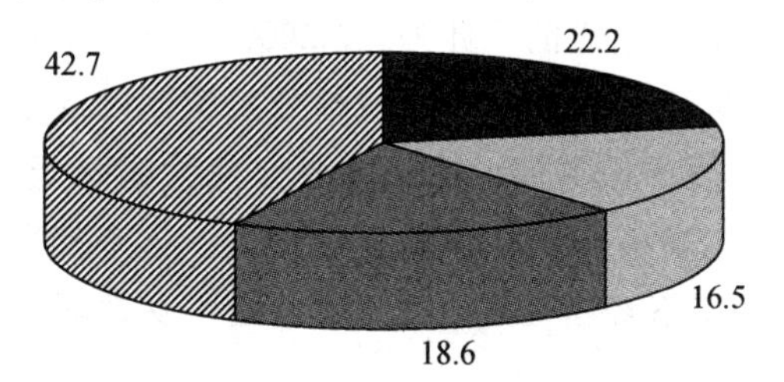

图 3-50　女科技工作者产假期间收入的情况及比例(%)

群体差异

第一,年龄越小的女科技工作者,产假期间收入减少越多。

统计结果表明,不同年龄组的女科技工作者产假期间的收入存在差异。如图 3-51 所示,在 25—30 岁年龄组的女科技工作者中,高达 30.5% 孕哺期的收入下降至产前收入的 50% 及以下,和产前一样多的有 33.5%,而 51 岁及以上年龄组中仅有 10.20% 的收入下降至产前的 50% 及以下,和以前一样多的比例高达 63.3%。也就是说,收入问题在年轻群体中更为严峻。

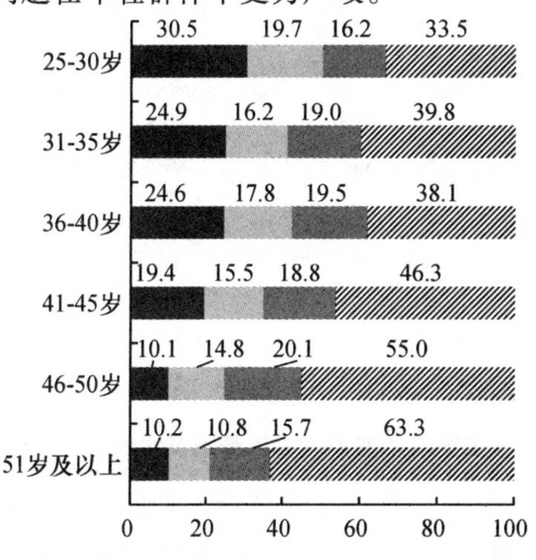

图 3-51　不同年龄组女科技工作者产假期间收入的情况及比例(%)

问卷调查还显示，在2000年以后生育的女科技工作者中，27.6%不到产前收入的一半，这一比例比2000年以前生育的高了近10个百分点。实际上，这也是与社会转型背景密不可分。改革开放以来，跻身母亲行列的个体及其背后的核心家庭（还要加上他们出生于其中的母家庭）承担起几乎全部的抚育孩子的工作，而在计划经济时期，这些工作中有许多是由国家帮助完成的。此外，在2000年以后工资分配制度进入全面深化改革阶段。随着科技领域绩效工资制度的落实，基本工资的比重相对减少，产假期间的收入水平自然大幅降低，而在这一时期内抚育孩子的消费需求则比以前要大得多。这些都导致孕哺期女科技工作者及其家庭经济压力的增大，加剧了女性职业发展与抚育孩子之间的矛盾。

第二，博士研究生学历的女科技工作者，产假期间收入减少的比例最少。

统计结果显示，学历不同的女科技工作者孕产前后的收入存在显著差异（见图3-52）。53.1%的博士研究生学历者产假期间的收入与产前收入一样多，比其他学历者均高出十几个百分点，而产假期间收入是产前收入的50%及以下、50%—70%、70%及以上的比例也都是最低的，分别是19.8%、12.1%、15.0%。

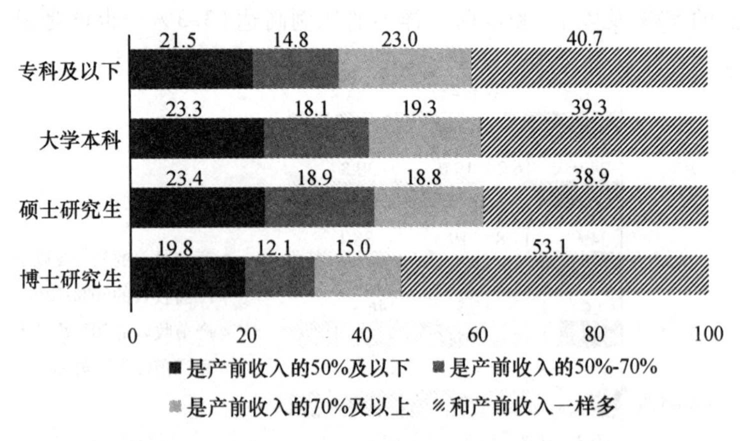

图3-52 不同学历女科技工作者产假期间收入情况及比例（%）

第三，科研院所、高等院校的女科技工作者产假期间的收入相对稳定，医疗卫生机构、企业的女科技工作者产假期间的收入则显著减少。

来自科研院所、高等院校的女科技工作者产假期间的收入和产前一样多的比例最高,分别是54.2%、56.8%。而医疗卫生机构的情况恰恰相反,收入和产前一样多的比例最低,仅占了22.7%,不到产前收入的一半所占的比例最高,为39.5%。在企业工作的女科技工作者产假期间的收入是产前收入的一半所占的比例仅次于医疗卫生机构,且其收入是产前收入的50%—70%或70%及以上的比例最高(见图3-53)。可见,企业的女科技工作者孕哺期收入显著减少。

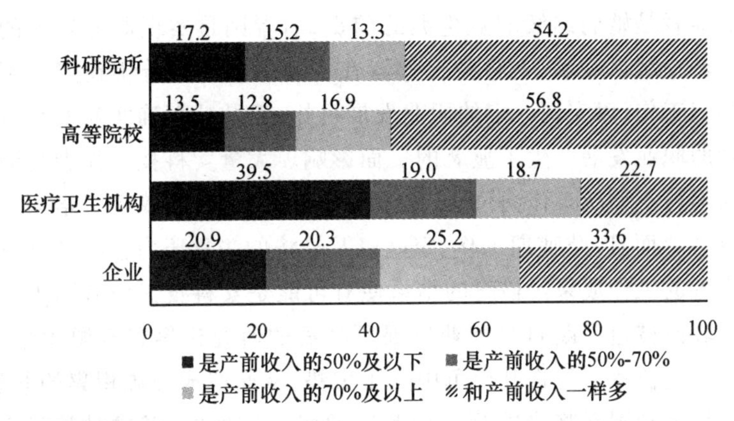

图3-53 不同工作单位女科技工作者产假期间收入情况及比例(%)

第四,目前职称越低的女科技工作者,产假期间的收入减少越多。

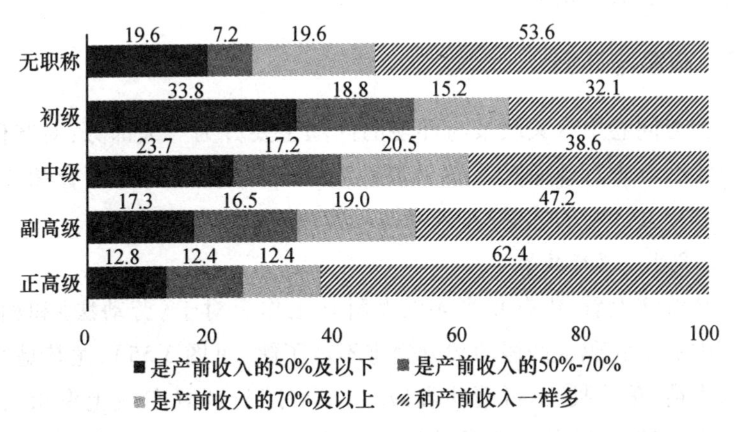

图3-54 不同职称女科技工作者产假期间收入情况及比例(%)

统计结果表明,职称不同的女科技工作者产假期间的收入存在显著差异。目前是正高级职称的女科技工作者,和产前收入一样多的比例最高,高达62.4%;其次是副高级职称的47.2%、中级职称的38.6%。事实上,职称与年龄存在显著的正相关,年龄较小的女科技工作者职称相对较低。某种程度上仍然是我国工资分配制度改革的结果。

女科技工作者要想在产后顺利实现职业发展,必须解决两个问题:一是保住原来的工作岗位;二是保持与无生育者同等的晋升速度。前者是她们继续职业生涯的前提,后者则是实现职业发展的条件。调查结果显示,女科技工作者在主观上仍然是希望在产后更好地回归工作,以实现一定的职业发展目标,但孕哺期确实对女科技工作者的职业发展产生了显著的负面影响。大量女科技工作者或因生育而不得不调换工作岗位,或耽误了晋升的机会,或放弃了培训和交流机会。而且,孕哺期工作、家庭以及经济的多重压力影响了女科技工作者的工作成果。最终的结果便有可能是女科技工作者因为生育和哺乳而被迫中断自己职业发展所必需的研究积累和资源积累,使她们在岗位竞争与晋升竞争中处于劣势,从而造成资源积累的断裂,且这种不利因素将影响到她们此后的职业发展中,形成对其职业生涯的持久性影响。必须指出的是,这一影响在不同的年代、工作单位有着不同的体现。总的来说,孕哺对于年轻一代的女科技工作者来说是一个更大的挑战。

3.3 政策与环境

调查问卷中有关政策与环境的问题主要分为三大部分:对产假、生育津贴等现行政策的态度及其执行情况的评价;对与生育相关的单位和社会环境的感受;对未来的政策建议。

3.3.1 现行政策

从整体上看,仍有相当多的女科技工作者对于《劳动法》和相关政策中关于女职工产假的部分规定不甚了解(见图3-55),尤其是“经本人申请、单位批准,可请哺乳假6个半月”这项规定(《上海市女职工劳动保护办法》第十六条,属于地方性法规)的了解比例不足一半,仅为 46.6%。这表明我们仍然要加大对相关法律法规的宣传力度。

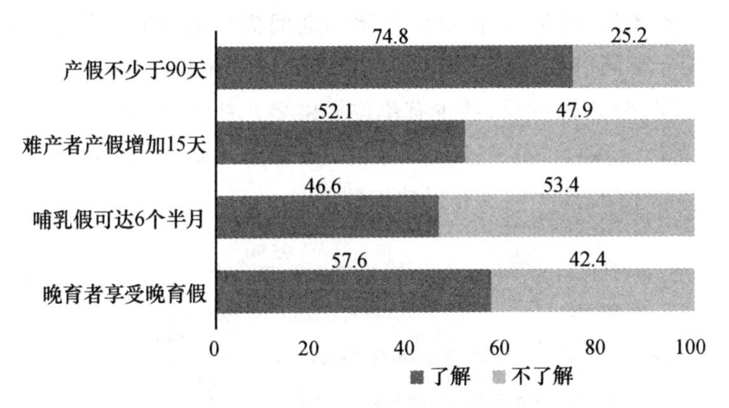

图 3-55　女科技工作者对现行产假政策的了解情况及比例(%)

不过,调查发现,近八成(79.4%)的女科技工作者能够按规定享受产假,仅有 10.9% 由于工作需要休假少于规定期限。可见,产假的执行情况还是比较乐观的。但需要指出的是,在 2000 年以后生育的人中,实际休假少于规定期限的比例是 2000 年以前生育的 2 倍。

对于上述产假政策,一半左右(53%)的女科技工作者认为休假时间充分或基本合适,也有 40.6% 认为休假时间不够。不过,2012 年新修订的《女职工劳动保护规定》已经将产假延长至 98 天(原规定为 90 天),可视作对这一问题的解决。

对于其他政策,女科技工作者普遍认为比较合理,比例均在 90% 以上(见图 3-56)。

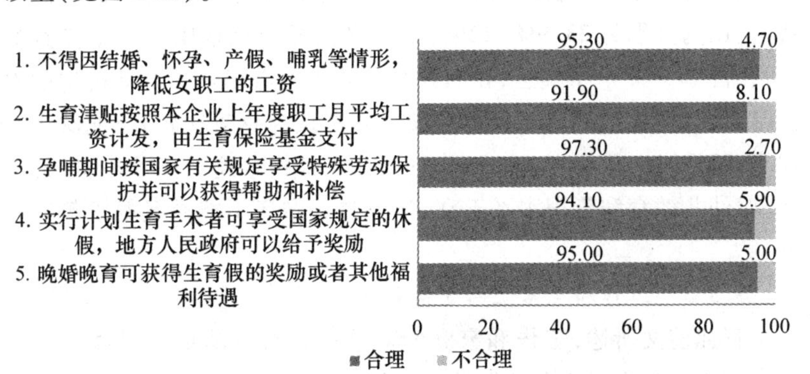

图 3-56　女科技工作者对生育相关政策的评价及比例(%)

3.3.2　单位和社会环境

由图 3-57 可知，工作单位在孕哺期间提供的便利条件和待遇主要有领导和同事的探望（75.1%）、孕哺期减少工作量（43.4%）、弹性工作时间（43%）；相反，甚少有单位提供婴儿补贴（1.9%）、设置挤奶室（2.6%）或哺乳室（4.1%）；并且，仅有 25.4% 的女科技工作者领取过生育津贴，70.6% 没有男性护理假。

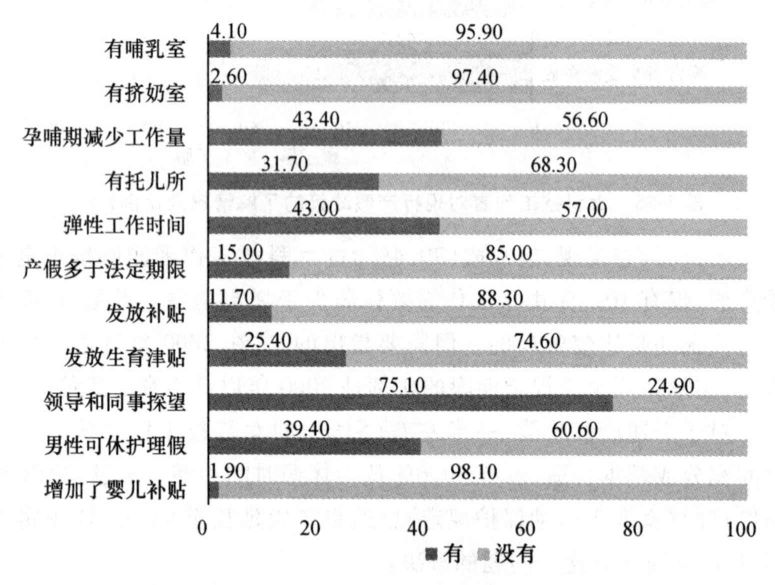

图 3-57　单位提供生育便利条件和待遇的情况及比例（%）

其中，产假多于法定期限、领导和同事的探望是最为满意的两项待遇，比例分别为 23.9%、22%；未能提供托幼机构则是最不满意的待遇，占 27.4%。事实上，在问到对目前我国市场化的托幼机构的看法时，仅有三成（33.2%）的女科技工作者认为总体比较好，能够满足需求；80% 以上认为当前的托幼机构存在价格普遍过高、资质好的不多、对幼儿教育和管理水平不高、规模和分布还不能满足要求等种种问题。

3.3.3　工作和生活上的支持和帮助

正如前文所述，工作和家庭的双重压力对孕哺期女科技工作者的工作成果产生了不利的影响。当问到家庭和工作的冲突主要有哪些方面时，排在前两位的分别是看护孩子和早期教育很牵扯精力、常常妨碍自己较好地完成工作(48.8%),工作竞争压力更大了、常常因为工作无法更多地照顾孩子和家庭(30.5%)。此外,也有8.6%的被调查者将冲突归结为社会服务体系不健全,6.4%表示是相关保障措施不足。上述两点分别排在第三位、第四位。还有4.3%的被调查者认为家庭和工作冲突的来源是家庭的和谐和支持不够。

表3-15　家庭和工作冲突的主要问题

家庭和工作冲突的影响因素	回答的频率	百分比(%)
孩子的看护和早期教育很牵扯精力,常常妨碍自己较好地完成工作	1337	48.8
工作竞争压力更大了,常常因为工作无法更多地照顾孩子和家庭	835	30.5
家庭的和谐和支持不够	117	4.3
相关保障措施不足	175	6.4
社会服务体系不健全	235	8.6
其他	41	1.5
合计	2740	100.0

相应地,女科技工作者对孕哺期的政策建议也是围绕工作和生活两大方面。首先,在谈及女科技工作者孕哺期在工作上最需要得到的支持和帮助时(见表3-16),最重要的便是给予平等的晋升、培训和交流机会(67.5%)以及保留工作岗位(57.4%)。有女科技工作者在对国家进一步完善相关政策有何建议时写到:“孕哺期女性的休假期间适当减少科研工作量,年度考核业绩应有弹性合理范围,不能单纯以数字考核工作量,更不能因此不给予评优聘任的平等机会。”

表3-16　工作上的支持和帮助

工作上的支持和帮助	响应		个案百分比(%)
	回答的频率	百分比(%)	
保留原工作岗位	1587	21.5	57.4
给予平等的晋升、培训和交流机会	1866	25.3	67.5
改善工作条件	1297	17.6	46.9
给予更多的激励机制	809	11.0	29.3
放宽项目申报和评奖准入门槛	406	5.5	14.7
延长科研课题结题时间	577	7.8	20.9

（续表）

工作上的支持和帮助	响应		个案百分比（%）
	回答的频率	百分比（%）	
课题经费给予适当倾斜	220	3	8
专门设立女性科研项目	596	8.1	21.6
其他	16	0.2	0.6
总计	7374	100	266.8

另外，基于女科技工作者在孕哺期的身体状况、工作任务等，工作单位可适当地改善工作条件。这也是被着重强调的内容。比如，在课题申请方面，希望能够延长结题时间或专门设立女性科研项目，以弥补孕哺期所带来的工作损失。

至于生活上的支持和帮助，则希望能够解决女科技工作者的后顾之忧，使其更好地追求个人的职业发展。对于这一时期的女科技工作者来说，在生活上最需要得到的便是保障工资待遇不降低和生育津贴、托儿补贴等的发放，各占64.7%、61.5%（见表3-17）。

表3-17　生活上的支持和帮助

生活上的支持和帮助	响应		个案百分比（%）
	回答的频率	百分比（%）	
工作单位设立哺乳或挤奶室	578	8.1	20.7
工作单位设立托儿所	1627	22.9	58.2
保障生育津贴、托儿补贴等的发放	1720	24.2	61.5
保障孕产期工资待遇不降低	1808	25.5	64.7
增加配偶的带薪陪护假时间	1320	18.6	47.2
其他	48	.7	1.7
总计	7101	100.0	254.1

其次是希望工作单位设立托儿所，比例为58.2%。还值得一提的是，47.2%的被调查者希望增加配偶的带薪陪护假时间。

由上可知，我国现行的生育政策得到了女科技工作者的高度认可，但单位和社会提供的生育环境、规章制度的制定和落实尚有待改善。其中，平等的晋升、培训和交流机会是被调查者最看重的工作支持；保障工资待遇不降低和生育津贴、托儿补贴等的发放则是最需要的生活帮助。

第四节　对策建议

由上可知,女科技工作者在孕哺期面临着职业发展上的实际问题,且这种不利因素将会积累至她们此后的职业发展,形成对其职业生涯的持久性影响。针对上述调查结果,我们提出以下几点对策与政策建议,以期改善女科技工作者在孕哺期的生活质量与工作环境,促进女科技工作者的学术成长和职业发展,保障妇女的生育权、健康权,推动性别平等的进步。

(一)加大对生育权的重要性及相关法律法规的宣传力度,使广大民众真正认识到生育关系到国家和社会发展的大局,从来不是个人、尤其是妇女自身的责任,同时也鼓励妇女学法、懂法、知法,切实维护自身的合法权益。

(二)国家应当从女科技工作者孕哺期的工作和生活实际情况出发,制定并进一步完善相应的政策法规,为女科技工作者的产后职业发展提供必要的制度保障。在此,强烈建议在《女职工劳动保护规定》中增加"配偶带薪陪护假"。这恰恰是被调查者希望得到的生活上的支持之一。

(三)充分发挥政府职能部门的监管力度以及工会、妇联、科协等各类社会力量的监督作用,加大对不履行保护孕哺女性合法权益的违法单位和个人的惩罚力度,真正为孕哺期的女科技工作者争取更多权利,为孕哺期遭受各种不平等待遇的女科技工作者提供帮助与支持。

(四)给予女科技工作者孕哺期职业发展上的倾斜性政策支持。首先,给予平等的晋升、培训和交流机会。要出台相关刚性政策,要求用人单位对孕哺期女科技工作者执行有弹性的业绩考核标准;在业绩评优和职称聘任时,充分考虑女科技工作者人口再生产的社会贡献,在条件相同时优先考虑孕哺期女性的晋升;积极为孕哺期女科技工作者提供能兼顾工作和休息、便于哺育的培训和交流访学的平等机会。其次,进一步完善科研项目管理体系。鼓励孕哺女性申请科研基金和项目,并给予倾斜性扶持。建议设立孕哺女性专项科研基金,以弥补孕哺女性申请科研项目竞争力的削弱。

（五）适当调高生育津贴,新增托幼津贴补助,以解决女科技工作者孕哺期生活上的后顾之忧。这应由国家来统一支付,以减少用人单位对于雇佣女职工的顾虑。借鉴并改进日本现行的《育儿·护理休假法》(2010 年 4 月 1 日实施)规定,由国库负担女科技工作者产假期间减少的部分绩效工资,使其产假期间收入总数不少于原收入的 80%;在女科技工作者产假上班后至孩子 3 岁前(幼儿园可以接受之前),由国家支付每人每月一定数额的托幼津贴,以减轻孕哺期女性或利用家庭资源或请家政工帮助抚育的经济压力,使他们能将更多的时间投入工作。

（六）建立健全孕哺期保健和社会托幼机构体系。鼓励女职工比较多的用人单位应尽可能以自办或者联办的形式,逐步建立孕妇休息室、哺乳室、托儿所、幼儿园等设施,并妥善解决其在生理卫生、哺乳、照顾婴儿方面的困难。搞好社会托幼机构的布局、结构、质量、收费和监管,是解决包括女科技工作者在内的孕哺期女性工作与育儿冲突的长远之举。

第四章　女科技工作者孕哺期职业发展定性研究报告

——基于36份个案访谈资料的分析

王君莉*

第一节　研究内容与主要思路

本研究的主要研究内容是为了解女科技工作者“孕哺”两期对职业发展的影响。为此，我们在全国范围内开展了问卷调查，并在北京、长春两地集中进行个案访谈。问卷调查和个案访谈都试图了解女科技工作者孕哺期的生活、工作状况，展现她们在这一生命事件中遇到的各种问题以及她们的应对策略，并倾听她们的呼声，力图在政策上提出更有现实意义的建议。

本章的主要内容是基于个案访谈的资料，呈现孕哺期女科技工作者所面临的问题与困境，以及她们的应对策略、应对成效、态度改变等。

个案访谈部分，是在了解受访对象的基本教育经历、家庭结构等基本信息基础上，将访谈内容着重聚焦于孕期、哺乳期及幼儿三岁前的家庭生活状况、工作变化（包括产前、产后）、职业类型、职业环境等一系列涉及受访者“孕哺”两期生活和工作状况的内容。通过一对一的深入访谈，从受访者个人生活史入手，了解受访者个体特征，逐步

---

* 王君莉，北京大学2011级女性学研究生。

深入到职业、家庭的方面，了解其家庭结构、职业发展状况，并着重访问关于孕哺期工作与家庭的协调问题，深入研究主题，力图更加全面、具体地了解受访者在孕哺期为平衡工作和家庭所做出的努力，以及她们的收获或转变。获取个案访谈资料之后，对访谈资料进行细致深入的整理与分析，呈现出不同个案在应对孕哺这一重要生命事件中做出的不同选择，以及实际的协调效果。简言之，个案访谈始终聚焦于研究主题，突出个体的典型性和事件的深入性。

第二节 调研过程

2011 年 11 月至 2012 年 3 月，课题组研究人员选取了女科技工作者较为集中的北京市和样本较易获得的吉林省长春市作为访谈地点，访谈对象为科研院所、高等院校、医疗卫生机构以及科技企业中的女性技术人员、科研人员和教学人员等。

访谈进行前，首先确立了访谈对象选择的标准：年龄在 20 至 60 岁之间，有过生育经历，在科研院所、高等院校、科技企业、医疗卫生机构等从事科学技术研究工作或科研教学工作的女性，均为潜在的受访对象。

课题研究人员——北京大学中外妇女研究中心的师生，就访谈提纲如何设计进行了多次深入讨论。最终在杨善华老师的指导下明确了访谈提纲：在较为广泛的了解受访对象基本资料的同时，聚焦于与“孕哺”有关的生活、工作经历，特别注意她们如何在“孕哺”期间对职业、家庭双重重担的平衡，以及她们对目前政策环境的感受和对政策改善的需求和建议。

通过中国女科技工作者协会、北京大学中外妇女研究中心的合作关系，联系到相关高校、科研院所、科技企业或医院的妇女研究机构、工会等有关部门，获取符合条件的受访对象名单，再从中抽取访谈对象；另外在科技工作日活动开展当天（2011 年 12 月 17 日），在中国女科技工作者协会的座谈会现场随机联络到四位受访对象，并进行了访问。

为确保访谈质量，每个访谈持续 1.2 至 2 小时不等；除一名医务工作者的访谈在医院进行，一名高校教师的访谈在科技日活动现场进行，可能受到一定程度的环境噪音干扰之外，其他访谈均在指定的会议室或单独的办公室进行，基本确保了访谈环境安静，以及访谈内容的相对私密性；为保证访谈资料收集的完整性，且便于整理和分析，在征得受访对象同意的前提下对访谈过程进行了全程录音。

访谈提纲的具体内容亦在实际的访谈过程中逐步完善。2011 年 11 月，通过北京大学工会摸底排查确定了文理科各两位女性教学科研人员作为访谈对象，课题组师生分四组进行首轮访谈。访谈后，立即召开交流研讨会，各组通报访谈情况和遇到的新问题，课题组根据实际情况调整、补充访谈提纲，完善访谈细节。2011 年 12 月，部分师生奔赴长春开展访谈。他们白天在有关单位进行访谈，晚上回到宾馆进行讨论分析，从中发现新的问题，寻求解决和改善的办法，力图不断提升访谈质量。最终，访谈分为三组开展工作，由 11 名研究人员分担访谈和整理任务，在持续三个多月的访谈过程中，每结束一组访问，研究人员就会进行一次集中讨论，力求提出有助于改善下一次访谈的启发性建议，并对访谈资料进行及时整理。

资料的整理和初步分析亦做到尽可能的细致、全面，课题组师生将访谈内容逐字转录成文字稿，记录访谈日志，并在小组内进行资料分析和课题讨论。初步整理发现，在 37 位受访对象中，只有一位在访谈中表现出质疑和抗拒，其他 36 位受访对象都对访问给予了极大的理解和支持，坦陈了她们的“孕哺”经历，并对女科技工作者在“孕哺”期的现实状况给出自己的理解和建议。她们认为，使有关部门和人员了解孕哺期女性的工作和生活状况，说出女性自身的实际需求，不仅是必要的，更具有造福后来人的重要意义。访谈完成后，研究人员对获取到的访谈录音进行整理和归类，筛选对了解女科技工作者“孕哺”有重要意义的内容，做进一步的研究。37 位受访对象中，科研技术人员 16 名，高校教师有 15 名，企业行政人员 2 名，医护工作者 4 名。受访时年龄最大者 54 岁，年龄最小者 31 岁；生育年龄最大者 37 岁，最小者 24 岁；除一名科研人员生育有两个孩子、一名没有生育外，其他都只生育一个孩子。

总之，个案访谈调研部分从提出研究主题，确定访问提纲，选取受访对象，开展访问工作，直到整理分析调研资料，在有关单位的大力支持和受访者积极配合以及研究人员的共同努力工作下，整个调研过程顺利，调研结果比较理想。

第三节　主要调研结果

被访女科技工作者与其他绝大多数女性一样，要经历结婚、生育、抚养、照料家人，过为人妻、为人母的家庭生活。而作为一名科技工作者，她要经过更长久的知识积累才能跨入职业门槛。进入科技界后她们又要承担更高强度、更高压力的工作内容才能求得个人价值的实现。这种情况下，如何更好地平衡、兼顾家庭与职业，就是女科技工作者不得不面对的巨大挑战。以 36 份有效调研访谈资料为依据，本节将就以下主要方面展开论述：首先，女科技工作者在孕前、产后的个人计划与抉择；其次，女科技工作者在“孕哺”期所面临的家庭照料与职业发展困境；再次，孕、产期工作的协调与产后返岗的再适应；最后，相关法律法规和工作环境对女科技工作者平衡“工作—家庭冲突”的积极和消极作用。

3.1　现状：孕前、产后的个人计划与抉择

女科技工作者在生育事件上存在基本一致的模式：普遍较晚结婚、较晚生育；在进行生育规划时都会考虑生育事件对其学业、职业发展的影响；她们热爱自己所学的专业和所从事的工作，在家庭重担骤然加重之时仍在努力协调平衡职业与家庭的关系。

在所调研的 36 位受访对象中，大部分女科技工作者有较为明确的孕产规划，而进行孕产规划时当事人考虑的因素主要是怀孕和生育的时机。根据孕产发生的时机和被调研人群的工作、学习的意愿，可大致将孕产结果分为两种，即：孕产符合自己的预期、孕产不符合自己的预期。在孕产时机不符合预期的人群中，部分人会持续孕产，而另一部分人则会主动选择终止妊娠、延迟生育。

3.1.1　考虑学业状况

科技领域对从业者的知识储备和学术技能要求较高，往往有较

高的准入门槛。尤其是随着教育的不断发展和科学技术的迅速提升，科技领域的准入门槛更是不断攀升，如今高等教育和科研院所的职位往往要求候选人具备硕士及以上学位，一些岗位甚至要求必须具有博士学位。这就意味着科技工作者的受教育年限比一般从业者更长。具体来说，正常情况下，一个六岁入小学的孩子，要接受六年小学教育、六年中学教育、四年大学本科教育，外加至少五年的硕博连读教育。通常需要接受21年以上的系统教育才能取得博士学位，获得进入科技行业的资格。而此时，年逾28岁的女博士毕业生，刚刚要进入工作岗位大显身手，却又"不合时宜"的正处于人生中结婚、怀孕、生育的最佳阶段，问题就这么泰山压顶般逼近每一位女科技工作者。

在我们的调研中，36位受访者中有29位毅然选择生育给学业让步，在完成学业之后才考虑生育（见表4-1）。

由于年代的关系，20世纪八九十年代参加工作的一批人，因那时候职业准入门槛不似今日之高，一些人本科毕业就踏上科技工作岗位（在我们的案例中有5位属于20世纪八九十年代本科毕业参加工作的），但实际的工作要求她们必须一边工作，一边继续攻读硕士学位。我们将这群人当中，选择攻读在职硕士之前先完成生育的策略称为"先生育后读书"。自20世纪80年代以来，少数人已经踏上工作岗位，选择一边读在职硕士或在职博士学位一边生育（在我们的案例中有2位属于这种情况）；进入21世纪以后可能尚未进入工作领域，在读全日制硕、博期间也选择了一边读书一边生育（案例中有1位属于这种情况），我们将以上两种类似策略统称之为"一边读书一边生育"。不管是三十年前还是现在，更多的人会选择完成硕、博学习，甚至是工作稳定之后才考虑生育，需要指出的是这里其实也有两种情况，一种情况是在读完书（硕、博学位）以前受访对象已经在工作，另一种情况是读完书（硕、博）以后才开始工作，我们将这两种情况下先完成学业才考虑生育的策略都称为"读完书再生育"。表4-1是对36位被访者平衡学业与生育策略的汇总。

表 4-1　女科技工作者知识储备与孕产规划策略

知识储备与孕产规划	人数	百分比(%)
先生育后读书	4	11.11
一边读书一边生育	3	8.33
读完书再生育	29	80.56
总计	36	100

注:此处的“读”意味着本科教育完成之后的更高一层的教育(含在职教育)。

表4-1解释了女科技工作者在孕产与知识储备态度上的一些特点。在这些女科技工作者中,多数人认识到自己当时所学专业及学历可能不足以支撑未来职业发展的理想,因而有意识的继续深造,提升自己的学历,为将来的职业理想奠定基础。实际上,我们确实发现,在上世纪八十年代本科毕业就进入科技领域的女性,工作不久就开始攻读在职硕士、博士学位;而21世纪以来,科技领域门槛提高,女科技工作者在开始职业生涯以前,就必须获得硕士、博士学位。科技工作对知识储备的要求提高,入职竞争激烈,必然使得有志于科技工作的女性更加严格要求自己,先读书获得学历资格,掌握相对充足的知识技能以便胜任将来的工作。于是,生育为学业让步,就成为她们不约而同的选择。

从表4-1的数据可见,80%以上的受访对象将完成学业获得足够的知识储备作为重中之重,不管她们是否已经获得职位,提升学历以更好地开展工作都是她们所追求的重要内容。

……因为刚开始,大家都在忙……两个人(夫妻俩)都在外地,刚开始就是觉得还是大家都先奋斗吧,然后两个人又都分别读硕士、读博士,(就觉得)兴许两人把书都读完了,念到头了……才能考虑生孩子吧……(AJ1LY)

……然后念书,博士也不是那么随便混混的,还是比较难念的。……你既要生小孩,又要念博士,你就得考虑你自己的情况。后来我们就考虑自己的情况,还是计划要把我们自己的大事弄完之后,踏实下来再要孩子。人的精力本来就有限,你非弄这一个,又弄那一个,那就顾不过来。只能按自己的计划,一步

一步来。(BY2HF)

尽管大多数人选择在读完书之后才生育,但仍然有为数不多的较为“另类”的选择。也就是先生孩子再工作:

……当时(1989年)能读硕士也是非常难的,所以毕业以后就工作了嘛,工作之后呢就发现研究生学历还是很好的,虽然本科学历就已经很不错了,所以当时就想赶快先要孩子,要完孩子之后就读硕士……(BZ2XX)

……(生孩子)是本科毕业后结婚第二年的事。……后来又读书。寒假完了(孩子)就快断奶了,呵呵,寒假完了再上课(孩子)就叫我妈给带走了。那时候孩子刚走,就要考研……(工作)觉得还有压力,就想彻底去考研了……(AC4EI)

值得一提的是,受访者中生育年龄最小的三位(分别是24岁、25岁、27岁)都属于“先生育再读书”的情况。其实,不管是继续深造在先,还是生孩子在先,这些女科技工作者对自己的人生、职业、家庭都是有着某种规划的。即便是选择在深造之前完成生育,她们其实也都是出于尽早完成生育以便更好的继续学习的考虑。

3.1.2　考虑工作状况

结束学业,进入职业发展阶段后,女性在考虑是否生育这一问题时,考虑的因素转移至工作发展。众所周知,学历层次和职业发展紧密相关,顺利达到一定的学历层次是某些行业职业发展的必要条件,出于学业的考虑而延迟生育和出于职业发展的考虑延迟生育在本质上的一致的,即个人发展的理想对这一群体来说至关重要。

我都工作了四年才要(孩子),那时候我都是三十多岁的人了,再不要的话就太晚了……我本科一毕业就结婚了,然后就一直没有要(孩子),就是一直到读完研究生,又工作了四年才要了孩子,这孩子要的挺晚的……主要是那时候毕竟是过了三十岁了,的确是该要孩子了。计划着要的。(E1CY)

……那个时候没有自己的概念,也没有想过要孩子。……一心扑在中心建设上……一直到中心建起来了,才开始考虑要孩子,已经34岁了。(DF3JY)

个人对职业发展的考虑是推迟生育的主要原因之一，但同时，单位工作环境也在无形中对女性的生育年龄进行隐形的“干预”，一些单位在雇佣女性的时候会考虑到其生育状况，甚至明确要求未生育女性在初入职若干年内不得生育。而对于某些单位这种不合理要求，很多将职业发展置于人生重要位置的女性表示接受甚至支持。受访对象AG1FF提到，当年她刚入职，跟单位签合同的时候，单位要求她两年内不能要孩子，而她自己当时也觉得可以理解并且接受了这种要求。

……因为你刚来单位两年，肯定要先把工作稳定了，我自己也是这样想的，先把工作稳定了，稳定了之后再谈孩子的事情……(AG1FF)

找工作的时候，那时候的主任肯定是说，你已经结婚了，你准备什么时候要孩子。当时我就肯定的回答说，我几年内都不会要孩子。因为当时我就是那么想的嘛，你看我工作以后四年才要的孩子……他作为领导，他肯定要考虑这些事情，总不能说招聘一个人进来，然后马上就怀孕生孩子……(E1CY)

工作在女科技工作者内心占有重要的位置，她们最初大多是因个人兴趣而选择了自己的专业方向(调查中36位受访对象，有31位是自己选择的专业)，且具有比较强烈的实现个人价值的理想，因此在人生中二十几岁到三十几岁的关键时刻，她们仍然将自己的职业发展放在重中之重的位置上。

3.1.3 另类的选择:一边读书一边生育

从二十几岁到三十几岁，不但是学习、工作的重要阶段，也同时处于恋爱、结婚、生育后代的阶段。一个人同时面对这些重要事情时，大多数人会选择为事情排列出轻重缓急的次序，将最重要的事情最先做，但也有些人却早早就开始多项并举、事事兼顾了。于是，就有一些勤勉而高效、精力充沛的女性，在强大的课业压力下毅然选择生育。她们的理由是:到了该生育的时候，或者怀孕了，那就得生；人的潜力是惊人的，再多的事情摆在面前，也会有办法应对。我们的受访者BZ1WL是少有的边读边生的案例，且生育的时候她正在国外留学，身边没有人可以照顾。

> 我是在读博一的时候要的孩子,要孩子相对比较晚,快三十岁了……(要孩子)没有准备的。我昨天还在跟我的学生说,很多事情如果你都想计划,计划人生,能够按照计划完成当然很好,但有的时候计划了,但什么都做不了。比如说,今天我想先读书,读完书我再要孩子,结果读完书我发现,到了一个新阶段我要好好工作,好有一个升职的机会,这样就会把很多事情都耽误了,其实很多时候,顺其自然,我觉得没有什么不好的……发现怀孕了就决定生下来,虽然我在国外又要读书,又要带孩子,又没有老人帮忙。(BZ1WL)

在 BZ1WL 的案例中,一边读博士一边生孩子,确实面临很大的压力,但她也确实挺过来了。她之后事业的发展也相当顺利,以“千人计划”的自然科学家身份回国;而自己的努力和认真也潜移默化地影响到自己的孩子,子女的教育没有让她太费心。当然,做出这种选择也需要一定的主客观条件:主观上强烈的理想追求、精神上强大的抗压能力、意志力及对时间的更好把控和协调能力等;客观上较好的身体健康状况等综合因素的作用,才使女科技工作者中的一部分人有勇气做出这样的选择。

3.2　问题与困境

在“孕哺”期间,女科技工作者所面临的问题与困境,是随着怀孕、分娩、产后照料、哺乳、幼儿照料、返岗适应等过程逐渐发生变化的,在不同的时期,所面临的困境具有各自的时段特征。

3.2.1　孕产期困难

孕产期,即妇女怀孕及分娩的时期。在怀孕至分娩的大约 10 个月间,女性经历的主要困难可归结为三大类:妊娠反应、终止妊娠、分娩。

妊娠反应因个体而有不同的反应方式和反应程度,一般在怀孕早期会出现呕吐、乏力、虚弱等不良反应。不同的妊娠反应程度,会对女性的工作和生活产生不同程度的负面影响,较严重者可能会严重影响到正常的工作开展。正如访谈对象 E4YL 提到的:

> 我怀孕的时候可能不是特别的顺吧,基本就是从一开始就

有妊娠反应……坐公共汽车回家，由于反应重，可能就要下两趟车去吐，回到家就要两个多小时……觉得那个时候比较辛苦，都没有胃口吃饭，自己又不能做饭，一点做饭的心思都没有……就是感觉全身特别难受。

……因为这个妊娠的过程是很特殊的，每个人的反应都不一样，有些领导不能体谅你，他会觉得怎么会这样呢，他甚至会觉得你是装的……可能对你有些偏见啊。一旦领导对你有了偏见，你的工作开展整个都会有问题，然后你生了孩子之后可能有些牵扯精力过多，他也会觉得你怎么会这样呢。

女性体质的差异，可能表现在孕期妊娠反应程度不一，有些人反应较重，可能使其他人认为她过于娇气，甚至使她本人的自我评价降低，觉得羞愧。这更加会使女性觉得孕期的处境异常艰难。

终止妊娠的行为一般有人为和非人为两类，在女科技工作者群体中，不乏自主选择终止妊娠者，且大多是考虑到“时机”问题，即在某一阶段选择生育为职业发展让步，主动推迟生育，在怀孕后自主选择流产等终止妊娠。另外也存在一些非人为的妊娠终止问题，常见的如女科技工作者在准备生育时年龄较大，或者有过流产经历，或者工作环境对身体健康不利，易发生习惯性流产等问题。对于怀着生育孩子的期望的女性而言，意外的流产，或者习惯性流产，对其身心都造成极大的伤害，一些人，比如受访对象 AG1FF 甚至由于第一胎主动选择了人工流产，导致后来想要孩子的时候困难重重，不得不承受习惯性流产所带来的身心方面的双重折磨。

还有一些女科技工作者，是由于工作环境不利于孕育后代，三番五次因工作劳累而导致自然流产。如 DF3JY 所言：

所以在这个活动（一个国际性的生物奥林匹克竞赛的筹备、组织、宣传活动）之后，我的孩子就没了……第二次（怀孕）的时候又出了问题，所以我妹妹的孩子现在比我的大……第三次（怀孕）我就开始医疗过度了……。

DF3JY 在回顾自己在“孕哺”期间的经历时，也对自己的经历进行了反思。她认为第一次怀孕意外流产主要是由于当时工作比较繁忙,而自己不知道怀孕期间的禁忌,经常连续熬夜等;而第二次怀孕时,工作已经不似以往那么繁忙,但是还是出了问题,去医院检查也没有查到遗传病变之类的原因,只有可能是自己精神紧张导致的,即越是害怕流产反而越是造成较大的精神压力,最终导致流产;第三次怀孕的时候,自己提前查看了各种书籍,早早了解怀孕期间的禁忌和保健指导,另外还咨询了著名的产科医生,全面补充叶酸、鱼肝油、维生素 E 等各种营养素,结果却"过犹不及",在怀孕半年后检查出胎儿发育异常不得不引产……直到第四次怀孕,她放弃职业发展,放弃了难得的读博机会,终于保胎成功。对此她深有感触地说"我们职业女性呢,有时候面临这也想要那也想要,也不是她贪,但心底里还是贪。很多时候是希望兼顾的,这是很自然的想法,但是我的经历你看到了吧……"

无论是自主选择人工流产,还是自然流产,终止妊娠的经历多少对女科技工作者的职业发展有影响,有些时候孕产为工作让路,确实使一部分女性取得职业发展的成果,但有些时候却使一部分女性陷入加倍的困境,不免令人扼腕。

分娩困境,多是一种选择困境。在即将临产的时候,女科技工作者是选择自然顺产还是手术剖宫产,受到各种因素的综合影响。医学界一般认为,自然顺产是最有利于身体恢复和新生儿成长的分娩方式,剖宫产等手术分娩方式只有在产妇年龄较高易发生分娩危险,或者由于胎位不正等原因易出现难产的情况下才可以使用。但在现实中有些医疗机构或个别医生却鼓励孕产妇选择剖宫产手术,甚至有一些误导性的知识在女科技工作者中广泛流传:

> 我上过孕妇学校,这个学校有各种各样的课程,他们讲过顺产和剖官产的优缺点……顺产产道会受到影响,很多人生完之后产道就松弛了,一是影响以后的夫妻生活,二是年纪大了会小便失禁什么的……再有就是安全性的问题,顺产会有各种各样的问题:胎位正不正啊……生产中(孩子)脑袋被卡住了……将这些讲完之后让你自己去选择。我有同学在妇产医院,她当了很多年大夫了,我就说"你们大夫怎么生我就怎么生。"后来一打听他们那里都是剖官产,那我也就剖吧……(AJ2TY)。

尽管女科技工作者是占有较多知识资源的人,但不同学科间显然存在着知识的鸿沟。在我们的访问中,从事医疗工作的女性则表示首选的分娩方式是顺产,只有在胎位不正或胎儿过大可能难产的时候才考虑剖宫产。

> 我是顺产,还挺有意思的,在那边住院的时候,病房里五个人,我最大,就我一个是过了30岁的,剩下的都是二十六七岁,就我一个顺产,剩下的都是剖宫产。……我问了一下她们,她们都比我年轻,都自己选择剖宫产……但当时我妈就跟我说,因为她是妇产科的,她跟我说生孩子是自然的过程,就是说剖宫产就是一个手术,如果你能生就自己生,如果不行的话你就剖宫产……(BN1NF)

较高比例的剖宫产固然是受到女科技工作者普遍较晚生育的现实影响,但也有社会医疗状况方面的原因。女科技工作者如何能够在实际的孕产过程中更好地保护自己,以及社会对孕产期女性应有充分的关怀,则是我们从本课题的调研中额外收获的启发。呼吁社会,尤其是医疗界,对女性及新生儿秉持基本的人道主义精神,做到最起码的符合科学逻辑的关怀,亦是当务之急。

3.2.2 哺乳期困难

几乎所有的受访者都认为,孕产期并不是最困难的时期,孩子出生以后,女性的沉重负担才逐渐加码。哺乳期是第一道关卡,并不仅仅是产假期间的哺乳,还延续到产假结束后孩子断奶前,差不多一年左右的时间,其中的困难较多集中在月子照料、经济负担、单位支持等方面。

产后坐月子是我国的一个传统,大部分人都认为,从产妇身体恢复的角度来讲,产妇在分娩后得到为期一个月左右的悉心照料十分必要。并且我国的生育文化中,对“坐月子”有各种各样的禁忌和要求。我们的访谈中,大部分的受访对象亦不例外,常常在她们临产前一段时间,家里的长辈、月嫂等都已经严阵以待,甚至家中老人不远万里从老家赶来。只有极少部分人情况比较特殊,需要独自应付产后的大部分甚至全部事务。尤其是在国外不存在“坐月子”的传统,家中长辈也不方便去照料,就出现了女性产后独自应对自身恢复和新生儿照料的困境。那样的时期，那种体验常常令人疲惫、不知所措，甚至出现产后抑郁情绪。如AC2ZY所言：

> 孩子半个月大的时候，我妈家里有急事就走了，然后就我一个人照顾孩子，月子里我自己就休息不好，然后浑身酸疼，还得喂奶……那时候我最大的愿望就是能找个地方让我连续睡四个小时觉，我就觉得是最幸福的事情了……

除了月子期间是否有人照料，经济负担的骤然加重也是一个重要问题。家庭中多了一个成员，开支必然增加，而平常全职工作的女性又在休产假，收入一般都会减少，在这样的状况下，经济负担陡然加重。而对女科技工作者而言，孩子照料方面也更加用心和讲究，也意味着在孩子身上的花销增大而导致更为严重的经济困难。尽管我们所访问的女科技工作者极少处于严酷的经济压力下，但多少她们都会谈到收入减少和开支加大令她们感到焦虑和紧张。

> 我当时才三四千块钱、四五千块钱一个月，孩子的奶粉、尿布什么的……我说我连一个月嫂的工钱都付不起……(AG1FF)
>
> 刨除房租啊，保险啊，公积金之类的，正常情况下4000多吧，生孩子的时候，就2000多。所以，我在想我请一个阿姨，我们家也得付2000多……我那点工资还不够支付给她呢……(AP4WY)
>
> 小孩方面花销很大……一个小孩出生之后的费用是很高的。我记得那个时候就是买这些妇幼用品，你没有时间上街嘛，就打电话，让网站给你送，它就有一个积分，比如说买了多少钱以上就可以给你返百分之三啊什么的。后来我觉得产假还没休完呢，返的积分都够给他买一辆童车，你就想想这花销有多高。(E1CY)

一般在休产假期间，单位较少会给女性职员全薪，高校教师常常反映她们会失去岗位津贴和各种补助；而企业员工则说她们拿不到占工资较大比例的绩效工资和奖金。

虽然收入减少而开支增大的现实状况使女科技工作者承受更多

因生育而带来的经济压力，但是时间上的紧缺以及单位支持不足似乎是更为严重的问题，尤其是大约三四个月的产假结束之后。尽管法律规定，婴儿周岁以内每天可以享有两次哺乳时间，每次半小时。但这每天一共一个小时的时间，对于工作单位离家相对较远的女性来说，实在是杯水车薪，无济于事，她们只有另租一处离工作单位较近的住处。或者采用挤奶的方式缓解涨奶的不适，将挤出的奶水保存在冰箱中让家人帮助喂养，但即便这样的方式很多单位也没有提供足够的支持。

> 我家离得远，加上堵车，一个小时够干什么？那时候我每天上班后，先把工作安排好，就得马上回去……一天折腾好几次，工作根本干不了。……因为那时候正是哺乳期，就是奶溢得特别多，很难受，后来家里人就说搬到你们学校附近去住吧。(AC1ZC)
>
> 就是喂奶特麻烦，就相当于把你拴住了……我们办公室条件比较差，四个人一个房间，男同事又多，也不能吸奶……我们同事有的就跑到卫生间里去……或者去会议室。但是，借会议室得看公司条件了，现在很多IT公司就是大开间嘛，一人一个小格子。(E2HL)

哺乳问题虽然棘手，但在孩子断奶以后，如果有家人协助或者雇请保姆照料孩子，给孩子喂食，那么女科技工作者就可以有较多的精力尽快返回到工作岗位。但实际上，照料孩子绝不只是喂饱那么简单。特别是一些女性受到与父母居住距离较远、父母身体健康状况不佳、住房狭小、居住不便等各种现实条件的制约，不得不独自应付婴幼儿的照料，日日辛苦奔波在家庭和工作之间，尽力兼顾家庭和职业。

3.2.3 幼儿照料困难

访谈中，几乎每个人都会发出这样的感慨，“不是生下来就算完事儿了，更煎熬的其实是孩子出生后到三岁入托、入园。”“我当时特没经验，我觉得生完了就没我事儿了，交给别人带就行了，我还得去上课……但其实，完全不是那样的……(AP4WY)”可见，幼儿的照料是持续较长一个时段的困扰女科技工作者的重要问题，产假结束，甚至哺乳完成并不意味着初为人母者的负担减轻。

从经济体制转型，单位体制改革以来，用人单位无法再提供基本的托幼支持，社会托幼机构不仅费用高昂、每天的照顾时间短，且对入园幼儿年龄有严格的限制（一般要求幼儿年满三岁方可入幼儿园），使得女科技工作者不得不在照顾孩子和完成工作两端疲于奔波、倍感艰辛，尤其对于缺少家庭成员帮助的人来说更是如此。

> （孩子出生半年后）没有太多的照顾，就是老公，虽然精神上支持我，但是不出力的，就我一个人，太累了！……孩子毕竟还得有个人照看，因为我妈妈身体不好，我也不能勉强，我婆婆高血压，心脏也不好。我婆婆是当领导的，县委书记，当领导的那种女人不会照顾孩子。哪头都不能帮我，只能靠自己。（AC2ZY）。

> 没有人帮我带孩子，就我一个人，当时就抱着孩子在马路上哭。……碰到一个遛狗的老太太……就这个老太太帮着给介绍了一个阿姨……（AG2TY）。

但在以往计划经济体制下，单位幼儿园、托儿所发挥了照料幼儿的重要作用。在我们的访问中，有一些受访者就搭上了单位幼儿园提供的微薄福利的末班车，使得幼儿的照料相对顺利一些。

> ……我还是（把孩子）往（妈妈）家放了一段时间，放那儿吧，天天跑又很累……刚开始的时候就是隔一天回一趟家，后来是一个星期回两趟，再大点儿是一个星期回去一次，……我的小孩儿一岁三个月，就送幼儿园了。现在幼儿园都不收这么小的孩子……我们家小孩在幼儿园上了五年，一直上到六岁……。（BN1BX）

但遗憾的是，目前几乎所有的工作单位都已经无法提供对职工的幼儿照料的支持。缺少这样一个重要的支持力量，而社会对女性的“母亲”身份和职责的预期并没有减弱，仍然认为照料幼儿、维护家庭是女性的天职，实际上使女性肩上的担子更加沉重，尤其是女科技工作者，既要在工作中与男性竞争，又要支撑起哺育幼儿、照顾家庭的重负。

身体的劳累比起精神的压力往往是微不足道的，对于女科技工作者来说,能够进入科技领域的前提就是她们具有实现自我价值的强烈愿望,在工作上她们对自己是有较高期望和要求的。但由于生育她们不得不暂离岗位,职业发展历程由此产生了"空缺",相对于男性就更容易陷入劣势处境,而结束产假返回工作岗位之后,如何重新适应职业环境,同时协调工作和家庭的矛盾就变得愈加具有挑战性。

应该注意的是,以上提到的女科技工作者在"孕哺"期遇到的各种问题与困境,包括孕产困难、哺乳困难、幼儿照料困难,不仅随着"孕哺"事件的发展呈现前后相继的时间特征,而且各种困难是交织在一起的。也就是说,"孕哺"所带来的时间与精力的牵扯使得女科技工作者被裹挟在家庭(生育)与职业发展的冲突之间,这与传统意义上完全被束缚在家庭事务中的女性是完全不同的。

或许,正是女科技工作者本身意识到家庭(生育)与职业发展之间的冲突所在,她们对怀孕、生育、照料孩子等,大多具有明确的计划,且在意外怀孕时做出自己的抉择。不管她们的计划与抉择是否带来预期的理想效果,至少这一抉择本身折射出这一群体在职业上的追求以及兼顾家庭与事业的愿望。

3.3 孕产期工作协调与返岗再适应

孕产期的女科技工作者,必须面对的问题是如何协调好工作与家庭事务的关系,要做到工作开展有声有色又要使家庭和和美美,绝不是一件容易的事。依照怀孕、生产、产后哺乳、幼儿照料的发生顺序,据调研资料进行以下分析:

3.3.1 孕产期工作协调

由怀孕带来的诸多变化,使得孕期女性必须着手处理工作协调问题。一般情况下女性自身的身体素质和健康状况是一个主要因素。如果怀孕中的女性身体状况比较好,孕期生理反应不严重,则大多不会减少工作量和工作时间;相反,如果女性身体素质较为虚弱,妊娠反应剧烈,或出现危险讯号(比如流产先兆),则会主动申请减少工作量,或中途请假休养。

……我那会儿,怀孕三十六七周吧,我还到学校来。到了37周以后,我老公就劝我别去了。……那时候肚子挺大的。那之前我还坚持一周来几次。因为我有学生……(AP4WY)。

我当时的情况比较特殊,因为宫外孕以后就习惯性流产,怀一个掉一个……然后怀了这个宝宝以后,从3个月以后,几乎就是卧床……然后就一直不太好……所以每天要按点来上班就不太现实了,我大部分时间是休息,实验就不能做了……(BN2YH)

孕期女性大部分进行着如常的工作,在我们的访谈中,根据年龄、分娩方式等的不同享有三个月到四个半月不等的产假,基本都能够享有法定的产假。但也存在个别的情况,出于工作任务的需要、个人身体恢复状况、工作性质等多方面因素的综合考虑,有些人会自主缩短休假时间,有些人则申请延长休假时间。

因产假期间要离开工作岗位,因此她们原来负责的工作会由其他人暂时接手处理,只需要偶尔提供必要的帮助。在孕产期,她们在家庭和事业之间需要平衡的担子还不是特别重。

3.3.2　返岗再适应问题的解决策略

在结束产假回到工作岗位之后,女性面临哺乳的困境和幼儿照料的困难之外,重新返回工作岗位的女性需要再次进入工作状态,并努力平衡家庭和职业之间的关系问题。这个过程往往并不容易。在女科技工作者脱离工作岗位的那段时间,可能单位已经形成新的工作格局,甚至原有的职责范围已经交付他人,重新返回工作岗位的女性失去了持续性优势;有些甚至被更换工作内容,产假后被调到另一个岗位,一切要重新开始;还有一些是产假期间堆积的工作量排山倒海般压来,让刚刚返回工作岗位的女性倍感压力。

……结果呢,我还没休完产假,导师就说,你回来吧,工作比较忙。……人家说四十不惑,我说,我是在四十岁左右的时候特别困惑。那时候,孩子慢慢大了……正是你能去做一些事情的时候,但是发现……我已经不是特别具有优势了。(AP5JJ)

单位是不会考虑你有小孩就改变这些(工作方面的要求)的。(DF1HE)

上班之后工作量就很大。今年又赶上我们实验室评估,一上班工作量就特别大。我当时上班的时候,第一个月瘦了五斤,

第二个月又瘦了五斤。(BY2HF)

尽管因岗位不同个人感受有所差异,但女科技工作者休完产假返回工作岗位以后,大多面临着巨大的返岗再适应问题。如何采取合适的解决策略来应对这一挑战,也是一个值得深入讨论的问题。

首先是返岗后的哺乳问题。在访谈中我们发现,最经常听到的话是,“不是生下来就算完了的,生下来才只是个开始,更难的事情在后面呢”。返回工作岗位,女科技工作者才真正开始了在家和单位之间往返奔波的状态,尤其是在母乳喂养的情况下,这个状态一般会持续至少一年,即婴儿哺乳期。刚出生的孩子需要每天多次哺乳,有些孩子还需要晚上哺乳、换尿布,这些都给母亲造成很大的负担,白天在喂孩子和忙工作之间奔波,晚上还不能安枕。

……晚上隔两三个小时他就要吃,就要换尿布,从他出生到现在(两岁多),我没有睡过一次整觉。(AG1FF)

为平衡孩子哺乳需求和工作的要求,女科技工作者不得不求助于家人,或者直接将家搬到离工作单位近一些的地方,以缩短花在路途上的时间。

我婆婆……那会儿61岁,年龄也不算太大,但就是身体不太好。到孩子10个月的时候就带不动了……那时候我一回家她就得躺下。我早上走的时候她就得看着孩子,……我中午还得回去喂一次奶,好让我婆婆吃点饭吧。(DF1HE)

我大概是孩子满月之后就开始上班了,后来没有办法,因为要给孩子喂奶嘛,我就把家搬到了学校……我以前不是在附近住,所以来回送奶很麻烦,因为就算你没有事情,可以几个小时回去,回家路上也耽误时间嘛……(AC1ZC)

还有一些人工作性质不要求必须坐班,这些人就会尽可能的提高工作效率,或者将工作带回家去做。比如说,高校教师有些是不用坐班的,但需要完成一定的教学任务,这些人便要求将课程排在更合适的时间,上完课就回家给孩子喂奶。

基本上我把课都往后排了,就是我正常情况下,三月份上

课，是小课，研究生的小课，我就把课排到五一以后了，就是牺牲我的学生了……（AG1FF）

其次，是工作状态的调整。除了“孕哺”增大了生活负担，影响到工作的开展。工作本身也会存在状态调整，即返岗适应问题。有些女性由于孕、产暂时中断了工作进程，结束产假再次回归到工作岗位，可能一时得不到太多的机会，也可能她本人的态度和重心就发生了转变，将哺育孩子、照顾家庭放在更重要的位置上，而工作就可能是应付过去了。

……工作上，我不会要求自己做得有多好，该上课上好就可以了。这几年我发表文章啊什么的都没有。孩子小，绝对不拿孩子的教育做代价。（AJ4YF）

有时候，一些环境不太好的单位，可能不给哺乳期女性什么实质性的工作内容，甚至会有意减少返岗女性的工作量或者课题经费等。AP5JJ 就讲述了当年她休完产假回到工作岗位，却发现自己已经与课题组脱节，而团队负责人既不给她参加课题的机会，也不允许她自己独立申请课题。

那时候他不给我课题，也没有自由。朋友帮着介绍了一个课题……当时做的还可以，大概 20 万，但是呢，我的负责人就希望我把这个钱交出来……他给我算账，就是你用计算机的折损费，你用房屋的房屋费……最后不光你不够，你都倒贴了这样……所以那会儿我就不想在那儿干了，就这种感觉。（AP5JJ）

这当然是比较不幸的例子，但在现实生活中，这种事情也绝非个案。但好在也有像 AC2ZY 这样能够得到单位支持的案例。

……当时我那个领导给安排了一个研究生，协助我一起做（课题），给我分担了不少工作，要不然我论文弄不了。教学主任一看我太累嘛，然后他就说正好研究生做课题，也可以帮你做一部分……（AC2ZY）

最后，是孩子三岁前的照料问题，即托幼。托幼是继哺乳之后女科技工作者面临的又一个问题。虽然孩子断奶以后不再需要每天几次在家和单位来回奔波，也不再需要半夜起来喂奶，似乎轻松了一些。但实际上，三岁前的孩子确实需要24小时有成年人陪护的。在母亲要工作，不能24小时照看孩子的情况下，家中老人就成了最有效的支持资源。不乏老人为照顾孩子特地从老家赶来的，甚至连身体状况不好的老人也最大化的发挥着他们的作用，比如BN4ZL的婆婆早前因眼疾导致失明，却还是能够跟公公一起帮她带孩子：

……她（婆婆）其实身体别的方面还行，就是看不见，但是，自从她来了之后就帮我们带孩子，带的还挺好的……她可以把孩子搂在怀里，拿着玩具逗孩子玩……我婆婆在那看着孩子的时候，我公公就可以去买菜啊，做饭，还可以洗衣服，这些事情他都可以办。

实际上，在我们的36位受访对象中，有24位是依靠家中老人提供帮助的（见表4-2），在家中没有老人或者老人不具备照看幼儿的条件时，会考虑雇佣保姆照料，只有少部分人主要靠自己照顾孩子，丈夫能给提供的协助也比较少。

表4-2　三岁前婴幼儿照料状况①

三岁前婴幼儿照料状况	人数（人）	百分比（%）
自己照料，他人协助	8	22.22
自己照料，丈夫协助	6	16.67
父母照料	24	66.67
雇佣保姆照料	3	8.33
总计	41	113.89

从表4-2中可以看出，即便有他人和丈夫协助，主要由自己照料孩子的情况，在全部受访对象中也仅占38.8%。或许，我们可以认为，自己照料孩子其实多数是一种迫不得已的选择，很可能实际的情况是有些家中老人已经过世，有些是母子都在国外，老人没有办法过去协助。并且，这种自己照料绝不是完全不依靠他人协助，而是雇佣

① 有时候婴幼儿的照料并不那么稳定，我们这里将大部分时间需要自己带孩子的情况界定为“自己照料”；其他种类依此类推。且有时候三岁前婴幼儿的照顾采用了多种方式，有的有所交叉，因此最后总人数的累加大于36。

保姆做一部分，或者丈夫协助一部分，而整个过程中自己是照料主力。比如BZ1WL在国外读博士期间生育，孩子的照料完全落在夫妻身上，白天丈夫去实验室做实验，她就在家休息照顾孩子，晚上她去实验室做实验，丈夫在家休息带孩子。BN1NF则是雇佣一个19岁的小阿姨帮着照料孩子，一直照顾到孩子2岁。

> 我们就请了一个小阿姨，不大，19岁……然后是我和她一起带，带到六个月，然后我去上班，还是她带，每天中午我从食堂买点饭回去……一直到我们家小孩一岁，我先生才回来，然后这个小阿姨是在这带到小孩两岁……我们家小孩就到我妈妈那上的幼儿园，整个幼儿园期间，我都把孩子全托给了我妈妈……(BN1NF)
>
> 休完产假不是要上班吗，找了邻居，下岗的工人，我们上班她就去我们家看孩子。然后我们下班，她再回自己家里，就是这种形式，一直带到孩子上幼儿园。(E1CY)

求助家人、调动丈夫参与、雇佣保姆都是女科技工作者在面临幼子照料问题上的应对策略，但即便有这些支持力量，母亲也很难完全从孩子的照料中抽身。事实上，大部分的女科技工作者都会每天抽出一定的时间陪伴孩子，于是她们在产后更加注意提高自己的工作效率，更加充分地利用每一分每一秒的时间。BZ3CX是典型的极注重效率，极有规划，又极注重打拼的人，她不仅极高效的执行了自己的规划，还取得了典范性的成功：她是学科带头人，科研工作开展得有声有色，取得令该领域内男科学家们惊叹的成就；她是成功的母亲，两个孩子身心健康且十分优秀。她说，她过去出国读博士、做调研、做课题的时候，没人带孩子，她就带着孩子一起去，孩子对萨克斯感兴趣，她陪孩子一起学，她学长笛。她不断的强调，要充分利用时间，要高效率完成自己的职责，而做母亲自然也是自己的职责。

> 我觉得我还蛮会利用时间。……时间保障不了，你要结合时间效益。别人1个小时做的事儿你半个小时就能把它做定，或者别人1个小时候做的事儿，你同时做2件事儿。就是这样。这要慢慢锻炼，也就逐渐成就了自己，体系状态就形成了啊。

访谈对象BZ3CX确实是完美兼顾了工作与家庭的典范，整个人似乎总是充满了能量，但她的生活在别人看来也确实辛苦。

> 你要知道，这几年我的睡觉时间会超过6小时，我之前不是，也许包括回国的前几年，我的睡觉时间绝对不会超过6个小时，常常是4个小时。

但她还是顺利实现了自己家庭事业兼顾的理想，且在中年时达到事业发展的成熟期，可以身心放松倍感幸福。大概就是这样成功典范，在一直鼓励着女科技工作者努力平衡家庭与工作。

在访谈中，也多次有受访者提到托幼困难，觉得断乳后孩子的照看仍然是新妈妈们的心头重负，她们急切的呼吁恢复类似以前单位制下的托儿所制度，或其他形式的托儿所，帮助女性适应新家庭结构和工作。

> 但是孩子生完以后，到入托、入园之前，就这两三年的时间，特别难。而父母有的不在本地，不在身边，然后雇保姆雇不到，然后上单位呢，单位又没有这个(托儿所)。如果说是像以前那样，有一个托儿所，你把孩子放在这儿，然后下班带走……(AJ1LJ)

3.3.3 返岗适应重要支持者：丈夫

访谈中我们注意到：在孕哺及孩子三岁前，是家庭最需要照顾的阶段，丈夫的身影总是鲜少出现。时代已经进入女性要跟男性一样工作的时代，而在家庭观念上，我们的社会似乎还在保持那种"男主外，女主内"的陈腐观念。不管女性如何在家庭和工作之间奔波纠结，男性似乎从不用考虑工作之外的事情，而女性即便事业再怎么出色，也还是要承担家庭的重责大任。

> ……基本上就我一个人。他(丈夫)是在银行工作的，那是相当忙，那简直就是相当于家里就没有这个人……完了你还得照顾他，还得给他洗衣服，还得给他准备早餐，反正他是早上吃完就走了。他就一直觉得确实是我一个人撑着这个家，现在好点儿了，孩子大了，我也不需要他干家务活，他从跟我在一起一双袜子都没洗过。(AC2ZY)

> 对，（孩子照料）都是我一个人。老公基本上不管。他连那个连尿布都没换过，一次都没换过。……他要挣钱，他挣钱比我挣得多，我也无话可说，呵呵……不是吗？他主管挣钱……（AG1FF）

甚至将事业和家庭平衡得近乎完美的典范 BZ3CX 在谈到她的家庭观念时也说：

> 可能他们（指男性）可以说是我不管家、不管孩子。但是，我呢，必须管孩子。你比如说，我和我爱人，同样我们俩，他也是那么多事情，我也是那么多事情，但（照料）孩子从来都是我的事儿。（BZ3CX）

似乎，时代已经发展到今天，丈夫们依然固守着挣钱养家的传统观念，家务劳动，尤其是孩子的照料的责任仍然被一些男性置之不理。一些幸福的女人，丈夫愿意与她一起承担起照顾家庭的责任，甚至丈夫主动承担起接送孩子的任务时，女性的幸福感是会得到大幅提升的，而且她们在工作中也更加高效且保持愉悦。

E1CY 的丈夫原本在研究院工作，工作性质是需要坐班的，但为了帮妻子分担照顾家庭和孩子的责任，主动将工作调到不用坐班的高校，将上课时间尽量安排在三四节，下课后去接孩子一起到运动场锻炼。这种模式使 E1CY 倍感幸福，工作完成得也更加顺利。而 E1CY 的丈夫其实也是一个非常勤奋的人，他常常照顾完孩子之后，工作到深夜，钻研自己的课题。有这样一个顾家又勤奋的好丈夫自然是 E1CY 之所以觉得轻松的原因之一。

既然妻子可以走出家庭走进职场，丈夫也应当为家务劳动尽一份心力。既然女性已经可以和男性承担同样的工作任务，那么丈夫与妻子共担家庭责任的时候也应该到来了！

3.4　相关法律法规和工作环境对女科技工作者平衡工作—家庭冲突的影响

毋庸置疑，女科技工作者在孕哺期的生活工作状态是充斥着冲突与挑战的，由于个体间存在复杂的差异，完全依靠个人的力量显然很难应付自如。而除了个人因素外,相关的法律法规是否保障了女性在孕哺期应当享有的权利,工作环境和社会环境是否给予女科技工作者必要而充分的孕哺期支持和保障,更是深刻影响着女性平衡“工作—家庭冲突”的成效。

3.4.1 产假:休假时间、休假者与收入的讨论

关于产假,我们应当考虑到三个方面:首先,休假时间多长最为合宜?其次,谁来休假?除了产后妻子需要休假外,丈夫是否也需要一定的陪护假?最后,产假期间的收入应保持在何种水平?

产假制度是经国家法律规定的,用人单位必须遵守的重要规章制度。访谈中所有人,根据不同情况,基本都可以享受到法定的三个月至四个半月不等的产假。从产后恢复和抚养孩子的角度来讲,产假时间自然是越长越好,尤其是母乳喂养一般会持续一年时间。但是很多人也会提到,女性休产假过长可能使得用人单位成本加大,用人单位更加不愿意聘用女性,反倒使女性在就业市场上处于更加不利的位置。一般来说,单位是给足了法定的产假时间的,但考虑到产假期间的收入减少,而婴儿开支巨大,一些女科技工作者会主动缩短产假,提前返回工作岗位,以恢复到产前的收入状况。受访对象普遍反映,作为丈夫的一方,在妻子生育期间也应当享有一定的陪护假。原因是,在生育期间如果有丈夫在场不仅可以为产妇提供必要的照顾和帮助,而且有助于家庭关系的改善,有助于父亲和孩子之间感情的培养,让丈夫真正履行跟妻子同样的照顾幼子的责任。丈夫休假就不必要雇请月嫂,并且孩子的爸爸在身边孩子的妈妈也更放心些。

> ……(丈夫)一个月不工作没这么可怕,在家教育孩子……关键是什么呢,你让男方融入教育孩子的生活当中……男方觉得这事好像和他没多大关系,下了班就来慰问一下啊……我觉得这个咱们确实应该向南方一些地区学,应该让他有一个月的假。(AJ3YZ)

确实有些单位已经有陪护假制度,当妻子生育,丈夫可以享有一周到两周的陪护假,但这个假期可以直接让渡给妻子。这样的措施其实并不能保证丈夫发挥陪护假的作用,如果法律规定了男方可以休假,就要严格执行。从促进两性平等的层面上讲,如果政府要求男

女同等享有产假，则有利于减少就业市场上男性相对于女性的工作时间优势，进而减少用人单位对女性的歧视。

最后，还需要注意的是，产假期间女性的收入变化情况。访谈资料显示，女性在产假期间基本工资一般是有保障的，但需要注意的是，现在单位支付薪水多采用复合薪金制，即薪金的构成不再是过去单一的工资，而是包含基本工资、岗位津贴、绩效奖金等一系列名目。而国家规定女性在产假期间保持工资不变的规定，定义比较模糊，到了用人单位，由于产假期间女性没有在岗，就只保持基本工资不变，其岗位津贴、绩效奖金等一系列收入都取消掉了。换句话说，产假期间女性的收入水平大幅下降，有时候甚至不足休假前的一半。

> (休产假时候的工资)至少减少一半以上。可以说拿的基本工资，基本上就没把那当钱。太少了，加上扣这个，扣那个，拿到手的可能两千都不到。我都不指望了，不把它计算在内了。那时候就靠我老公养家，心里还挺不是味儿的。(E1CY)
>
> 为什么要扣工资呢，我们怀孕生孩子就不是劳动吗？大家都不生小娃娃了，国家怎么发展啊？(DF1HE)
>
> 我在怀孕和哺乳的那一年，虽然我没发表文章，但是我在思考问题，所以你说没有产出吗？很多东西都是在那个期间构思的，在看书，在想。写文章是要靠厚积薄发的，因为我没有上班就不给我发岗位津贴，我觉得有点不公平。(AP1XY)

生育后代的成本不应当由女性一人承担，人口再生产不仅仅是一个家庭的责任，也是社会的责任，那么政府部门和用人单位就理所应当对这一成本进行分担，即女性产假期间的收入应当保持在一个更为合适的水平。

3.4.2　工作环境对女科技工作者平衡工作—家庭冲突的影响

人的行为总是受到环境的影响。换句话说，单位营造了怎样的环境，就会对女性的工作状态产生怎样的影响。事实上，单位环境对女科技工作者平衡工作—家庭冲突的影响早在怀孕的时候就开始出现。

有些单位对女性要经历怀孕、生育、照料幼儿的认识比较开明，则对女性的照顾会比较周全，单位会主动考虑减轻孕产期女性的工作量，或者给予更多的休假时间，帮助女性顺利度过孕产期；相反，有些单位则可能对孕产期女性的处境比较冷漠，不闻不问，甚至语带微词，使孕产期女性在经受身体负荷的同时还要承受精神压力。

调研发现，多数单位、企业会考虑到女性孕产的特殊状况，并给予一定的照顾和支持，但孕产期女性本人在身体状况允许的情况下都会坚持保持与孕前同样的工作状态。

> 我们老板还挺好的……他说……因为年龄毕竟到那了，作为一个女同志的话，你早要（孩子）也是要，晚要也是要，总之要经历从怀孕到孩子一岁这两年……。反正我们老板还真是挺体贴我们的。在怀孕期间工作各方面的还是照顾一点的。（BN5HM）
>
> 那会儿我刚怀孕……也才来单位不久，领导也没安排什么活儿，反正也还挺轻松的……（BS2WL）
>
> 因为怀孕以后单位觉得毕竟不一样了嘛，因为怀孕是特别需要注意的群体，单位会给你一些相对来说力所能及的照顾吧，然后会让你干一些相对来说比较轻一点的活，那个时候我是在门诊，作息比较规律，不用值夜班。我们确实有规定，在怀孕七个月之后是不能值夜班的。（E3HY）

显然单位给孕产期女性一定的照顾，确实使她们得到一些心理上的安慰和归属，有利于她们度过这个特殊的阶段，事实上我们也发现，这种关照也有助于她们产后返岗之后更快地恢复工作状态。

AP4WY 和 DF2CY 就是典型的积极的工作环境带来积极的工作体验的案例。AP4WY 在刚参加工作一年的时候就怀孕了，在自己还在犹豫是否要这个孩子的时候，单位的领导就很支持她要。她所在的单位有着比较人性化的氛围，领导不要求职员每年必须完成什么硬性的任务，而是鼓励他们有自己的长远目标。这种环境令她倍感安心，且激发起更多的工作热情，她不仅在孕产期的情绪一直很好，始终保持着较高的工作积极性，还在临产前一个月参加教学比赛，并准备产后开一门新课。产假后一返岗，她便提交自己的开课申请，要求上课，但单位考虑到她孩子太小，并没有批准，她后来在哺乳中体会到辛苦才明白其实这是单位对她的照顾。

……其实我原本这学期想上课的,因为我刚参加工作不久,怕太耽误工作。所以,我在临生孩子之前……我就想这学期开门新课……最后学院没批,我想,学院是怕孩子刚出生有影响……(AP4WY)

DF2CY 的单位性质是企业,但难得的是她有一个开明的女领导,对孕哺期女性的辛劳深有体会,因此对自己的女性员工始终是照顾和支持的。企业对员工的关爱,总是令员工十分感激,且更加认真对待工作。

因为我们领导就是一个女的……而且我们这批人吧,进入单位算是相对早一些的,她可能就会多关注一些。像刚开始还没怀孕的时候,她就会问:准备什么时候升级啊?咱们要版本升级当妈妈啦。说年龄不要太大了,太大了自己也会很吃力啊,就会有一些关心,我觉得这个还挺好……当她知道我怀孕以后,还把我叫到办公室去,聊一聊,说要注意身体啊,工作上不要太累啦,然后跟人事那边说怀孕了就稍微照顾一点。所以我觉得还挺感激的。(DF2CY)

AC1ZC 更是感激于良好的环境,她坦言,出了满月自己就回去工作了,单位给的产假她都主动放弃,一来是心系工作,二来自己身体恢复得也比较好,基本不需要休假了,于是就马上回到岗位,以至于很多人都不知道她已经生完孩子了。

我们实验组就是特别的相互关心,相互照顾,所以说才觉得每个人都需要有一个好的环境,孤军奋战是肯定不行的。(AC1ZC)

遗憾的是,并非人人都有幸供职于类似 AP4WY 和 DF2CY 的单位。那些没有给予孕哺期女性适当体谅的单位更有可能使女性感到冷漠和疏离,甚至对单位充满怨怼情绪,这种消极态度反过来更不利于工作内容的完成,如此恶行循环下去,不仅产后返岗适应困难重重,甚至有部分人失望至极,想要离开单位另寻找出路,或者心态从一个事业心很强的女性转变成一心扑在孩子身上的家庭主妇。AG1FF 是某高校的一名教师,最初入职签合同时单位就要求她在两年内不能生育,她表示理解并接受了,在发现自己怀孕的时候还毅然决然地主动流产。待工作两年多以后,她决定要孩子,却屡遭习惯性流产的困扰,经多方治疗好不容易怀上孩子,单位却仍然冷漠置之,孕期中她的工作量并没有因身体状况不佳而减少,返岗之后发现在这个存在着性别歧视的单位里,女性申请课题也是困难重重。

> 我当时的工作还是挺忙的,一个星期要上差不多十二节到十六节的课。那是来单位第一次怀孕,领导也不会给你什么照顾,课还是要照上的……(AG1FF)
>
> ……有时候,比如说申请一个基金,我也去申请,但最后肯定没戏。你去了就是陪衬。后来我们就去申请外面的,教育部的,国家社科的,总之就是外面的嘛,不要在学院内,在学院内它肯定不批(申请不到的)……(AG1FF)

在这种冷漠和对女性歧视的环境中,受访者 AG1FF 说,甚至想要把自己的重心全部转移到孩子身上去,觉得来之不易的孩子太重要了。但她最终还是觉得,终于盼到孩子可以上幼儿园,她可以再回归到学术研究中,学院条件不行,就向外去申请课题。显然,尽管环境不利,她们始终在坚持着追寻自己的学术理想。

第四节　结论、讨论与政策建议

4.1　案例分析结论

就目前现状而言,我国女科技工作者群体在孕哺期确实承受着巨大的压力,面临着严重工作—家庭冲突的挑战。她们肩负着职业发展和家庭照料两副担子,同时承受着来自工作单位和家庭的压力,既希望实现个人发展的职业理想,又不能完全摒弃作为女性、作为母亲的职责。从这 36 份珍贵的访谈资料中,我们发现女科技工作者在孕哺期的生活与职业发展状况具有以下特征。

1. 在进行生育规划时,女科技工作者会更多考虑学业、职业发展,大多数时候会因学业、职业发展而延迟生育,导致实际的初育年龄普遍高于全国平均水平。

2. 女科技工作者在孕期面临的工作—家庭冲突问题较轻，对健康状况较好的女性，怀孕不至于太影响工作开展；分娩之后的产假期间，暂时与工作脱离，可以一心一意进行身体恢复和新生儿照料，也不会有太多在工作与家庭之间的精力拉扯。产假期间主要困难可能是需要旁人照料、收入减少、缺乏丈夫的陪护等。产假结束之后，既要返回工作岗位承担起工作任务，又要兼顾婴幼儿照料，这才是女科技工作者所面临的工作—家庭冲突最为严重的时候。我国目前的托幼制度要求幼儿年满三周岁才能入园，而在产假结束后婴儿只有三四个月左右，到幼儿三岁前这段时间，婴儿不仅需要每天多次哺乳，断乳以后甚至还需要每天24小时有人照看，这既牵制精力，又繁琐耗时，而女科技工作者又不得不返回工作岗位，其中的艰辛可想而知，在这一阶段，女性往往容易陷入身心俱疲的境地。令人遗憾的是，不少家庭的丈夫还缺乏照料孩子的责任意识，较少参与抚养照料孩子的任务，在家中做起"甩手掌柜"，将家庭事务与孩子照料完全交给妻子。如果家庭中再缺乏老人的协助，或者因经济压力没雇保姆，则女性就不得不陷入是以家庭、孩子为重，还是以工作为重的"选择困境"中，有些人甚至不得不改变初衷，将人生理想的重心从工作折返回家庭，从"事业女性"变身为"家庭主妇"。这样的态度和行为改变，虽看似是女性个体的无奈之举，事实上既是女性本身个人价值实现的舍弃，也是国家科技事业和整个社会发展进步的损失。为尽可能兼顾工作和家庭，成功应对工作—家庭冲突最严重的三年，大多数女科技工作者仰赖家中老人的支持和帮助，在家中没有老人或老人不能提供照料的情况下，只有雇佣保姆等方式协助自己照料孩子。少数能得到丈夫支持的女性，在整个生活和工作当中就显得从容许多，愉悦感和幸福感也显著优于"单兵作战"的女性。但我们需要注意的是，老年人成为幼儿照料的主力军并不值得提倡，老年人退休之后本应享受的安然闲适被抚养下一代的重任取代，对老年人来讲可能并不公平；另外，老年人健康状况未必能够胜任照料孩子的工作，且高龄老人自身常常需要被人照顾，"老"能否较好的照看"小"也需要慎重考虑；而隔代抚养造成的溺爱等问题，亦值得再次引起重视。

3. 现行的有关女性孕哺的法律法规及所处的工作环境对孕哺期女科技工作者的工作调整和适应有重要影响。产假制度的具体内容,包括休假时间、休假者、休假期间收入保障等诸多细节尚不完善,哺乳时间、托幼问题等亟待解决。一些单位意识到女性生育的重要性,能够尊重女性的个人选择,可以提供给女性较多的支持和帮助,使女性更好地度过孕哺期,并恢复工作状态;而有些单位却仍然固守歧视女性的短视行为,紧盯着短期支付的人力资源成本,甚至对女性生育加以阻碍,则导致女性在单位找不到归属感,回归工作岗位后的适应和调整也更加困难。

4. 生育事件与个人职业发展的冲突,更容易使女科技工作者陷入被生育和职业发展裹挟的境地。事实上,较早生育可能使女性的学业受到不利影响,也可能使初入职场的女性尚未熟悉工作就中断了经验积累,对职业发展不利;但延迟生育虽然保证了学业顺利,早期工作发展不受影响,但却使女科技工作者更多面临高龄生育的风险,并可能造成更多的身心损伤,职业发展步入轨道以后的中断,其导致的不良影响或许并不亚于初入职便中断的。既然,同时到来的生育后代和发展职业的艰巨任务将女科技工作者拉入应对工作—家庭冲突的挑战中在所难免,且生育并不仅仅是女性个人的事,而是关乎整个社会的发展,那么全社会应当在女性面临生育与职业发展之间的冲突问题上提供必要的支持。

简言之,女科技工作者在“孕哺”两期承受着来自家庭和工作的双重重担,但政策环境给她们的支持力度是不够的。如何保护女科技工作者,使她们学有所用,能够将一生所学转化为工作成果,实现她们的职业理想,在她们“孕哺”阶段,从政策层面上为她们提供必要的支持和保障就具有十分重要的意义。

4.2 需求分析

问题与需求向来是明暗相生的一对。令人困扰的问题背后,隐含着某一特定群体的具体需求。作为女科技工作者,在孕哺期遇到的一系列问题隐含着其在这一特殊时段的特别需求,具体分析如下。

4.2.1 孕期需要单位的理解和体谅

怀孕,对一个家庭来说往往是充满欢喜的,作为妻子的女性一旦开始孕育新生命，整个家庭往往都能够给予较为周全的照料。但对于女科技工作者来说，仅仅有家庭的支持和照顾显然是不够的，因为她们的生活世界不仅仅是家庭，工作亦是重要部分，甚至是她们人生规划中的重中之重。

女科技工作者进入职业领域的同时也正处于怀孕生育的重要时期，在不得不同时承担起职业发展和孕育下一代这两件重要任务之时，女性所需要的情感支持不仅仅来自家庭，还应当得到来自单位的理解和体谅。

单位应当意识到，女性生育后代，不仅仅是为一个家庭的幸福或一个家族的延续做出贡献，更不仅仅只是女性个人的事情，同时也是为社会创造新的劳动力资源，为整个人类的发展和绵延做出的重大贡献。即便是以创造利润为目的的个体企业，也应当秉持着对女性，对整个人类的尊重和博爱，对生命的敬畏和重视，给予女性更多的理解和体谅，使女性不再因怀孕而羞愧，不再因怀孕而担心被辞退。

4.2.2　怀孕、分娩阶段需要科学的正知正解和医院的正确指导

医学技术的进步，使得怀孕、分娩不再神秘，剖宫手术的成熟也大大降低了女性遭遇难产等分娩危险的几率。但学科之间仍然存在的知识鸿沟，使得受过高等教育的女科技工作者也常被虚假宣传的所谓“科学”误导，尤其是女科技工作者初育年龄普遍较高，其中有较高比例的高龄产妇，可能会有更高的生育风险。因此，科学的、正确的孕产常识是包括女科技工作者在内的所有育龄女性应当了解的。

作为医院及其他医疗卫生机构，出于非医疗必要性而暗示甚至鼓动产妇选择剖宫产手术都是不当的行为。在怀孕期间，女性也需要对孕期护理、营养、运动等有较为充分的了解，科学的指导对女性顺利度过孕产期，以及保障妇婴健康都有重要意义。

4.2.3　产假期间需要制度支持和收入保障

尽管法律规定产妇享有产后休假权，包括女科技工作者在内的职业女性也基本能够依法享受到一定时段的产假。但在产假期间，女性收入的大幅度减少，以及工作内容在无形中被调整到不利于女性职业发展的境地，才是问题的根本所在。

产假期间女性收入的大幅度减少，是较为普遍且重要的问题之

一。而在孩子出生后家庭开支的大幅增长和女性的收入却大幅减少,有时候会使女性陷入精神焦虑和经济困境之中。因此,在制度方面,包括女科技工作者在内的职业女性亟须获得收入保障的支持。

进一步而言,女性收入在产假期间锐减,看似“合理”的理由便是期间没有在岗,没有进行实际的工作付出,因而不应当享有岗位津贴、绩效资金等收入。但男性却不存在生育离岗的问题,因此便在工作经验累积、工作成效和收入等方面相比女性有明显的优势,这也在实际上造成男性比女性在就业市场上更受欢迎,且收入普遍高于女性的事实。长久以来两性的不平等格局就是这样不断被强化,在颂扬母亲的伟大的同时,却鲜少有人在实际上对成为母亲的女性给予必要的物质补偿和平等对待。

因此,保障女性在产假期间的收入,并设置男性有较长时长的陪护假,是包括女科技工作者在内的所有职业女性的需求。

4.2.4 产后返岗需要单位支持和托幼服务

产假后返回工作岗位,一边是嗷嗷待哺的婴儿,一边是任重道远的工作,女科技工作者在两副担子间的辛苦不是家中长辈的协助就可以完美解决的。作为丈夫的男性亦应当承担起父亲的责任,与妻子一道分担照料家庭和孩子的重任,这既是女性的需要,也是家庭关系和谐而美满的需要。

作为单位,仍然要给予女性返回工作岗位顺利适应工作环境的支持和帮助。保证科技女性在返回工作岗位时拥有同产前同等的职位和工作内容,有同等于男性的机会,有必要而足够的科研经费等。另外,在婴儿一岁前,女性所需要的哺乳时间,也应当得到保障,单位对女性哺乳和托幼提供一定的帮助,将对女性顺利平衡工作—家庭冲突产生积极影响。

但是,如今的单位已经不同于改革开放前“单位制”下的单位,提供托幼服务对很多规模较小的单位来说可能十分困难。但必要的托幼服务确实能在实际上起到帮助作用,那么女性生活于其中的社区和我们的社会就要主动承担起这一重任,切实帮助女性平衡工作—家庭冲突。

总而言之,女科技工作者在怀孕、分娩、哺乳、幼儿照料这一系列贯穿孕哺期的事件中，其需求皆是为尽力平衡工作—家庭冲突，努力使二者得以兼顾。对于每一位女科技工作者而言，放弃工作必非她们所愿，而放弃家庭也意味着巨大的伤害。在整个孕哺过程中，她们需要来自家庭、单位、社会等在情感和行为、制度、常识、托幼机构建设等方面的支持。

4.3　进一步的讨论

对女科技工作者孕哺现状和需求的了解，仅仅是此项研究开展的第一步，在此基础上有必要进行更进一步的深入讨论，以帮助我们对女科技工作者孕哺与职业发展有更深入的认识。

4.3.1　女科技工作者在“孕哺”期陷入冲突状态

如前所述，女科技工作者在“孕哺”期陷入工作与家庭的冲突是不争的事实。这些女科技工作者内心强烈的事业追求与不得不承担的家庭责任、母亲职责之间冲突的具体表现，无非就是肩头的担子加重，而支持力量较少，使女科技工作者在两端——实现自我价值理想和获取经济收益的工作与嗷嗷待哺的孩子和需要照料的家庭——来回奔波，努力兼顾，十分焦灼。

不幸的是，这种冲突强烈而持久，所造成的后果尽管尚未引起社会的足够重视，但实际上已经比较严重了。具体来讲，这种冲突的强烈性表现在，女性自身在职业发展上的追求与社会对女性承担家庭和生育责任的期望之间难以兼顾；其次是女性在两种冲突中常常处于强大的精神压力下，在努力兼顾中往往忍痛割舍原有的理想追求，最终改变了最初的职业发展预期和理想。而这种冲突的持久性则表现在，它不只是伴随着为期一年有余的“孕哺”过程，而是会延续到孩子从出生到成长至少十几年的光景。这一段时期的女性年龄在30岁至45岁左右，是最具有创造精神和精力较充沛的时期。由于不得不分散精力至家庭，使得女性的事业成就失去了与男性的比较优势。

一名女科技工作者，必须同男性一样接受为期多年的漫长的系统教育，在时间、精力、金钱上的投资不可谓不丰，而能够坚持多年的努力学习不仅由于这些女性具有聪慧的头脑，而且具有事业上实现自我价值的理想追求。她们的坚韧、聪慧、勤奋、理想，值得赞扬和鼓励，她们本身的人力资本价值也是应当引起全社会的重视。但不同于男性在接受教育之后便可全身心投入工作，她们的处境，尤其是在"孕哺"期以及"孕哺"带来的对工作的后续影响中所承受的身心疲惫感，却鲜为人知。这种家庭—职业冲突的后果应当引起社会重视。从经济学的角度来讲，当凝聚了社会教育资源和个体努力而培养出来的科技工作者，尚未充分发挥其科研贡献，却受到家庭角色和家庭职责的"拖累"难以发挥科技价值时，不管对个人而言，还是对社会而言，无疑都是处于"亏损"状态的。而从社会有机体的角度来讲，人是社会中的人，依靠社会群体而生存，同时贡献自己的力量以推动社会的发展和前进，女性既然已经被承认具有与男性同样的权利地位，具有同样的贡献潜力，那么社会的分工与协作也应当在两性之间进行更为公平合理的分配。承担直接生育事件的女性理应在哺育孩子的过程中得到男性的支持和帮助，整个社会也应当主动为家庭哺育后代提供更多的支持。

4.3.2 "孕哺"与职业发展的双重挤压

孕哺给女科技工作者带来的冲突感和压力感不仅仅体现在肩头负担加重的现实，还体现在尽管她们努力平衡，试图规避或减少由孕哺所带来的职业发展的损失，但实际上却可能令自己陷入更为艰难的被裹挟的境地，不得不承受这双重的挤压。

如前文所述，女科技工作者在考虑怀孕与生育时机的问题上，多体现出其理性和计划性。选择孕哺为学业、职业发展让步的女性不在少数，但结果却不尽如人意。为了学业和职业发展而推迟孕哺，甚至暂时终止妊娠的女性，可能陷入更为严重的后续的生育压力中，最终导致后续的职业发展受到更为严重的影响和打击。由于人工流产经历、高龄怀孕、工作环境中不良因素的影响等，导致较多的女性陷入习惯性流产，甚至"一孩难求"的困境。身心备受摧残的同时，事业的发展也陷入停滞。

如何缓解这种双重挤压？显然非女性个人努力能够奏效的。生育，常常被认为是个体的或者家庭的事，但其实也是社会的事。女性生育后代不仅仅是为了个体基因的延续，也不仅仅是一个家庭血脉的延续，更是人类社会生生不息代代繁衍的历程。生育为全人类社会带来的贡献应当受到认可，在女性与男性共同参与创建人类文明时，抚养孩子的任务也应当由两性共同分担。社会应当鼓励甚至要求男性分担哺育任务，提供社会基础设施为女性分担哺育压力，则不仅两性平等进程会得到有力推进，社会文明的进步和发展亦可前景无限。

4.3.3　社会对女科技工作者的期望：职业女性与母亲角色

尽管早在三十年前就有人发现，中国女性“两副担子一肩挑”的境况，然而社会大众对女性应当承担家庭责任的期望却从未减少。在我们的访谈中，不乏受访者表示“女人没有孩子会被认为人生是不完整的”。“母亲”仍然是社会期望女性必须履行的重要角色，被冠以“天职”的至高标签。同时，女性要进入社会劳动领域，成为一名职业女性，则又不得不面对单位对女性与男性同等的要求。

我们身处的社会仍然是男权主导的，即便女科技工作者与其丈夫具有相当一致的教育和职业条件，在她们周围却仍然充斥着“男人养家，女人持家”的观念。在问到抚养孩子中丈夫是否提供帮助的问题时，多数人会表示否认，她们说“他的工作更忙”“他挣钱养家就行”“从不做家务”或者直言“照顾孩子是女人的事”……而少数女性有开明的丈夫，他们会主动承担部分家务和照料孩子的任务，则这些受访女性往往拥有较好的工作和较为愉悦的心情。可见，丈夫的帮助尽管看似微小，却能发挥巨大的作用。

而当单位和社会能够提供哪怕甚为微薄的支持时，女性的职业与家庭平衡的努力就更为有效一些。单位对女性员工的“弹性工作时间”安排，使得女性可以更为从容的安排工作和家庭事务，工作效率更高、成效更为明显。搭上“单位制”末班车，能够享受单位提供的托幼服务的女性，则更为顺利地实现了事业和家庭的兼顾。不管是弹性工作时间还是社会和单位建立更为完善的托幼制度，其之所以成效卓著，是因为它能够使女性更好地扮演社会所期望的职业女性和母亲的角色，在两个角色之间进行良好的转换。

4.4　政策建议

在调研中，我们发现女科技工作者在“孕哺”两期遭遇到的职业发展和家庭照料之间的冲突是主要的问题所在。在“孕哺”两期，女科技工作者的需求主要集中在一些实际的问题上，比如产假时间、丈夫陪护产假的时间、产假期间的收入问题、产假结束返岗适应、单位设置哺乳室、单位提供必要的返岗支持、社会上托幼机构的设立等。基于以上问题与需求，我们从家庭、企业/单位、社会层面提出以下建议。

4.4.1 家庭层面：夫妻协力，共同养育

在家庭层面上，丈夫参与家庭事务是应当被鼓励和提倡的。

如今女性的角色已经不再是单纯“主内”的了，她们也有自己的工作，她们也需要在职业发展中实现自己的个人价值。作为丈夫的一方，应该意识到生育和抚养孩子是夫妻二人共同的责任，不应继续固守传统的“男主外、女主内”观念，作为男性的一方应当主动自觉地分担家庭事务，与妻子一起经历孩子的出生、教育、成长等过程，与妻子一道完成家庭中的各项工作。

缺少丈夫支持的妻子，在应对家庭和工作两个方面的重担时难免会力不从心，长此以往易生怨怼，将不利于夫妻感情的稳定和持久。而夫妻相互扶持，家人互相关爱则既是一种责任，也是一种义务，更是一种美德，是共享天伦的幸福家庭得以实现的基础。

4.4.2 企业/单位层面：转变观念，提高服务与待遇

在企业/单位的层面上，企业领导者应提高意识，尊重女性生育为社会做出的贡献，应当摈弃完全的经济收益取向，建立具有人文关怀的企业文化和工作氛围。表现在对女性“孕哺”的支持上，就是对孕哺期女性予以一些切实的支持和帮助，使她们顺利度过“孕哺”期，并顺利回归到工作岗位上。只有心无挂碍的投身工作，才有可能创造更多的知识价值和经济价值，实现企业/单位的经营目标。

因此，建议企业/单位，尊重女性生育权，不得在聘用时签署侵犯生育权的限制生育条款；为孕哺期女性提供必要的哺乳室/挤奶室，方便她们为婴儿哺乳/挤奶；规模较大的企业或单位可以考虑建立单位托儿所/育婴室，或给予一定的托儿补贴；尽可能保障她们在产假期间的收入不低于正常工作时；对于结束产假返回工作岗位的女性，要提供给一定的返岗经济支持，对于达到一定级别的科研人员提供

必要的研究助手;产假结束后,根据婴儿月份大小,弹性调整哺乳期女性享有的哺乳时间的时长,或者根据实际工作情况实行哺乳期弹性工作制等。

4.4.3 社会层面:加强宣传,切实落实男女平等国策

从社会和政府的层面上来讲,对孕哺期女科技工作者的支持,首先应体现在宣传上,领导者要转变观念,使更多的人认识并认可女性生育行为对人类繁衍的贡献。将观念落实到实际行动,则体现在相关的法律法规的制定和执行上。比如,尽快出台相关的法律法规,并且鼓励建立更多托幼机构,以满足实际需求。

第一,女科技工作者应享有与科技男性同等的退休年龄。女性要与男性经历同样的教育年限才能跨进科技职业门槛,而却要经历三到五年的孕哺期,这一时期显然会不同程度的阻碍女性的职业发展,如果女性还要比男性提早五年退休,则实际的工作年限要比男性少了八年以上,这显然是不公平的,并且人口统计事实显示,女性具有比男性更长的平均寿命。因此,给予女性与男性同等的退休年龄是必要的。这个同等,不止是让受过高等教育的女性多做几年贡献,更不单有利于女性个人价值的实现,更是两性平等进程的重要一步,同时还会促进国家和社会的进步。

第二,为结束产假返回工作岗位的女科技工作者提供返岗经济支持(如课题启动基金)应当写入法律法规,要求科技行业的单位严格执行。结束产假之后返回工作岗位,由于几个月的断裂,可能已经使她们错失了不少的科研机会,返岗启动基金将有助于她们尽快进入职业状态,是对她们的支持也是鼓励。

第三,法律法规制定之后,执行也是重要的方面。执法机构应当严格执法,提高企业/单位的违法成本,对于那些或明或暗存在的侵犯生育权的行为、克扣产假期间女性收入的行为等进行严肃处理。

第四,发挥社区的力量,寻找解决托幼问题的新突破。事实上,一些健康状况良好的低龄老年人已经离开工作岗位赋闲在家。在有条件的社区,或许可以发挥社区居委会及老年人活动中心的力量,以社区为单位建立一些公益托幼机构,或提供邻里互助性质的托幼互助机构,由社区工作人员和社区低龄老年人共同承担照顾婴幼儿的

工作，这样一方面减轻了孕哺期女性照料婴儿的压力，同时也发挥了一些老人的余热，使社区居民之间互动增加，邻里关系更加和谐。

最后，我们也要注意到，在女科技工作者群体内部存在着差异性，应当充分尊重个体的自主选择权利。她们选择全力以赴照顾家庭或全力投入事业，均无可厚非。而那些选择投身职业发展，并尽力想要兼顾家庭的女性，社会则应当给予必要的和有效的帮助，使她们继续发挥自己的聪明才干实现职业理想和个人价值。

第五章　社会转型背景下女科技工作者对孕哺的选择与应对

吴青阳*

第一节　问题的提出

伴随着愈来愈深入的市场化经济体制改革，国家已不再是资源与机会的垄断者，亦不复为社会成员安排好自摇篮至坟墓的一切。在这一社会框架重组的过程中，市场经济带来的竞争与风险渗透进个体生活，因此"人们必须积极努力，必须获胜，必须懂得在竞争有限资源时维护自身，不是一次，而是日复一日"①。

对于女性而言，上述压力似乎更为深重。一方面，她们同样需要实现职业发展与向上流动，以便获得更多资源、机会与发展空间；另一方面，传统父权制下"男主外，女主内"的性别分工观念仍广泛存在，即要求她们承担与家庭相关的一系列责任。在孕哺期间，所有冲突又被进一步放大：孕哺（尤其是产假）增加了她们职业发展中资源积累断裂的风险；同时，孕育胎儿与抚养孩子的活动也使得她们被更深地卷入家庭，且这种以抚育为中心的家务劳动由于国家在相关福利领域的退出而愈显沉重。

正是在此意义上，社会转型背景与女性职业发展成为性别研究

* 吴青阳，北京大学2009级女性学研究生。

① 乌尔里希·贝克、伊丽莎白·贝克—格恩斯海姆. 个体化[M]. 李荣山等译，北京：北京大学出版社，2011：3.

的关注重心，关于“妇女回家”问题的讨论也从未中止①。持有“妇女回家”观点的学者普遍认为，在面对上述冲突时，女性放弃职业领域的发展并回归家庭是一种最优选择，这不仅符合家庭中强者与弱者②的正常角色分工，同时有利于解决劳动力过剩与就业岗位不足的矛盾；具体至孕哺这一特殊时期，他们认为应实行阶段性就业，并将产假延长至十几年，以保证母亲有充足的时间和精力抚养孩子③④⑤。

女性主义者则旗帜鲜明地反对“妇女回家观”。首先，她们认为分析这一问题时应从女性自身经验出发，女性自身有决定其职业发展的权利⑥。其次，转型的社会背景必然会打破原有的平衡，产生某种程度的失范现象；但这种过渡应由国家和政府承担更多责任，而不应由女性承担所有代价⑦。再者，她们还提出“转型”“女性”“就业”等宏大叙事模式与具体经验事实之间并不对称，因此在讨论女性职业发展问题时，需要避免将女性视作一种均质的群体，而应注意到不同群体之间的差异性⑧。

由此，本章希望以女科技工作者这一特定群体为研究对象，讨论转型背景与其职业发展之间的关联。在本章中，我们所感兴趣的不是女性是否应该“回家”，而是在此基础上的进一步扩展，即当社会转型的宏观背景与孕哺这一特殊生命时段相叠时，女科技工作者的职

---

① 历史上大致发生过四次关于妇女回家问题的讨论，在 2011 年的“两会”期间，全国政协委员张晓梅提出“鼓励部分妇女回家”的提案，引发了第五次关于妇女回家问题的论争。（宋少鹏，2011）

② 郑也夫以经济收入来进行家庭内部两性间“强者”与“弱者”的区分：在他看来，男性在正常的社会分配系统中能够获得更大报偿，因此应该是家中的“强者”；但“荒诞的同工同酬原则”使得女性的弱者地位被行政力量扶持，这使得男性在家中地位降低。因此明智的家庭分工应该是“强悍的男子出外挣更多钱，弱小的女子守家做更多的家务”（郑也夫，1994）。

③ 郑也夫．男女平等的社会学思考[J]．社会学研究，1994，2.

④ 孙立平、王汉生、王思斌、林斌、杨善华．改革以来中国社会结构的变迁[J]．社会学研究，1994，2.

⑤ 熊郁、孙淑清．面对 21 世纪的选择——当代妇女研究最新理论概览[M]．天津：天津人民出版社，1993：154—156.

⑥ 李银河．“女人回家”问题之我见[J]．社会学研究，1994，6.

⑦ 周怡．社会的转型、失范与女性就业[J]．社会主义研究，1995，5.

⑧ 孟宪范、陈明侠、谭深．转型社会中的中国妇女[M]．北京：社会科学文献出版社，2004：4.

业发展具体被哪些因素所影响；在此过程中，结构与个体因素又是如何相互作用，并最终实现对其职业发展的影响的。

在考察前人既有研究的过程中，我们发现定量的研究方式、模糊的研究对象和因果间的单一对应都掣肘了对职业发展的深入考察和对过程分析视角的深入。为更好地回答本章提出的问题——在孕哺期这一特定时段内，结构与个体的因素如何作用于女科技工作者的职业发展，本章倾向于选用质性研究方法，以深度访谈的资料为基础，揭示结果背后的个体经验与事件过程。

本章所使用的研究资料来源于“女科技工作者孕哺期职业发展研究”课题组获得的个案访谈资料。本章所选用的质性研究方法源自解释社会学及批判社会学传统，尤多见于各类性别研究。该方法并非通过由理论到理论的逻辑推理建构知识，而是“以文字叙述为材料（data），以归纳法（inductive approach）为论证步骤，以建构主义为前提的研究方法”①；在研究过程中，研究者需要在承认自身立场的前提下，从最基本的文字材料出发，追寻当事人话语中的关键词句，并最终发现文章的研究主题。

我们尤其重视访谈材料中那些易被忽略的细节与其背后隐含的意义，并将其与一定的社会背景相联系，以便获得对日常生活的一种深刻的、带有规律性的认识②。另外，课题中的绝大部分访谈都是一种“女人对女人的谈话”（woman-to-woman talk），这为女性提供了更多充分言说自身经验的机会，从而避免谈话这一人工制品陷入性别化的权力关系与建构中③。

基于这一认识，本章将主要选取质性研究方法的思路，以大量访谈资料为研究基础与分析依托，力图展示一种以女性经验为中心的日常生活图景及蕴于其中的理论内涵，并最终获得一种可能性的框架解释。

在本章中，我们主要采取生命历程的研究视角，以便将个体生活与永远变动着的社会相连，从而发现社会转型的宏观背景与女科技

---

① 熊秉纯．质性研究方法刍议：来自社会性别视角的探索[J]．社会学研究，2001，5．

② 杨善华、孙飞宇．作为意义探究的深度访谈[J]．社会学研究，2005．

③ 郑丹丹．女性主义研究方法解析[M]．北京：社会科学文献出版社，2011：31—32．

工作者在孕哺这一特殊生命时期职业发展之间的关联。

生命历程(life course)指的是"一种社会界定的并按年龄分级的事件和角色模式,这种模式受文化和社会结构的历史性变迁的影响"①;它强调个体一生中随时间推移而产生的、并为文化和社会变迁影响的角色与生命事件序列,尤其关注构成个人生命发展的轨迹与转折。在此意义上,生命历程的概念跨越了个人与结构、微观与宏观的不同研究层次,并揭示出个体之外的社会型塑力量、以及处于其中的个体的调适与建构②。

我们将借用上述生命历程分析范式的理论视角,具体分析被访的女科技工作者所处的时空状态(即一种转型的宏观社会背景)与其生命历程中的变迁(孕哺——职业发展)之间的关联,并展现她们对这段特殊生命轨迹的建构过程。

第二节　新旧并存:社会结构和科研体制的转型

正如本章开篇所言,社会转型是一种新结构产生与旧结构废弃的过程,这一过程因新旧并存而蕴有冲突和张力。在20世纪90年代中期的中国,这种转型集中体现为产权的多元化和经济运作的市场化:社会成为相对独立的提供资源和机会的源泉,民间社会组织化程度加强,并已然形成各种相对独立的社会力量③。对个体而言,上述的多元化与市场化意味着更剧烈的风险、竞争与分化,他们更深切地感到自己处于一种变幻的、不确定的环境中,并更迫切地希望向上流动,以便获得更多资源、机会与发展空间④。

我们将根据既有的访谈资料,讨论课题制的沿革与转型后的运作方式,他人眼中的两性角色分工与母职范围。前者是深入于女科技工作者日常生活内部的现代性的典型代表,而后者无疑是传统价

---

① 埃尔德.大萧条的孩子们[M].田禾,马春华译,南京:译林出版社,2002:421.

② 胡薇.累积的异质性:生命历程视角下的老年人分化[J].社会,2009,2.

③ 孙立平、王汉生、王思斌、林斌、杨善华.改革以来中国社会结构的变迁[J].社会学研究,1994,2.

④ 杨善华.中国城市家庭变迁中的若干理论问题[J].社会学研究,1994.

值观念留存的最直接反映。

2.1　课题制:新形式的竞争

计划经济时期,国家掌控科研的所有环节:国家发展计划决定研究方向,国家以行政方式指派部署研究团队、规定具体研究内容,并通过财政拨款的方式提供研究经费。换言之,在这套以事业单位拨款制和计划任务制为中心的科研管理制度之下,科技工作者获取研究资源的渠道仅限于自身所在的科研单位组织,研究资金亦由单位分配到个人(俗称"人头费")。

在此背景下,科技工作者向上流动的方式仅限于行政体制内的职称提升;而获取提升资格的方式往往是通过单一的"资历"积累。这种资历积累的过程一般只是个体"熬年头"和"完成任务"的被动过程,基本不存在无课题或无资金的风险,更不存在与之相连的压力与竞争。

改革开放后,计划科技体制开始纳入以自由和竞争为特征的市场元素,科研资源与权力由国家下放至科研单位、相关社会组织乃至个人;各类基金成为科技研究的主要资源支持,且获取途径也转为招标、评估、合同等具有强烈市场色彩的方式。

基金构成的多元化趋向无疑要求资源分配方式的相应转变。1999年,国家出台《中共中央国务院关于加强技术创新,发展高科技,实现产业化的决定》(中发[1999]14号),要求以市场为导向深化体制改革,"财政对科技的投入方式,由对科研机构、科技人员的一般支持,改变为以项目为主的重点支持;国家科研计划实行课题制,大力推行项目招投标和中介评估制度"。至此,课题制正式成为我国的科研项目管理与资源分配方式,这意味着原有的计划任务制转变为强调效率与竞争的新型分配制度,即获得了一种自由流动资源与自由活动空间①。

---

①　"自由流动资源"与"自由活动空间"是中国社会转型所表现出的突出特点,指代由于国家对资源和社会活动空间的垄断逐渐弱化,市场相应开始提供资源与机会的交换,且社会成为一个与国家并立的、能够独立提供资源和机会的源泉。(孙立平,1993)

2.1.1　课题制的内涵

目前我国实行的课题制主要指“按照公平竞争、择优支持的原则，确立科学研究课题，并以课题(或项目，下同)为中心、以课题组为基本活动单位进行课题组织、管理和研究活动的一种科研管理制度”①。

从上述概念中，我们可以发现课题制与传统的计划任务制的最核心区别，在于课题组取代了单位在组织上的权力地位，课题主持人拥有打破单位界限、自主组织或聘用课题组成员的权力。该种改变使得人脉成为学术场域中的重要社会资本，这一社会资本的累积程度又会影响个体的课题资源获取与职业发展。

另一方面，“公平竞争”意味着课题资源的获取已由被动的任务分配转为主动竞争；“择优支持”则意味着课题资源的分配过程是一种选择与评估的过程，且优秀的课题一般更易得到基金。就科研课题而言，所谓“优秀”既指课题立项与预期结果具有较强的应用价值，也与课题组成员、尤其是课题负责人在其领域内的权威地位相关联。

以国家自然科学基金为例，申请基金资助项目必须首先通过三名以上同行专家的通讯评审与会议评审；通讯评审未通过的课题可经二名会议评审专家推荐而进入会议评审。课题通过并进入实施阶段后，课题组需要签署项目合同，基金管理机构定期对实施进度进行抽查与监督，并在课题结项后进行绩效评估。② 同时，课题主持人若在绩效评估中被评为优秀，下次申请课题时可在同等条件下优先考虑；若连续两次被评为优秀且同行评议通过，下次申请课题时可获得一次性连续资助③。

由此可见，课题制实质是一种市场化的合同制度，它通过竞标，以承包的方式将资源分配给具备较多社会资本的课题主持人，以实现资源效用的最大化。在下文中，我们将结合访谈资料，讨论课题制

① 该定义为课题制的通用官方定义，出自2001年12月科技部、财政部、国家计委和国家经贸委联合发布的《关于国家科研计划实施课题制管理规定》第一部分。

② 参见《国家自然科学基金条例》(国务院令487号)第十四条、第十六条、第三十条相关内容。

③ 马健.双重博弈下的科研组织与科研人员[J].理论界，2010，3.

对女科技工作者孕哺期职业发展的具体影响路径。

2.1.2 资源积累与断裂:以课题负责人为中心

女科技工作者的孕哺期往往与参加工作的最初几年相重合,这意味着她们正处于职业发展的起步阶段,即资源积累阶段。在这一阶段,她们一方面需要参与课题实现资源积累,以获取更大的提升可能。而能否参与课题、参与何种质量的课题则与她们所处的团队、尤其与团队主持人直接相连。另一方面,孕哺期也会对她们的课题参与产生不同程度的影响,从而给资源积累带来中断的风险。

因此,不少被访者认为“(职业发展状况)不在于你的性别,而在于你在哪个团队……当领导的人又是在哪个团队,关键是在这里(AP6YH)”。在她们看来,团队主持人①所拥有的资源一般与团队成员的职业发展密切相关;而他们对孕哺这一事件的态度则直接影响女科技工作者孕哺期的职业发展状况。

2.1.2.1 “大树好乘凉”:一种价值评判逻辑

被访者AC2YZ将团队主持人与女科技工作者之间的关系建构形象地称为“大树好乘凉”——“做科研这块,就是找一个好的导师……找棵‘大树’,大树好乘凉嘛,不在于本人有多厉害,科研成果什么的,找个特别好的导师跟着,那以后可能一辈子就不愁了”。为解释这一观点,她为我们比较和评价了她和另一名被访者AC1CZ的团队主持人:

> 人家(AC1CZ)挺厉害的,她是为什么这么厉害呢,因为她的导师特别好,就是副校长,他的团队是在我们学校是最厉害的,副校长嘛,他本身在那个位子上,能弄到很多资源,有钱,有人,有好课题,你就跟着沾光了……在他的梯队里就能得到很多照顾,给她选了个特别热门的研究方向,还派她去香港进修,回来不就弄上自然科学基金了吗?……我的导师跟我都不在一个学校,他比AC1CZ的导师可差远了,一个是没有人家那么大的权力,一个是对他团队的成员也不怎么负责任,他不会给你找机会。

---

① 团队主持人通常也是课题或项目负责人,下文访谈资料中所出现的“导师”“领导”或“老板”都指课题负责人。

从 AC2YZ 的叙述中,我们可以大致发现这种评判逻辑的中心在于团队主持人与女科技工作者之间的权力关系建构,它不仅关注团队主持人的结构位置与资源,更关注这种位置与资源为女科技工作者自身发展所带来的优势。

AC1CZ 的团队主持人之所以被评价为“特别好”,原因首先是他处于学校行政结构的顶端位置,这一位置能够为他带来“场域中利害攸关的专门利润”①,即所谓的“有钱,有人,有好课题”。另一方面,更重要的原因还在于团队主持人“负责任”,能够利用手头资源为 AC1CZ 的发展带来助益,如为她选择好的研究方向、给予她去香港进修的机会,并帮助她获得自然科学基金等。换言之,两者之间的关系可以被看做一种“大树好乘凉”式的资源荫庇。而这种关系所带来的影响则将在女科技工作者的孕哺期间集中反映出来。

2.1.2.2 课题制下的马太效应

正如上文所言,科技界的竞争集中于课题资源的争夺,而团队主持人在其中扮演着关键的角色。由于孕哺期间面临着资源积累中断的风险,因此团队主持人的资源荫庇作用便显得尤为重要。

被访者 AC1CZ 的团队主持人在她怀孕期间不但提供了有力的情感支持,认为“(怀孕)这是必然的,你要经历一个正常人的生活”、主动鼓励她“赶紧生孩子”;而且为孕中的 AC1CZ 提供了申请自然科学基金的机会,并每天关心她的身体状况和报告进度,从而保证了孕哺期不会给她的职业发展带来断裂。相反,AC1CZ 得以在此期间成功申请到重点基金,并逐渐进行资源积累和职业提升,“我这边项目一直比较多,因为我拿到这个基金了,大家都知道我科研做得好,发表论文也多,我想去哪儿(开会或交流),这样的机会就比较多……算是在圈子里稳下来了,有了牌子了。我计划过几年去香港,那边科研的氛围更好”。

另一位被访者 AP5JJ 的经历则与 AC1CZ 形成了鲜明的对比。她的团队主持人从一开始就对怀孕这事表示不支持,因为作为课题组的成员,怀孕被认为会影响她的工作量和课题进度,“我不希望他这

① 布迪厄、华康德.实践与反思——反思社会学导引[M].李猛,李康译,北京:中央编译出版社,1998:133.

么想，所以就跟大家一样的出野外，那时候我们都要出野外的，结果就流产了”。当她再次怀孕并休完产假之后，她发现自己已经与课题组脱节了，而团队负责人既不给她参加课题的机会，也不允许她自己独立申请课题。“那时候他不给我课题，也没有自由。……所以，那会儿我都不想在这儿干了，就这种感觉”。缺乏团队主持人的资源荫庇使得孕哺期成为AP5JJ职业发展的断裂，她发现“我自己独立了之后，没有积累，寸步难行，真的是寸步难行”。

默顿曾借用《圣经·马太福音》中的一句“凡有的还要加给他，让他有余；没有的，连他所有的也要夺过来”比拟科学界中的竞争与分化，并将其称之为“马太效应”①。以上访谈资料反映出，女科技工作者职业发展中同样存在马太效应，正面与负面的结构因素都会累积并导致愈加倾向一方的结果。孕哺期间能够获得团队主持人资源荫庇的女科技工作者，一般会在职业发展中赢取较多的资源，而这些资源又成为其进一步向上流动的资本，如上文中的AC1CZ现在被称为“实验室里的金凤凰”，圈内的许多研究者都乐于与她保持联系，邀请她进行各类项目合作，“路是越走越宽了”；另一方面，缺乏资源荫庇的女科技工作者可能不得不经历孕哺期所带来的职业发展断裂，且这种不利因素将持续累加并制约其发展，最后可能正如AP5JJ所描述的“寸步难行”。但这并不意味着对团队主持人个体人格或权力的过分强调，事实上，正是由于课题制的种种制度特征，才赋予了团队主持人所具有的上述权力。

至此我们可以发现，课题制本身蕴有一种竞争与资源集中的趋势。在课题制下，女科技工作者必须进行一系列资源积累以获取更好的职业发展空间，而这一资源积累通常需要通过团队主持人的资源荫庇得以实现。换言之，课题制对女科技工作者职业发展的影响集中体现于团队主持人与女科技工作者之间的互动，而孕哺期中，团队主持人能否为她们提供资源荫庇，与孕哺期是否成为她们职业发展的断裂期有直接关联，且这一结果又会成为她们之后发展的助力

---

① 夏德元.论女科技工作者中“马太效应”的放大和强化现象[J].自然辩证法研究，1996,7.

或障碍①。

2.2 母职②:旧传统的分工

母职(mothering)具有生物性和社会性的双重含义:生物性母职通常与性、怀孕和生育相连,指的是女性生育后代的生理命运和自然使命;社会性母职则被认为是女性为抚养子代所承担的一系列职责,以及在这一过程中与子代所建立起的关系。

这里我们无意讨论母职对女性产生的影响究竟为积极或消极,而仅仅希望从生物性母职(怀孕)和社会性母职(性别分工)两方面描述被访者孕哺期中与母职相连的经历,并分析这些经历与其职业发展的关联。

2.2.1 被规定的怀孕

从生命历程的视角来看,怀孕虽然是一种女性个体的生命事件,但却在时间意义上与更广泛的社会性时间(social timing)相连,这种联系既存在于女性个体的怀孕时间与一种普遍的社会性期望之间,同时也在她们职业发展的时间规划中得以反映。

2.2.1.1 社会性期望之下的怀孕

费孝通先生曾在《生育制度》中指出,在大部分中国人看来,生育并不是一件私事,它关系到整个家族的延续;孩子的出生意味着家庭建立起一种稳固的三角关系,女子也因获得了母亲的身份而被真正接纳③。在此意义上,对生育的要求最初源于家族延续的需要,但逐渐扩大为一种社会性的期望:女性应该成为母亲。

被访者 AJ3YZ 描述自己是一个"对小孩没有热情的人",因此她

---

① Clark, S. and Corcoran, M. 1986, "Perspectives on the Professional Socialization of Women Faculty", *Journal of Higher Education*, 57(1).

② 在女性主义研究中,对母职的讨论通常与女性自身发展及主体性相连。激进自由派女性主义者倾向于将母职看做对女性生命的消耗与束缚,她们指出母职基于三重信仰——凡女人都需要做母亲,凡母亲都需要自己的子女,凡子女都需要自己的母亲,并认为这三重信仰是带有压迫目的的神话,它们使得女性相信一切与孩子相关的事件都应由自己负责(Oakley,1974:186)。激进文化派女性主义者同样承认父权制对母职的制度化,但她们认为母职也可能成为女性自我成长的机会,关键在于女性需要"寻找到一种自身适应的方式来驾驭母职"(罗斯玛丽,2002:118)。

③ 费孝通.乡土中国·生育制度[M].北京:北京大学出版社,1998:162—169.

一直将怀孕推迟，“那时候我其实已不小了，都快29岁了，是该生孩子了，实际上，那时候我老公想要（孩子），我父母其实也想，只有我一个人不想要”。开始AJ3YZ顶住了家庭压力，但她最后还是妥协了，“因为社会上对女性的要求，特别是你到了一定年龄之后，要求你应该成为一个孩子母亲，特别是你担任一些职务之后，这个实际上对你是有压力的……人家会说你不要孩子啊？是不是你跟你老公感情不太好啊之类的，是不是你这个人有问题啊”。

类似地，被访者AP1XY也说“其实我一直不想要小孩儿”。在她看来，生育并不是一种确认自身身份的方式，成为母亲更不是生命的必然轨迹。“有小孩和没有小孩本质上都是一样的，殊途而同归。你说我真的是需要一个孩子来确认自己吗？……这对我个人来讲，不是一个必然的，不是我必须要走的路。我觉得没有孩子，我一样可以活得很精彩。”但她最后同样也没有坚持自己的想法，因为“好多人都觉得应该要，都劝……家里人就是催我们，能生就赶紧生啊，而且那时候我的一些同事聊天就是聊孩子，都说赶快生孩子吧，不然我们就没有共同语言了，大家聊孩子的时候你都不知道聊什么”。

由此我们可以发现，社会性期望实质来自于社会中相互联系的生活（linked lives），即个体在被整合进入特定群体之中的门槛与准则①。对于被访的女科技工作者来说，怀孕的压力一方面来自家庭内部，尤其是老人对孙辈的期待；另一方面则来自于“女性应该成为母亲”的外部价值评判。这种价值评判压力会随着女性年龄的增加、社会位置的提高而逐渐加重，因此，女性若想获得良好的职业发展和较高的社会地位，就必须证明自己符合社会的主流价值；而拒绝成为母亲的女性则会被怀疑“是不是你这个人有问题”。

在这种价值评判标准的基础上，我们可以进一步扩展费孝通先生所说的生育逻辑，即女性生育与家庭的稳固程度相连，而女性私领域（家庭）的状态又会影响她们在公领域（职业）所获得的评价与发展。就被访的女科技工作者而言，“成为母亲”既有助于她们确立与稳固自身在家庭中的位置，又有助于她们在职业领域获得认可，并融

① 李强、邓建伟、晓筝.社会变迁与个人发展：生命历程研究的范式与方法[J].社会学研究，1999，6.

入以孩子为共同语言的同事圈。在这种逻辑之下,被访的女科技工作者即使并不认同“女性必须要成为母亲”,也往往在累加的社会性期望之下而最终妥协。

2.2.1.2 怀孕的“恰当时机”

如上文所言,一方面,怀孕已成为社会性期望之下女科技工作者的一种必然选择;另一方面,与怀孕相连的孕哺又必然会对女性的个体发展带来影响。在此背景下,选择怀孕的“恰当时机”(timing in lives)就显得尤为重要。一般来说,这种“恰当时机”指的是社会年龄与生理年龄的叠加,它表明了一种社会普遍赞许的年龄规范;个体生命事件发生的恰当时机与其所属群体相关,并与正在变迁的社会世界融为一体①。

访谈中不乏被访者为在“恰当时机”怀孕,而对自身进行怀孕控制的事例。被访者 AG1FF 形容自己怀孕的时候“我们什么都没有,就是最基本的条件都没有”,而且当时她正好硕士毕业准备考博士,怀孕意味着职业发展的中断,所以“肯定的,当时想都没想,也没跟家里商量,就去做掉了……当时从物质上,从自己的工作还有考博上,没房子,没钱,刚工作,肯定是不行的”。

被访者 BN3BX 也将自己当时的流产选择进行了类似归因,“一个就是住的,集体宿舍啊,筒子楼,十平方米住好几个人,你怀孕了丈夫都不能过来住,做饭洗澡上厕所什么的也都特别不方便。另外一个也是工作比较忙吧,那时候我刚参加了个项目,因为所有的项目都是要调研的嘛,你一怀孕就耽误出差什么的了,所以就做了人工流产了”。

从上述访谈中我们可以发现,女科技工作者怀孕的“恰当时机”主要包括两方面要素:一是基本生活条件的保障,即具备维持一个家庭的物质基础,如住房与稳定的工作;二是职业发展的保障,即具备日后职业发展的基本条件并保证其延续,如获得博士学位,以及无需因怀孕而中断正常工作。这种“恰当时机”亦是社会转型中国家力量在福利领域退出的一种反映,女性需要承担与怀孕相连的更多责任,

① 埃尔德.大萧条的孩子们[M].田禾,马春华译,南京:译林出版社,2002:428—429.

并需要付出更多努力应对竞争。

因此，怀孕时机不当但并未终止妊娠的女科技工作者，一般会遭遇孕哺与工作的更多冲突，并可能导致她们重新规划职业发展。被访者 DF3JY 有过三次怀孕经历，前两次由于“整天整宿的熬夜，一出门就开始忙”而被迫流产；在第三次怀孕时，她恰逢博士入学考试，且被提名为所在院系副书记的候选人，但她最终不得不放弃并“专心生孩子”。在此之后，原来“很喜欢科研，打算做出点名堂来”的她变成了“八小时以外的全职妈妈”，因为“有些机会你错过就是错过了，年龄大了，精力也散了，还有那么多年轻的在争……我争不过了”。

由此，我们可以发现，以怀孕为代表的生物性母职对女科技工作者职业发展的影响主要体现在一种被规定性上：首先，在社会性期望之下，怀孕与生育是女科技工作者应该做出的一种理性选择；其次，怀孕的“恰当时机”也是一种社会性规定的结果，且两者共同成为女科技工作者顺利实现职业发展的必要条件。

2.2.2 孕哺期中的两性分工

不同于生物性母职的不可替代性，以抚育孩子为中心的社会性母职并非必须由母亲履行。在计划经济时期，我国基本的儿童抚育模式是一个“由直系亲属网络、夫妻合作和国家共同负责的过程”，其中国家的功能主要通过单位制体制及与其相连的一整套托幼设施得以实现，母亲的抚育工作也因此大为减轻，从而缓和了女性职业发展与抚育孩子之间的矛盾①。

但在社会转型背景下，国家的退出与市场化的深入使得抚育孩子需要耗费家庭更多的物质成本和精神成本；同时，抚育工作的分工愈加细化，幼儿的日常衣食住行、玩耍、教育与就医通常会由不同家庭成员负责。下文将对孕哺期间的家庭分工进行讨论，并分析这种分工模式的特点以及其所带来的影响。

2.2.2.1 “出席”的男性

上文中我们已经分析过生育之于整个家庭的重要意义，因此抚养幼儿无疑是孕哺期间家庭分工内容的中心；同时由于怀孕后期与

---

① 佟新、濮亚新. 研究城市妇女职业发展的理论框架[J]. 妇女研究论丛，2001，3.

产后一月内的女性身体虚弱，故照料此段时期的女性也是家务的一部分。从访谈材料来看，家庭中的直系亲属（通常是家中身体条件允许的老人）仍会承担上述全部或部分的照料工作，而男性在此期间则仅仅“出席”，即一种表面参与但事实缺位的状态。

> （生孩子）对他爸爸影响不是很多，该上班上班该下班下班……人家就是喜欢了就过来抱，小孩一闹的时候他就不要了，喂奶什么的不用指望，孩子要是拉了就喊“你快过来，他拉了！”……你知道开晚会的吧？他就是那个什么，就是那个负责出席拍巴掌的。（AP2YY）
>
> 他这些事情（指抚养孩子方面）基本不干涉，而且他属于那种不太有耐心的……教育小孩什么的他也不管，也不能说不管，就是关于报什么班去哪儿上学这些具体的事情他都不管，他对这些也不了解，也不看，但有时又会突然提个建议出来。他也不调查，只是个建议，所以也没什么可行性，你说这叫管还是不管呢？（BY3UN）

从上述访谈材料可见，男性在抚养幼儿方面的参与具有两方面特征：一方面，他们一般会参与和孩子的某些互动及成长规划，如“喜欢了过来抱抱”，“提个建议”等；另一方面，这些参与仅仅是局限在表面，在“抱抱”之后便是“一闹的时候便不要了”，在“提个建议”背后是对孩子相关教育的“不了解，不调查”。对他们而言，抚育孩子的过程是他们作为“父亲”获得乐趣与显示权威的过程，而其中更换尿布等琐碎苦累的工作则不是他们的义务，因此他们会自然而然地喊出“你快过来，他拉了”。正是在此意义上，我们将其称作一种表面参与但事实缺位的状态，即 AP2YY 形象地形容为“出席拍巴掌”的状态。

进一步来看，被访女性通常实际已经接受男性在孕哺期间的这种抽离状态，并用不同方式将其合理化。如被访者 AG1FF 的丈夫“基本上什么都不管，他连尿布都没换过，一次都没换过”，但是家务方面“有公公婆婆分担，他就派他父母来干，他已经派人来干了，我也没话说”，而且“他要挣钱，他就是管挣钱的，他挣钱比我挣得多，我也无话可说，不是吗”。换言之，男性一方的直系亲属（通常是他的父母）所承担的劳动被视为男性本人事实缺位的一种弥补，且“男主外，女主内”的传统分工方式也成为合理化过程的重要因素——男性承担对家庭更多的经济支持责任，自然应该相应承担更少的抚育工作。被访者 DF4HY 的话正是对这一逻辑的典型例证：“一个公司的领导，每次都陪媳妇产检去，那公司怎么运作呀？是吧。我感觉现在好多女的，应该多数会有这种想法吧。只要你嫁给一个好老公，老公好好工作，老公全心全意挣钱，自己把家照顾好了，不挺好吗？”由此可见，这种合理化过程本身又使得男性的事实缺位进一步固化，从而无形中加重了女性照料孩子的压力与负担。

2.2.2.2　成为“专家”的母亲

正如我们反复提及的，社会转型意味着更多的竞争与风险，国家、集体、大家族等以往的支持力量都逐渐退去，单个个体及其背后的核心家庭直接暴露于这一竞争社会之中①。与此同时，男性的事实缺位也意味着孕哺期的女性更多地承担起抚育孩子的责任。因此，她们被要求保护孩子免受各种风险，而这种责任与保护又必然与一系列“科学”的孕哺知识相连。

由此，孕哺过程便充斥着一种双重意义上的信任，这种信任以怀疑或保留的态度为基础，对技术知识的尊重通常与对抽象体系所持有的实用态度并存；尤其是对女科技工作者而言，由于她们自身具备一定的专门知识与反思能力，因此她们更倾向于质疑既存的孕哺知识。

这种质疑首先指向传统的孕哺知识与隔代抚育方式。“月子里不能洗澡”、“吃蔬菜会回奶”等传统的孕哺知识已被大多数被访的女科技工作者所抛弃；同时，许多被访者也提出老人带孩子并不利于孩子的发展，如 AP3CY 在访谈中提到“（老人带孩子）时间长了对孩子不好，他们一个是容易溺爱孩子，一个是教给孩子很多不合适的东西……像我婆婆，她就告诉孩子别人家小孩欺负你，你就使劲打他，这怎么行呢”。在她们看来，上一代的孕哺与抚养知识是与他们所处的环境相连的，但这些知识与观念在崇尚理性的现代性社会已不合时宜，正如 AP1XY 所言，“现在已不是一个崇尚神秘的时代”。

---

①　佟新、杭苏红.学龄前儿童抚育模式的转型与工作着的母亲[J].中华女子学院学报，2011，1.

另一方面，这种质疑还指向以医学话语为代表的专家系统。AC3IU 谈到孩子呕吐后到医院就医，医生说可能是肠套叠，并要求做彩超；而她态度非常坚决的说“不会，我的孩子不可能肠套叠……我毕竟年龄大嘛，我育儿百科是看过的”。从这段话中我们可以进一步发现，这种质疑指向的是现代社会中的专家而非专业知识；事实上，被访者用以质疑专家的依据正是来自于各类育儿书籍。类似的，AJ3YZ 谈到自己生产前之所以不顾医生的建议，坚持选择顺产，也是因为“我看了很多书，自己生要比剖宫产好，因为它本身是个自然的过程”；后来虽然她在顺产的过程中非常不顺利，但当助产士准备动用产钳时，她仍然坚持“我自己能生，你等我会儿，……因为我看了很多书说上产钳容易把孩子的头夹坏”。由此可见，这种质疑并不是对科学与理性的否定；相反地，用以支撑这种质疑的正是女科技工作者自身建构出的一整套科学，正如 AP1XY 所言，“作为受过高等教育的（女性），你要以理性的方式去分析”。

上述两种质疑路径同时也是女性成长为专家型母亲的过程；而成为“专家”的母亲又因这些质疑而不得不承担更多与抚育相关的职责。在家庭领域内的投入必然会挤占大量职业发展上的时间与精力，“你其实也不是生下来就会做母亲的，你也得学啊，你得自己找出来哪些知识是科学的，这个是真操心呢”（BN5HM）。加之上文所讨论的孕哺期中男性的“出席”状态，我们可以发现，女科技工作者实质仍陷入传统的两性分工所规定的社会性母职之中，且这种社会性母职的承担又有导致两性职业发展差距扩大的危险。

在此意义上，母职的确是一种旧世界的分工与遗存，它对女科技工作者职业发展的影响亦是凭借这种分工而得以实现。但同时从怀孕的被规定性到抚养儿童的两性分工，母职背后仍是与转型社会相连的一整套特征，它也因此而成为转型期社会结构的一部分。因此需要说明的是，上文中虽然因行文方便而对社会转型进行了所谓的“新旧”区分，但这并不意味着对两者的割裂；孕哺期对女科学工作者职业发展的影响路径之一，便正是这种新旧并立所带来的张力与挑战。

第三节　成为母亲与超越母亲:孕哺期间的个体认同

在前文中,我们集中分析了在社会转型背景这一宏观时空状态与孕哺期这一个体生命历程交织的状态下,新旧并存的社会结构是如何影响女科技工作者职业发展的。下面,我们将注目个体自身对这段特殊生命轨迹的建构,着重讨论孕哺期间女科技工作者的个体认同过程及相应的职业发展策略,由此回应生命历程视角对个体能动性的关注。

个体认同(personal identity)概念的中心是一种对自我的确认,它是个体对自我身份、地位、利益和归属的一致性体验,亦是人们获得其生活意义和经验的来源①②。这里所讨论的"成为母亲"与"超越母亲"即指女科技工作者为怀孕(流产)——生育——哺育一系列事件所赋予的意义,以及由这些意义所导向的观点与行为。

3.1　成为母亲

3.1.1　"成为母亲"式的个体认同

毫无疑问地,孩子的出生意味着女科技工作者自然而然成为生物学意义上的母亲,而前文提及的母职则意味着女科技工作者成为一种社会建构意义上的母亲。在此基础上,我们所讨论的"成为母亲"指的是对上述两重含义的诠释与认同,即对传统意义的母职观念的内化。更具体地说,"成为母亲"式的个体认同是女科技工作者主动将孩子置于她们生活世界最中心地位的过程。

"成为母亲"式的个体认同首先表现在怀孕期间胎儿状况与自我概念的相连。被访者 AJ3YZ 最初并不想要孩子,她直承自己"肯定是对孩子不是很热情的那种人,不是很喜欢孩子的那种人",但怀孕之

---

① 需要指出的是,这种个体个体认同与传统社会学中所讨论的角色(role)或角色设定(role-sets)并不等同:角色强调的是社会制度安排之下个体所处的结构性位置,而认同则是一种自我建构与个别化的过程。换言之,前者是一种被动的、功能性的建构,而后者则是一种主动的、意义性的建构(卡斯特,2003)。

② 张淑华、李海莹、刘芳.身份认同研究综述[J].心理研究,2012,5.

后,"(孩子)在你肚子里一天天长大,我突然意识到这是我的孩子,这是我自己的孩子喽,那时候就肯定对他有感情了,然后也很担心害怕他身体有什么意外啦……那段时间心情特别好,因为我变成妈妈了嘛"。胎儿在腹中的成长无疑可以给予女科技工作者一种最直接的母亲经验获得,这也是"成为母亲"式的个体认同形成的最常见方式。

除此之外,这种个体认同还表现为哺育过程中的各方面投入状况,即将孩子的成长赋予最高意义,并由此获得满足。被访者 DF4HY 谈到自己在生完孩子之后,"每天处于那种特别兴奋的状态",而这种状态直接源于孩子的成长,"孩子长得特别快,每天你要不停的教给他新东西……孩子每天学会新东西的时候你会特别特别的高兴"。这种对孩子的关爱使得 DF4HY 由婚前"自己还是个孩子"变为"作为妈妈,我要全心全意搞好这个家","有了孩子之后家里的地板我就希望一尘不染,可能一天我会擦两遍,孩子的衣服一天会换很多次,我可能当时就会洗干净,哪怕尿布上就只有一点尿"。对于 DF4HY 而言,"成为母亲"意味着她不会将家务劳动赋予劳累或限制的意义,而是一种"全心全意"的投入。

由此,我们可以发现"成为母亲"式的个体认同所蕴含的逻辑:从表层上看,它是一种显而易见的行为模式,即女科技工作者以孩子为中心安排自己的生活;从中层上看,它是一种个体对上述行为模式赋予意义并觉察自我的过程,即"作为妈妈,我要……"的逻辑。

而从深层上看,它还包括认同过程中的情感体验,这种情感体验一方面表现为对孩子无前提的喜爱,如"回家看到自己的孩子就是非常喜欢,我可以目不转睛的盯着她很久,很喜欢(BZ2XX)";另一方面则表现为一种情感支撑,"你比如说特别累了,上火了,多喝水可能就下去,好了以后再继续(照顾孩子),就始终觉得那你自己不能倒下,倒下的话孩子就会受影响,家庭也会受影响,始终就有一根弦绷着(DF4HY)"。

3.1.2 工具取向的职业发展策略

"成为母亲"式的个体认同指向一种工具取向的职业发展策略,

即将工作视为实现其他目的的工具①。更具体地说,在工具取向的职业发展策略下,女科技工作者将家庭(尤其是孩子)置于首位,进行工作的目的是为了整个家庭的发展,孩子的成长与家庭的和睦是她们成就感与价值感的来源,而工作仅仅是实现上述目的的手段。

3.1.2.1　具体表现:以孩子为中心

这种职业发展策略集中表现为一种日常生活的时间安排方式。一般来说,持有此种职业发展策略的女科技工作者都倾向于将更多的时间投进家庭之中,"我就白天干自己的事情,下了班就基本上不干活儿(指单位方面的工作)。……这就是我给自己的一个定性嘛,在家里就跟他(孩子)玩(AP3CY)"。对她们来说,"一辈子就是工作的话没多大意思(AC2ZY)",所以自己应该"量力而行"。被访者AP6YH可谓是工具取向职业发展策略的典型代表:

> "我们做科研,首先,工作是无止境的,没有尽头的。那你要明白了,你能做多少,你想做多少,你愿意做多少。……我为什么读博?因为当时我们在那个筒子楼里住着,如果不读博就不能改善,你如果读博,就'哗'一下子超过了一堆的人。……作为我来说,我在学校工作这个角度上说,需要发表几篇文章,我写,没问题。需要做课题,好,我做。需要上课,也没问题。……但你如果要做职业科学家,你还要照顾到发多少文章,写多少东西,做多少课题,带多少学生,然后完成多少教学。在这些个日常的方方面面当中,会把你的精力耗散掉。……所以我不加班,我睡觉很早,我们家孩子一放学我就陪着他……我儿子从特别小的时候,我每一天陪他至少四个小时以上。"

在这段叙述中,我们可以发现AP6YH对工作的定位是"没有尽头",因此需要明白"你能做多少,你想做多少,你愿意做多少";而这种"想做"和"愿意做"的标准则是在职业上的投入能够获得有利于家庭发展的回报,如她选择读博的原因并不是为了之后的学术生涯发展,而是为了改善居住环境。同时,AP6YH主动将自己与"职业科学家"区分开来:她在写文章、做课题、上课等工作上投入的时间是按需

---

① 佟新、濮亚新.研究城市妇女职业发展的理论框架[J].妇女研究论丛,2001,3.

分配的,其目的仅仅在于维持她已经取得的职业位置,毕竟如另一位被访者 AC2ZY 所说,"你这个位置你要保住的话,肯定得做一些事情"。

除此之外,当女科技工作者面临职业发展与照料儿童的冲突时,工具指向的职业发展策略通常表现为减少在职业发展上的投入、甚至放弃职业发展的机会。如 E3HY 在备考博士考试的最后几天里,家里孩子生病拉肚子,"当时就觉得考试必须退居次要地位,虽然说复习很重要,考博很重要,但是孩子更重要……因为当时在郊区(复习),所以我会天天回去,每天打电话给我的同学啊,儿科的,咨询啊,直到好了才算"。其实"拉肚子"这种情况并不要求母亲必须参与,E3HY 能做的也不过是"每天打电话咨询",但她还是在"孩子更重要"的意义上选择了减少复习时间。另外需要指出的是,虽然 E3HY 承认正是上述原因导致她那年考博没有通过,但她完全不觉得这是一种损失,"在孩子身上多投一份精力就多一分收获……这个嘛就觉得更多的是责任……你不会为了你的名利,更进一步的收获,而把他的一生耽误了,这个就不好了"。

由此可见,工具指向的职业发展策略实质是一种收缩型的职业发展方式,它将家庭的发展置于个体职业发展之前;但不同于第二节所讨论的女科技工作者在职业发展上的被动退出,这种收缩是个体行动者主动选择的结果。

3.1.2.2 内在逻辑:家庭意义高于工作

从表面来看,工具指向的职业发展策略蕴含着一种女性在家庭与职业之间的意义定位,如 BS3WF 所言"我强烈的勒紧一根绳,就是无论如何家比工作重要,所以你就得在家上花更多时间",她们为包含着孩子的家庭赋予高于工作的意义,并顺理成章地在家庭上付出更多的时间与精力,职业发展方式也相应倾向保守与收缩。

从深层来看,这种职业发展取向与上文所讨论的"成为母亲"式的个体认同紧密相连。被访者 AP1XY 对两者之间的关系逻辑进行了详细的说明:

> (生孩子之后)你确认自己的方式又多了一种,你是一个孩子的母亲。就算你失去了这一份工作,那也没什么了不得的。

……也许有了孩子之后，我觉得像我们这种人活得更明白了，你说当我们烧成灰的那一刻，每个人都是平等的。就因为你是教授你就多活几年？所以家庭毫无疑问是最重要的，对每个人来讲都是这样的。

一个大学也好，一个社会也好，少了个学术新星没什么损失。有损失吗？但是如果有可能毁了你的孩子，这是好事吗？我就知道学校有些院系的学术新星，她自己的孩子是一塌糊涂。到底哪个更值得？……年轻的时候可能是首先比谁的收入高，后面是比谁的职称高权力大，到老了比谁的孩子有出息，把自己的孩子为社会培养好，这才是更加有意义的事情。……这个社会是倡导所有的人都孜孜以求，是求谋利的东西，还是说倡导价值的多元化让人更舒服？我觉得是后者。所以，做得多其实就是做得少，做得少其实就是做得多。

在以上叙述中，AP1XY 将“一个孩子的母亲”作为确认自身存在的方式，这种“成为母亲”式的自我认同令她立于整个生命的高度来反观家庭与工作的意义：一方面，在职业发展上的成就并不能免除或者推迟人人都要经历的死亡，且这种成就也不会直接影响整个社会的发展；另一方面，孩子本身可以被看做一种生命的延续，同时“有出息”的孩子比“学术新星”更加有价值。因此，她并不认为工具指向的职业发展策略是负面或消极的，而是一种“价值的多元化”的反映，实质是对自身、家庭和社会负责的表现，所以“做得多其实就是做得少，做得少其实就是做得多”。

至此，我们大致完成了对“成为母亲”式的个体认同方式的分析。总体来看，这种个体自我认同首先表现为一种对母亲身份的肯定性意义建构，该建构围绕孕哺期的一系列事件形成，并在之后的生命历程中持续对女科技工作者的职业发展方式产生影响。这种影响突出地表现为工具取向的职业发展策略，它将职业发展置于以孩子为中心的家庭发展之后，并由此导向一种保守的职业发展方式：她们更倾向将时间和精力投入于抚育孩子而非职业发展上的资源积累，并在两者发生冲突时主动放弃职业发展。

3.2 超越母亲

3.2.1 “超越母亲”式的个体认同

这里所讨论的“超越母亲”式的个体认同可以被看做是“成为母亲”式的个体认同的一种延伸,它并不否认后者在孕哺期间的经验获得和意义赋予,但在生活方式与职业发展上却不会止步于以孩子为中心。换言之,“成为母亲”式的个体认同的逻辑通常为“我是一个母亲,我爱我的孩子,所以我要全心全意地照顾他”;而“超越母亲”式的个体认同的逻辑则为“我是一个母亲,我爱我的孩子,所以我要变得更好”。

具体来看,这种“超越母亲”式的个体认同首先表现为将自身赋予一种榜样意义,如 DF2CY 认为“有了孩子之后,我就是孩子的榜样”。她觉得自己孕哺期后“最大的变化……是考虑问题和做事更谨慎了,我就总觉得孩子在看着我,而且过去自己做事没有什么制约,可能觉得这次就马马虎虎做过去了,下次我再努力。现在觉得不行,这次我这么想的话下次也会这样,形成习惯的话就会影响他”。由此可见,这种个体认同亦是以孩子的成长为出发点,但导向的是被访者自身“考虑问题和做事更谨慎了”,即女科技工作者自身从中获得一种成长与提升。

除此之外,这种个体认同还蕴含一种母性的拓展,即不仅在与孩子相关的活动中将自身赋予母亲的意义,还将其拓展至更广泛的日常生活。如 BZ3CX 认为“一旦你做了妈妈之后,你对你自己的孩子还有什么不能包容、不能原谅的呢……当你觉得这个社会邪恶的一面实在包容不下去的时候,你就把他当做你的孩子,用妈妈的心态,把自己升华一下……实际上就是要对所有东西包容,用母性的心态去面对问题”。在此意义上,“超越母亲”式的个体认同的意义范围不再囿于家庭之内,而是成为她们面对这个世界的一种行动指向,即“用母性的心态去面对问题”。

至此,我们可以对“超越母亲”式的个体认同逻辑获得更加深入的理解。它同样对孕哺经验赋予肯定的意义,但这种意义已超出母亲身份本身与家庭范围。因此,所谓“超越”具有两重含义,它首先指的是一种将孕哺经验与自我实现的相连，强调女科技工作者自身的发展；其次，它还指代以母性的心态指导家庭之外的更广泛互动，且这种心态的核心在于包容。毫无疑问地，“超越母亲”式的个体认同将指向一种更开放的职业发展策略，这也是我们下面希望讨论的内容。

3.2.2　成就指向的职业发展策略

不同于工具指向的职业发展策略，成就指向的职业发展策略将工作本身看做一种自我实现的方式。具体来说，持有此种职业发展策略的女科技工作者倾向于在工作中投入更多的时间和精力，其目的是在职业领域获得更好的发展与成就。

3.2.2.1　具体表现：尽可能地利用时间

我们依然首先从时间安排的角度来考察这种职业发展策略的具体表现。根据访谈材料，可以发现持有成就指向职业发展策略的女科技工作者通常都会将尽可能多的时间投入于工作，如被访者BZ1WL“在生孩子前的最后一刻都还在工作，天天晚上加班加得比谁都晚，我在做实验，做工作……因为我要发一篇很重要的文章，我怕我生完孩子之后会耽误”，生完孩子之后，她又马上投入到工作中，因为“我有课题，我很在乎我的科研，所以在家里有一点点时间，我就看点文献，能够去学校以后，就去学校做实验……我没有坐过月子”。由此可见，这种时间投入一方面表现为超出正常工作时间的加班；另一方面则表现为尽可能减少孕哺所带来的职业发展中断，即将生育前后的时间都投入到工作之中。

在此意义上，成就指向的职业发展策略必然要求一种更高效的时间规划。被访者BZ3CX尤其强调时间的利用：

> 人呢，最公平的实际上是时间。……不管你官多大，钱多少，还是讨吃要饭，那是一样的，没有差别。但是这二十四个小时创造的价值，那是完全不一样。你说人的时间是有限的，三万多天，八十来岁，你算过没有？你每一天，每一天怎么用；你每一个月，每一个月怎么用。然后呢，一天的时间你按照正常的安排，七个小时的睡觉时间，八个小时的工作时间，这就十五个小时，十五小时之后还剩多少个小时呢？……八个小时。你这八

个小时干吗呢？吃饭八个小时太多了吧，吃饭最多刨去两个小时，上厕所乱七八糟的刨去一个小时，你还有多少，五个小时！这五个小时你完全说不清你干啥。……都是竞争，你比人家的优势就在于，你要是把这五个小时利用起来，创造的价值和成就绝对是高于一般的。

从这段叙述中，我们可以发现BZ3CX的基本观点是“尽可能地利用时间”。所以她认为应该进行高效的时间规划，以便在同样的时间内创造更多的价值。在对一天的时间分配进行详细分析后，BZ3CX提出存在“说不清干啥”的五个小时，而这五个小时正是她能够取得更多成就的原因。有意思的是，当进行时间规划分析的时候，BZ3CX并没有为抚育孩子单独分配时间，这也反映出成就取向的职业发展策略倾向于工作的特征。

但这并不意味着持有这种职业发展策略的女科技工作者完全脱离与抚育孩子相关的家庭事务。因此，当她们面临职业发展与抚养孩子之间的冲突时，她们选择尽力协调与弥合。事实上，这类女科技工作者通常不认为两者之间存在冲突，“我就认为一点儿都不矛盾，什么都不矛盾，非常的和谐(BZ3CX)”，在她们看来，所谓冲突仅仅只是一种人为的对立，而自身的态度和行为完全可以平衡双方，“不要把它先对立，你就想……我很幸福，努力地去做工作，努力地去顾家庭，我觉得应该是能够处理好的……(BZ1WL)”。

这种平衡方式具体表现为一种抚育孩子与自身发展的共时性，如BZ3CX说“我什么时候都带着他，搞科研到哪儿都带着，开会都带着……也不存在我加班就是一定要说守在研究室，一定要脱离孩子，我抱着孩子加班”。在这一过程中，BZ3CX并不认为工作会影响对抚育孩子的身心投入，她将其称作一种“共同成长”，本质上仍是对时间效益的强调，“现在小儿子学萨克斯，我陪着他，我学长笛……我不能浪费时间，他在那边学，我在这边学，所以，我要效益，这就是效益”。

由上述分析可见，成就取向型的职业发展策略的核心在于对时间的把握。一方面，它主张尽可能地在职业资源积累和地位获得上投入相对多的时间；另一方面，这种职业发展策略强调更加有效率的时间节奏，即努力将个体职业发展与承担母职在同一时间片段完成，以避免时间分割而导致的失衡状态。

3.2.2.2　内在逻辑:让自己成为孩子的榜样

如前文所言,“超越母亲”式的个体认同为自身所赋予的榜样意义,是女科技工作者采取成就取向型职业发展策略的最主要原因;换言之,她们认为对孩子真正有益的并不仅仅是单纯的抚育,而是自身提升所带来的示范与激励。被访者 AP4WY 具体解释了工作投入与抚育孩子之间的关系:

> 妈妈要有自己的工作,工作对小孩来说呢,类似于榜样那种吧。因为小孩儿从小从她身边的人学,看你工作的态度啊、做事的态度啊。现在有时候也会想这些问题,觉得对工作要负责一点儿吧。我其实是希望教给她一种做事情很认真、很投入的这种状态,你做你的工作,你就喜欢你的工作,你觉得在做这个工作很享受。我希望这种东西可以影响给她。……所以,我也希望我就是能更投入一点儿,至少是工作时候就很投入。比如说,在家里,……就把她抱过来,在我那大床上玩。然后,她有时候就盯着我看。我就在那儿工作,也就不理她。我觉得,这种东西,可能她长大了,就是一种潜移默化的影响。

从这段叙述中,我们可以大致了解由“超越母亲”式的个体认同至相应的职业发展策略之间的逻辑。她们重视孩子的社会学习能力,并认为自身行为是孩子习得正确态度与行为的最直接途径;因此,为达至对孩子“潜移默化”的影响,她们在工作中采取成就指向的职业发展策略,负责投入乃至“很喜欢很享受”地进行工作。

另外,这种个体认同在泛化的母性意义上与更广泛的日常生活相连,这也意味着持有此种认同取向的女科技工作者在面对家庭之外的冲突或阻碍时,倾向于包容并设法克服,而不是因此选择回退或放弃职业发展。如 BZ3CX 提到自己曾被卷入派系斗争,导致当时她的职业发展基本处于被打压和停滞的状态,“不让你带学生,也不让你做研究”,但她觉得“生了小孩,当了妈妈之后,你的包容度、力量指数……对人性的理解,对人的爱心急剧上升”,所以“我就包容这些人……你可以自己多努力啊,比常人超出好多倍的努力……这肯定要克服很大的困难……但你不能说我赌气撂挑子就不干了”。

从以上分析中,我们可以获得关于“超越母亲”式的个体认同的基本概念。这种自我认同对母亲身份持有一种肯定性的意义建构,并在此基础上进一步延展为对自身价值的重视。这种认同虽然也重视抚养孩子与家庭生活,但在行为指向上则与一种成就取向的职业发展策略相连。该策略突出地表现为对时间的规划和时间效能的强调,并导向一种更为开放的职业发展方式:她们倾向在工作中投入更多的时间与精力,并努力弥合职业发展与以孩子为中心的家庭发展所存在的冲突。

3.3 双重压力的再生产:个体能动性的背后

在前文中,我们分别描述了“成为母亲”和“超越母亲”这两类个体认同方式,以及两者所各自导向的职业发展策略,从而基本完成了生命历程视角下一种对个体能动性的关注。下面我们将纳入社会转型背景的要素,以进一步讨论这种个体能动性的实质与边界。

所谓个体能动性,指的是“在有限的选择和制约因素中进行挑选,并采取有效的适应行为”[①],它强调一种个体对宏观时空的选择与适应。正如我们反复提及的,这种宏观时空以转型为最主要特征,其中蕴含着新旧制度之间的冲突与张力;一方面,以课题制为代表的职业学科制度要求女科技工作者付出更多的时间与精力去争夺有限资源;另一方面,以母职为代表的传统分工体系则要求她们承担由怀孕至哺育的一系列职责。

正是通过个体面对上述转型背景的选择与行动,才出现了“成为母亲”和“超越母亲”这两类个体认同方式及相应的职业发展策略。更具体地说,两者都在某种程度上遵循着社会规范下的母职要求,其区别主要在于对时间的认知与分配。相较于“成为母亲”,“超越母亲”式的个体认同方式更加注重时间的资源价值,主张最大效益地利用时间,这无疑是对转型中竞争与风险的一种适应。换言之,我们可以认为正是在这种既强调女性个体的努力与成就、又强调她们的责任与奉献的社会背景下,才造就了持有“超越母亲”式个体认同的女

---

① 埃尔德.大萧条的孩子们[M].田禾,马春华译,南京:译林出版社,2002:432.

科技工作者。

但这并不意味着这样一种价值评判:"超越母亲"式个体认同比"成为母亲"式个体认同更加具有能动性,其相关的职业发展策略也更加乐观和积极。事实上,我们认为两种认同方式在能动性上并无优劣之分,两者实质都是在转型与个体诉求之间的"精打细算的应对策略",并至少达至了主体选择意义上的平衡①。

这种平衡当然是有代价的。持有工具指向职业发展策略的女科技工作者无疑在职业发展上会相对缓慢,毕竟她们将大量时间资源投入在以孩子为中心的家庭事务中,并主动在孕哺期割断自己的职业发展积累,"一心一意把自己的心思都放在孩子和家庭上……生了孩子之后,他上幼儿园之前我都不申请课题了……我什么都可以不要,但是孩子绝对是第一位的(AG1FF)"。另一方面,持有成就指向职业发展策略的女科技工作者为获得职业发展中所期望的成就与家庭的平衡,常常不得不挤压自己休息或休闲的时间。BZ3CX 在其工作的单位中,所拥有的科研成果名列前茅,但这背后却是"生完孩子之后,我的睡觉时间绝对不会超过 6 个小时,常常是 4 个小时……我电视不看……我不知道章子怡是谁嘛。就是不知道。所以,你说怎么成功吗? 你舍弃了很多"。

至此我们可以认为,在新旧并存的转型背景下,女科技工作者通过"成为母亲"和"超越母亲"的两种认同方式,在宏观时空与个体特殊生命时期之间构建出属于自己的独特生命历程,并由此实现对职业发展的影响。但与此同时,上述认同与行为方式也进一步加固了现存的结构与制度:对时间效益的追寻无疑固化了以课题成果为中心的现代学术制度;而对自身母亲意义的赋予及相关职责的担负客观上使得母性成为制度化的束缚,从而加固了传统父权制下的两性分工模式,女性的压力也由此进一步被加重②。

---

① 谭琳.在变化的社会系统中关注妇女和性别问题——读《转型社会中的中国妇女》的思考[J].妇女研究论丛,2004,5.

② Rich, A. *Of Woman Born*: *Motherhood As Experience and Institution*, New York: W. W. Norton & Co Inc. 1986:13

第四节 结 语

在本章中，我们探讨了在孕哺期这一特殊生命阶段，宏观结构与个体行动对女科技工作者职业发展的具体影响路径。结合既有研究与访谈资料分析，本章认为该影响路径主要表现为转型中新旧并立的制度结构与其中的个体认同方式，且两者之间亦存在相互生成与影响。

当转型的宏观时空与个体孕哺这段特殊生命时期交叠时，女科技工作者的职业发展需要承受结构与制度转型的双重压力。这种压力一方面来源于课题制之下的资源竞争风险，另一方面则来源于性别分工中女性所需要承担的职责。当两者难以调和时，女科技工作者的职业发展便可能因孕哺期而出现断裂，且这种不利因素将累积至她们此后的职业发展中，形成对其职业生涯的持久性影响。

在上述转型的双重压力之下，女科技工作者以不同的个体认同方式，展现出对转型这一宏观时空的选择与适应。“成为母亲”式的个体认同专注于适应父权制下的传统性别分工；而“超越母亲”式的个体认同则更注重两种压力之间的平衡，它通过为自身赋予榜样意义而追寻一种自我发展的成就感。

与此相应的，上述认同方式分别指向两种不同的职业发展策略。“成为母亲”式的个体认同与工具指向的职业发展策略相连，故在上述两种压力难以调和时，持有这种职业发展策略的女科技工作者更倾向于放弃职业发展的机会或中断资源积累。而“超越母亲”式个体认同则与更为开放的成就指向职业发展策略相连，当面临职业发展与抚育之间的冲突时，她们倾向于竭力进行协调与弥合，即在优化时间配置的基础上最大化地发挥时间效益。

虽然这两种认同方式都在转型压力之下获得了一种主体选择意义上的平衡，而且“超越母亲”式的个体认同方式也确实展示了一种女科技工作者将母职转化为自身成就的可能。但我们仍需指出，无论是“成为母亲”还是“超越母亲”，其实都以适应转型背景的规则为前提，故实质上固化了以竞争为中心的课题制和传统父权制下的两性分工。

至此,我们可以认为女科技工作者在经历孕哺期时,确实可能遭遇资源积累断裂的风险,这种风险源自一种转型时空背景下女性个体发展与传统性别分工之间的张力与冲突,并通过她们自身的行动而得以不断地生产与再生产。仅凭个体的努力而实现两者平衡并非不可能,但她们无疑需要付出更多的代价与努力。在此意义上,国家层面的相关政策支持便显得不可或缺。

最后需要指出,在考察女科技工作者孕哺期间职业发展影响因素的过程中,本章对转型背景的分析不够全面,仅仅集中于对课题制和母职的描述与分析。这虽然主要出于对女科技工作者这一研究对象特征的考虑,但某些没有被纳入分析框架的因素也可能对其职业发展有着不同形式的影响,如国家福利制度、个体家庭背景等。而由于本章没有运用本课题定量研究获得的数据,无法比较所提及的各因素对职业发展影响程度的相对大小。除此之外,由于开展访谈时没有纳入男性被访者,因此我们很难从一种客观的两性比较角度,分析孕哺期对女科技工作者职业发展的确切影响。

另外需要说明的是,由于大多数被访者的工作单位集中在高校与科研院所,故本章所描述的职业发展影响路径可能并不适用于在民营企业工作的女科技工作者。另外,访谈地点主要集中在科研事业比较发达的首都与省会城市,因此被访者相对容易获得更有价值的课题机会与资源,而在课题资源难以获得的地区或单位,女科技工作者在孕哺期的职业发展状况与影响因素可能另需讨论与分析。

第六章　个案访谈

杨善华*

任何在职人士只要结了婚,都会面对一个如何处理事业和家庭的关系问题,也就是要在事业与家庭孰轻孰重这个问题上做出抉择。而职业女性与职业男性的不同是她们一旦选择了怀孕生育,就会因为孕育孩子的需要而导致工作或事业的连续性的中断。而且,因为家庭内性别角色分工的不同,尤其是"男主外女主内"这样的中国传统的性别分工模式的影响,在之后相当长的时间内,她们通常都需要付出比其丈夫更多的时间来照料孩子的生活与成长。女科技工作者①是职业女性中的精英分子,当她们在养育自己孩子方面花费了更多时间,就意味着她们对工作和事业的投入的减少。而她们的成长经历(包括职业)对她们的规训就是,她们在职业发展或事业方面应该比其他职业女性做得更好。这就使她们不可避免地在选择婚育之后因为职业的要求所导致的家庭和事业不能两全的矛盾而陷入内心的冲突。

* 杨善华,北京大学社会学系教授。

① 女科技工作者与其他职业女性一样,在其婚后可以重新选择自己的人生目标,这样的选择包括以下三方面:(1) 事业优先,家庭次之;(2) 事业和家庭并重,都不放弃;(3) 家庭优先,事业次之,当好贤妻良母。应该说选择了(3)的,就会对自己在职业生涯方面的落后采取豁达态度,而选择了(1)的,通常不会有孕哺期的问题,因为她们往往会选择不怀孕,一心扑在事业上。只有选择(2)的,才会产生我们在本章中讨论的这样的紧张。所以本章所讨论的女科技工作者的孕哺期的职业危机问题,主要针对的是这部分女科技工作者。

在计划经济年代,因为整个社会的价值是以平等为先而不是以效益为先,所以社会为生养孩子的职业女性提供的福利保障可以基本保证她们兼顾家庭和事业(当然这种保证是水平很低的)。但是到了20世纪90年代中国社会开始向社会主义市场经济转型的时候,由于整个社会的价值开始由平等为先转向效益为先,处于婚育阶段的女科技工作者由于其工作连续性的中断及因家庭困难不能承担与科技男性同样的工作任务(比如出差)故而其作为劳动力的价值开始被用人单位重新评估。再加上社会高端人才培养规模的扩大导致后备科技女劳动力队伍的迅速变大,使得这些在岗的女科技工作者因岗位不稳和业绩比拼日渐感到竞争压力之残酷。

在以下我们选择的案例中,我们可以看到女科技工作者在进入孕哺期后因家庭和事业不能兼顾导致的困窘以及她们的应对之道。她们生动的叙述显示,在这样的社会转型过程中,即使用人单位减少了对孕哺期女科技工作者的福利支持(比如幼托设施的减少),并且更多的女科技工作者转向依托家庭的支持来度过这段困难时期,但是单位和社会所提供的经济的和人性化的支持仍然对她们有着“雪中送炭”的功用。所以,我们要从将女科技工作者养育孩子看成是她们为社会承担责任而不是为她们自己或其家庭承担责任的高度,来看社会(用人单位)向她们提供帮助和支持的必要性。

另一方面,这些案例中的大多数都表现出女科技工作者在面对事业和家庭不能兼顾的矛盾时不是怨天尤人,而是通过自己主观能动性的发挥积极寻找解决之道,用自己习得和领悟的人生智慧来应对孩子生养和成长过程中所遇到的一系列的问题,同时也为自己的选择给出一个可以说服自己的理由。听她们的叙述,我们能感受到她们顺其自然的平和心态和她们知进退、善谋划、善于自我调节的智慧展现。而在此背后,则是她们从自己成长的家庭所接受的教养以及她们的经历所给予她们的超越常人的见识。无疑,这会大大增加我们阅读这些案例的价值。

受访者U,北京某研究院副研究员,1970年出生,吉林人,博士学位,1994年结婚,2007年(37岁)生育一女。

高龄孕哺改变了我的人生道路

我的求学和早期工作经历:一心扑在事业上

我也可以算是城市的知识分子家庭出身吧,但即使是这样,选专业的时候也还是比较随意的,什么都不懂。我高中时学的是理科,考大学选专业的时候真是一点都不懂,看着他们的宣传还不错就选了植物保护专业。我从来没喜欢过那个专业,毕业的时候老师还说你怎么四年了专业思想还没有彻底转变。我心里想这辈子都不会了。我一直在想我怎么给改个专业呢?考研一改就改到了生物学专业了。

大学毕业后我就结婚了,并且进入了园林管理所工作,我也不是很喜欢这个工作,一直想要考研,我爱人也很支持我。我们那个园林管理所嘛,每年冬天可以放假,从10月1号开始放假。我就利用这个时间复习,第二年的一月份就参加了研究生考试。我是属于既跨专业,又跨地区和学校,我考上了现在的这个农业研究院,来到了北京开始读研,说实话在这种情况下能考过来,我真觉得自己确实下工夫了,也确实挺厉害的。读完研后,想要留下来工作,就顺理成章的继续在这里读博了。这时候我是住在研究院的宿舍里,我爱人依然在东北工作。

2001年我获得了博士学位,那时我31岁了。留在了研究院工作,一工作你就想申请课题,做这个做那个,一心扑在工作上,毕竟自己也31岁了嘛,心气特别高,很想有一番作为。这个工作基本需要每天都泡在实验室里,单位很少有人会双休,因为很多实验都是要连续做的,你不能周四做了实验,然后就不管了,周六周日跑去休息了,这是根本不可能的。我从来没想过双休的事情,每天都要工作、实验、做项目、写文章,还想双休,这不是开玩笑嘛。工作也要不停地出差,廊坊、海南都有我们的实验基地,而且各种项目和会议,都要求我们在全国跑来跑去。你们今天来访谈,我昨天还在廊坊呢。博士毕业后,我确实没想过立刻要孩子,就想要好好工作,搞好科研,在单位站稳脚跟，生育是一定要推后考虑的。我努力了，也获得了大家的认可，领导都知道我工作很拼命的。2003年，我就评上了副研究员。

宫外孕又让我推迟了生育

我是34岁的时候才准备要孩子的。这时候我工作已经比较稳定，也评上了副研究员，可是没有想到，要孩子的过程是如此坎坷，几乎送命，一直到37岁，我才生下了现在这个孩子。

读研究生的时候，我怀过一个孩子，但是打掉了，那时候是1997年，读研究生不许有孩子，要么退学要么打掉。当时很心疼，但是不存在什么纠结，就是不能要，因为你看呀，为了读研把工作也辞了，来到了北京，你不能说不念了，回家生孩子，也没有房子，经济上也特别不好，就是生下来又怎么办呢。所以发现后，我就决定打掉了。

念完博士，刚进单位，肯定不能要孩子，要好好干几年。到了34岁，我想要孩子了，而且年纪也大了。没想到就遇到了宫外孕的情况，我当时是在海南一个山里的实验基地，那里医疗条件特别差，我就天天肚子疼，去检查就是怀孕了，但是疼得受不了，坐都不能坐，后来就在那个医院里住院，住院就住了一个礼拜，大夫也始终没搞清楚。结果就有一天疼得不行了，晕倒了，大夫就说我是饿的，然后要我吃饭。之后大夫就下班了，五点半下班，他们都走了，我就那么坚持一宿。第二天早晨我的主治大夫来了，八九点钟，大家跟他说我晕倒了，主治大夫就说那就给她做个B超看看吧。做B超一看，肚子里全是血，然后主治大夫说这不行了，这得抢救。最后弄出来半铁饭盒的小血块……真是能把命捡回来就不错了。

那是在一个山里头的基地，大家都是一天两块钱的伙食。当时有一个司机，我求他给我买的鸡蛋，多少个鸡蛋我忘了，两排吧。因为宫外孕，也坐不了飞机，就走不了，在海南要住一个月才能走。手术之前我老公赶到了。

因为这次宫外孕，就造成了习惯性流产，怀一个掉一个，在怀上现在这个孩子之前已经掉了两个了。不停地经历希望失望，就是这样折腾着你，那个过程，简直不能回想。

终于还是怀上了这个孩子。搞科研的人怀孩子真是比较困难，一个是年纪大了，主要还是长期接触药品试剂。化学试剂，像那个苯酚啊氯仿啊，对人都有伤害，都是降低人的免疫力。我认为现在这个实验室就是通风条件都不够，这不是我们个人能左右的，我们只能保证所有能通风的我们都给它通风。当时这房间设计的时候就完全可以变成平开的，那现在这种侧开的呢，只是看着好看，但是对这个神经的损害挺大的，而且咱们国内的实验室就是各个房间都没有通风橱。像我们所里一个女同志要孩子就是通过试管婴儿的技术，做了好多次，花了很多钱才怀上。本来大家并不是打算那么晚要孩子的，但是要么怀不上，怀上了也是死胎。这个影响真是挺大的。

自力更生，保住孩子

怀上这个孩子以后，几乎从三个月开始我就一直在卧床了。为什么呢？因为就在我怀孕期间，3个月的时候去了一次石家庄，当时是所里要办一个安全证书。我就坐车到石家庄，在那就大出血了。就在那里的医院，住院住了一个月，保了这个孩子，从那以后就一直不太好。每天要按点来上班就不太现实了，我大部分时间是休息，实验就不能做了，就待在家里，工作上有些什么事情就是电话联系或者别的方式。我当时是胎盘前置，只要一碰，一走路的话它就会出血。这就属于比较特殊的一种情况了，发生在我身上，也没办法。我那个岁数有孩子又遇到这种情况。所以一直到生，我都是非常小心。

我非常想要孩子，我就自己给自己保胎。我在网上查各种保胎信息，我自己给自己扎针打黄体酮，打了二十八针接近三十针吧。因为你也不能上医院去，上医院，你就排队吧。只能就是开了针，在家就自己照着镜子扎呀。为了保胎，我注意的挺多的，像叶酸什么的肯定也都补了。

整个怀孕保胎的过程主要就是靠我自己吧，爱人工作忙，总是出差在外，实在是顾不上我，他能做的就是隔一段时间在家的时候，帮我采购回来一批食品放在冰箱里，再就是采购一批生活用品，存在家里。

我们的亲人都在东北，我怀孕那会儿总是休息，当时我婆婆不太理解，觉得怀孕了应该多运动，为什么你总是想休息啊？跟她说胎盘前置，她又不相信，她就没有这方面的知识，她就觉得生完孩子，才需要人照顾，生孩子前不需要人照顾的，所以她觉得怀孕期间没必要过来照顾我。我母亲去世早,1997 年就去世了,父亲也不方便过来。

怀孕的时候,领导也挺理解的。因为我一向工作都挺拼命的,单位领导当时就特别照顾我,一直催我赶紧回家生小孩吧,他们就说万一你生在火车上怎么办。我 12 月 8 号预产期,我 11 月 16 号就从单位离开回老家了。

回到东北老家后,我姐姐照顾我,还雇了个月嫂。生完以后百天的时候我又回到了北京,我婆婆也跟过来照顾我。现在孩子四岁半上幼儿园了,婆婆还在这照顾着。没有家人帮忙根本不行,像我前两天出差,一呆就六天,你要扔给保姆,六天你都不知道会发生什么事,把孩子领走了,你都不知道。

开始她爷爷也过来了,我们一共两间屋子,她爷爷奶奶住一间,我们住一间,白天她爷爷奶奶那间就当饭厅。后来她爷爷查出来有丙肝,虽然传染性很小,但是也怕万一,她爷爷就先回去了,等我们买了大房子再接他过来吧。刚开始孩子小的时候,我们还雇了一个阿姨帮忙,毕竟她奶奶年纪也大了,都七十多的人了。我好一点以后就不用阿姨了,我就跟她奶奶一起做家务。现在我每天中午都回去做饭,毕竟婆婆也挺辛苦的,她七十多岁了还在帮你带孩子,你总不能还指望她做饭吧。

不管怎么样,我终于生下来了这个宝宝,因为高龄产妇,状况又不稳定,所以是剖宫产。生下孩子后,休了三个半月产假,一直给孩子喂母乳,直到她一岁九个月。住的地方离单位近嘛,也方便哺乳。一直到我生完以后,我才知道,当时很多人,像我婆婆和我小姑子都觉得我不能生了。不过,我终于有了孩子。有了这个女儿,我觉得自己这一生都圆满了。

女人,还是要以家庭为重吧

你要问我生育到底对我有没有影响,我只能告诉你,跟我博士生班一起毕业的,我们在一个宿舍里,我们俩读硕士时住一屋,读博士时还住一屋,她现在是评研究员的评委了,我现在都还没有评上研究员呢,你说有没有影响?当然她没有孩子,现在也不打算要孩子了。每年都可以申请评研究员,我申请了四次,都没有评上。

在没有准备要孩子的时候,我工作非常拼命,领导都是知道的,但是为了这个孩子,不要说之前的几乎送掉小命的宫外孕,之后的两次流产,怀上以后一直卧床的状态,就是生完孩子,结束产假回到单位以后,投入到工作上的时间和精力都必然减少了。

像我现在,比如说一出差,我就觉得我有大把大把的时间,晚上我可以一直写文章,看东西。平时在家你想啊,你早上起来8点多到实验室,中午要回家给她做点饭,中午她还要和你磨叽磨叽。然后就到下午了,你根本没有太多时间工作。更别说她生病了,这事那事的,哎,她不停地有要求。然后嘛她又经常和你说些让你很心疼的话,她说:“妈妈你累吗?我给你捶捶。妈妈你今天是不是很辛苦啊?”“妈妈,你就一天不去上班好不好?”其实你已经累得要死了,心里也是烦得要死,你有一大堆公务要处理。最起码的一点,你就是心不能静。比如说以前我没有小孩,我可能八点钟到实验室,晚上十一点才会离开实验室,从八点到十一点我可能一直在实验室,现在你说我八点到晚上十一点都在实验室,根本不可能!我八点能保证到实验室,但是中午我必须得管孩子的饭,以前我中午就在食堂,吃盒饭就完事了,我可以继续干活,一直到晚上十一点。现在我六点钟就必须回家了,六点到十一点这个时间是很长的,五个小时,相当于多出了半天的工作,现在都没有了,不能有了。而且科研类的工作你连续做是一个样,今天做一点,明天做一点,这又是一个样,你进入状态就需要时间,所以我觉得这是不可避免的。

另外评选的标准也在不停的变化,按以前的标准我肯定是够了,但是新的要求又不符合了。总是评不上也许有运气不好的原因,但是最主要的还是投入的时间和精力不够。而且你像孩子哺乳期的时候,你根本就不能出差,当时在她一岁的时候,有一个活动我是不得不参加,到哈尔滨去参加一个项目评审,最大的痛苦就是涨奶啊,涨得都不行了。当时也就去20多个小时,就是今天去,明天下午就回来,但是心里还是牵挂得不行。到孩子三岁以后吧,基本上就可以正常出差了。但是时间太长的还是会犹豫,比如说今年四月份他们要准备去加拿大三个月,为了宝宝我就选择不去了。总之,孩子对我们女人的工作影响还是很大的。

我们现在还是住在单位分的56平方米的房子里,等以后买了大房子就能把她爷爷也接过来。孩子的爸爸经常出差,很忙。孩子上了幼儿园了,肯定会比一岁前稍微好一点,但是孩子不同阶段就有不同的问题,你永远都别想解脱出来。现在看到别的孩子都在学特长,我就开始想我的小宝贝学点什么呢,她有什么特长呢?孩子的奶奶在这里帮我照顾着孩子。我现在工作也不像以前那么拼命了,你也没办法再拼了,你就是中午得回去给她做饭,晚上要早点回去陪她说话,做些阅读。现在我只要回家就什么都做不了,像我下午六点下班,到晚上十一二点睡觉,这些时间不是在陪孩子就是在忙孩子的事情。

虽然为了孩子,耽误了很多,但是正常啊。我觉得人,特别是女同志,如果没有小孩,那才是最大的失败。现在不管怎么样,看着宝宝这么可爱,就特别高兴,她每天最大的愿望就是不想让我上班。我就说如果你不让我上班,我就打你屁屁。她就说那么你走吧再见。我还是很满足的。

访谈手记:

这次访谈是在U老师工作的研究院,初次见到U老师,我们两位访谈员都比较吃惊,根据我们事先获得的U老师的材料,我们想象中的是一个干练而富有冲劲的女学者的形象,但是出现在我们面前的却是一个充满了家庭气息的平和的中年妇人,虽然已经产后三年,但是身体尚未完全恢复,仍然带着一点产后的虚胖,染黄的头发有些干燥,散发着一种疲倦的气息。整个访谈过程中,老师的语调都特别平和,每当谈到女儿时会流露出深深的满足,谈到工作和职称时既有放下的豁达又有掩饰不住的失落和遗憾。

U老师的个案,特殊在她艰难的孕育孩子的过程,甚至几乎危及生命。在她的个案中,我们可以看到一种比较极端的工作和生育互相压迫的情形。

首先,U老师的求学和工作使得她的生育不断向后推迟。她读研的时候怀了孩子,但是因为读书不得不放弃这个孩子。人工流产对她的身体也会产生一定的影响。当她31岁开始工作的时候,也是压根不考虑要孩子的事情的,此时最主要的事情是在单位站稳脚跟。

生育再次因为工作被推迟。

她的流产经历,与她过大的科研工作压力,不断接触各种化学试剂有一定关系,这些都严重影响到她的身体以及孕育孩子的能力。所以,当她 34 岁打算要孩子的时候,反而很难再像年轻的时候那样,可以轻易的拥有孩子。她经历了危及生命的宫外孕,两次自然流产,才终于怀上了孩子,又面临着胎盘前置,极易大出血的情况,不得不在怀孕三个月的时候就卧床在家。U 老师独自在网上查找信息,独自为自己扎针保胎的场景,是令人心酸的。

生育,本来是女性多么自然的一个过程。但是在 U 老师这里,却如此的艰辛。我们的访谈中很多高龄生子的女科技工作者都告诉我们,如果可以选择,她们会在二十七八岁的时候生孩子,这个时候生育最容易,产后恢复也容易。但是访谈中也有较早生育的被访者,她们在被问到如果可以重新规划生育的时候,却表示会把生育推后,完成全部学业,工作稳定后再考虑生育,因为生育或者中断了她们的学业,或者影响了她们的工作。生育与工作,在部分被访女科技工作者身上表现出强烈的冲突,尤其是在 U 老师身上,我们已经可以看到她的工作是如何影响了她的生育过程。

那么生育对她的工作的影响呢?U 老师在回答我们这个问题的时候,很无奈地笑了,她反问我们:和我一起读硕士,一起读博士,一直住同一个寝室的同学,已经是评选研究员的评委了,我还是副研究员,你们说有没有影响呢?当然 U 老师又补充道,那个女同学没有孩子也不打算再要孩子了。

从 U 老师跨专业跨地区跨学校考研,并且十月份开始复习,一月份就考上,然后辞掉工作,离开家人,独自来北京念书,我们就可以看到她是一个非常有抱负的人。她为工作付出了很多,就像她自己说的刚开始工作的时候就是想多申请课题,多搞研究,连领导都知道她工作拼命。

但就是这样一个人,经过两年就评上副研究员,却因为不顺遂的生育过程,连续申请四年都没有评上研究员。最后也淡化了事业上进心,一切都转向以孩子为中心。因为有了孩子以后,她也不可能再维持那种拼命工作的状态,她要照顾孩子和家庭。

在工作上，形成对比的是U老师生育前和生育后的状态。事实上，U老师和她的爱人，也形成了强烈的对比。整个生育过程对U老师影响如此之大，几乎改变了她的人生轨迹。但是对她的爱人影响却是小得多，在U老师的叙述里，很少会提到她的爱人，提到的时候同时出现的语句一定是"他很忙""经常出差""很少在家"。我们也不能不反思，U老师提到的"为了孩子，投入工作的精力和时间必然要减少了"，真的如此必然吗？是不是在面对孩子和工作的冲突时，夫妻双方都应该是承担者，在这种情况下，协商应对，而非只有女性是这个冲突的唯一承担者。

在U老师的身上，我们可以看到生育和工作竟可以互相压迫到如此境地。为了工作，一再推迟生育，甚至严重影响生育能力，使得生育过程坎坷而危险；另一方面，因为生育，工作也严重受到影响，甚至处于停滞，一同停滞的还有她曾经面对工作一飞冲天的梦想。

从"一心扑在工作上"到最后体会到"女人还是要以家庭为重"，这是一个变化，是一个女人生活轨迹的改变，可以说，生育改变了她的生活。

但是另一方面，我们也要看到U老师作为一名女性曾经对工作的拼搏和热情，她渴望有所作为，并为此付出了巨大的努力。即使生育过程如此坎坷，她坚强地面对，生育后依然没有放弃工作，申请研究员的道路如此艰难，可是她仍然一次次尝试。她是积极的，她也是需要支持的。如果她的丈夫在整个过程中可以参与更多，如果在事业上她能获得更多的鼓励和支持，对于U老师这样向上的女性，都会有莫大的帮助，她会走出一个更精彩的生活，一个家庭和事业双丰收的生活。

（庞丹丹①访谈并整理）

① 庞丹丹，北京大学2011级女性学研究生。

受访人Z,吉林某高校副教授,1978年出生,吉林人,博士学位,2005年结婚,2010年(32岁)生育一女。

水到渠成,自然顺畅

走一步看一步读到博士

小时候,我们家应该算是在比较偏远的山区,那里教学质量不是很高,当时一个想法就是文科很少有人考出来,想考一个好的大学就得学理科。我当时成绩还行吧,也不是特别厉害,不过那时候因为见识少,觉得大学都一样,只要能考上大学就行。

我们家是学化学的人比较多,我姥爷就是学化学的,我舅舅也是学化学的,所以考大学的时候觉得化学挺好的,就选了化学专业。因为当时读的本科院校不是很喜欢,就想通过考研换一个好点的学校。我这个人就是有一种走一步看一步的态度,从来没有什么长远的打算。所以读完研之后,就觉得哎呀身边的人都考博士了,我也考吧。就一步一步地走,这样念到了最后。到最后改专业也很困难了,我也熟悉这个专业了,所以也没想过再换专业了。

读完博士就留校做科研和任教了,又赶上可以去香港交流,这个机会挺不错的,所以很自然的我就跟我爱人去了香港交流学习。虽然香港那边一直想留下我,那边确实工作机会也不错,但是我和我爱人都觉得我们也到了该要小孩的年龄了,那就生孩子吧。我很多同事都是在香港生孩子,他们也都劝我,在那边生宝宝吧,因为孩子在那边出生后条件比较好。但是我看着在那边生宝宝的朋友,就觉得很辛苦,每天老板还得要你写报告啊、做实验啊。在那边怀孕没有人照顾,而且还要自己去买菜烧饭什么的,都是你一个人,我觉得我不要这样的生活,孩子的生活以后是靠他自己去创造的。我的家人都在吉林,我需要他们的照顾,所以我和爱人就回来了。三月份回来,七月份就怀了宝宝。

家人和同事的支持使我的孕哺和工作两不误

我整个怀孕的过程中工作都挺忙的。因为课题刚批下来没多久,拿到之后我的压力也比较大。再一个就是教课,你搞科研搞很多年，可你教课却是一个新老师，这方面经验不足，所以第一轮上课的时候，每上一节课压力都很大。可能以前我老觉得我学的很好，但是把它讲出来对我真的是个挑战，每天晚上都要备课好长时间。最主要的是我当时提交了青年自然科学基金申请。我们学校是3月16号提交截止，我3月15号提交的，3月16号生的孩子。

因为刚怀孕，我去做实验什么的都不方便了，那年长春冬天下特别多的雪，还特别大，我们家还不在学校附近住，所以那时候我就在家里整天对着电脑写东西。很多时候就觉得真不想写了，真想放弃了，毕竟申请不申请，对我来说可能也都无所谓，可以过一年再申请嘛。但是我的导师呢，就是现在这里的副校长，他就每天打电话，他不是催我，是鼓励我：你今天写的怎么样了，一定要注意身体啊，在注意身体的同时要把这个基金申请写好。就是这样的在催我，一想到导师这么关心我，就觉得不写不是对不起自己，而是对不起我老师。于是我就赶快写，终于写完交上去之后，科研室的老师给我打电话，说你再修改修改吧，我说不修改了，我马上就生孩子了，已经在医院了。生完孩子没多久，他们就告诉我通过了的消息。

在怀孕的整个过程中，我天天得工作，要对着电脑，我也很担心啊，会不会辐射过多啊，我虽然穿了防辐射服，但是管不管用啊，会不会对孩子有影响啊，这些都很担心。我妈就说这工作差不多就行了，真要是影响到孩子怎么办呢，我妈和我婆婆都是整天催我不让我弄。但是我又觉得，工作都接了，反正我就尽量干吧，后来我就干一下，歇一下，我爱人和我是搞一个专业的，很多时候我把想法告诉他，他就帮着我打字或者做别的什么。有一些事情，我不太方便去学校，我们实验室的老师们就会给我送到家去，如果实在要过来学校，他们都开车来接我。没有我爱人以及领导和单位老师的帮忙，我怎么可能坚持工作到最后一天呢，更不可能在怀孕的时候申请到国家青年自然科学基金，孤军奋战是肯定不行的。

宝宝生下来以后，我爸爸妈妈以及公公婆婆都抢着帮我照顾孩子，就是现在他们还是抢着想照看宝宝。原来我们住得离学校远嘛，我给宝宝喂母乳，来回跑特别不方便，挤奶也不方便，涨奶涨得特别难受。所以我爱人和我父母、公婆就帮着我们在学校附近租了房子，一趟也就10分钟，上个厕所的功夫就溜达着把宝宝喂了，特别方便。宝宝母乳到15个月，不过后来就慢慢添加辅食了，早上我正常上班，中午给她喂一点就行了，然后下午上班，晚上回去再喂她就可以了。所以我女儿断奶的时候，很简单，两天就OK了。

随着她断奶，家里有我妈照顾她，婆婆和公公还经常把她接过去照看。我也就可以多看点文献，有了自己的社交生活。要出去开会交流什么的，也不用太担心，家里有老人照顾着，确实放心多了。

为了孩子的未来，我更要奋斗

有了宝宝以后，确实牵涉了一定的精力，例如从2009年怀孕开始到2010年我们学校学术总结，往年在这个学术总结上我都会拿到很多奖励，但那年我就没拿到多少。就因为文章这一块，我虽然有很多想法，但我没有那么多精力去写。今年孩子大一点了，我这几个月时间就把以前的成果写了很多文章，投出了很多篇。

当时我们办公室有一个人，他的老婆也跟我一起生孩子，她就差我半个月。我自己忙得焦头烂额的，但办公室里我那个也快要当爸爸的男老师好像一点事情都没有。我们在一起聊天，我这个男同事就说看你折腾得跟什么似的，你看我什么都不用管，都交给老婆了。所以其他老师就开玩笑说，以后实验室真不能要女博士，生孩子多受影响，你看人家男博士家里生孩子他要不说大家都不知道。

不过，我觉得生孩子牵涉精力，这就看你怎么看，因为就算你再投入，人都会有一个限度，你不可能每天都这样绷得紧紧的，人都需要放松，也都会放松。所以生宝宝这个事情对事业发展是有弊也有利的，弊处大家都看到了，就是牵扯精力。但是女同志耽搁的这段时间完全可以看做是一个放松阶段了。更重要的是，你看着孩子长大是一种很幸福的感觉，你会有更大的动力，因为你想要让她过得好，想给她更好的，你就要更努力工作，这真的是一个很大的动力。

我小的时候见识少，所以考大学的时候连选什么样的大学都不知道。等我们家孩子大一点，我就让她去美国看看好大学，让她再去看看我们国内的这些好大学，对比一下，让她知道大学与大学之间有差别，这样就可以给她一个明确的目标，就不会像我小时候一样以为大学都一样呢。

从宝宝九个月的时候我就带她去深圳、广州、上海、无锡这些地方去玩了，让她感受一下南方。去年冬天的时候，我带着宝宝去香港待了三个多月，因为那时候正好有个文章要我修改，可以去香港，学校这边也没什么事情。那段时间我爱人也在香港那边做项目，这样他有空的时候他就带孩子，我就可以去他办公室，在他办公室查文献学习。为了孩子，我要更努力工作，争取到更多课题，更多参加交流的机会，这样我的孩子才能有更多的机会去看看这个世界，弄明白她到底需要什么，想过什么样的生活。

这就是我的前半生，我觉得真的是一个水到渠成的过程，特别的自然，也特别的顺利。

访谈手记：

我们在Z老师所在大学会客室见到了她，Z老师看起来就是一个典型的研究人员的形象，穿着很朴素，似乎很不善言谈的样子，但是我们可以明显的感受到Z老师想要努力的表现对我们的关心和热情。而且谈话一开始，就能明显的感觉到老师对访谈工作的配合，言语间洋溢着一种自信，是一个成功的女科技工作者的形象。

我们可以看到，Z老师的孕哺过程以及求学和工作经历都非常顺畅。即使是在怀孕期间，她依然申请并获得了竞争激烈的国家青年自然科学基金的项目，生育非但没有阻碍她的职业发展，反而给了她一个更强大的推动力，使得她更加投身于职业发展中。

分析Z老师顺畅的人生，我们可以看到特别重要的两个因素。一个是，她的生育发生在刚刚获得博士学位的时候，31岁，依然可以算是一个适龄的生育年龄，所以Z老师的怀孕和生产都很顺利，产后恢复也不是问题。更重要的原因是，Z老师生活在一个充满关怀和支持的环境中。家庭中，她的爱人和她是一个专业的，不仅在生活中给予她照顾，在工作和学习中也给予她巨大的帮助。另外，她和爱人双方的父母都已退休，并且身体健康，有充足的时间和精力替他们照顾孩子。我们可以看到，他们是四个老人加一对夫妻共同分担照顾一个宝宝的工作，这就使得Z老师不仅在怀孕过程中可以在丈夫和家人的帮助下继续工作直到生产前一天，在产假后也可以无后顾之忧地重新投入到工作中。另外,工作环境中也充满了支持,因为Z老师硕士研究生和博士研究生都在同一个学校读的,毕业后又在这个学校工作,进入自己导师的团队中做研究,所以她是在一个充满支持的环境中工作的。也正因此,她可以在想要孩子的时候毫不迟疑的选择生育孩子,而无来自工作单位的反对,她的领导也就是她的导师,非常的支持和理解她。

由此我们可以看到Z老师的顺利与她所处的充满支持的环境是分不开的。虽然不可能每一位女科技工作者都有这么得天独厚的条件,但是Z老师的故事却告诉我们,只要有足够的支持和帮助,女科技工作者是能够非常顺利地度过生育这个坎的,生育不是必然会影响到职业的发展,在一定的支持和帮助下,生育甚至会成为一个强大的推动力,让女性在职业发展中更加具有冲劲,推动她们职业的发展。

（庞丹丹访谈并整理）

受访人Y,北京某高校副教授,1974年出生,辽宁人,博士学位,2002年结婚,2010年(36岁)生育一子。

贵在自我调节

农家书香门第的背景助我走上学术之路

我们家在农村,不过我爸爸是中学老师,追溯起来我们家算是150年的书香世家了,祖上就是代代都出举人。后来到我爷爷这一辈中断了,因为我爷爷是家中的独苗,当时医学条件比较落后,小孩生点什么病可能就治不好了,本来爷爷上面还有好几个小孩但都因为生病没有存活,就剩下他一个。他比较娇气,上学的时候一遇到点困难,家里面就心疼就不让上学去了,所以他这辈子就没有受过什么教育。到我父亲他们那辈又重新开始重视读书了,我父亲小时候都读过《论语》等书的,那些书代代都读的,除了我爷爷。

我上小学的时候是1981年,正是百废待兴的时候,那时候在农村还坚持一直念书的人不多,念到初中基本就回家种田的种田,放牛的放牛了。在这样的大环境下,我们家的孩子都是一直上学。家里面就是有这个意识,觉得应该让孩子一直上学。

从小学到初中都不停地有人讲女孩子学习不如男孩子,小学的时候他们说女孩子到初中就跟不上了,到初中看你学习好,又有人说这个女孩子到高中肯定会跟不上。我心里就憋着一口气,心想咋就跟不上了,我偏跟给你们看看。就这样,我一直文理科成绩都特别好。之所以选理科,是因为我1993年参加高考嘛,那个时候考上大学的几率还是比较低的,我们那个县城总体的上线率很低,我们都是看考哪个方向容易被录取就考哪个,文科录取率非常低,而且大家考的学校也不好,很难考重点。

走上现在这个专业也都是机缘巧合吧。我读大学的时候被分到这样一个专业学习,整个教研室都是做这个的,所以我就没多想。本科对专业这个概念仍是非常模糊的,反正是来做科研的,只要有事做就比较好奇,这样就成了这个专业的研究生。到考博士的时候还是没有多想,反正就是在这个专业读的研,那就在这个方面再深入一下。所以就读了这个专业的博士,就走上了学术之路。虽然说选择很重要,但是我觉得也是你接触的东西改变了你的轨迹,就向流水一样,遇到一个小石头它就绕一下,要是没有这个阻拦的话它就会一直往前跑。读完博士,又出国学习了五六年。回来进入了现在这个大学任教,因为我的科研成果已经很多了,所以受聘的时候就是副教授了。

我想自己是一个缺少计划的人,我读大学的时候对未来也没有什么规划,但实际上一辈子不问干什么,你就把眼前的事干好了到最后你一定会有很多机会的。有的人是目标很明确,每一步都有安排和方向,但成功并不是只有这样一种方式,社会上也并不只有这种人,很多人误打误撞的也走到了同一个地方去了。这其中的关键是,你要永远记得做好你当前的事情,优秀是一种习惯,总是习惯把事情做好,做得优秀的人,到最后自然就是优秀的。

高龄产子,要会自我调养和休整

我博士期间结了婚,之后又独自在国外学习了五六年,回来后开始工作,这时候已经年龄大了,必须考虑要孩子了,不然就想要也生不了了。好在工作单位是高校,他们不会阻止你要孩子,而且还比较理解和支持。年轻的话随时都可以要一个小孩,但是年纪大的时候可能就会出现生育机能不是很好的问题,想要孩子也不是那么轻易的事情,这个时候去检查身体就会发现这个激素不够了那个指标不达标了,这就需要一些调养,调养好了就会怀上宝宝。

怀孕以后我还是正常上课、做研究。毕竟是大学老师,时间也比较自由,办公室后面我准备了一张床,我不舒服了,就到后面歇一下。包括这个椅子都是后来特意买的,原来那个皮沙发不行,这个椅子的弧度正好合适,我累了就往那一靠,这腰还是蛮舒服的。

我不觉得怀孕就应该什么都不干光呆着,我觉得在家待着会更难受的,人一没有事情干反倒感觉时间更漫长,就无聊了。你在办公室也好,在家也好,你看文章啊,写文章啊都不会觉得过得慢,反倒感觉时间过得很快。另外就是在怀孕阶段吧,大部分妈妈都会注意调整自己情绪让自己快乐,要不然的话会影响孩子。从我的角度来看,我倒没有因为怀孕而造成心情不好,可能与家里情况有关,如果家里不顺心什么的可能会觉得郁闷,我们家人口少,怀孕阶段就我和我爱人,没那么多杂七杂八的事,两个人容易协调。我怀孕阶段就正常上下班,在学校就吃食堂,食堂的饭菜还是不错的。带着学生做实验,自己多注意一下就是了,不用那么娇贵。我一直到生产的前一天晚上 11 点,还在实验室工作。

因为高龄,胎位也不太正的关系,大夫建议我剖官产,我就选择了剖官产。产后确实恢复挺慢的,毕竟年龄大了嘛,那些年轻的产后两天就活蹦乱跳的,气色特别好,我就脸黄黄的,查房的护士一看我的肚子就惊讶说怎么还没恢复啊。

生完孩子没几天,国家自然科学基金年终的总结还是我连夜写完的,理科老师特别是搞科研的老师赶到那个点的时候没人能代替你,不能让学生帮你写吧,这毕竟是我的项目。中间又有学生投出去的文章需要修改纠正,好多东西要做。我毕竟是刚回国,学生这个团队也不够过硬,他们独立去做我不是很放心,所以这些事情只能自己去做,我也愿意自己去做,这些事情都是在生完小孩二十天之内完成的。孩子一个月的时候我就开始每天对着电脑工作了,不到两个月的时候就开始备课了。

我生孩子赶上寒假，相当于就休息了一个多月的寒假，一开学我就开始正常上课了。不过搞理科的老师都是这样的，大家都不娇贵。

请阿姨要能承受磨合产生的冲突

因为我们家老人不太能帮忙，我爸妈在东北乡下，身体也不太好，婆婆半身不遂，公公又得照顾婆婆。所以我月子期间，有人照顾了一下，一出月子就没有老人照顾了。我是在宝宝1个月40天的时候请了一个阿姨24小时照顾，她就跟我们住在一起。

请阿姨问题也很多。一个月2600块，也是一项不小的开支，但是最主要的是你把孩子交给她，你得对她放心才行。请阿姨真的是有一定风险的，你要看这个阿姨的人格是不是正常的，心地是不是善良的。现在不是有偷小孩的嘛，还有的阿姨为了让孩子不哭不闹就给孩子吃安眠药什么的。不过家长也是能看出来的，你得看她的人品怎么样，不然孩子交给她，你是怎么都看不住的。

请阿姨本身就很贵了，而家里有了阿姨之后的生活和没有阿姨的生活就不一样，她毕竟是一个外人。你自己两个人就口咸菜就能过，有了阿姨你每顿饭都要像模像样的做，要不然的话一是阿姨照顾孩子比较辛苦，二是会比较多心，是不是你舍不得吃啊。我们刚开始请阿姨的时候没有特别多的经验，其实那个时候才生孩子，刚两三个月，家里生活也不是很差，结果那个阿姨整天嫌我们家吃的不好。现在阿姨不好伺候，请阿姨也不是家家请啊，也是经济条件不错的，尤其做阿姨时间长了之后，给一些住别墅的人家做过阿姨，人家天天吃什么，人家天天买什么。到这里我们就是一工薪家庭，我们的阿姨说不喝水只喝饮料吃水果，就是白天去公园带小孩还要有零食吃要嗑瓜子，没事的时候也要有零食吃。我们生活水平低，达不到她的水平，肯定就把她换了。反正这个过程什么都会遇到，我们也在摸索经验嘛，我们觉得自己生活水平没有什么不好，但是下一个阿姨来以后还是尽量的注意一下，经验真的是一点一点摸索出来的。

现在这个阿姨也是通过中介请的，好在现在的中介系统比较成熟了，也比较值得信赖。也不好从老家让熟人介绍，毕竟让一个外人和你一起生活有很多细节都需要磨合，从老家来的不好直说，万一近距离相处产生了摩擦，就更不好处理了。好在现在这个阿姨人还比较不错,就先用着,万一有什么问题只能再换。

我看生育与工作:失之东隅,收之桑榆

生育肯定会对女性有影响的,你怀孕的这一年和孩子很小的这一年,你肯定不能百分百冲刺。像我有这个孩子之后,我爱人完全享受了孩子的乐趣,一点痛苦都没有,也不需要他天天陪孩子睡觉,我们在这屋睡他就跑掉了,他怕孩子打扰他。但你当妈的跑不掉,你每天晚上都要给他喂奶,刚出生的时候两个小时要吃一次,小孩刚出生他吃不了多少,吃一会吃不动就睡着了,等他醒来继续吃两口,你就根本没法睡了。

刚开学上班的时候,我每天喂他一次,中午挤一次奶,然后等回去再喂。奶水涨的时候是很痛苦的,因为在哺乳期只要两三个小时奶就会涨得满满的,像石头一样硬。

最主要的影响还是精力不够。在怀孕后期你就会腰痛,刚开始没胃口没精神,我就坚持工作,反正做一些写和看的工作不太受影响,像我在怀孕阶段写了很多论文。小孩出生了之后就不能像以前那么加班了,像我们这个楼里面老师加班是非常正常的事了,我以前没孩子的时候基本上每天晚上都是10点左右走吧,有了孩子以后你就要去弄他,所以到点就要走,从工作时间上看肯定是要减少的。从学术成果来看,如果是没有小孩子在家的话,我可能把手头的工作都整理出来了。但是现在时间不够,晚上到家可能一直要到他睡觉什么也干不成了。本来在8小时工作时间之内能做的事就特别少,一会这个事情一会那个学生,处理这些日常工作,就已经把时间分散得差不多了,集中精力静下心来写论文非常困难。我写论文都是周六周日整块的时间,把孩子交给保姆来带,这样能不被打断思路,能比较流畅地写下来。

其实说到影响不影响,我觉得是跟你个人纵向比的,你没有孩子做什么,你有孩子不得不放慢脚步。但是跟横向看齐,未必有影响,因为每个人的工作状态不一样,有的人他可能因为专业或者工作状态的关系就算没生孩子工作效率也不一定高。你说的这个影响都是针对自己而言。

就是失之东隅收之桑榆吧,带小孩的时候是另外一种体验和收获。工作上的事情再耽搁也就是两年左右,等孩子大了上幼儿园了,慢慢也就会走上正轨。毕竟他不单单要上幼儿园,以后他都在成长,你要总是考虑什么影响,他可不就影响你一辈子。主要是状态和心态的调节,尽量把一些事情安排好,能集中解决就集中解决,本来是周六周日两天加班,现在可以一天加班一天给家庭。

好的方面也很多,小孩总是给你惊喜,你不知道他又懂了什么。你对他的期望值是很低的,他超出你的期望值的时候你就会很惊喜。他每天洗澡的时候,因为天冷了嘛,就会把空调打开,其实跟他一点关系没有,时间长了阿姨问他:"宝宝,空调在哪里?"他就看空调,现在晚上只要把他抱出来洗澡他就把空调开得大大的,临走的时候把他从澡盆抱出来,他会拿空调遥控器瞎摁,没人教他就会知道。看到这些,总会觉得特别惊喜和开心。

有了宝宝,我很快乐,也很感恩。而工作,是我一定会做好的事情。

访谈手记:

访谈在Y老师的办公室进行,Y老师去年刚生完孩子,由于年龄比较大,恢复比较慢,还可以看到她生育后有些浮肿的样子,但是Y老师精神状态特别好,整个人精神焕发,生气勃勃。办公室柜子后面有怀孕期间用来休息的小床,办公室的椅子也是适合孕妇坐的,Y老师看起来很干练的样子,热情的招呼我们进去,开始了访谈。

随着访谈的进行,我们对Y老师的佩服越来越多。明明看着眼前是一个还在产后身体恢复阶段的女性,但是她已经完全投入了正常的工作,已经顺利完成了很多工作。访谈结束时的一个小细节也让我们非常感动,由于访谈时间比较长,当我们提出问卷可以先放在老师这边,等老师以后有时间填完我们再来取的时候,Y老师马上回答说她现在就填,然后立即开始非常认真的填写问卷。这就让我们看到了她对待事情毫不拖延,即刻动手高效而认真地处理问题的习惯。这就是她面对这么多困难,依然让人觉得她无比顺利的重要原因吧。

Y老师高龄产子,又缺乏老人的照顾,这对女科技工作者来说都是非常大的困难。前者意味着身体的种种不适,产子的艰难,产后恢复的困难,后者意味着孩子和工作的冲突将会更加激烈。但是,在Y老师这里,我们似乎看不到这些问题。她以特别积极的态度,积极的行动去解决这些问题,这些问题真的好像就在Y老师面前自行化解了。

明明生育分散了她的时间,使得她有些学术会议不得不放弃,确实影响了工作。但是Y老师并不这样去看,在看待影响的时候,她认识到一个人的成果是跟很多因素联系在一起的,她努力设法应对,积极提高工作的效率。

Y老师用一句"失之东隅,收之桑榆"去看待生育这件事情,所以她可以品味孩子给她带来的重重惊喜,而工作也一如既往的顺利。她调理身体,去孕育生命;她调整环境,去应对孕期的不适;她调整心态,去面对孕哺和工作的关系。正像她的故事题目所言:人生贵在调节。

但是,我们也必须要看到Y老师的付出绝不是一点点。她产前在实验室工作直到11点,产后没几天就开始伏案写作、给学生改论文、备课、看文献,而那时,她的身体还正在恢复中。写到这里,想到的是Y老师那句淡淡却清晰的话语:"优秀是一种习惯。"对于这样的女科技工作者,社会应该给她们更多的支持,让她们在家庭和事业中绽放更多的光彩。

(庞丹丹访谈并整理)

受访者G,北京某高校讲师,1974年出生,湖北武汉人,博士学位,2009年(35岁)生育一子。

"一孩难求"

我是武汉人,本科在武汉大学读的,学的是英语。本科毕业当了两年英语老师,教语言我觉得挺枯燥的。我比较喜欢文学、哲学,就在武汉大学又读了硕士和博士,学哲学。我是没想过来北京的,就是我老公想来北京。他也是湖北人,2000年就博士毕业了,差不多2001年的时候,我刚读博士就跟着他来北京了。我们读博士的时候比较松散,主要是自己做课题。他在金融机构工作,平常老去外地出差,收入还比较好一些。

为考博果断舍弃第一胎

从我第一次怀孕说起吧。那是2001年，硕士毕业考博士的那段时间。当时准备考博士，又准备找工作，却发现怀孕了。我想都没想，也没跟家里人商量，就去药物流产做掉了。跟丈夫商量过，他也同意，因为那会儿他刚工作一年，工作还没稳定，工资也挺低的。我们那时候什么都没有，最基本的条件都没有，没房子，没钱……没有经济基础要这个孩子。从自己的发展上，无论是工作，还是考博——其实不读博士也没关系，但那个时候都不能要这孩子。我们又属于家里没任何支持的，都是要靠自己。就从那之后，可能就落下病根了。

四处求医，只为不再有自然流产

2004年，我博士毕业参加工作就来到这个单位，签合同的时候单位就提出说，两年内不能要孩子，我当时觉得这个要求挺正常的。因为你刚来单位两年，肯定要先把工作稳定了，我自己也是这样想的，如果工作还没稳定，就要孩子，肯定是不行的。

这样到了2006年，那时候工作已经稳定，经济条件也还可以，我也三十二岁了，就计划要孩子。开始看起来似乎很顺利，计划要孩子之后很快就怀上了。但是怀孕之后到了八十几天就停育了，就掉了，就没有预见的掉了，也没发生什么意外。我当时的工作还是挺忙的，一个星期要上差不多十二节到十六节的课。那是来单位第一次怀孕，一般课还是要照上的，领导也不会给你什么照顾。到医院检查说是意外，医生说，“你这个可能是自然选择、自然淘汰，那个胚胎不好，它就掉了……”2008年再次怀孕，然后到那个时间又掉了，也是同样的八十多天的时候。那时候，胎儿基本上已经成型了，它出来的时候大概是一枚鸡蛋的大小了，我都看到了，挺痛苦的，也挺害怕的。

正式的求医过程是从2008年开始的，2006年的那次流产，我个人还觉得是偶然的。到2008年，就第三次了，我就开始到各种医院看。2009年就找了那个私立医院，遇到很多这样的情况，全国各地来的，也有比我年轻的，也有比我老的，还有很年轻的也是习惯性流产，这就是一个病了。至于我为什么会这样，我自己感觉是跟我第一次流产有关，可能是那药有问题。我在那个私立医院遇到一个住在那儿保胎的人，她已经有七次流产了，好像是四五十天就掉，她在那儿保胎，当时已经六十多天了。她跟我讲了她的经历，我一看她好了，我就信了这个医院，马上就交钱跟它订合同了。那里费用比普通医院稍微贵一些，但是这个时候我们也已经可以承受，就是为了孩子嘛。在公立医院的时候，我跟医生说，我的孩子都掉了三次了，如果再怀一次又掉了，那怎么办？他说，那没办法，那只能优胜劣汰。我这都已经是病态，他还说我这是优胜劣汰，你说我怎么能信他呀。我怀了这个孩子后，就一直在私立医院，一直靠着他们。保胎到八十多天吧，因为私立医院生孩子很贵，一个剖官产就要三四万，而且全部都不能报销，所以，我后来是去F医院生的。我是剖官产的，因为我生的时候已经快35岁了，也算高龄产妇了。

现在回头看生育，我觉得还是整个环境有问题，流产不是出现在我一个人身上的问题，有些没有第一胎人工流产的，也会自然流产，我周围就有几个女孩是这样的。现在有的男性精子质量下降，女性卵子质量下降，人的整个身体、子宫环境也不行。而且压力又大，一般读到博士进高校工作了，其实都对自己有要求的，再怎么说，肯定都想要做好一些，心理压力比较大，职业压力也是有的，还有，年龄也是一个原因吧。所以，现在我周围只要有女博士、女研究生，我就建议她们最好早一点结婚生孩子，然后再去做别的，这样会好一些。

独自应对产后哺乳和照料的压力

月子期间有公公婆婆照顾，还请了月嫂，那是2009年，请月嫂二十八天要花五千多。其实，月子里的小孩子挺容易带的，就吃了睡、睡了吃，没什么问题，再加上有公公婆婆在旁边照应着。当时我丈夫工作特别忙，他好像就五天假，所以他基本上也没提供什么照顾。我是按照晚婚晚育，休了四个半月产假，然后还有个寒假，学校就是有这个好处。产假中没有岗位津贴，好在那时候，2009年、2010年岗位津贴都非常低，就今年才涨起来了，所以没有多少钱，我觉得也就工资的四分之一吧，对生活的影响也不算很大。

休完产假回去之后就是哺乳的问题了。虽然公公婆婆在，但他们年龄大了，体力还是不行，基本上还都是我自己做，晚上也是我一个人来带孩子。那段时间我休息也不算好，心情也就不太好，有一点抑郁情绪，但没有抑郁症。孩子小，晚上隔两三个小时他就要吃，要换尿布，从他出生到现在，我没有睡过一次整觉。现在他两岁多，每天晚上两点多还要吃一次奶，这些一直全都是我一个人做，我老公他基本上不管，他连换尿布都没换过，一次都没换过。平常他也从不做家务。月子期间，他派了他父母来干，他已经派人来，我也没话说。再说，他要挣钱，他挣钱比我挣得多，我也无话可说，他主要管挣钱，那我就管家里，我们的分工很传统。因为大学老师收入不高。我们没有改革之前，我一个月就最多四五千元吧，加上公积金也就五六千元吧。现在改革了，稍微好点，就是我们的岗位津贴提高了，现在岗位津贴就占差不多工资一半，要是这两年才开始生孩子，那产假期间工资就得少差不多一半了。

我开始上班以后，白天就是公公婆婆带孩子，晚上也还是我带。有了孩子以后我觉得更多的时间应该花在孩子身上。我当时才三四千块钱，四五千块钱一个月，我连一个月嫂的钱都付不起，因为她一个月比我挣得还多呢。我们这些女博士就说，自己读完博士之后挣的钱根本不够花的，最主要的，还得找个好老公，所以说，也不能抱怨说现在的女孩子太看重物质条件什么的，那也是没有办法的。我要去请育儿嫂，就等于把我的钱拿一大半给她，还要供吃供喝，家里还多个人……那我还不如自己做呢，对吧。

我就想要男孩！

这几年，我没有参加任何活动。我们这个孩子来得不容易，我觉得我什么都可以不要，但是孩子是第一位的。好在我生了个男孩，公公婆婆也特别喜欢。而且，我就想要男孩！女孩太痛苦了，因为我要是生个女孩，如果有遗传的话啊，她将来生孩子也会比较困难，而且生孩子那个过程很痛苦，我觉得我都有性别歧视了！我觉得做女人太难了，我不想让我的孩子以后面临这些困难。当时有人说我怀的是女孩儿，我就很生气，我不相信。我到私立医院去，让他告诉我性别，他要是告诉我是女孩儿，我肯定会非常失望，但也不会说是女孩就流掉不要了，男孩女孩我都要的，肯定！能怀上一个就不错了。

一次次的流产，我觉得自己的身体就要掏空了。我现在身体也不太好，所以我觉得很担心，如果我小孩很小的时候我就没了，怎么办？后来又想，只能顺其自然了。我觉得现在也还行，因为我们工作都稳定了，上了差不多十年的课了，那些东西对我来说也挺容易的了。

渴望改善充满性别歧视的工作环境

工作环境中还存在着性别歧视。现在我们院正在竞聘副院长，那些男的就非常积极的争着去，女的也有条件很好的，就不会去想那个问题。我们女性也不是没有热情，就是觉得不可能。为什么？因为领导的意愿还是第一的，他不会觉得女的能胜任。比如说申请院校一个基金，我也去申请，但最后肯定没戏，你去了就是陪衬。我过去做的课题大部分都是教育部的、中国科协的，还有科学院的，都是我在外面申请的，跟学院没关系。就是院系之外，我自己在外面积累的。其实这也是相对比较自由的，既然院校不给你，你可以向外申请嘛，但这就完全靠你自己了。

要说改善，主要还得看领导的意识。在政策上，对女博士或者女教师，应该有一定的倾斜。比如说，要有一个基金，或者科研基金中专门有一个比例是给女性的。还有，高校的科研基金也应该有一定的性别比例，就是严格规定有多少比例应该是给女性的。像我们刚刚有一个什么人才基金，是学校的钱，我们院得到的两个全都是男的，又不是说他们就真的比女性都厉害很多，要论著作、论文、课题，就是大家综合来看，其实相差不是很大，但领导就是觉得男的要强，那就没办法！比如说像开会什么的，只要是男的，可能就会坐到最显眼的地方，女的都会往后坐，这就是边缘化嘛，有时候这可能与领导的“先天意识”有关系，反正有些事儿说不清，就成不自觉的了。

努力“复出”

在高校得有课题，怀孕之前我还申请一些，怀孕总是失败之后，基本就不申请什么课题了。这几年就没什么课题，对工作发展肯定就有影响了。现在孩子两岁了，自己心里说“你赶紧复出吧”，赶紧回到正轨上来，要重新开始努力了。带孩子的这两年，基本上就没有参加任何活动，那我现在就有时间出来活动，比如参加这个会，还有这个学会的会。不过，到这个年龄生孩子，我觉得也有它的好处，我会特别理性地看待孩子。

访谈手记：

G老师看起来挺年轻的，基本看不出已是三十八岁的人了。尽管外表柔弱，但一听她讲话，仍感受到其性格中的倔强与要强的特点。当时课题研讨会还在按照既定议程，由前排就座者逐一分享自己对"女科技工作者孕哺"的理解，她突然主动从后面站起来，说"我想分享一下我的经历"，于是站在台前，讲起她的体悟。会后，我们专门找她，请她再详细讲一下她的孕哺经历，她欣然应允了。

整个访问过程，虽然受到会场较为混乱的环境的不利影响，中途还偶有他人打断，但G老师一直很坦诚、主动分享她的故事。看得出来，生育对她的影响还蛮大的，说起为了要生一个孩子她所经历的一切，总能时刻感受到她的那种复杂情绪，有焦虑、伤痛，也有倔强的不甘，甚至还有对第一次怀孕自主选择流产的悔恨。

G老师的个案之所以典型，就在于生育过程中她所经历的痛苦是很多人无法想象的，一次次的失望与伤痛反复叠加在一个女人身上，无论对身体还是精神都是一种严重的伤害和考验。她性格中的敏锐无形中又使那些压力和伤害放大了，最初顾虑到现实经济条件和个人职业发展等，而做出的将第一胎流产、推迟生育的决定，竟然导致了不良的后果，着实令人欷歔。在我们的访谈中，因第一胎流产导致的后续生育计划遭遇挫折的案例并不鲜见，采用药物或手术手段人为终止妊娠，在某些时候给女性带来了自主选择的权利，但其附带的副作用或不良后果却较少人注意。鉴于此，对于女性最佳生育时间的讨论，也许应当再次被引起重视了，是否应当为工作而推迟生育，推迟生育的决定到底是有利于今后职业的发展还是不利于职业的发展，这些问题以前的讨论显然是不够充分的。

进一步来讲，我们所处的生活环境、职业环境、家庭环境都会对生命历程中的每一件重要事件产生必然的影响。所谓"人在环境中"，良好的职业环境，和谐的家庭关系，生态平衡的生活环境，必然是最利于人们生存的理想状态。对于女性来说，如何在她们应对生育问题时给予适当的支持，不仅仅是作为丈夫的男性，也不仅仅是一个家庭所应当考虑的事情，亦是工作单位、社区，甚至社会机构的责任。对女性的尊重,远不应只停留在口头和表面,而应当深入到意识,落实到实际行动。G 老师的丈夫,在她应对生育困境的过程中给出了怎样的支持,我们不得而知,想必是不多的。因为,我们并没有在访谈中听到她提及寻医问药过程中丈夫的陪伴,在她产后和哺乳期间,虽然有年迈的公婆陪伴着,但实质上老人已经无力替她分担太多,丈夫一直在忙于工作,挣钱、养家,而 G 老师对这一现状却难有微词,因为“毕竟他挣钱比我多嘛”、“女人本来就应该多照顾家里”,即便她是一个思维敏锐的哲学研究者,对于传统的家庭分工却只能无奈接受。当女性无法在工作领域获得与男性同等的机会和待遇,女性在家庭的地位则似乎也只能停滞不前了。

而工作环境中,G 老师同大部分女性一样,非但没有在最需要照顾和支持的孕哺期得到什么实质的帮助,反倒因为是女性要顾家,而“先天性”的被领导排除在委以重任的行列之外,职场升迁和重用,似乎更多属于男性,至少在 G 老师的案例中,我们看到的是这个样子。但我们不能主观臆断 G 老师的处境是否也与她的个性有关。

然而,在案例的最后,我们还是应当深感欣慰:经历了一番折磨终于克服生育困境,喜得贵子之后的 G 老师,终于又重新燃起工作的斗志,准备将更多精力重新投入到教学与研究工作。对此,提供必要的支持,于她而言应当是比较重要的。从她的经历中,体会女科技工作者在面对生育与职业发展的冲突中所面临的困境,并尽可能提出有效的全方位的解决方案,是政策研究的重要内容,也提醒着后来人,提前做好应对生育与职业发展冲突的准备:既要有所规划,又要避免不良后果,适时调整,保持工作的热情和实现自我理想的激情。女性能够获得接受高等教育的权利,已属不易,鼓励并支持发挥女性的智力潜力,于国于家于民都有长远利益。

(王君莉①访谈并整理)

---

① 王君莉,北京大学 2011 级女性学研究生。

受访人O，北京某医院内科医生，1976年出生，辽宁鞍山人，在读在职博士，2008年结婚，2009年(33岁)生育一子。

孕哺顺则工作顺

女承母业：成为一名医生

我是辽宁鞍山人，1976年出生，我妈妈是医生，所以影响了我选择职业，我爸爸是公司的管理人员，他们现在都退休了。我是独生女，当时也不知道我父母他们怎么想的，大概就是觉得生一个好。

我1994年高考考入中国医科大学，学习临床医学，1999年毕业以后在中国医科大学的附属医院工作了几年，2003年又考到北京来，读了三年硕士，2006年毕业的。读了硕士之后就留下来工作了，2008年结婚，2009年生孩子，去年开始念在职博士。科室方向的选择中有很多不自主的因素，比如说当年毕业的时候我们附属医院有两个科室在招人，一个是心内科，一个是神经内科，当时还是神经内科比较吸引我，我就选择了去神经内科。我爱人跟我是大学同学，他是长春人，后来也来了北京，是一名外科医生。虽然跟我爱人比较早就认识了，但开始也就只是认识，大概是两个人都到了北京之后才觉得彼此还比较合得来。他是2006年从白求恩医科大学硕士毕业之后才到北京的，刚好我那年从这边硕士毕业，不过他现在还没有读博士，只是在准备着。他的父母都是在工厂里做管理工作的，也都退休了，现在也在北京，因为他们觉得生儿子就是这样的，一定要跟儿子走，观念很重。

顺其自然的孕育

要说怀孕，之前也无所谓计划不计划，因为你没办法说非要在某年某月某个时间段怀孕，结婚之后也没有采取什么措施避孕，因为我年纪比较大了。怀孕以后，单位觉得毕竟不一样了，因为孕妇是特别需要注意的群体，他会给你一些相对来说力所能及的照顾吧，让你干一些相对来说比较轻一点的活。那个时候我是在门诊，作息比较规律，不用值夜班。据我所知，我们院确实有规定，在怀孕七个月之后是不能值夜班的。一个医生，可以在病房做诊治病人的工作，也可以在门诊做接待病人的工作，对于三级医院的医生，还要做教学和研究方面的工作。怀孕中间，我记得最后一个月是蛮累的，最开始怀孕的时候有点不适反应，间断着休息了一段时间，在快生的时候又休息了一段时间。在这个问题上每个人不一样，我的有些同学整个孕期都在上班，一直坚持到快生的时候。

我们是学医的，相对来说还是会重视孕期营养和保健的，会买一些书看看，平常买些水果。至于家务活，具体的家庭就不一样了。我怀孕一段时间后，老公对我挺好，他会多做一些家务活，但因为我老公是东北人，多少有点大男子主义。在怀孕期间像买水果、做菜啊，好多事情都是他做的，但怀孕之前不是这样。

从医学上来说，顺产是最提倡的，但我的孩子当时的胎位不正，是臀位，不能正常生产，所以就选择了剖宫产。生完孩子，我婆婆和我妈妈都在，她们都退休了，我月子里是她们在照顾我。后来因为我婆婆家在这边，所以就是我婆婆过来照顾孩子，一直到四个月后我回去上班，她都在帮忙。

靠长辈协助照料幼子

孩子现在还小，准备上亲子班了。一般三岁应该上幼儿园的小班，在三岁之前，有的幼儿园可以接收一些一岁半到两岁半的孩子，也叫小小班。有的亲子班是要家长陪着的，有的就不要。现在孩子主要是我婆婆在照顾，我们住一起，她帮忙照顾一下，因为我们天天上班，白天需要人照顾孩子。

东北人嘛，还比较传统，我们生的是个男孩，婆婆很高兴，不过他们嘴上说是男孩还是女孩都不在意。不过，也不知道万一不是男孩会怎样。本来公公婆婆他们的家在郊区，比较远，最开始是她们把孩子带到郊区去，我们有时间就回去看看，大概一周能回去一两次的样子。然后，到两岁的时候，我们觉得其实这样也不太利于孩子的成长，就把公公婆婆也接过来住在一起，郊区的房子就空着了。

产假结束后，回到岗位，每天都有一个小时的哺乳假。这一个小时的具体时间可以自己掌握，因为每个人的家远近不一样，可以按自己的作息来休，可以晚一小时上班，也可以早一小时下班。我的孩子只是在头两个多月喂母乳，因为奶水不足，后来就全都喂奶粉了。问题是，就算全部喂奶粉，晚上也还是要起来给他喂奶的，休产假期间这事儿就全都是我来做，等产假结束开始上班以后，我就只是间断的做，一般是婆婆来给孩子喂奶。

说到对孩子的照看，以一个父亲的角色而言，我丈夫他应该还可以吧，因为以传统的中国文化而言，毕竟父亲不是照顾孩子的，相对来说是一种形象，榜样的力量或是什么的，所以觉得他做得也还好，他跟孩子玩的时候也很好。一般周末，我们基本上都会带孩子出去玩。相对于去早教机构而言，带他出去见见世面更重要。他小的时候就带他去公园，现在就逐渐去一些好玩的地方，现在可能他还很小，有些他不见得能领悟到，但是我们想潜移默化还是好的。上次我们带他去首都博物馆，就在白云路那边，有张大千的画，当时我们订了票就去看，我们觉得还蛮好的。虽然我和爱人都属于艺术细胞不是很多的那种，但还看得进去，觉得这幅画不错，但是完全想象不出来两幅差不多的画，哪幅是很值钱的，哪幅不值钱。就领着孩子进去看，我们家孩子进去一看，那么黑咕隆咚的一个地儿——作品前有射灯的那种，我们家孩子就说“不去看、不去看，我要出来玩！”很坚决的说不看，挺有意思的。

审时度势平衡家庭和职业的关系

医学系统都是有规定的，比如说刚毕业的学生是住院医师，因为学位不一样的关系，有的人是要做三年，有的人是要做五年，然后可以进主治医师。再过几年满足了一个年限和发表文章数等等的要求可以进副教授，最后进教授，应该是这样一条道路。我 2006 年硕士毕业刚参加工作是住院医师，毕业两年后 2008 年晋升的主治医师。

医院要求在评定职称前你必须达到什么要求，比如说你要有文章，你要带学生多长时间，才能晋下一个等级。但是我觉得这方面的压力还好，因为它不是强迫你达到一个极限，可能外企的员工基本是透支到极限，但医生这个行当还是蛮从容的。不是让你立刻怎么怎么样才能达到这个指标，应该说这些要求都能普遍地达到。

生孩子，我觉得它对于长远的职业影响不很大，因为怀孕你也会继续上班，也在做一些你能做的事情。医学是个积累的学科，即使休假你也在不断学习。但是，你说有没有影响职业的发展呢？也会有，休产假的话，那个年度的工作可能没有办法像一些男医生那样很顺畅地完成，多少都会有一些不利影响。医疗工作大部分的时间都是和病人在接触，这是在医疗这一方面；教学的方面呢，大部分是和医大八年制的学生在接触；研究方面，是你对医疗中的哪一方面感兴趣，有的需要做实验来做进一步的探讨。那生育休假对医疗方面的影响，可能就是当年度你在医院待的时间会减少，接触的病人就少，这样可能技术上的积累就少了一些。但是，这是一个缓慢的过程，不是说多两个月时间你就达到教授的水平，所以这方面也还好。我觉得，对于一个很长的逐渐积累过程来说，产假这样的一个休假，还不算是太有影响的一件事情。产假期间工资是照发的，但没有奖金。基本工资和奖金所占的比例，大概就是一半一半，生育津贴倒是没有在意，工资发下来，也很少特意去查看有哪些项目，独生子女补贴好像还是有的。

工作和家庭之间，有的时候也还是会有冲突，比如你想带孩子的时候还得加班，但不至于很经常。生完孩子之后的工作时间安排，我觉得还好，因为各个医院的情况都不一样，但每个医院都会有女职工，女职工都会有生孩子、带孩子这样的问题，没有谁说工作难以忍受、都要崩溃这样的情况。

每个人的观念不一样，在任何群体里面都有很积极努力的人，也都会有很平常的人，也有后进的人。比如说如果一个人的观念是要实现在工作上的价值，那她就会很努力去工作，她得到的成就就会很多，得到的认同也会更多，她就会时不时的感到工作和家庭之间有冲突。但比如说一个很平常的人，她会觉得家庭是很重要的，当然工作也很重要，但什么轻、什么重，她是分得很清楚的，那就应该不会时时有这种冲突吧？但有的时候可能也会。我觉得，可能我还是比较平常的那一类吧，但好多时候，也会很烦恼。不过，每个人的性格和价值观不一样，不能一概而论，那些很努力的人很值得尊重，因为她的想法就是工作第一位，可其他人的想法也很有道理。这个社会上，人们有很多想法，它们都有各自的道理和存在的意义。平常，我们之前的朋友还是会时不时聚一下，我也看了一些书籍比如说要留时间给知己什么的。

在家庭和职业之间，也不是说一点问题都没有，只能说还好吧。我考在职博士的时候，考之前我们家孩子拉肚子，因为当时他在郊区的公公婆婆家，我就得天天回去。当时就觉得考试必须退居次要地位，因为考试是长期积累的，尽管说复习很重要，但是也还是会天天回去看看他，打电话给我儿科的同学咨询，直到他病好了才算放心。又比如说，你要赶做一件工作上的事情，很赶，可你又想回家看孩子，那你必须舍弃一方面为了另一方面，有的时候你必须舍弃家庭，有的时候你必须舍弃工作。这个完全看情境而定，也要根据两方面的情况。很难说怎么取舍，因为很多时候是要看具体的情境。

可能每个人都会有这种感觉，就是谁都不是一帆风顺的，都会有瓶颈，但总会有解决的办法吧。可能当时想不出来，但随着时间的推移，看事情的角度不一样，见解多了一些，或是视野开阔一些，总会有办法解决的。我硕士的时候是做基因研究的，当时有很多人做这一块，很热门。研究的发展也是一个曲线，比如说，很热门很热门的时候是一个高峰，再往下不那么热门的时候我介入基因研究，然后当我完成这个项目的时候已经有很多很多文章出来，当时我觉得在国内发表文章是很困难的，杂志可能也不会很重视你，但是国外期刊上很多文章可能认为idea很重要，我就选择发表在了国外SCI。当时在国内发表的话，可能很小的杂志才会觉得这篇文章很有意义，所以，换种角度就是思维的重新构建吧。

我这人比较喜欢遇到事情问问别人的建议，我有一些年长的朋友会给一些建议，我就再思量，有时候还要看书，也靠自己的生活经验。医学并不是一个单一的、个人就能做的科学，会诊、大讨论都会有，学习和积累的机会还是很多的。本来有一次机会参加国外的学术交流会议，后来放弃了。因为当时还在念研究生，后来就没有太争取过，有机会还是会出去看看。有了孩子以后，也没有很积极参加什么会议了，因为本身就要照顾家庭，只有很重要的会才会参加，比如说前两天参加一个学习班。

访谈手记：

与O医生见面，感觉她看起来比较年轻，随着访谈的深入，愈发觉得她是个蛮聪明的人，访谈过程中说话措辞都十分的谨慎，几乎不会出现较情绪化的词句。她所讲述的经历比较顺遂，顺利的求学、就业，顺利地结婚生子，巧妙而顺利地应对家庭和工作之间的冲突，似乎显示她的生活十分平静美好。但是在访谈结束之际，她在确认我们已经关闭录音设备之后，特意询问我们关于家庭关系的处理等方面的问题，加上她谈到原本婆婆和妈妈都在月子期间来照顾她，但最后妈妈走了，原因是婆婆在北京离得比较近，并且婆婆和妈妈的一些观点不一致……或许她的实际生活并不如她所讲述的那般美好。而她也非常谨慎的回避关于和丈夫如何相恋、结婚等话题，只是含糊的说"虽然认识很久了，但是直到2006年大家都来了北京才觉得……"甚至直接说，"这个问题与你们的研究主题有关系吗？"，这些都带着较为明显的防御色彩。当然，我们不能主观臆断O医生的家庭关系不和谐，但从整个访谈中她的表达，却发现她在刻意塑造着自己的形象，有意掩饰一些东西。

当我们问及在孕哺期间，医院是否提供了相关的照顾，休假期间工作和待遇的变化等问题上，她也回答得极为谨慎而含糊。在结束访谈，我们准备离开之际，她说，希望我们给她单位的工会一个正面积极的回馈。于是，似乎可以确认了，她在有意建构单位的良好形象。

O医生是东北人，但性格谈吐却都极少表现出东北人的豪爽大气，她习惯用南方人常用的"嗯""呢""嘛""也还好吧"等口头语，使得她的语气听起来更加柔和平缓；她在回答问题的时候极少主动讲述具体的个人经历，即便我们引导说"能不能讲讲具体的某件事呢"，她仍然倾向于用一种较为含糊、抽象的讲述来回答。并且，对一些问题，只要她觉得比较敏感，立即就会尖锐地指出，并表示拒绝回答。整个访谈过程，看似顺利，实际上却浮于表面，但实际的研究工作中，这样的受访对象并不鲜见，但即便受访人是在有意建构着什么，那我们也是应当尽可能全面地呈现访谈全貌，因为任何建构背后其实都是有另一层含义的，对其分析的价值也便于发现她的建构，以及解读其建构背后的意义。

至少从O医生讲述的内容来看，我们发现，较为清晰的计划性和顺其自然的适时生育对女性的职业发展还是有好处的。尽管O医生怀孕、生育的时候已经33岁，算不上年轻了，但她是在第一次怀孕的时候就选择了生下这个孩子。在怀孕早期可能还是出现了一些状况使她不得不休息一段时间，最后由于胎位不正只能剖宫产，奶水不足不得不终止母乳喂养，但至少她不必承受第一胎流产可能导致后续习惯性流产的苦果。尽管O医生保留了第一胎，并且有惊无险的顺利完成生育，但33岁生育，还是显得年龄较大了，我们没有进行医学上的统计，不知道早孕期间的危险状况和后来的一切不良情况是否跟较晚生育有关，但通常认为在28岁前后一两年内生育似乎是更为合宜的。

女科技工作者要接受较长年限的教育，如果在学业、职业发展面前，生育总要让步的话，对女性自身，甚至对下一代的发展显然都是不利的。教育机构、工作单位等如果能够意识到生育的意义，意识到女性人才的价值，给她们提供更好的支持，帮助她们更好地平衡孕哺与职业发展，则对于女性自身发展和科技进步都将具有重大意义。并且，女性自身在生育与职业发展之间，也应当有更加清晰理性的认识，更好地规划、安排、处理孕哺带来的变化和对职业发展的冲击。

（王君莉访谈并整理）

受访人B北京某研究所研究员，1961年出生，北京郊区人，博士学位，1989年结婚，1991(30岁)生育一女。

自力更生兼顾生育与工作

从京郊农村考出来的大学生

我是北京郊区农村的，我有两个哥哥和一个妹妹，我排行老三。家里兄弟姐妹四个，只有我一个人考上大学，我妈妈不识字。我上学比较晚，是跟妹妹一起上学的。高中毕业是1981年，又复读了两年，1983年考上人民大学，1987年毕业的。我学的是“生产布局”专业，这个专业当时全国就只有人民大学有，它考地理，学的侧重于经济地理什么的，它是社会经济学这一类的，偏重于经济，就是国民经济生产那种的，像工业布局、农业布局。当初这个专业对外招硕士和博士生，就叫做“经济地理”，后来好像改叫“区域经济”，基本上放在公共管理学院，有个叫“区域经济研究所”，在九几年好像就不招本科生了。我那时候比较喜欢学地理，当时这个专业还招文科生，1990 年前后，就改为全收理科生了。

1987 年本科毕业就直接参加工作，那时候已经是双向选择了，但因为是人大的，还是有到我们那儿去要人的，不像现在，那个时候大部分人，好多本科生就能留到北京。我那个专业去发改委、统计局这些单位的比较多，再有就是这种研究院所。

无房再加立足未稳，婚后第一胎选择人流

我是 1961 年出生的，1989 年结婚的时候年龄都比较大了。跟我爱人是在一次两个单位之间的交流活动中认识的，他做新闻记者工作，认识一两年后就结婚了。到 1991 年，我女儿出生。在这之前，也就是结婚以后半年多就怀孕了，知道怀孕了以后，不想要于是就做掉了。主要原因一个是刚结婚，另外房子也是一个问题，工作也是一个影响因素，我刚开始接手一个新的项目。其实，做掉挺后悔的。

从上班到结婚，我就住在集体宿舍，三人一个房间，住了有十年，我们家小孩儿就出生在集体宿舍。我爱人在《光明日报》，他们在南城，那么老远，我怎么可能去啊？再说他也是在单位宿舍住。即使有宿舍，也不一定能去，因为肯定带孩子是女的带嘛，要是有房子呀还都方便点儿。

单位制下的艰难孕哺与育幼

怀孕那时候，几个人住一个宿舍，我们都是自己照顾自己，自己做饭。我是剖官产，因为预产期都过了十天了，各种催产后，赶到半夜才开了几指了，可都半夜了，医生也都想休息了，我就想，算了，剖腹吧，等于是顺产改了剖官产。我那会儿医院也有熟人，加上房子的问题，就多住了几天医院，可能一个多星期吧。从医院回来还是住宿舍，月子期间，婆婆和我妈她们轮流过来，出了满月就是自己带孩子。因为在集体宿舍没办法，她们一过来，就只能支一个折叠床，十来平方米的一个房间要住四个大人！我们那时候休自己的半年产假，再加上夫妻共享假一个月，然后再请两个月事假，共九个月。我一共休

了九个月。我的孩子一直是喂母乳的，到了九个月送回我妈家我也还是每天跑回家给她喂奶，后来才慢慢减少的。孩子才一岁零三个月就给送去幼儿园了，那是我们单位的幼儿园，现在幼儿园都不收这么小的孩子。孩子上了幼儿园就有个入托补贴，大概每个月有个二三十块、三四十块钱吧。你孩子要是不入幼儿园还不给呢，孩子离开幼儿园就没有了。我们是本院职工，孩子入单位的幼儿园，我们这托儿费都从工资里扣，所以你入不入，会计都很清楚。像我们家小孩在幼儿园上了五年，一岁多上幼儿园，一直上到六岁。

我生完小孩之后，有个舍友中午休息还来我们房间，一段时间之后她也觉得不方便——有了小孩儿，她自己也休息不好，进进出出的也不方便——她就不来了。于是我们就把两张单人床拼在一块儿，我爱人就过来了，那个集体宿舍等于就是我们一家在住了。一直到2000年才分上房子，那时候都工作十几年了。

坐月子那时候，我爱人他也上班，主要是我婆婆，或者是小孩儿的姥姥帮着做家务，出了满月之后基本上就都是我自己做了，因为他上班呢，总不能等他回来再做呀，那样的话自己就甭吃饭了，小孩也甭吃了。休产假期间小孩小，基本上就都是我自己干，有些时候忙不过来，比如说洗衣服什么的，就等他回来以后干，总得有一个人看着孩子。

虽有性别不平等的环境但自己仍努力上进

反正带孩子那时候就挺难的呗，还有比较难的就是女职工评职称。评职称，男女绝对是不平等的。具体的，比如说评职称的话，行政管理部门也好，研究室也好，它首先考虑的还是主任、副主任，处长、副处长，不用说这肯定是男的，因为领导首先考虑的就是这些人。要说这也难免，因为女的要带孩子嘛，孩子小的时候，都还是要耽误工作的。反正这个事情也还是稍稍有些影响，无形当中领导还是侧重男的。

一些升职，又不是说由底下选出来，都是领导有意向了，或者有个民意测验然后投票。但首先，提名什么的，所里领导首先要提男同志，每个领导估计都会说男女平等，但是实际上还是不平等的，这个瓶颈是实实在在的，主任也好，所长、书记也好，反正就是男的占多数嘛。

然后就是评职称，评职称的过程很公平，但是难免的，大家接触的人情世故肯定是有影响的。一般男同志跟领导可以称兄道弟，抽烟喝酒，那肯定就接触得多，我们这些女同志跟各级领导就是关系好也不会好到他们那种程度，这个东西无形当中肯定是有影响的。但是如果说，你要是钻牛角尖想不开，你要是再说出来这个那个不公平或者什么的，你肯定就评得更晚，影响就更不好了。所以，对这个问题你抑郁不抑郁，那是你自己的事儿。你要是不去多想，那你就不会有太多悲观或者觉得不平衡。你要是表现出来不平衡，人家绝对不会高兴，说你这人不好相处，没准还评得更难。

我当年原本是想在职申请硕士学位的，学了一年的基础知识课程，因为当时英语和综合考试要参加统考，及格率很低，孩子又小，所以就很难通过。一开始先上了一段时间课之后没有拿到学位。后来我评了副研究员之后，又考博士，也不叫脱产学习，是属于正常考的，有学历、学位的那种。你得考上才行，考不上还是不行，不是说单位直接给推荐。那时候博士就上半年课，那个课也不是天天上，有的可以选在周末、晚上，有些要占一些上班时间，也只是占一部分。2004年到2007年，我又在我们院里读了个博士学位。有了孩子以后，对我的出差或交流学习倒也没太大影响，我觉得还行，因为毕竟短期的也就三两天或者一个星期，有时候十天半个月，小孩就送回去放家里了。我是属于特殊情况，因为我婆婆、我妈都是北京的，不远。孩子小的时候，是比较累的，在行政岗位可能会好一点儿，可我们做研究工作的，科研都是按项目走的，你要是做不了，你就没有项目，就没有出路，我们就是再累也得坚持。我们比别人干得多，评职称还靠后呢！我是2007年底评上高级的，那时都工作了二十年了。

产假时间太短了

现在产假从90天延长到98天，我觉得那就跟没延长一样，7天半个月的算什么，那就不叫延长，是一点意义都没有的“作秀”行为。延长到一年，我觉得都可以。因为，小孩你养到一岁的时候如果养得好，他上小学，上幼儿园就不会出问题，你耽误工作就少；越是那种小孩小时候没带好，小孩就会病病歪歪的，学习也不好，身体弱还怎么学习好？孩子三天两头跑医院，更会影响母亲的工作。你请个保姆来带孩子，和母亲带孩子相比，肯定是母亲把孩子带得好嘛。本来现在就是双休日制，而且那么多人没有工作，那孕产妇就少工作点呗，大家都分担点。

男女退休年龄不一样真是太不平等了

再有一个，就是退休年龄的问题。现在男职工中级职称都是60退休，那高级就更别说了。可现在女职工呢？研究员一律55岁退休，那我们觉得这就是不公平。研究员大多是读了博士的，读博士一般不耽误的话28岁才毕业，然后生孩子，三四十岁的时候，虽然精力旺盛，但是有孩子牵扯，她还是不能全心投入。等小孩考上大学，基本上就是快50岁了，那时精力比较充沛，没什么家庭拖累，能干事出成果，又让她们55岁退休，我觉得这就是最不平等的一个待遇了。说提职提干，晚一两年也没关系，我们可以不当领导，这无所谓。但是这个退休年龄的这种不平等，就太不平等了！所以，建议就一个，研究单位的女职工，特别是高级职称、研究员这一块，我觉得至少应该跟男的一样，都在60岁退休。

访谈手记：

受访人B老师是八十年代的大学毕业生，已经五十多岁，烫着微卷的棕色头发，衣着朴素，显得平易近人。我们在她与另一位老师Z合用的办公室对她进行了访谈，其间Z老师还会时不时插话，补充一下当时她们怀孕、哺乳的情况。当我们在访谈开始，向她介绍我们的访谈意义和保密原则时，她爽朗一笑，说："我又不是什么大官，没什么好遮掩的……"典型的北方人的豪爽性格。后面的访问更是体现了这一点，对工作环境中她所经历、感悟到的不公现象，直言不讳，对当前的政策更是直言建议，毫不避讳。

B的孕哺经历基本上算是比较顺利的，不知道这是否得益于在她生育的20世纪90年代能够享受超过半年的产假。并且，自身身体素质较好，虽然是曾经有过第一胎流产的经历，但并未对后续的怀孕、生育产生太多不利影响。再加上老人住得离自己不太远，孩子小，或者自己特别忙的时候，还可以送去老人那里；而90年代单位还保留着自己的幼儿园,可以接收年龄特别小的孩子,她可以在孩子一岁零三个月的时候就送去幼儿园,实质上减轻了自己的抚育负担。可以说,虽然没有丈夫给予太多协助,尽管住房条件等十分艰苦,但单位提供的托幼支持,和父母提供的家庭帮助,使得B老师可以较为顺利的度过孕哺以及幼儿照料的时期。

在工作上,B应该也跟大多数在研究机构工作的人一样,对自己的事业是有追求的。她一度一边带孩子一边准备攻读硕士学位,尽管最终失败了,但不久以后又再次攻读博士学位,终获成功,并顺利晋升高级职称。她工作的热情仍然旺盛,所以特别会关注到退休年龄上的男女不平等,迫切希望有所改善,能够晚几年退休,以便能做更多的研究工作。她的性别意识还是比较强烈的,对工作晋升中男性更多,明确表示不满。呼吁政策制定者应该注意到现实中仍然严重存在的两性不平等问题,应当意识到生育、幼儿照料的重要性,给予女性必要的支持和帮助。对当前将产假从90天延长到98天的政策改革,她直言是一种没有实际意义的“作秀”行为,认为应该在生育的阶段,给予女性足够的支持让女性安心照顾幼儿,然后在工作年限上延长女性工作年限至与男性平等,才是最公平而人性化的做法。从她对工作环境和孕哺期女性权益的讨论中,可见U比较正直,敢于说话,也较为理性,她所反馈的状况是值得关注的。

另外,我们还注意到B的孕哺期正处于单位制解体的最后阶段,尽管单位制下她承受了较长时间生活上的不富足,比如长期住集体宿舍,没有一个像样的家;但她还是从当时的托儿制度中受益良多,她的孩子在一岁零三个月至六岁入小学期间,实际上是被单位照看的。而如今的女性职工,所面临的最大的孕哺和幼儿照料困难都在于没有得到有力的支持,依靠祖辈来照料孙辈,不仅对某些家庭是不现实的,而且也存在各种问题。社区或单位提供较为理想的托儿帮助,对职业女性,尤其是女科技工作者来说,可能是更好的保障。

（王君莉访谈并整理）

受访人V，北京某公司软件工程师，1973年出生，河北容城人，硕士学位，2003年结婚，2007年（34岁）生育一子。

以孩子为中心重新规划人生

农民爸爸坚定支持我上大学

我老家是河北容城县，不大的县城。说是县城，其实也是农村。我家属于农业户，我父母都是农民，种地，也做生意。父母都是小学毕业，他们那个时代也只能读到这儿了，我妈一直抱怨姥爷不向着她，让大舅读书了不让她读，挺遗憾。她当时学习挺好，但是那时候家里子女比较多，姥爷觉得儿子应该上学而女儿早晚要嫁人，所以就不让我妈去上学，也是因为家里不那么富裕。

我在家中是老大，有三个妹妹，最小的是弟弟，一共5个孩子。家里头还是希望有个男孩嘛。我爸爸特别注意孩子们的教育，他觉得自己做了农民，很辛苦，所以只要他的孩子喜欢上学他就一直供，因此他特别支持我读书。我记得当时村里还有很多反对声音，因为那会儿大家都觉得女孩子将来是嫁人的，不像男孩。而且我周围的堂姐她们小学、初中毕业就干活去了，因为我们容城服装行业比较发达，大家都去服装厂。他们就说你家小孩还上什么学，直接让她去服装厂挣钱，连我舅舅都这样说，不过我爸觉得只要我能上他就供。我们家绝对是我爸爸说了算，因为农村都是男同志出去挣钱嘛。我两个妹妹留在家里，最小的妹妹考出来了。弟弟最小，父母还是偏爱，没教育好，他上了保定的一个中专吧。现在小弟、小妹都在北京，小弟自己做生意，他做生意也还可以，去年结婚了。

我成绩还好，我爸就说我上到哪儿他供到哪儿。1992年我考入廊坊的华北航天工业学院，属于航天部。当时上的是专科，学自动化。这个专业是我自己选的，父母也没有参与意见。那会儿自己也没有经验，就听说自动化将来找工作比较好，就选了自动化。那会儿我不太喜欢文科，我觉得自己文笔不好。数理化我比较喜欢，高中时就选的理科，高考填志愿也是理科。

我1995年毕业。当时自动化毕业的学生分到建筑行业挺多的，我被分到了中建二局,在唐山。我一开始去那儿就是在办公室做干事,就像打杂的。毕业那一年的10月份我被借调到石家庄去了,因为有很多分公司嘛,就借来借去的。到石家庄之后还是做行政事务一类的工作,给总经理做做工资单之类的。那会儿也比较迷茫,觉得那样的工作谁都可以做,做一段时间后也没有奖金。再者,最关键的一个因素就是男朋友当时来北京了。

扎根北京:辞职、考研只为两人能在一起

我们俩一个班的,大学同学。那会儿我们班分到北京的十多个呢,外省的很多都分到北京了,1995年就业形势还挺好的。中建的同事们也说两个人不在一起会很快就分开。我也觉得在一起好些,就得往一起凑,当然来北京更好。那会都去国企嘛,正好他们单位有一个合资公司,就在他们院内,他们招学计算机的人,我交了一份简历后很容易就过来了。我是1995年12月底来到北京的,在石家庄呆了不到半年,因为不好玩,工资也低,也就拿400块钱,我来北京当时工资是1000多。这个合资公司的收入倒是挺高,但当时主要还不是因为工资。我们两人分开不好,他几乎每周都要跑过去,我觉得他整个都在路上了。那时候刚毕业,还不到22岁。我的公司是台资,台湾公司人性化管理做得还挺好的,会用人。

我当时最大的问题是户口,户口过不来呀!人来了,但其他的都不能过来。当时想的最好的解决办法就是考研,因为考研不但可以将学历提高一点,还可以把户口解决了。但我是专科,不能考特别好的学校,得去考那些相对小点的学校,要不然只能先续本再考了。1997年4月份我从公司辞职,我觉得既然想考,就专心复习把它考上。公司当时很不理解我为什么一定要倒腾这个户口呢,在这儿工作不是很好吗,我就说我要把学历提升一下,他们就说你可以去培训啊,不一定非弄这个啊。台湾那边孩子出生之后,户口不会随着上学、就业而走的,所以他们就很不理解我们的户口问题。我解释半天也解释不通,就说我一定要辞职上学。

当时我还没结婚,两个人还是男女朋友的身份,我男朋友很听我的话。他从长远考虑,觉得我考研肯定是利要大于弊的呀!我们是同学嘛,这个方面就比较好一些,不存在那么多问题。如果是工作后认识,他可能就对自己的事业考虑得比较多。

我们当时住在回龙观还往北的沙河,在我老公他们宿舍住,一直到1月份考试。我考到了石景山那儿的北方工业大学,学校不大,还是自动化专业,因为当时那个学校只招自动化和经济类的,我也不可能跨专业去考经济类的,就只能考自动化仪表与装置专业。我读研那会儿我们没有太大的经济压力,一不要学费,二不要住宿费,全都是公费。一个月给不到300块钱,一般年底的时候老师还会再给几百,因为会帮着导师做事儿嘛,吃的都够了。我老公他也没有什么压力,我也没花他的钱,我上班的时候挣得也远比他高,我工作那两年多也攒了一些钱了。

2001年7月份毕业后,就直接来这个公司了,一直呆到现在。在公司里,我一直做开发,是技术岗。2001年,公司招了100人,分到我们研究院的有8人,都是研究生。我们主要做自己的产品,做内容管理,还有底层的职能分析等。我们进去的这些人很少有单独做研究的,在公司里头单独做研究的很少,它要求有产出,没有效益是不可以的。开始的时候,研究生月薪是4000,也不能算高,同类公司当年应届毕业生有拿5500。好的一点是我们公司给解决户口,2001年的时候国家管得也不严,我们同期进公司的全部给解决了户口。

我们2003年才结婚。那一年老公的单位要倒闭了,他的户口要迁出,怎么办呢?那就结婚吧,领了证儿,他就迁过来了。都没有办事儿,只是领了结婚证。当时也没觉得怎样,就是要解决他的户口问题。那一年"非典"前我们就考虑买房了,但是我们积蓄很少。我老公从1997年开始读了清华的专升本,比我读研早一年。我读完研之后,他想过读研,我说他再脱产读研那压力就太大了。他也学自动化,在国企做技术。1998年的时候他们国企也快倒闭了,一个月才拿400块钱,大家也纷纷去外边了,他也转行了。他出去做了一年的技术,做了一年之后他觉得自己不适合做技术。后来就转行做销售,到后面换公司都是做销售,现在也是做销售。所以我那会儿说他读研没有什么用,是从实用性考虑的,以后即使读也是读管理类,但是一直拖下来没有读。我觉得学历拿到了也就放那儿了,目的已经达到了,其他的就无所谓了。

肺癌疑云促我下决心要孩子

其实之前有过小孩，做掉了，是在2001年快毕业的时候。当时没结婚，机会不成熟。这也是很现实的问题，其实恋人毕业之后就跟结婚差不多，其他都类似于婚姻关系了，北京房租又贵，一人租一个又不现实。当时自己也小，不太注意，所以就会发生这样的事。那会儿其实我还是想得太多，总觉得不好，会影响到后面发展，现在我觉得女孩嘛也别想那么多，像我现在要得那么晚，不也没得到职位上太多的提升吗？其实现在回想起来当时的顾虑也没有什么必要，因为领导知道你迟早会要小孩的。在公司里男性和女性还是不一样的，我们公司不是国企，它也会裁员。国企还是要更稳定一些。

后来是2007年要的小孩，是个小男孩儿，算比较晚吧。2003年那会儿，我们没打算要小孩儿的。我们俩一开始想当丁克，他有哥哥和姐姐，他父母也不怎么管他，也管不了。我当时是觉得带孩子很麻烦，我们这一代兄弟姐妹很多。小时候，小弟弟小妹妹是我来看的，那会儿对小孩真的没有什么感觉。读研的时候也觉得两个人挺好的，一直都很好，他也一直都没有很强的要小孩的意愿。就这样一直拖到了2007年。2007年那会儿我们家催得紧了，每次一回家我的那些叔叔婶婶都会催得很厉害，每次都叨叨。另外一个比较大的压力来自同事，别说年龄相仿的，比我小很多的都已经要了娃娃，大家都说你就要一个吧。我们中午都在一起吃饭，大家都说要个娃娃也挺好的。我批驳说要孩子有多不好，他们就举反例说有孩子有多么好。同事们在一起都是互相鼓励要孩子，这种丁克到底的家庭还是很少的。而且二人世界太久了，太熟悉了，也没有什么新鲜的东西了，两个人之间的话题会变少，就觉得需要一个孩子来调节改善关系。

转折点是在2004年底，公司安排我们去北大医院做年度体检，结果在胸片里面发现有阴影。接着去复查，是肺上有一个阴影，人家就怀疑是肺癌。我有一个做医生的表婶，建议我去协和复查。去协和那天正好挂了一个主任医师的号，是个女大夫，挺年轻的。复查完后她又给加了一个专家号，让专家给意见。那个专家是个老先生，看完之后老先生确诊说是肺癌中的一种，很严重，因为症状很明显。拿了结果再去找女医生，医生询问了我很多情况，看我又那么年轻，才31，就马上给加号让第二天赶紧住院。其实协和床位很紧张,但是他们挺负责的,那会儿也不用送礼,按道理说协和的床位要排很久,我也没有什么关系,人家看完了就给安排床位让住院了。当时我在公司里说这事,大家也觉得不可思议。12月底住院,还得排手术,术前要做很多准备。病房里都是做胸腔手术的,我的年龄比较小,大夫年龄也不太大,她晚上过来还和我们聊天。我不是做电脑编程嘛,她还拿电脑过来问我。等到做手术了,要做一大堆检查,测有没有骨转移什么的。手术之前不害怕,真要做时紧张了,那会儿有点害怕了,我说要不就不做了,我老公说你都到这儿了你不做你要出院,这怎么行呢。之后发现不是肺癌,是一个结核,切了一点点,他们说一年也就一、两例误诊,结果被我赶上了。那个女大夫就说你这次没事,回去歇两年要个娃娃得了。我老公同事也说你看这次万一是真的你俩连小孩都没有之类的。开胸手术刀口还是挺大的,所以就恢复了两年,恢复得还行,没什么后续影响,歇了有一个多月吧,实在是待不住了就去上班了。

2006年的时候准备要孩子吧,但是又太忙了要经常出差,不是他出去就是我出去,所以就是等正儿八经要上孩子就2007年了。房子是2003年"非典"时买的,那会儿房价还不高,西三旗那儿4000块钱一平方米,是二手房,34万买的。85平方米,直接入住,不用装修,是两居。首付了一半,17万,是我们俩的积蓄。我们觉得自己的事情自己办,一方面家里不用参与太多意见,另外一个呢也不用太受家里的气。压力还是有的,那会儿已经开始负担家里的一些费用了。当时贷款6年,预计2009年还完,大概是2007或2008年还完的,提前还完了。

怀孕的时候我觉得不需要家里人,我们两个就行,我觉得这不是什么严重的问题。怀孕一般会从一个半月开始,到三个月,都会有妊娠反应。一个半月的时候有过先兆流产,然后就去医院了,医生建议卧床休息,其实有先兆流产迹象的人还挺多的。我那会儿也不吐,就是会不舒服,不想吃东西,但特别神奇,3个月后就没事了,就可以吃东西了。我们就在学校吃饭,都有卡,公司给办的卡。这样早餐在公司吃,中午在学校吃,只是晚上回家做饭。那个时候我是重点保护对象了,不干活的,我怀孕以后就不进厨房了。以前我们两个人都是一起做，而且我觉得他做饭比我做的还好吃。

我产前一直上班。10月30号准备要休息了，下班那会儿，大概5点忽然发现有迹象了，就想抓紧请假，因为请假要走流程之类的。当时就给老公打电话，但5点的时候正处于下班高峰期，他当时在知春路那边，他开车过来接我，我们是2006年买的车。当时我妈已经过来两天了，她提前过来了。在医院呆了5天，自然生产，生了一天，最后动产钳了，有点难产。出生时孩子是6斤4两，还可以。5天以后出院了，等到28天的时候，社区医院会派人来给小孩儿做检查。我们会建母子健康手册，一出医院就归人家社区医院，北京这个做的很好，都纳入管理的。

产后娘家婆家轮流照顾，孩子养育我拿主意

我休了4个月产假，月子里我妈妈过来照顾我。我出了月子我妈就走了，家里头也有事。我们也没有请保姆，生养小孩没有那么恐怖的，自己完全可以照顾小孩儿。我觉得请保姆的家长太娇惯了，谁能比得上你对孩子尽心呢，而且还要母乳喂养。我当时其实已经算是混合了，纯母乳喂了没多久。可能当年手术开刀的时候伤到了那里，我一侧的乳房奶水就很少，不够他吃的。我就白天喂奶粉，晚上喂母乳，这样大人比较省心，孩子跟你感情也深。

4个月之后上班了，我婆婆来了。我婆婆是山东潍坊的，她当时下了特别大的决心，说一直要给我们看到3岁，看到孩子上学。我婆婆刚开始还有那个热情，有那个信念支撑着，她觉得没事儿，但是过了两三个月以后她就觉得不行了，她总头疼。我婆婆属猪，那会儿61岁，年龄也不太大，但就是身体不太好。把孩子带到10个月的时候就不行了，那时候我一回家她就得躺下。我早上走了她就照顾孩子，我中午还得回去喂一次奶，也好让我婆婆吃点饭。孩子7个月以后中午就不用回去了，在单位挤好奶后，下班给带回去。中午回家也就一个小时，累积8小时之后就可以成1天，合起来休，这样比较好。小娃娃在1岁以内的事儿特别多，要去打预防针，还很容易生病，去医院什么的，假期都得充分利用。预防针每个月都得去打。

婆婆照顾小孩到2008年7月底就走了，然后我妈再过来。奥运会前，八月初就把我妈接来了，从那时到现在都在这儿，家里有事儿再回去。我爸爸没事的时候就过来，他在家里也没人照顾嘛！我估计等到我弟家有小孩了，我妈就得去照看我弟的小孩了。

小孩已经上幼儿园了，他都已经4岁了。我们去上的蓝天幼儿园，离得非常近，和我们家就一墙之隔。平常就走着去，一般是我送，我妈接。

给孩子讲故事什么的基本上都是我的事儿，老公很少能照顾得到。他一个月有半个月在深圳，就是北京在深圳的分公司，教育小孩基本交给我。他陪孩子耐性不够吧，而且还有点盲目宠爱，所以关于教育方面的他不管，都由我来管。他在家的时候，周末或者下班我会让他去接孩子。但是关于报什么班去哪儿上学这些事情他都不管，他对这些也不了解，也不看，但有时会突然提个建议出来。有时候是可行的，有时候是不可行的，他也不调查，只是提个建议。

为孩子产后换岗但不跳槽

照顾孩子我觉得习惯了就好了，孩子两岁以内当妈的肯定睡不了整夜觉的，一晚上醒来两三次很正常。睡觉以前喂一次奶，他吃饱了就乖乖地睡，晚上就醒得次数少点儿。要不然，他半夜醒来闹，还得起来再喂一次奶。公司八点半上班，早晨不到7点就得起来做早饭，然后给奶瓶消毒，得做好这些事情。对工作也没有什么影响，习惯了吧。我还是建议女同志要孩子不要太晚，超过35岁人家就自动把你划为高危了，而且要做更多的检查，从医学的角度来看，小娃娃基因就不太好了，所以想要一个基因比较好的小娃娃不要超过29岁，而且年龄小，精力更旺盛嘛！我怀他的时候不到34，生他的时候34了，不过建议别人还是早点要。

我有小孩之后就换了个部门，不出差了，我强烈要求不出差。我是2008年回去上班的，2009年换过来的。我原先做档案嘛，档案虽然是有业务的部门，但从商业的角度来说，档案已经是一切行动的终点了，它不能再提供什么效益了。我这个部门申请下来的经费真的很小，几十万就已经算是很大的单子了，所以我在这个部门也不会有太大的发展。后来就换到舆情，原先也是我们部门的，两个方向而已。网络舆情，网上信息的一个监督和引导。网上大家言论自由，也得有一个限度，要是一点都不管的话，也会引起很多问题，会有造谣的，也有生事的，所以也是需要引导的。

在公司待了11年了，也想过跳槽，觉得要跳就早跳，晚跳顾虑太多。因为会考虑到家庭，比如说我老公老不在家，小孩的一些事情就得我去处理，所以我就需要假期。要是跳到一个新的单位去，假期就没办法保证了，而且刚跳过去，至少半年内不能随便请假吧，这是一个非常现实的问题。也不能跳到那种强度很大的单位去，虽说薪水高但是强度大，没有那么多晚上的时间给家里，所以就需要找一个强度你能接受，假期还可以的单位。我们公司满10年以后就有10天带薪假了，工作也比较熟悉，要是耽误了一些事情回来之后很容易地把它补上，不会影响进度。这些要求加在一起就觉得跳槽太难了。待遇也没法比，如果比待遇的话早就走了。我现在一个月也就1万多一点，挣钱的压力转在老公身上了。我要去找一个月2万块钱的工作也不是很难的事儿，我老公说一个月可以多挣一万可你的时间呢？小娃娃怎么办呢？他就列了一堆的问题，一个是他，一个是小孩，都特别怕我换工作，总觉得我一换工作就不能照顾他们了。我跟孩子说妈妈要换一个工作去了，可能会比较忙，晚上就让姥姥多陪你，然后他就开始给我提意见，说不行。他希望你早点回去陪他玩，他说："我等了你一天了！"

我现在的工作也比较杂，主要是做技术，但部门培训那块儿我也会管。我以后会向管理方面发展，会向MBA那个方向发展。现在主要工作是编码，就相当于软件工程师嘛。工作上我觉得还好，有时候也会觉得这么多年也没什么提升，很惭愧。从2009年调到这个部门也没有什么职位晋升，当时也不能算平级调动，虽然薪水没变，但你在那头负责，到这边来就不能负责了，因为这头已经有负责的人了，再说进到一个新的地方，我觉得也不太可能有太大事业上的发展。所以，孕哺期对女性是有负面影响的，领导会认为你精力给家里多了。

我生孩子的时候老公单位没给休假，但他自己休了几天。我住院5天，他陪着我。我们公司现在给男同志有3天带薪假，但以前没有。休产假期间，我的工资没有发生变化，就是奖金没有了。为什么生小孩要降低工资呢，大家都不生小娃娃了，国家怎么发展呀？公司里面没有挤奶室，大家都去卫生间挤，放冰箱里。我觉得应该给后面生孩子的人有更多的产假，得6个月吧。单位得配有挤奶室，托幼所，感觉现在的孩子越来越不像祖国的花朵了。

访谈手记

V女士虽然是学理科的，但是她非常开朗健谈，即便对一些我担心有可能冒犯到她的话题，她也会坦率地说出来。整体看来，V女士是一位思维集中而清晰，行动非常有目标、执行力强的现代女性。但是，访谈过程表明她还是将家庭看得很重，在个人职业生涯的发展上并没有过多的追求。

纵观V女士的人生历程，我们首先看到她是一位朴实、聪慧且务实的女性。因为自己文笔不好而选择了理科，因为听说毕业后好找工作而选择了自动化专业，因为担心夫妻分隔两地会分手而辞职闯北京。这样的想法可能许多女性都有，但是并不是每个人都能将其转化为行动。

其次，可以发现V女士的很多人生转折点是被动的，前方有她爱人的脚步，她是一位被动的改变者，一位追随者。辞职闯北京除了北京本身的诱惑之外，更多的是对于情感的信心与坚持。孕哺期为了照顾孩子她选择了转岗也是一种被动的改变。

第三，V女士可以有更好的工作机会，但她选择了稳定与守候，为了家庭的幸福稳定而选择事业上的平淡。家中一大一小两个男人是她最重要的牵挂。她坦诚孕哺期对自己的工作有比较大的影响，领导认为她将更多的精力投入到家庭中了，晋升机会也比较渺茫。

第四，女性事业发展受孕哺限制较大，应该为像V女士这样的女性创造更好的政策扶持和设施保证，以便让她们更能挖掘自己的潜力在事业上更进一步。

为了家庭选择追随与守候，作出这样选择的人绝大多数都是女性，人们也都习以为常。可是，我们通过V女士的故事来反思：为什么必须是这样？如果说她没有事业追求，又为什么说起孩子她眉飞色舞，谈到工作她"有些惭愧"？

（南晓娟[①]访谈并整理）

---

① 南晓娟，北京大学2010级女性学研究生。

受访人A,吉林某大学讲师,1973年出生,吉林长春人,硕士学位,1998年结婚,2001年(24岁)生育一女。

要知进退:我的家庭与事业平衡术

父母与同学帮我圆了大学梦与婚恋梦

我是长春人,实际上我老家是湖南的。我父亲在二三十岁的时候从湖南来到东北,先是在延边,后来又来到长春。我父亲是地质矿产局的一个处长,我母亲在环境水文地质研究所搞人事工作,她原来是吉林省的一个艺术学院毕业的。我母亲是浙江义乌人,我父亲是长沙人,所以我是南方人,但我是在北方长大的。

考大学的时候算是考回去了,在湖南大学读计算机专业,这个专业是父母帮我选的。我自己当时想考白求恩医科大学的一个7年制本硕连读的医学专业,但是我的分数不够,就去了第二志愿。1996年大学毕业之后又回到长春,我进了白求恩医科大学(2001年白求恩医科大学并入吉林大学)教计算机公共课,当年没当成学生现在倒当成老师了。

我跟我老公是高中同学,但是高中的时候并没有恋爱关系。我们在一个班,他是班长,我们是很好的朋友,他是长春社会学院毕业的。我大学毕业之后,一看他也没有女朋友,我也没有男朋友,然后同学们就说你们俩凑在一起过吧,1998年我们就结婚了。结婚之后,没有负担,当时也没有孩子。

因为家里没有老人帮忙照看,孩子小时候日子真是艰难

在大学的时候我就想过考研究生,但又想先找工作,如果有合适的工作就不用考了。那时候本科生也少,找工作相对容易。读大学时我母亲去世,我父亲受到了很大的打击,找工作都没有人帮我,就靠自己进了白求恩医科大学。刚工作时想要读研,但也不是特别迫切,我身边都是本科生,没有研究生。

1999年的时候想读研,那我就考研吧,我还记得当时骑着自行车到处跑找考研班。后来发现怀孕了!第一个孩子在两个月的时候流产了,自然流产。我估计是营养不好,因为当时没考虑要孩子。2000

年左右的时候有一个在我们学校读在职研究生的机会，也是要拿学位的。在忙考研的事情时，发现又怀孕了。我记得当时还挺着肚子去参加那个英语统考，英语通过了，但是专业课没有通过，这就导致我没有拿到学位。后来孩子就出生了，她是2001年出生的。孩子出生后，她5岁之前我就没考虑过考研的事儿。

我上大学的时候母亲就去世了，孩子的奶奶是个医生，一直在上班。所以生完小孩后我面临的问题就是没有人帮忙带孩子。出了月子后，我得了很严重的腱鞘炎，奶瓶拿不了，毛巾也拧不了。于是就请人帮忙照顾孩子，是在我们家旁边的一座楼里，出了月子后我就把孩子送到那老头老太太家去了。他们全天24小时照顾，我白天去看看孩子。自己根本就带不了孩子，我爱人也要上班，他那时在政府采购部门，我怀孕期间他提的职，当了信息部部长，特别忙，我这边儿就只好请保姆帮我带孩子。当时我去了好几家医院看腱鞘炎，大夫就跟我爱人说："这个病治不了，不治之症。歇着就行。"

我当时就将孩子交给保姆，那对老人都特别好，那时候保姆工资也便宜，一个月三四百块钱。孩子的奶粉、尿片全是我提供。就隔着一条马路，抱过去也就3分钟的路程，有时候晚上我再抱过来。一直到孩子10个月的时候，那对老人身体不好，不能帮我们带了，我们当时就特别焦急。就我一个人，没人帮忙带孩子，就抱着孩子在马路上哭。碰到一个遛狗的老太太，问我："姑娘，你怎么了？为什么哭啊？"我就说："没有人看孩子，我自己妈妈又不在，婆婆也看不了。"就是这么一个遛狗的老太太帮着介绍了一个阿姨，也是在隔着一条马路的一座楼里。那位阿姨一眼就相中我的孩子了，特别喜欢她，说她可以帮我带，我乐坏了。上幼儿园的时候，主要是阿姨接送。如果我晚上有课的话，就让她去接，有时候就放她们家，周六周日我们再接回来，就这样一直持续到上小学。阿姨人特别善良，带孩子特别精心，也很有文化，曾是一小木材厂厂长。后来孩子上学了，我就接手过来。

因为我们家没有老人帮着带孩子，有的时候孩子中午放学早，没人接，我老公就得翘班。他那个岗位，又是个领导，让他总翘班回来接孩子也不好。所以我就向单位提出要求我的课都排在上午，他们很体谅，排课时很照顾，安排的课都在上午，包括在南区上课。这样我上完课就没事儿了，做饭、接孩子都可以。但是暑假上短学期的课对于我来说太困难了，那个时候孩子正在放假期间，整天都没人管，我不可能把她扔在家我上课去。所以有一段时间短学期的课我就没上，导致我工作量不是很够。孩子5岁以后，我就把她单独放在家或者把她带到学校去。我去上课，她就在教研室呆着，呆一上午。现在她上5年级了，这几年有些课我就可以接了，包括通选课。晚上的课我上了有两个学期吧，我觉得也有困难。万一她爸爸有应酬，孩子没人管。有时候他甚至带孩子去应酬，我觉得不好。我就晚上也不上了，就周六周日吧。

从小到大我感觉欣慰的就是这孩子身体很好，她生出来不大，就是7斤吧，非常结实，那一对老人带得也好。这孩子现在10岁了，一般生病也就是在家吃点药就好了，不用上医院，这方面很省心。不然，那就更没有办法工作了。2006年，孩子5岁时，她奶奶也去世了，就是这边有一个爷爷，那边剩一个姥爷。姥爷还自己过，爷爷后来又找了老伴，都过得挺好的，我们也挺省事儿。孩子就主要靠我一个人了，指不上老人。

2000年读的在职研究生因为生孩子中断了。孩子5岁之后，我就想试着再重考一次。2006年，我已经33了，我爱人鼓励我，我就去考了，读在职的，但与统招生一起上课，挺有吸引力的。这3年我一边教书一边上课，也带了一个班，挺累的，但挺有收获的。2009年毕业，拿到了学位。我爱人好像也读了一个在职的研究生，但他们政府机关对这个好像不怎么看重。读研时特别辛苦，家里也都乱得不行了。那时候住得特别远，坐轻轨半个小时，再走近20分钟才能到教学楼。拿到学位，我就没有接着往下读的念头了。因为读博士压力特别大，尤其是计算机的博士，弄不好还会延后几年毕业。我感觉最艰难的就是孩子小时候，5岁前吧。5岁前孩子易生病，比如发烧、咳嗽，需要在家里照顾她。那时候就盼放假，放假时24小时和孩子腻在一起。工作时她生病就带到学校，或者放到保姆家。后来就临时送去朋友家让帮着照顾，或打电话问谁能替我看孩子。孩子现在10岁，终于长大了！

工作与家庭能顾上一头就不错了

我目前还是讲师，2009年、2010年两年都没评上副教授，也是因为这些年我在业务上做的不多嘛。讲师我是2001评上的，都10年了。我对职称什么的看得不是很重，不像有的女老师总是在拼这一块儿，发论文啊，搞科研啊，结果家里这边就全扔下了。我有一个好朋友，比我小2岁，都已经是教授了，但是她的问题就是她的孩子！她那么能干的一个人，但一看见她家孩子就完了。有时候我孩子和她孩子一起玩，就是一个鲜明的对比。她就说我的孩子特别懂事儿。两个孩子都是女孩，同岁。她俩在一起特别明显，那孩子什么都要，特别以自我为中心，学习也不好。我朋友怀孕的时候正在读博士，她那时候回家就进自己房间搞自己的工作，孩子根本就不管，全扔给老人，她总忙着出差什么的，后来想想这些事儿吧，都是各有得失。她后来也是花时间把没有做的功课都补上，她现在评上教授了，又是经常出差，但孩子越往后越不好管。

在养育孩子这几年，做科研就很少了。怀孕之前我对科研还挺感兴趣的，还和生理教研室搞一些科研。怀孕之后，就不行了，起码得一个阶段之内要离计算机远些。孩子小的时候科研做得也少，基本上就是教学，因为我们那个教研室是公共课计算机教学，以公共课为主，不像计算机学院是以科研为主的。公共课老换教材，也挺辛苦的，因为计算机发展得特别快，教材总变，课程种类也总变，老得备新课，实际也挺累的。科研做得少，我是从2009年开始写一些科技论文。

女职工真是不容易，搞点事业必须得做出牺牲，很少有事业和孩子都顾得很好的。我有一个朋友读博士时得了甲亢，脖子特别粗，一眼就能看出来。她爱人去日本留学，是访问学者，她自己带孩子。她每周有72学时的课，她说有的时候都不想活了，觉得生活太累了，没有意义。还有一个跟我住一个小区的女老师，她儿子特别小，才出生不久，她可能比我还大点，她就说活得没有意思。他们教研室本来人就不多，还有生孩子的，读博士的，剩下的工作量就全压在几个老师身上了，工作量特别大，那些老师身体都不好，还要带孩子。我遇见的几个女老师都是付出很大的代价，所以我也不想要很大压力。

从生育到哺乳期间，如果没有孩子的影响，现在评上副教授应该没问题，我觉得读个博士也都没问题。我跟那些统招的学生一起上课，虽然我岁数大，但我成绩非常好，上课也非常认真，他们还经常找我问问题呢。但目前还没有进一步读书的打算，读博士的话压力太大。老人岁数大了需要照顾，说不定有什么事儿就发生了。孩子也大了，过两年孩子上初中了，竞争特别激烈，尤其是初中升高中，初中要读我们学校的附属中学，是长春最好的中学，也特别辛苦，早出晚归。这都是非常实际的问题。我姐夫博士后毕业了，教授也都评上了，科研也搞得很好，他就说："女同志别想不开去读什么博士，现在就挺好的。岁数也大了，你要是年轻没负担也还可以。"我老公他倒是不反对，说你愿意读就读呗。我们俩感情特别好，他特别疼我。有时候我烦躁了、累了他会赶紧把孩子送到保姆那儿去让我安静一下。孩子稍大点时他能帮我带孩子，我周末出去上课呀，他就领着孩子出去玩一玩，孩子小的时候是我们两个一起带她出去玩。他这方面还可以，也为孩子付出不少呢。我实在是脱不开身的时候，他就请假，他甚至把孩子也带到单位去。

养育孩子对我影响也挺大，就像评职称的时候，我的工作量就少，因为我有些课上不了。如果多上课，竞争力就强一些。虽然我课时也到杠了，但也是勉勉强强的，人家都超出很多，我还得把减免算上跟人家去比才勉强过杠。我那个女同事，她没结婚没生孩子，工作量就特别高，她没有负担哪，包括评副主任什么的，她就可以当，我就不行，这些领导也都考虑到了。我们领导是女同志，也挺体谅的，觉得自己带孩子也挺不容易的。

当年毕业时找工作，公司也找了，但是都没成。学校联系得比较多，后来因为有熟人在这儿嘛，就安排在这儿了，当教师对女同志来说相对轻松呗。我处理人情世故不是很圆滑，去机关我感觉也不适合我。我也不想当官儿的，有个安安稳稳的工作，我感觉就挺好的了。教师这个职业在社会上也挺受尊重的，还有假期，工作弹性比较大，我身边的朋友都可羡慕我的工作了，比起其他岗位的妇女，我已经很走运了。

应多建托儿所与延长产假并举

要是有托儿所就好了，以前都有的。我小的时候，我妈在延边的拖拉机厂工作，厂里就有自己的托儿所，妈妈中间就可以去给孩子送点饭，看看孩子，离得又特别近，也可以去哺乳，但现在都没有了。现在只能雇保姆了,包括我女儿的数学老师。这位数学老师的孩子10个月吧,是奶奶帮忙带。奶奶生病了,她只能扔下这班上53个孩子去看自己的孩子,她是我的好朋友,她都快疯了,心急如焚哪。她孩子起了一身疹子,没有人带,妈妈血压高,想找个保姆还找不着。你说这班上孩子的数学可怎么办呢?要是学校有个托儿所的话,把孩子放在那儿,上完课怎么照顾都能行,但现在没有这方面的机构。

我休产假时刚好赶上放暑假了,我8月底生的,12月的时候还去单位晃了两圈,然后又放寒假了。所以,休产假这对于我们在校的老师来说一般都不是太大的问题,假期差不多都能接上。对于一般女同志来说,产假还应该长一点好。我爱人休了一个星期,就是我在医院的时候,生下来之后他就上班了。我觉得给男性的产假至少得一个月吧。

访谈手记

A老师非常生活化,不管是外表还是心态都感觉到清新、舒服、放松,但是职业发展方面她就抱着一种干好工作但不给自己太大压力的态度。也许家庭幸福、孩子乖巧健康弥补了她在事业上的缺憾,所以她也一直强调自己的幸福生活而看淡职业成就。

在访谈的过程中,A老师说的最多的就是她的家庭,就是她养育女儿的艰辛过程以及对孩子健康成长的自豪。谈及这些,她整个人神采飞扬,幸福溢于言表。但是,当我们将话题转到科研工作,她的声调与表情很快就发生变化:语调变低,语速变慢,表情也严肃了。

我们采访的大多数人,都或多或少于不知不觉间在进行印象管理。她们有时候需要彰显某些方面,有时候又要掩饰某些方面。在彰显与掩饰之间,我们可以觉察到许多看似矛盾实则统一的面向。

首先,A老师形象的传统与现代。A老师打扮时髦、优雅,既有现代女性的自信、独立与知性,又有传统女性的温婉、顾家与感性。

其次,A老师的自信与自卑。在讲到2000年和2006年考研的时候,A老师反复强调自己英语底子不错,但是恰恰两次考研的专业课成绩都不理想。但是,在她读研期间,她又说和统招的学生一起上课,那些学生还会向她请教。所以,A老师在自己的专业领域并不是特别优秀的。同时，访谈中A老师多次以身边科研做的好的女性举例说明她们的家庭、健康、孩子都存在问题，以此来证明读博得不偿失。

第三，A老师的独立与依赖。A老师说大学毕业之后找工作家里人没有帮忙，是自己进的白求恩医科大学，后来又说其实是因为学校里面有熟人才进去的，而且此前应聘公司都没有成功。

第四，A老师的进取与退缩。读大学的时候A老师就考虑过读研，但依然将主要精力投入到找工作上。孩子5岁之前没有考虑过读研，2006年的时候读在职研究生，而且因为怕读博压力太大而决定不读博，更是用姐夫的话来说女人还是不要读博好。

总之，A老师在事业与家庭之间，天平明显地偏向家庭，对事业看得比较淡。这与其说是她的个性，不如说是对家庭爱的妥协。就像她所说的，如果没有生孩子，她可能副教授早就评上了，读个博士也不成问题。我们明显地感觉到，如果这样的老师在有社会专门机构帮助她解决幼儿托管、老人照料等负担之后，她一定可以在自己的教学科研事业上走得更远。

（南晓娟访谈并整理）

受访人I，北京某高校副教授，1976年出生，湖南人，2004年博士毕业后留校任教，2008年（32岁）生育一女。

生命如水，顺其自然

求学：我就要选一个大家都没有学过的专业

我是湖南衡山人，家里有一个姐姐和一个弟弟。1995年考大学的时候，我的想法很简单。因为我当时念的中学实在是太不怎么样了，我又不服气。我觉得自己考一个好大学是没有问题的，但关键是读什么专业？我想我的中学太差，我一定要读一个大学里的那个专业是中学的时候没有学过的。比如中文，我相信很多来自省重点这些学校的学生很牛，我不选；有些学生有家学渊源，看很多书，我肯定也不会选历史，这些东西都是需要积淀，有时候中学的水平可能会有决定性的影响。我就要选一个大家都没有学过的专业,这样大家站在同一个起跑线上,我肯定不会输给别人。所以,我本科的时候就选了教育管理专业,因为我没听说过这个专业,谁也没有学过教育管理,大家就从头开始,把原来的一切影响因素全去掉,大家都是白手起家,那多好啊,我就选了这个专业。

我本科是在一所著名的师范大学,我的专业是最强的,当时我在念书的时候全国几乎所有学校的教育系系主任都来自于我们这个系。大学的时候我就知道了教育学的理论和流派,后来知道现在我所在的学校有一个高教所,我当时也想换个专业,换一所大学。后来就考了现在这个学校的硕博连读,我是我们学校第一个教育学硕博连读生,我甚至放弃了师大的硕士保送机会。

生育:回归人的自然状态

我和我老公是2002年认识的,当时我们都在读博士,2005年结婚。我一直不想要小孩,觉得有小孩和没有小孩本质上都是一样的,殊途同归。倒不是怕影响工作,我没觉得工作重要到了那种地步。我觉得养儿防老的观念是不对的,养儿防不了老,我们老了以后肯定要交给社会机构。有人觉得有了小孩就感觉人生完整了什么的,我也不这么认为。我看得很豁达,什么叫完整啊?这都是相对意义上的,有得必有失,老天爷是平衡的。

2008年我生了女儿,生孩子的时候爱人不在我身边,他在国外。他在国外呆了5年,去年孩子2岁的时候他决定辞掉工作回国,他现在在一家国企工作。

生孩子的过程很痛苦,生了32个小时才生出来。因为早产了一个月,爱人临时把往返票退了,再买机票回来的。从上海转机回北京赶到病房时,我还没生呢。也是因为孕期活动量太小,生的那天,我们单位出去开会,我也去开了,还去爬山了。其实只是个小坡,就在山上慢慢走路,结果可能动得太厉害了,就早产了。但是我坚信孩子是好的,这又不是一个神秘时代,有很多孕产和人体的知识,我都是知道的,所以没有必要做无谓的担心。怀孕的时候我也没有刻意要去补什么,只听医生的,补了一点叶酸。我觉得每一个人都应该有基本的解剖学的知识,一定要知道当一个母体只要开始养育下一代,她会天然地，将营养优先给肚子里的孩子。如果不补那么多，你身上的营养会自动地先输给胎儿，如果营养过多就先输给自己，如果母体的身体虚弱，不足以养育胎儿，营养就会自动地输给母体去。

我自己也没有产后抑郁症，我产前一天也没有休息过，我正常工作。我的很多观念跟别人是不一样的，我的小孩确实也很健康，基本上也没怎么生病。我带小孩跟别人的养育观念也不一样，我觉得小猫小狗老虎狮子都得生养下一代，怎么人就这么矫情呢？一切顺其自然！我女儿吃了1年的母乳，哺乳对女人的乳房是很有好处的。我也认识一些故意不喂奶的人，那种人我觉得她活得太不自由了。我奶水特别好，我一般喂这边，另一边也漏，能接一杯。所以我也不用刻意去挤奶，冰箱里多的是。我没有为了身材刻意去减肥，我觉得身体健康才是最重要的。奶水足，孩子就非常的安静，不吵闹，所以我们家实在没必要再多请保姆。

要这个孩子也是顺其自然的结果。好多人都觉得应该要，都劝，我总觉得我没想清楚我一定要个小孩。这对我个人来讲，不是必然的，不是我必须要走的路。我觉得没有孩子，我一样可以活得很精彩。后来有了孩子，我也很快调整过来了，也按照这种传统的方式走下去。

做了一个孩子的母亲之后，你发现确认自己的生活方式又多了一种。有了孩子，对人和事的宽容度会大大增强，看这个世界的方式也会发生变化。当我没有孩子的时候，我先生也不在国内，我觉得我哪天死在家里都不会有人知道。在居住的这个小区，我跟邻居的确没有来往。如果没有小孩，我的生活是非常没有规律的：可能夜里十二点才回家，早上十点多才醒，但现在不行了，我会在某个固定的地点看到某个人，于是我们就自然成为熟悉的陌生人，有了小孩，小孩表现出某种行为，他会觉得这个小孩很有意思，结果多打几次招呼，就成了熟人。所以，孩子是一种社会存在，他不完全属于我这个个体，我们真的是在完成一种社会责任。我真的是需要一个孩子来确认自己吗？我从来不这样认为。幸福和痛苦，以及为了获得这个幸福所承受的东西是对等的。所以我有一个同事没要孩子，她也就是觉得说没有孩子也一样，自己有很多事情要做。有了孩子你也得坦然地接受这一切安排。

工作:知道最适合自己干的事情是什么

2004年博士毕业后我留校工作,一毕业就是讲师,2007年被评为副教授。

我觉得生孩子对工作没有什么影响,重要的是个人心态。原来我会把工作当作一种理由,当作确认自己存在的一种方式。因为我有这份工作,所以我是这样的人。现在就算失去了这份工作,也没什么大不了的。我们经常在网上看到哪个明星生了孩子"有子万事足",这是生了小孩之后才可以体会得到的一种心情。

在生孩子之前,我那时候刚毕业工作3年,3年是一个人职业倦怠最严重的时候,所以不能拿那个时候的状态跟哺乳期的状态相比。生孩子之后,对工作有一个自然的认可,认同,或者说投入。我觉得就是没有孩子,也会这样的。我们不能强行建立一个关联,尽管它落在这个时间段。我觉得有了孩子之后,效率,或者说单位时间内的产出,更高了,因为时间是有限的。以前我没有孩子的时候,时间永远是我自己可以掌控的,时间是一整块儿,而现在时间是一段段的,这就促使你在某个时间段内完成什么事情,更有效率。还有一个,随着时间自然地流逝,人的心态也会发生变化。

有了小孩以后,的确,精力上很大一部分要分给他。一天24小时,原来可以分12个小时给工作,现在,能分8个小时给工作就已经是很不错的了。下班后回到家里,时间都交给家庭和孩子。平常在家里,我和老公一起做家务,他配合得很好。他的工作有很固定的上下班时间,他们领导也知道我们是自己带孩子,没有老人帮忙,所以基本不会安排他出差,如果要安排出差,会"请你征求你爱人的意见"。当初我们决定让他回来找工作,选工作类型时就是考虑能照顾到家里,他选了国企。没有选那种市场化的私企或外企,赚那么多钱有什么意义?经常要加班,且没得商量,我觉得最讨厌的就是超时工作了。凭什么?你是老板,你拿更多的钱,但也不能限制员工的自由嘛,顶多交给你8个小时。

我怀孕期间,还翻译了一本书。生小孩以后有一年我发了9篇文章。文科没有办法去规划,有时候可能想了好几年了,有时候可能1

年连1篇也没有。发这9篇文章是在孩子1岁多的时候,但在怀孕和哺乳期间的那一年,我什么也没发表,但是我在想问题。很多东西都是在那个期间构思的,在看书,在想。写文章真的是要厚积薄发的,要不然就做一个经验研究,我去搜集数据,就写一篇。但我没有搜集数据,我觉得思辨研究其实挺难做的。

有小孩之后,我觉得工作量方面也没有什么变化,就是调整了自己的研究题目。之前到处跑,生完孩子之后沉淀下来,我觉得自己做的更踏实了。现在带了一个读书会,带学生读书。我们读了两年哈耶克,读了两年韦伯,韦伯十二卷马上就读完了。这件事也看不到政绩,不是体制内认可的,但是我不是出不了差吗? 我就干这个事情,学生也有收获啊。这是一个松散的组织,反倒挺有凝聚力的,大家都来读书,没有任何目的,没有学分。这个读书会原来是一门有学分的课,后来我觉得让大家这么功利地读书没意思,就把这个正式的课改成了读书会,就是逐字逐句地读,比老师在课堂上的讨论其实更充分。我对工作的兴趣没有减少,但是要知道最适合自己干的事情是什么。原先没有孩子,都期待恨不得所有的活儿你都能干,有了孩子之后,就主动会有一个退让,会找更适合的事情来干。有了孩子之后,可能活得更纯粹。是一个教学科研人员,就做好教学,做好自己的课题,要是没有孩子,可能还要到别的大课题上去跑龙套,现在不用了。

我在高校工作,不存在休什么产假。不坐班,又住得近,你可以说我休了一年,也可以说我一天也没休,生的那天我还在开会呢。我记得孩子是7月份生的,我9月份就到学院参加了一个教学网的培训。11月份,我在全院做了一个学术报告,那是我们一个新的制度,我当时刚好有一个课题结题。所以我觉得像我们这种工作性质,在哪儿都一样,其实对地点的依赖性并不强,很多都是个人独立的研究工作。刚生完小孩后,也只有一些短期的工作,偶尔有一次讲座啊,报告啊,一些培训课等。90天产假是对行政人员而言,教学科研是无所谓假期的。我生小孩时我们单位没有扣一分钱,而且还发了1000块钱安全补贴,具体也不知道是什么钱,就给了我一张购物卡。

在课题研究方面,也没受太多影响,我们这个跟理科的研究又不太一样，文科嘛。我一般会在计划里写研究课题，但我不会写到哪儿哪儿去调研。我知道我去不了，我不会把摊子铺那么大，就主动地收敛，也可能这个影响是最严重的。因为我要带孩子，所以我不可能出差。我的研究计划，就整个的学术生涯规划吧，越来越偏向于基础理论研究。就是把理论往深里做，而不再是去广泛地调研啊，做实证、经验研究这一块。我带学生，也拒绝带那么多，一年带一个硕士一个博士，多了我不要。这种控制，自己觉得目标是很明确的，活得更纯粹。假如我没要孩子的话，我觉得我两方面都应该带，都可以带。现在我的取舍标准是很清楚的。

体会：什么年龄做什么事

我觉得30岁左右要小孩就挺好的，因为刚20出头其实啥也不懂。而且人嘛，不能每一代人都先为下一代人服务，首先应该把自己保护好。20多岁最想玩，所以我觉得30岁之前就应该把所有想玩的、想干的疯狂的事儿全玩一遍，接下来就踏踏实实地成立家庭干好养育下一代的事情。20多岁，自己青春还没完全展开呢，就要抚养下一代，其实根本不懂什么叫责任，因为自己的要求还没有得到满足。所以该玩的一定要玩，该做的事一定要做完。我有时候就想，如果20出头就结个婚生个孩子，到30多岁人就会活得厌倦的，什么婚外恋啊，出轨啊，很多问题都会来。我觉得什么年龄就应该做什么年龄阶段的事，你要30多岁还活得跟20多岁似的，就有毛病。你就已经找不到同伴了，20多岁的人会觉得你太老了，30多岁的人下了班就回家，你回哪去？我这是对在高校工作的人来讲的，如果是其他的职业，职业生涯本身比较短的话，要孩子可以更早一点，因为那时精力旺盛一点。我们的职业生涯很长，本来开始得就很晚，博士毕业得二十八九岁，刚毕业生孩子好像不太可能。当然，现在也有很多博士生生孩子的，如果没有强大的家庭后盾，没有那么多老人帮你带的话，你肯定玩不转。

我自己觉得教育是个好学科，因为教育本来就是研究人的，就是怎么去规训、教育人。所以我从来不认为工作应该放在第一位，因为工作等着替换你的人太多了，缺了你照样干，家庭缺了你这个家就没了。至于要不要评教授，也是顺其自然，我不会为了追求这个去做任何刻意的事情,该干的事情还是要干的。也许有了孩子之后,我觉得像我们这种人活得更明白了。现在我踏踏实实地做的每一个研究都是我感兴趣的,我觉得非常值得,能实现我内心真正的理想和抱负。我认真准备去上一门课,可能看起来绩效不是那么高,但是因为我现在同时做的事情并不多,可以尽量把它做得更好一点吧。这个社会是倡导所有的人都谋求利益,还是说倡导价值的多元化让人更舒服?我觉得是后者。所以,做得多其实就是做得少,做得少其实就是做得多。

一个大学也好,一个社会也好,少了个学术新星没什么损失,但是为了追求学术而有可能毁了你的孩子,这是好事吗?我们学校的有些学术新星,他们自己的孩子是一塌糊涂。孩子多少天见不到父母,都是老人家带,还有得自闭症的。到底是哪个更值得?所以,年轻的时候可能是首先比谁的收入高,后面是比谁的职称高权力大,到老了比谁的孩子有出息,这才是更加有意义的事情。你是通过你的工作为社会培养人才还是说你先把自己的孩子培养好?其实两者真的是统一的。所以,家庭毫无疑问是最重要的,对每个人来讲都是这样。当你遇到艰难困苦的时候,能做港湾的,不是单位而是你的家。如果每一个人都是这样的话,你不觉得这个社会就会很美好、很温暖了吗?

访谈手记:

我们访谈了几十位女性,也听到过不少伤感的故事,但是在与I老师访谈的过程中,我却时常有温润如玉淡定如水之感。

I老师反复强调人生的选择只是一个自然而然的过程,并无特别的设计。

第一,她认为要不要孩子顺其自然就好。她没有传宗接代的思想,也没有养儿防老的观念,在她看来,生命的到来就是一场奇遇。不强求,不拒绝,既然来了,就坦然接受,该怎么做就怎么做。

第二,她认为生养是女性的本能。I老师说怀孕的时候不需要刻意补身体,不需要额外休息,不需要故意不哺乳。生育在她看来,是女性的本能,就如自然界的其他生命一样,孕育有其内在的天然法则在发生作用,无需过多干预。抚养孩子也是如此,不能认为老人就必须帮忙照顾孩子,为人父母应该自己承担养育责任,不能压榨老人的时间和精力。

第三,她对待工作也秉持自然豁达的态度。认真做研究,诚心带学生,但是不刻意为了追求更高的职称而去揽太多的事情。她懂得取舍,有明确的目标。

第四,她认为人生发展也是一个顺其自然的过程。她认为一个人处于什么年龄阶段就应该去做那个年龄阶段应该做的事情,不刻意提前,也不刻意滞后。

也许是因为I老师是做教育学研究的,她对生活与生命发展的过程都有透彻的认识,也深谙人生意义的真谛。她热爱自己的工作,投入而不刻意做强,但是,与对工作的执著相对比,她更加重视家庭的幸福美满。再者,由于高校女知识分子工作时间上相对有弹性,所以她强调女性在孕哺期不需要太娇惯而刻意去休息。但是从妻子、孩子与丈夫的共同需要来看,她建议应该给男性三个月带薪产假,而为了孩子的身心健康,她更是建议给予女性12个月的产假。

表面上看起来,无论是工作还是家庭方面,I老师都是一位顺顺当当的女科技工作者。但是,我们还是发现,与其说是事实如此,不如说是I老师自己的生活态度与人生追求所展现给我们的感觉。她是如水一般的女性,善利万物而不争,在看似自然而然顺势而行的轨迹中,有着一颗睿智、上进、独立、坚强的心。

(南晓娟访谈并整理)

受访人C,北京某医院医生,1974年出生,贵阳人,在读在职博士,2005年(31岁)生育一子。

工作生活两不误

求学、找工作的过程比较顺利

我自上学以后学习还是比较好的,因为是家里的老大的缘故,一直以来独立性比较强,有很多事情都自己做主,就像高中的时候,班主任跟我商量想把某个可以加分的称号给一个比较需要的同学，我没有跟家里人商量就答应了，最后自己差一点点就没考上第一志愿。选学校和专业的时候也都是按照自己的喜好来的，本科的时候就去学医了，后来发现自己不喜欢口腔这个专业，研究生的时候就去学了病理学。我是2001年研究生毕业的，工作相对来说比较好找，而且老师们都很帮助我，当时在北京的工作还没有敲定，老师就先帮我争取了一个留校名额，以防万一，他们对我的帮助确实是不遗余力的，非常让我感动。

我本科毕业的时候就结婚了，丈夫是在老家认识的，比我大几岁。本科毕业的时候，我就在老家的一家医院签了工作了，因为我觉得考研可能没有希望。丈夫是放弃了北京的工作，准备回老家工作的。但后来我真的考上研究生了，这时又承蒙丈夫的老师帮助，也是老师对丈夫的能力比较看重，又帮丈夫争取了一个留校名额，才没耽误他的工作。后来我研究生毕业的时候，也去北京工作了。2007年，我开始读在职博士，现在快毕业了。我现在在医院里做病理诊断，也承担了教学、科研这几方面的工作。这种工作比门诊要稍微的轻松一些，但有时为了完成某项诊断，也要加班到晚上六七点。我是很热爱我的工作的，但也不会因为工作而放弃生孩子的权力，到了该生孩子的时候还是得生孩子。

孕期坚持上班，家人帮助较少

我是31岁生的孩子，这时候已经工作四年了。我一直上班到生产的当天，当天在电梯里羊水破了，赶紧送急诊去分娩，剖官产。在怀孕的时候，我觉得身体情况是允许工作的，我本身是学医的，对自己的身体比较有把握，而且科室的工作也很多，在身体允许的情况下去做些工作也是可以的，而且科室的人都对我比较照顾，在工作时间和工作强度上都会注意不让我劳累。

我们夫妻双方父母的身体都不太好，我坐月子那会，婆婆也来了一个月，但她有心脏病，不能劳累，只能帮我们做做饭。孩子白天睡足了，到了夜晚就闹腾，我剖官产的当天晚上就下地了，肚子上系了个冰袋，一边走，一边晃着小孩哄他不哭。我那个孩子是有名的"落地醒"，只要放下他，他就开始哭，我们只能一直抱着。就是我跟丈夫两个人轮流照顾,他白天要上课,就照顾前半夜,我照顾后半夜,婆婆的身体照顾不了小孩,她在这边待了一个月就回家了。我加上晚育的奖励假,一共休了4个半月的产假。在休产假期间,我们科里在翻译一本书,那时候主任给我打电话催了两次,看我实在是没有时间做,就自己把活给接过去了,我现在想想还是很愧疚,但是也没有办法,夜晚小孩每两个小时就醒一次,实在是没有精力去工作。

产假休完以后,我跟丈夫都要上班,孩子就托给邻居照顾,她白天去我们家照顾小孩,我们下班以后她就回去了,中间也断断续续的请过阿姨,没有其他老人可以搭把手。有次一位阿姨突然说要走,当时又请不到人,而我当天下午要去参加一个会议,而且还有发言,这时候只好打电话给科室主任请假,主任让我把材料发过去,让另一个同事代替我发言,但是材料好像比较大,我用邮件总是发不出去,我当时也不会用qq传输,特别着急。我不确定他们收没收到材料,就抱着孩子去了办公室,发现那位同事正在看我的材料,而我们主任正在做那位同事需要做的事情,当时我觉得特别的愧疚。

有了孩子以后,确实是投入工作的精力要少了,而且时间是被分割了,不可能持续性的去做一件事,我跟丈夫就是一个人给他讲故事的时候,另一个人就抓紧时间做做自己的事。

丈夫乐于奉献

我丈夫比我大6岁,他是一个很有责任感,又特别以家庭为重的人,我婆家都是这样的人,家庭特别的温馨、和谐,大家的关系都特别好。他在北京上的研究生,工作后又读的博士。在要孩子之前,我丈夫就主动把工作转去高校了,虽然当时他们领导已经跟他说想提拔他了,但是为了更好地照顾孩子,他还是去了高校教学,因为在高校工作时间很有弹性。现在的小孩都是下午3点放学,如果我要接他,就必须2点从单位出发,这是不可能的,虽然我们现在4点半下班已经是很好了,但是匹配不了小学的放学时间。所以我丈夫就去了高校工作,而且尽量地把课程调成上午三四节的,这样下午就可以去接小孩了。

他是很愿意多花时间在家庭上的,像放学以后,他会带着小孩去操场跟其他小朋友一起玩,这些小朋友的家长都是育儿观念比较相近的人,我们都觉得这样对小孩的成长和交往都是有好处的。有时他也会带着孩子来接我下班,然后一起回家。我不觉得他这是一种牺牲,因为他是真的喜欢小孩子,也愿意为家庭付出,这是他的选择,反正你觉得怎么做比较开心,你就选择那种做法。这个世界上并不是所有人站在领奖台上就都觉得幸福,每个人对幸福的感觉是不一样的。

“知足常乐”,追求但不强求

我们留在北京并没有很刻意的说就是有这个目标,也是由于机缘巧合。刚来北京的时候,日子确实很苦,当时在郊区租的房子,又小又简陋,床是用凳子拼的,地还凹凸不平,我们就自己动手修整,而且每天上班要坐2个小时的车。现在回想起来,并没有觉得特别的苦,反而觉得那时候生活得比较幸福。我们就是这样,一点点地在进步,没有特别高远的目标,用心做好自己的工作就好。

有了孩子以后,确实是对工作有一些影响。但是我觉得重要的是这是你自己的选择。我当时要孩子的时候就已经想好要好好的带他,孩子不是阿猫阿狗,你可以把他放在别人家里养着,我也不想让父母带他,我还是希望自己带,我既然选择了生孩子,就一定好好地教育他。如果你觉得你没有时间去照顾孩子,那你干脆不要生。有很多夫妻选择丁克,这是一种生活方式,也都可以接受,我们医院有不少这样的例子。我还有一个朋友,她是工作方面很厉害的那种,每隔一两年就拿一次自然基金,但她会说在她晚上做事的时候会很烦小孩总黏着她,她就问我有没有这种时候,我就说我没有。因为我回家以后就尽量不再做工作上的事情了,我回到家以后就是全心全意地照顾孩子,享受亲子时光。我对自己没有特别高的要求,我只要认为我并没有虚度就好,至于我要追求一个什么样的目标,我觉得这是无止境的。就像我丈夫在高校也会有发文章的指标,但是发多少那就看你自己有多少精力,虽然学校可能只要求一篇,但是如果你想拔尖,就必须超过平均数,可能三四篇的SCI,那就看你自己想要达到一个什么样的目标了。

我既然选择了生孩子,就不能抱怨他占用了我的工作时间。在小孩1岁的时候,有个去国外交流的项目,让我去2年,我毫不犹豫地就拒绝了。在小孩4岁多的时候，我去美国交流了半年，这期间丈夫就自己带孩子，还好，孩子在这期间没有生病，很争气。

有了孩子对我的一大影响是让我更带有人情味的去工作，以前我在签出恶性肿瘤这样类似的诊断的时候，心里是很漠然的，现在却不一样了，特别是遇到小孩子的这种诊断，我心里是很难受的。以前有一个病例，我研究了一年多的时间，才给出诊断，虽然别的专家早就给出了诊断，但我心里不信服，就自己研究了一年多，看了大量的论文，就为了找到最准确的答案。一方面因为我必须踏实、认真的工作不虚度光阴，另一方面也是因为那是个十岁的小孩，我由于有了孩子，就更愿意花大量的时间去做这件事情，虽然这样一个诊断做出来，也没人会奖励你，也没人会觉得你了不起，但对于我自己来说，我做出来了，就会觉得充实、快乐。

访谈手记：

在C老师的案例中，我们可以感受到一种乐观、知足的精神状态。她孕哺过程的特殊性在于，丈夫在孩子的出生及教育中扮演了重要的角色，父母的角色分量基本持平。访谈中，C老师由内而外散发着平和与幸福。从中我们可以体悟到以下三点：

一是正确的人生态度。

一个人对于生活的态度决定着她会不会感觉幸福，如果我们总是要求的太多，就如同C老师的那位朋友，如果想在工作上一直拔尖，孩子牵扯精力的时候，就会觉得特别烦，会认为孩子耽误了工作而生气。如果能做到像C老师那样，在一路走来的人生路上，都是按照自己的想法而做出选择，就自然会觉得开心，特别是按照自己的想法顺利生下孩子的时候，无论遇到了怎样的困难，都会努力去解决，而不是心烦气躁去抱怨。

在访谈中，我们几乎没有听到C老师抱怨过，用她自己的话说，抱怨给谁听呢？遇到困难，就自己去解决。而且C老师一再举例各种人对他们的帮助，认为自己生活在一个特别友爱的氛围中，并对此充满感激。一个人在生活中，总会遇到不顺心，关键是你以什么样的态度来看待这些事情，如果都像C老师这样，只牢记帮助自己的人，那么你的生活就是充满人情味的美好生活。

二是丈夫的付出很关键。

C老师在没有父母帮助的情况下,有了小孩以后还能够顺畅地学习与工作,这与丈夫的付出是分不开的。在我们的访谈中,这是第一次听说有丈夫为了孩子而调动工作的情况,以前的访谈,在孩子的出生和成长过程中,丈夫的工作都是几乎不受影响的,结果就是妻子的工作必然受到了很大的影响。而C老师的丈夫为了照顾孩子而选择时间较为宽松的高校工作,这确实是让C老师轻松不少。从C老师的案例中我们可以看到,对孩子的照顾如果有丈夫的分担,女性几乎是可以做到家庭和工作两不误的。

三是孕哺对女性职业发展的影响。

怀孕期间,C老师一直没有落下工作,但小孩出生后,休了4个半月的产假,一方面是身体需要时间恢复,更多的则是因为要照顾孩子;在小孩1岁多的时候,C老师毫不犹豫放弃了去国外进修的机会。但C老师自己不认为这是一种牺牲,反而觉得孩子带给她的是更多的人性的东西,这也使得她更加明确了工作的意义,生活得更加充实。的确,女性在有了孩子以后会牵扯工作的精力,但如果这是自己的选择,女性不会因此觉得遗憾,反而会从孩子的身上体会更多的快乐。

（涂真[①]访谈并整理）

受访人X,吉林省某高校教授,1973年生人,博士学位,2001年结婚,2006年(33岁)生育一子。

生养孩子对我的心态和能力有正向影响

生育对我个人成长没有太大影响

我现在是学院的党委副书记,我是搞行政法的,一直在这边读

① 涂真,北京大学2011级女性学研究生。

书,然后就留在这边工作了。我上大学是保送的。我们中学是我们那儿最好的一所学校,学校有保送资格。因为我排名排在前几位,当时保送的专业是经济法,当时是最热门的专业,现在就不行了,那个时候改革开放刚开始。我挺喜欢法律的,到现在我也不后悔学法律。

我是1992年进入大学,4年后本科毕业,1999年8月份硕士毕业后留校,我当时就想留校,因为那时候我爱人在政府机关工作,不想两个人工作都在外边。我是2002年博士研究生毕业,读了3年半。我们只要3年就可以,但我拖了半年,因为我还有教学任务,所以耽误了一些时间。2002年毕业后我就出国了,我先来北京学了语言,2003年到2004年在意大利访问一年,是国家公派的访问学者,回来后就评上了副教授。2005年我开始读博士后,8月份怀孕的,进站过了两个月我就怀孕了。博士后出站后,我开始担任行政职务,就是在我孩子两岁大的时候吧,现在我的职称是教授。

我不知道这是不是因为我时间安排得比较好,还是因为在大学工作,相比较于其他工作来讲还是自由度稍微高一点,我是觉得在我事业发展当中,生育对我个人的成长没有很大的影响。我结婚很早,是在2001年,毕业后时间不长,但是结婚之后我并没有想要小孩。我丈夫是我大学同学,他现是公务员,我们当时是学一个专业的,他到政府部门去工作了,我就留在学校里。他不是说传统意义上脾气特别好的那种好男人,但他很在意我。我儿子是2006年4月份出生的,现在还在读学前班,明年上小学,可能是抚养孩子压力还没有真正到来。虽然要孩子比较晚(33岁),但这个小孩各方面发育得都很好,智力和身体状况都挺好。我觉得晚婚晚育对孩子来讲,对我本人来讲好像都没有太大影响。我不知道在我读博士期间,或在出国期间,如果怀孕的话,是不是这样一个情况,那我就不知道了。

把生孩子当成我事业的一部分

我确实没有什么计划,但是在我读博士和出国期间没有要孩子,而且我并没有很大的这方面的压力,因为我爱人很尊重我,他其实挺想要小孩的,他想早点要,但是我不是很想要。婚后曾出国访学一年,他还是很支持我的,因为那时候年纪还是比较小嘛,大家都觉得应该为事业多付出点,而且他知道高校里要经常出国。

我之前也有过流产经历的，我2002年怀孕过一次。但我那时候忙着要出国嘛，满脑子想着就是要出国，那时我其实已经不小了，都快29了，实际上是最佳生育期，那时候我老公想要，我父母其实也想要，只有我一个人不想要，我不像有的女性特别想要一个孩子，我并没有这种强烈的愿望。我要孩子，很大部分原因是因为社会上对女性的要求。到了一定年龄之后，社会舆论可能会要求你应该成为一个孩子的母亲，特别是你担任一些职务之后，这对你是有压力的。如果这个社会特别宽容的话，我想我不会要孩子。

2005年初我又怀孕了，这次我是准备要的，但是在怀孕3个月的时候，突然胚胎停止发育了。我身体没有任何问题，我老公身体也没有什么问题，应该说这个孩子是没有什么问题的，但它突然就胚胎停止发育了。这件事对我影响很大，很怀疑是不是我的生育能力有问题。因为毕竟超过30岁了嘛。那个时候我非常焦虑，但还是比较积极地调整，我到医院去检查的时候，大夫说我没有问题，我老公也没有问题。后来，我又怀孕了。怀孕期间，看着肚子里的孩子一天天长大，也很担心害怕他身体有什么意外，不过那期间心情还是挺好的。

孩子是顺产。因为我妈妈鼓励我让我自己生，尽管我条件不是很好——盆骨不是很宽，也33岁了，孩子也挺大的，我孩子出生时51厘米长，7斤6两，是挺大的，我当时一直坚持想要自己生，我看了很多书，自己生要比剖官产要好，对于孩子来讲，经过阴道的挤压，对孩子的意志、品质、协调，还有肺啊什么的都有很多好处。我在平时怀孕期间，就会有意识地给自己做一些锻炼，散步啊，其实我觉得自己生孩子还挺浪漫的。我记得我进产房的时候，我一直跟大夫说你看下那仪器啊，看下我心跳是不是正常，不正常咱们就剖，那大夫气得说："那还用你说，我们天天这么办还用你告诉我们呢。"其实，我当时一切都很正常，产程也不是很长，我对整个过程心理还是比较有数的。但是现在回想起来，确实还是有一定风险的。

养孩子是个24小时的职业

我个人感觉怀孕和生孩子，在社会上、在企业当中可能有很大的影响，但就我个人经历来讲我没有什么体会，生孩子期间一直在做2005年申请的一个国家级课题，是2009年结项的。其实在心理上吧,我觉得高校老师也不是很轻松的,有科研压力。高校里头,因为它的工作性质很特殊,它会尽量给你一些照顾,特别是对女性生孩子。

孩子出生的时候是由母亲一直帮我带孩子,带到4岁。我父母都过来了,因为我婆婆在孩子出生后不久就去世了。我父母帮我照顾孩子,总体上还挺顺利,也有一些家庭矛盾,总的来说还在可控范围内。我觉得我处理父母和丈夫等家庭关系还可以。有矛盾时,我比较倾向于我老公这一边,因为整个家庭都是我这边的人,只有老公是外人。这个时候如果你摆不好自己的位置的话,比如说对父母过度地迁就的话,那父母就会愈发对你老公进行挑剔,因为她帮你照顾孩子她也会很焦虑,也很累。特别像我妈那种强势的女性,她自然会这样,所以我就对我妈进行制止。一直到孩子4岁的时候,我就选择让父母离开,孩子一定要自己带,真的是这样。

平常在小孩培养方面,肯定是我起的作用大一些,但是父亲也是有很多作用的,男女兴趣点还是不太一样,比如孩子学轮滑,是我爱人强制他学的,学得也挺好。昨天有个广州对吉林的篮球比赛,也是我爱人买的票去现场看。无论对男孩还是女孩,父母双方都是有影响的,但是母亲的作用会大一点,这是我切身体会的。男人带孩子一般是没有问题的,我出差10天不在家,丈夫带孩子也很好。他们在能力方面没有问题,就是世俗的有些观念觉得男的不能带孩子,实际上是没问题的。

有了小孩后,我是觉得在时间和精力上有负向影响,但是在心态上和能力上有正向的影响。有了小孩,你的心态就比较平和,不会那么急功近利了,而且协调团队处理事务上我觉得在能力上有所加强。我有了孩子以后在心态上比较容易知足,对一些小事,不会太计较。在学院里担任行政职务本身比较忙,而且作为一个年轻的女性干部,肯定会受到各个方面的一些压力,有了这种心态就比较宽容,这样反而就更好。有的时候你越计较,就越紧张,人际关系就越处理不好。

我最近才开始再申请出国,之前因为要养孩子,我放弃了很多机会,但是我从今年开始准备继续申报一下访问学者。我去过一次欧洲,而美国是世界上最发达的国家,我应该要去一下;还有一个原因,我是想带我儿子一起去。这次出国很大部分原因是因为考虑到孩子,他可以在那边入学,又能感受西方的文明。如果说第一次,主要是为了我自己的话,第二次出国,主要是为了孩子,养孩子是个24小时的职业。

我觉得我在学术上和行政事务上,在和丈夫的关系上,以及孩子教育上,应该说到目前为止,处理得还可以。我和爱人的关系很好,感情是一方面,主要是双方要特别配合,就是心智程度相当,对这个婚姻家庭有相同的认识,所以在一些矛盾的处理上也比较冷静。年轻的时候总吵架,现在基本不吵架,该干什么就干什么。

访谈手记

X老师穿着讲究,举手投足都很大方,说话非常自然,很有想法。她的学习生涯极其顺利,本、硕、博连读,工作方面也是风生水起。这得益于丈夫的支持和体恤,她在30岁前都是极为顺利的。尽管她提到丈夫脾气不好,但是因为双方的良性互动,所以感情一直不错。由于年轻时一心想着出国,一心扑在工作和个人发展上,她选择过流产。而再次怀孕后,胚胎停止发育对她的打击颇大,尽管她一直不喜欢孩子,觉得有孩子很麻烦,但她开始对自己的生育能力有所怀疑,并因此更坚定了要生孩子以证明自己。事实上,如果没有社会舆论压力她就不要孩子了。正是因为心性高强,所以迫于世俗和舆论,她把生孩子纳入自己的人生议程里,她积极锻炼身体,补充孕产知识,做了很多准备,有计划地生养孩子。

X老师无论在学术或是行政工作中都做得很好,她是个聪明的成功女性,当然她也是充满反思和矛盾的个体,既渴望精神独立,又受制于社会各因素和世俗。因为一直都比较顺利,生完孩子的她在心态上也更平和知足。她确实是个很能干的女强人,生活、家庭关系等各方面都兼顾得较好。目前,她又在进行出国的申请准备,这一次是为了孩子——另一种终身职业。

（戴地①访谈并整理）

① 戴地,北京大学2011级女性学研究生。

受访人E，吉林省某高校医学院讲师，1974年出生，博士学位，2000年结婚，2010年（34岁）生育一子。

有计划地安排人生的每个阶段

早做筹划，夫妇俩比着拿文凭

我今年37周岁了，1997年本科毕业，毕业后留校工作，然后读的在职硕士和博士，2010年取得博士学位。我现在是讲师，主要教基础课——地理生理学。当初没有选择医学临床工作，是因为觉得临床的工作时间完全取决于病人，什么时候有患者，什么时候就忙。现在教基础课，除了给学生上课，自己能够安排时间做科研。之所以没有选临床，其实也和人的性格有关，我这个人比较认真，如果搞临床，患者属于我管口的，我就怕他出什么意外，尤其是看到病患去世会特别难受，我会很自责，无能为力啊。后来觉着当老师教学生可能没那么苦，虽然收入很低。

记得高中毕业考大学时，不知道自己的兴趣、爱好在哪儿，也不了解职业是怎么回事。当时就是家里有病人，觉着可能自己长大学医会方便点。另外，小的时候去我父亲单位的卫生院打针，墙上挂的那个注射的药品，上面的用药规范就是咱医科大学制定的，所以我很小的时候就对那个大学有印象，还觉得医学很神圣。

我和爱人是高中同学。他在北京上大学，毕业后分配到老家的机关单位。因为大学毕业以后都在一个地方工作嘛，后来就碰见了。我们2000年结婚，结婚10年才要孩子。因为刚开始工作时，两个人都在外地，觉得还是先奋斗吧。后来两个人又都分别读在职的硕士和博士，反正是把所有的书都念到头了。我们俩总结说，这些年挣的钱都交学费了，刚开始是他去读硕士，等他硕士毕业之后我又读硕士。我读硕士的时候，比较幸运，考上公费了。既然我不用交钱了，那他又可以考博士了。我硕士毕业以后，又读博士。这些年基本上就都在读书，攒的钱都送给学校了。

我是27岁结婚，结婚后一直没要孩子。实际上，按照生理上来说，25岁到29岁是最佳生育年龄，但因为没有那么多精力，父母也都不在这边,爱人还要一边工作一边读书,得给他创造一个学习环境。他硕士毕业我读硕士,2006年我又考博士。因为早晚大家都要念的嘛,而且两人教育背景比较相似的话,可能就更有共同语言。如果人家都读到博士了,我还是一个本科,那就跟人家离得越来越远,夫妻关系是第一位的。当时两人相处的时候都是一样的,都是重点中学出来的,大学水平也差不多,当时就说好了他毕业我接着念,但是没有想到那一年很幸运,我考硕士的时候就考到公费了。

我们刚毕业的时候,也就是1997年那会儿,我的工资才400多块钱,而一年的学费就得好几千块钱。我们俩刚结婚那会儿,他考了硕士,那个时候一年的学费就是7000块钱。不过,好在是我们赶上了最后一年的集资建房,所以我们结婚时花了几万块钱就买到了房子。实际上,在高校这个圈子里头,身边的人都在读书,而且学医的都知道,只要开始读书,就不可能再考虑生小孩的事情了。因为要天天做实验,会接触很多试剂什么的。像我们医科读了研究生以后,就没有寒暑假,常年都在实验室里泡,总接触那些有毒的东西,就不可能考虑要孩子,只能等出实验室以后休息半年再说。

专业优势助我高龄孕哺平安顺利

读博士后期有一段时间写论文,我出了实验室以后就准备要孩子了。之前父母也委婉地催过我们早点要孩子,但要泡实验室,没办法。从怀孕开始,我就不出差了,课是正常上的,一般教师不需要坐班。直到临产前我才休假。我们那个领导也说,要觉得可以就上班,感觉不舒服就在家待着。其实在家里头你也就是看看电脑,没有什么事。上班很快乐,大家可以在一起交流。我不管有课没课都去学校,学生做实验要指导,因为我导师不常在,学生都是我帮导师带的。

怀孕也没什么特别的,主要是怀孕前三个月尽量少接触电脑,如果说胎儿有畸形就是在前三个月,这一阶段要少接触辐射,尽量不要感冒,感冒是病毒嘛,也会导致胎儿畸形。如果说前三个月你安全地度过去了,对孩子就没什么影响了。我觉得学医的人可能就是这个心态,会比其他专业的人心态放得平,可能不像别人那么在意,一切都顺其自然就行了。我们妇产科的师姐就说,只要你胎位正,没有什么脐带绕颈的情况,没有生不出来的孩子。去年正好赶上临床医学教学认证，我是5月初的预产期，我们教师认证忙到4月底，我一直参加到认证结束。我生得也顺利，因为是学医的，医院熟人很多，大家也都帮了不少忙。生孩子之前，妇产科的那个师姐就说，你自己生看看，实在不行的话，剖也就是半个小时嘛。我很顺利地生下一男婴。

按照我们学校的政策，高龄产妇产假是4个月。我是过了暑假就上班了。因为下个学期我将要给留学生全英文授课，所以九月份开学我就去参加英语强化班了。平时上班我会带吸奶器，实验室里有冰箱，挤了奶放冰箱里。像我小的时候，我父亲单位有个托儿所，我觉得现在这个托儿所应该恢复了。现在是有幼儿园，但它只接收两岁半到三岁以上的孩子，两岁半以下的就没办法处理了。如果单位能有一个托儿所就好了。不光是我自己这样想，很多人都有这个想法。因为雇保姆现在很难，贵是一方面，保姆她还挑剔，经常是来做两个月，不适应就走了。孩子生完以后，到入园之前，就这两年多到三年的时间，是特别难。像我第一个月就是请月嫂，第二个月呢，身边总得有个老人帮忙，婆婆带了一个月，然后我妈带一个月，然后婆婆带了两个月，我妈又带了两个月。没有协议，婆婆说累了她就走了，然后她觉得她歇好了就再来。一般我父母要来就一起来，两个人一起帮忙。

虽然生孩子生得晚，但孩子长到现在一直很健康，就是有一次发了几天烧，然后出了疹子，别的都挺好。我觉得可能顺产对孩子有好处：因为小孩在羊水里时，肺部属于张开状态，出生之后，通过哭和呼吸，把肺部撑开，肺部才是充满气体的。在这个肺中，因为都是水，通过产道挤压的过程，它就把液体充分的挤压出去了，孩子将来就不容易得肺炎。另外，通过这个产道挤压，颅内压就逐渐改变，孩子没有颅内出血的。如果孩子瞬间突然被拉出来，就有可能造成孩子颅内小血管破裂，形成脑出血。

合理安排时间，平衡工作与家庭

至于生孩子这个过程对工作还有其他什么影响，那就像我刚才说的，如果想做科研的话，还得在实验室里泡着，那在怀孕和生孩子期间你都不能做实验，大概有两年的时间得脱离实验室，如果有一些科研的话效率就得延迟了。

对于家庭生活来说，有孩子后多多少少会有一些影响。因为老人白天带了一整天了，晚上需要休息。丈夫晚上也就是冲冲奶，还有就是给孩子换尿布，其他的也干不了。我要做的家务就多了。这半年丈夫出差少多了，原来没孩子时他会经常在外边。我觉着像高龄产妇，休半年产假也就可以了。但给男性放一个月陪护假还是挺必要的，那就不用请月嫂了。

我现在每天都有课，而且都是下午，这样我早上就可以晚起一会，中午吃饭后再到学校来。这学期是带外语班，就是留学生的口语班，老师必须通过培训，参加考试，领到证才能上课，否则就没有资格给留学生上这个课。全英文授课谁都不愿意讲，但你也不能说你就不去上，因为这个课也就这几个人上，大家都要分担的嘛。下学期理论课实验课都得上，得把课时补回来。

至于高校里头评职称，很多事就看你自己努力吧。要是特别功利，你非得要这个东西，你非要做也能做到，但如果说心态放得很平和，就会觉得早一点或晚一点无所谓。我当初没有什么感觉，好像就是事在人为吧，有的时候可能觉得不是很顺。这多数还是自己的原因。比如说自己的惰性吧，该做什么没做完。我现在是讲师，下一目标就是副教授，还差一篇文章。其实我去年实验已经做完了，但一直没写这篇文章。

在高校这个圈子里头，不是你想还是不想的问题，大家必须得读书。对事业来说，男女是一样的；但是对家里来说，女性是一定要多承担一些家务的，你自觉不自觉你都得多承担。比如说像孩子，你不想管他，但是他就找你，他不去找他爸爸，这可能是生理的原因，那也没有办法。不是说谁想，可能就是老天就这么安排的吧，就像人们写诗歌的时候总是说讴歌母亲，很少讴歌父亲，这就是天性！

访谈手记：

E老师个头很高，身材微胖，她爽朗的性格流露在访谈的言语里。她和丈夫是高中同学，彼此都对工作和生活充满热情和拼劲。她总是强调“事在人为”，这也是她对人生的总结。凭借自己的努力，她积极主动地应对生活和工作中可能的困难。她结婚十年才要孩子，夫妇俩一直忙于读书，要先奋斗，把书念到头。他们对自己有着明确的目标和定位。工作、读书、生孩子，这一切都有计划的她的掌控之中。读书和学位并不仅仅服务于工作，也是为了增强双方感情和交流。她和丈夫比着学习，说双方都得读博，不能一个博士一个本科，这样就无法在思想上达成一致，要能够平等对话。所以他们把这十年的积蓄都投资在教育上，就像她认为的那样：读书和工作对男女都一样。两性并非在智力或能力上存在差异，他们拥有同样的竞争力。

访谈中，E老师提到了很多医学术语，也为我们普及了医学和孕产常识。正是因为受益于医科教育，所以37岁的她——医学上的高龄产妇，并没有因为年龄和生理问题给生育带来不便，她以自己的专业知识和对人生认真负责的态度迎来了孩子，她认为自己和丈夫能够担当起父母的职责。总之，她对于工作和生活的自信溢于言表，而她对个人生命周期中每个阶段该做的事情都有所计划，也往往能够达成目标。

她对工作很认真，对自己要求严格，一直工作到产前，产假未休完就返回岗位，现在她又在积极学习英语口语，准备来年给留学生上专业课。她乐于挑战，"事在人为"不仅是她的理念，也是她的行动信条。作为一名传统的女性，她也认为自己应该承担更多的家庭照料工作。但是，生完孩子的她也对生活的态度发生了转变，"顺其自然"成为她最好的状态，无论是评职称还是出国访学，她更可能为家庭而牺牲自我。

（戴地访谈并整理）

受访人H，北京某研究所研究员，1967年出生，辽宁人，硕士学位，1989年结婚，1993年（26岁）生育一女。

事业家庭双丰收

家庭影响助我考上了著名军校

我今年45岁，很少有人能看出我已经是一个19岁孩子的妈妈了，因为我一直很顺，经历的曲折坎坷真的很少。就先说说我自己吧，我是大连人，我的母亲是一名教师，父亲是一名军人，从小我受父亲的影响比较多，父亲希望我长大后成为一名军人。我高中成绩挺好的，高考的时候分数很高，以我当时的分数是可以考上北大清华的，但是我父亲特别希望我能当兵，所以当时我就报了南京的一所著名军校。1984年上大学的时候大学生被称作“天子骄子”，那时候高考学生里面大概只有3%的人能上大学，能上我们军校的就更少了，别看我们学校现在合并之后是二本，当时可是有“军中清华”的美誉呢，就是军校中最好的。我学的是通信专业，这个专业前景还是很好的。当时，我们100多个人毕业之后能上硕士的只有五六个人，那时考硕士也是非常难的，所以毕业之后我就先工作了，进入了某军队，在里面做通信技术。

先要孩子再读研

我和先生是在火车上认识的，他也是一名军人，14岁就出来当兵了，做的也是通信技术。我本科毕业之后，先生被分在大山沟里，当时结婚就能够将他调回来我们一起工作，因为军人毕竟国家会优先照顾。那时军队要求女的是23岁结婚，我22岁，就去申请了，人家问你怎么还不到年龄就结婚啊，我说我就是想结婚啊，最后还是结婚了，我先生也调回来了。一直到现在，虽然我不在军队而是来了科研院所，我先生还一直在军队做通信技术。

工作之后我发现研究生学历还是很好的，虽然当时本科学历就已经很不错了，当时就想赶快先要孩子，要完孩子就读硕士，但是要了孩子之后就发现没时间读书了，又带孩子又工作是非常累的，根本就抽不出时间读书，因为白天我必须认真工作，晚上回家之后我必须带孩子。到了2000年，女儿已经7岁了，在读小学，没有那么淘气了，这时候我觉得读个硕士学历还是很有必要的，又到中科院读的在职硕士。我的导师是中科院首席专家，我读完硕士之后他极力推荐我到某所，于是我2004年毕业之后就到了中科院，我现在是一个研究室的主任，我们室有20多个研究人员，其他员工是十几个人，学生是8个。

因为后方稳固生育后可以照常工作

我不是独女，还有一个哥哥，我生孩子的时候哥哥的孩子已经上幼儿园了，已经两岁多了，再说我是女儿，我生的又是个女孩，因而得到了我父母的大力帮助。当时我生孩子的时候只有26岁，那时候生孩子也不知道像现在这样爱惜自己啊，没概念。我没有休息，一直都到快要生了还在工作，其实我生小孩也没什么安全意识，大概离生孩子还有十几天的时候我还骑自行车跑来跑去的。我是顺产，侧切，但是感染了，感染之后流了两个月的血，养了很长时间，我休息了四个半月，我父母外加一个保姆一直照顾我。正常上班后，白天我的父母外加保姆帮我带孩子，晚上我也会花很多时间陪伴孩子，但是白天工作没有耽误，正常的晋级啊都没耽误，加班应该说是正常的，虽没有很猛的加班。因为我的母亲是老师，我有时候配合她一下做孩子的早期教育，孩子大概到五六岁那个时候我就可以完全全身心投入到工作中了，孩子基本不管啦，完全交给我父母。所以说，我很感谢父母，是他们给了我生活工作上很多帮助，让我现在这么安心。

为女儿的出类拔萃自豪

我可为我女儿感到自豪了，她上了十二年学当了十年的班长，高中还被评为北京市优秀班干部，高考加了20分。我女儿很聪明，她文科特别好，但是高二分科的时候选择了理科，在这之后成绩都很一般，上高三时十二月份之前都不爱学习，后来有一天，好像是12月1号，我女儿突然跟我说，妈妈，我要学习。因为她一直在网上跟帖，后来发现一个非常好的帖子是清华一个大二的学生写的，她很震惊，我就说要不你就考清华，去清华找她，之后她就很认真学习，每天吃晚饭后还会回去上三个小时晚自习，成绩真是突飞猛进啊，连我们都很意外。

她高考成绩非常好，是可以上北大的，当时既可以来北大也可以去复旦，她在北大和复旦大学之间犹豫来犹豫去，最后选择了复旦大学。因为北大要求的分数比较高，我女儿想读数学系，北大数学系分数很高，当时和北大招生办谈，不能读数学系只能读像软件工程这样的学院，但是复旦大学可以读数学系，她坚持要读数学系，最后就去上复旦了。

以父母为榜样将来帮助女儿事业家庭两不误

我非常喜欢女儿，她小的时候，我特别爱盯着她看，我可以目不转睛的盯着她很久。孩子非常可爱，成长的很好，假如人生可以选择的话我愿意花更多的时间陪伴着孩子，愿意给她更好的教育。我父母投入很大的精力和很长的时间帮我照顾孩子，我也愿意陪伴孩子。我跟我女儿说，将来你有了孩子，妈妈帮你带，妈妈马上辞去工作，全身心帮你带孩子，我一定让你自由自在的，不能让孩子拖累你，因为我有体会，带孩子是很苦的，父母带孩子是很累的。的确，有了孩子会感到很累，但是有孩子也有正面的作用，觉得我就是孩子的榜样，我必须要努力工作。有时候我就对我女儿说，你看妈妈既要工作还要带孩子，所以你将来也可以把工作和家庭处理好的，你看妈妈就是你的榜样。但我也觉得，生孩子、照顾家庭使得我自己的社交圈子小了，我的女儿将来可不能这样，那是要受限的。所以我就想，将来我的女儿要是生孩子，我愿意给她足够的时间，让她自由自在的，不再像我当年这样还有做的不好的地方。

访谈手记：

H老师是一个比较开朗健谈的老师，很直接的讲述自己的经历，她从小到大学习、事业、爱情、家庭都非常顺利，她一直都是一个中规中矩的女性，对父母乖巧听话、尊敬孝顺，和丈夫相亲相爱，对女儿关怀备至、呵护有加，事业上兢兢业业、勤奋不已。她听从父亲的劝导报考军校；接受丈夫的建议提早结婚；结婚两三年生孩子；和父母、保姆一块带孩子并对孩子进行早期教育；孩子大了之后继续深造，给孩子做榜样。可以说，到目前为止，H老师事业和家庭都没有落下，她的职称评定从工程师、高级工程师到现在的研究员都没耽误，女儿今年18岁，考取了复旦大学数学系，丈夫在军队通信部，一家人和和睦睦。

H老师除了生孩子稍微感染之外，其他的一切都很顺利和省心。这和她自己的家庭背景有关——父亲军旅生涯和母亲的教师职业给她的职业和生活提供了极大的便利，而且H老师选择了一条在传统看来最正规、合适的道路，该干什么的时候就干什么，选择学校接受父母的建议,适时生孩子,孩子小时重心在孩子,孩子大了努力发展自己,并依据经济调整自己的职业。她对女儿的认识也很主流:以后女儿生孩子她帮忙带,让女儿自由自在的发展,甚至辞去工作也在所不辞。其实,这表明了H老师骨子里对家庭更为重视,她对女儿的关心远远超出了自己的事业,在访谈中她也一直强调自己不是什么女强人和别人没法比,但是谈到女儿她是满脸自豪和骄傲。在这中间,她没有提到丈夫的作用,她可能认为处理好家庭是一个女性的本职,丈夫的主要职责就是做好工作,她是一名典型的"中国式"妈妈。

通过这次访谈,我有两点体会:

一是家庭背景对一个女性的发展极为重要。社会是分为不同的阶层的,处在不同阶层的人其文化水平、思维方式和处事方式不同。H老师父亲从军、母亲是教师的家庭阶层背景注定了她的人生不会很差,而且儿女双全注定了父母亲不会存在很严重的性别偏好,可以帮着她照顾并教育孩子。如果是在农村,首先父母是否有精力帮她就是一个问题;其次由于儿子的存在,一般来讲父母是不可能这样照顾女儿的。可以说上一代所处的阶层或直接或间接地影响着下一代,阶层存在很强的稳定性。

二是主流传统生活道路依然有很强的适应性和很大的生命力。H老师选择了一条在各方面看来都很传统的道路,听从父亲的建议报考军校,得到了父母的支持;适时结婚生子,得到了丈夫、父母和社会的支持;深造得到了女儿的支持;转业得到了导师的帮助。无论是家庭内还是家庭外都给她极大的支持和帮助,而且转业的选择也使其经济收入有所提高。所以H老师得以事业和家庭兼顾。可以说,主流传统生活道路之所以主流是有原因的,这条道路是和现存的社会结构、社会机制以及民俗文化相联系的,选择遵循这个机制是明智的简单选择;违背这个机制能否顺利和成功就会因个体情况而异了。

(孙鲁香[1]访谈并整理)

[1] 孙鲁香,北京大学2010级女性学研究生。

受访人 W，北京某研究院研究员，1962 年出生，北京人，硕士学位，1989 结婚，1993 年（31 岁）生育一女。

有父母做后盾，事业与家庭可以兼顾

有了房子才要孩子

我是土生土长的北京人，1962 年出生，今年 50 岁。我是 81 级的，高中的时候还是比较喜欢生物的，我自己觉得我是比较适合做一些实验科学，形象思维的东西，我高考报专业的时候报的全是生物专业。父母没有太阻挠，因为我选的不是特偏，但他们当时比较喜欢我去当医生或者当教师。我的母亲是医生，父亲在科技部，原来在国家科委，我爸爸很想让我当教师，他学的是教育，也可能是他觉得教师是一个很好的职业。但他们都挺尊重我的选择，就这样，我从北京到了兰州。我们那时候大学毕业还是包分配的，我是 1985 年毕业的，当时北京人一般都分回北京，我就来这儿工作了，后来一直就没动过窝，只是后来又读了一个在职的研究生。

我和先生算结婚晚的，1989 年结婚，他 29 岁我 27 岁。但是一年以后，我们这边有一个出国合作进修的机会，所以 1990 年底，我就去美国了。本来想去那边接着读书，因为我们家先生不去，我也不愿意这么扯着，一年半以后就回来了，也没有很快要孩子。我是 1992 年六七月份回来的，那会我们俩没房子，住在父母那儿，想跟单位申请了房子再要孩子。1993 年 2 月份，单位给我一个半地下室的房子，当月我们就想要孩子，当月就怀上了。孩子是 1993 年 11 月份出生的，那年我 31 岁，丈夫 33 岁，我生孩子是比较晚的。

稳中求进：养了孩子工作也不甘落后

我这个人还是比较顺的，基本上是属于按点该做啥就做了，没有特别多的坎坷。就像怀孕期间我也没有感觉到有特别大的压力，反应是另一回事了，也没有什么产后忧郁，到目前为止也没有后悔过生这个孩子，因为我感到这个小孩带来的快乐比带来的麻烦多一些，而且父母都在北京也能帮上我们的忙。我也不是一个特要强的人，这点也有很大的关系，就是容易满足，不会去要求自己一定要争什么，但也绝没有落后的时候。我就是认真做好自己的工作,能够做得好就行了,但没有说我一定要达到什么样,没有给自己制定这样一个标准。正好我生孩子的时候,我们单位领导换届,我的老板是这个中心的负责人,他也是我的导师,我一直跟在他的课题底下做,当时他的压力特别大,整个实验室里就分家了。那段时间,一个大课题组变成很多小课题组,大家都比较乱,也没有特别多的要求,所以我产假休了六个半月。我也记不清楚当时是扣了我的工资还是没有扣,可能也是因为当时家庭的经济也不是非要差这几块钱去过日子什么的,但是我能清楚的记得我们家小孩没有吃过一次进口奶粉,就像当时在我们家带孩子的小阿姨,现在已经在北京结婚生孩子了,她小孩都在吃进口奶粉,现在孩子是必须得吃。我们那个时候好像也还没用过什么纸尿裤,因为那会儿这些东西也不像现在这么普及,一般超市就有卖的,可能是要到特高档的超市才能有。我的奶也不是特别多,前三个月孩子都是吃我的奶,三个月以后她吃得多了,我的奶也不足了,我们就买的那个袋装的鲜奶,煮了给她喝,她也不会用奶瓶,反正哭了一段时间,用小勺、吸管,才慢慢学会用嘴嘬那个奶瓶,一切都很顺其自然,就这样子过去了。对我来说,我工作没有那么努力,家庭还是摆在挺重要的位置,一直是这个样子。

硕士我就是在咱科研院工作期间读的,博士一直没读。那时评职称没有对学历的要求,现在的年轻人要评正高级职称必须是博士毕业,我那时工作早,还没有这样的要求。我是1992年从美国回来的,1997年评的副研,我再评上正研是2004年底,从副研到正研我们这边一般是六年,要满五年才能参评,因为第二年才出来结果嘛,评上就是第六年了,我当时是七年才评上的,我不是那种特别上进的人,或者说年头到了就要争一下,要评一下。但我所有的职称都是一次评过的,我们今年评职称,有人第四次了还没评上。

带孩子,父母帮我很多忙

我丈夫是北京人,他跟我一样,北京生北京长。小学中学都在北京上的,大学也在北京上的,北邮毕业的。我们俩1989年结婚,他跟我不是一个专业,他是学计算机通讯的,我们俩是被人介绍认识的。虽然我婆家也在北京,但我婆婆比较怪,身体也不太好,一天也没照顾过我女儿,这倒不是重男轻女,因为婆婆只有一子一女,女儿到现在还没结婚,她就是这种性格,我都能理解。我生孩子的时候我父母都退休了,我爸爸妈妈生我就比较晚,生我的时候我爸爸都三十岁了,她们结婚比较晚,我还是老大,所以我生孩子的时候,他们已经退休了,给了我很多支持和照顾。我怀孕生孩子那段时间,我先生在深圳,可以说他一点忙都没有帮上,甚至在我怀孕期间他没有陪我去做过一次体检。他学计算机的,当时在广东、深圳那边出差,在我生孩子前五天,他回来了,生完一周之后走的,然后又不在了。但是因为我父母在北京,坐月子就在我妈妈那儿,由我父母照顾,也没请别人。一直到小孩三个多月吧,我这边有房子,我就搬回来了,我先生不在家,就请了一个小阿姨,不大,19岁,是老家找来的,就是我父亲的老家,算是亲戚吧,可靠,虽然什么都不会干,但是你教她,还挺灵的,很快就学会了,这点活也没多少,然后是我和她一起带,带到六个月,我上班了,还是她带,每天中午我回去做饭或是我从食堂买点饭回去,她只管带好孩子,一直到我们家小孩一岁,我先生才回来。这个小阿姨在我们这儿呆到小孩两岁,两岁以后小孩就到我妈妈那边上幼儿园。在整个幼儿园期间,我把孩子全托给了我妈妈,星期五晚上我去接她回来,平时是姥姥姥爷晚上接回他们家,姥姥姥爷带,一直到上小学,所以我还觉得我比较轻松,因为我父母帮了我很多忙。

流产经历让我倍加珍惜女儿

我是1990年去的美国,1993年才要了现在的孩子,等于我们俩结婚了好几年之后才生的。实际上我在1990年春天怀了一个孩子,四月份,但没要。一是出国这事还没定下来,但主要的原因是我那次是意外怀孕,怀了之后我不敢要。因为那段时间我在做同霉素;另外我还感冒了,吃了一些药,因为一般头一两个月是小孩大脑发育最好的阶段,任何药都不要吃,所以就没敢要那个孩子,就流产了。1992年夏天从美国回来,1993年初怀孕。所以对于女儿我一直很珍惜,得之不易。有了她以后,我在2000年又出了一趟国,也是进修,我是纯粹为了带她出去的,出去呆了一年。那时候动力真的来自她,小学一年级在美国上的,这培养了她的语感,她的英语一直都不错!

我们家女儿很乖,好多人都说我家有这样一个女儿真是掉进福窝了。小时候女儿学的多了,五岁的时候学钢琴,七岁学舞蹈,八岁学花样滑冰,还有游泳,基本上该学的都去学了,而且没有一个是逼着学的,从来没有过,她学一个爱一个,都坚持学下来了。但是大了以后就没坚持了,她自己觉得不太想学了就不学了,我从来没逼过她,你不想学就不学了,你想学你就学吧。我先生和我都为她付出挺多的,周末我们俩都是轮流送她去上各种班。不过还好,都在我们科研院附近,舞蹈学院啊,首体啊,都不算远。我和我先生都是这个观念,尽我们俩的能力给她最好的教育,而不是给她钱。所以当时在我们俩能有的情况下把所有的钱都给她花了,我记得最贵的时候一个暑假她学花样滑冰花了一万块钱,那个时候还是蛮贵的。

现在我女儿在美国读大学,不是一个很有名的大学,是一个文理学院,但美国的本科教育比较好的是在文理学院,它是那种小班化的教学,是私立的,在北卡,这个学校在文理学院中是很好的学校,全国排名第九。咱们中国了解的一般是美国的综合性大学,不太了解文理学院,其实文理学院在美国本科教育排名上应该是比综合大学好,文理学院的学生基础比较扎实,咱们这儿比较了解的是威廉姆斯文理学院,那是排名第一的文理学院。

年轻人还是早点要孩子,最好要两个

要是问我什么年龄阶段适合要孩子,我觉得应该在26—28岁之间生小孩,不要到30岁之后再生。因为毕竟年轻的时候精力旺盛一些,男的无所谓,女的还是年轻一点比较好。高龄产妇,肯定出现问题的几率要大一些,好在现在各种检查的手段都齐备,不行就停止妊娠。我们都是学生物的,女孩子出生以后,就有卵子了,就在体内了,只不过每个月成熟一颗排出一个,就是说不排也在你身体里,你在社会上多呆几年,各种不良的射线对你的身体都会有照射,都会有影响,所以越早生越好。

至于要几个孩子,我觉得两个比一个好,对孩子来讲是这样的,我们家小孩是属于比较孤单的。要是政策放开了我觉得还是要两个。但是生孩子肯定要影响女方工作,要两个就更影响工作了,要牵扯精力啊。

社会保障要跟上

我觉得对于现在的年轻人来说最最重要的可能是社会保障,比如托儿所。咱们现在这方面的社会保障还不够,收小孩子的托儿所很少,上个幼儿园还好贵好贵,对有的年轻人来说经济压力也比较大,所以我觉得社会保障这一块应该加强。各单位对孕哺女性的照顾不一样,包括我们单位各组还不一样呢,有的老师怀孕了,课题组就是不要了,那就给你降工资,降到你岗位基金都没有了,那就只能是换单位,换课题组了,我们单位就有这种情况。但也有平安无事的,怀孕后岗位基金照常拿的。社会保障这块还是挺重要的,现在的幼儿园,五点钟就要接孩子了,影响工作,社会保障这块一定得到位才能让现在的年轻人专心做科研。

访谈手记:

W老师的个案并不特殊,她是工作家庭两不误的典型代表:她工作专一,职称晋升顺利,丈夫脾气好,女儿学习棒,而且得到了娘家很大的支持。在她的个案中,我们可以看到W老师对家庭生活的满足,对工作的满意。

尽管W老师结婚比较晚,有过流产经历,工作上也有过混乱期,但这些并没有影响到她的工作和生活,因为她生性豁达,容易满足,稳中求进,生活有曲折,但前途总是光明的,为什么不坦然接受并为之努力呢?

勇于面对现实生活的W老师是一位生活的智者,兼具理智和智慧,很好地处理了工作和家庭的关系。如果说最初的流产是忙于工作的意外事件,W老师处理的果断决绝,并在以后的生活中向家庭方面进行了倾斜。照顾襁褓中的幼女,支持女儿学习各种特长,为女儿的成长带女儿去美国进修,对丈夫工作的体量,这一切都是W老师将工作、家庭融为一体的结果。其实工作和家庭本身就不是对立面,二者可以很好地结合。现在女儿去美国读大学、丈夫有更多时间照顾家庭。和那些工作家庭一路颠簸的人相比,W老师的幸福生活就是二者结合开出的美丽之花,并结下丰硕的果实。

W老师的经历使得她明白父母、领导支持的重要性,让她对现在年轻人的处境感到担忧,大龄女性为工作延迟生育、生育缺乏父母支持、昂贵的幼儿园费用以及托儿机构的不健全,压抑着新一代的年轻父母,她所能做的只能是尽量体谅自己科研室的成员,并为减轻新一代"科研妈妈"的压力发出轻微的叹息。

(孙鲁香访谈并整理)

受访人Q,北京某科研所研究员,1963年出生,北京人,博士学位,1987年结婚,生育二子。

凡事预则立——谋划助我成功

留学、工作都按计划走

我很有计划性,而且基本是按照计划走过来的。其实,我就是不规划,父母给我缔造的生活也很好。因为我父亲是公安部门的,我妈妈是大学毕业生,家庭条件非常好。但是我不满足。我小时候喜欢舞蹈,我想当舞蹈家。但父母死活不让。不让那就随便考个大学吧。上大学读的是林学,那个时候也不愿意学。毕业后就在林业局机关工作。我根本不愿意坐机关,然后就留学,走了。其实上大学的时候,外语挺好的,想考研究生。但在那个年代,还是先工作了。所以,就先结婚,生了孩子以后,再去深造。

我先生在林业厅。他说他也拿一个学位,就一起去留学了。我们俩就是这样规划的。我们1993年初出去的,2002年回来的。前前后后在日本呆了快10年,我在那里读了博士,还做了博士后。

2002年,本来我是作为引进人才回来的,就到了现在这个所。但回来后正好赶上科技处处长竞选,我就报名了。当时唯一的目的是让国内的人知道我是谁。所以,我还当了3年科技处长呢。按道理说,我回来做这个是有点儿降身份的。但是也没办法,人就是要适应嘛,适者生存。这就看你想在什么样的时空范围做什么样的事儿,你先把这个大的目标定下来,再去想你做事儿的模式。

生孩子也要规划

我就是规划26岁前一定要生小孩。厉害不厉害?生大儿子的时候,我当时做机关工作。按我们单位的常规,怀孕后你要是晚来半个小时、早走半个小时,大家不会说什么。但是,我每天认认真真的来上班。我生小孩前一个礼拜还工作呢。我记得那时我走路都快走不动了,还端着肚子走,从不娇惯自己,也没影响到工作。这样就很容易把这一关一关闯过来了。

当时我是规划好生完小孩儿再去留学。出国的时候,大儿子4岁。我一直在呼吁,要么你就别生孩子,孩子生下来你就要亲力亲为,这是作为女人、作为母亲的天职。这比你拿一个博士学位要重要得多,真的。我为什么留学那么艰难,因为我一直把老大带在身边。

我第二个小孩是在国外生的。当时已经在做博士后了。实际上没打算要。因为有了,知道了,就生了。那会儿工作也确实紧张,想做点儿业绩。但是既然怀孕了,也不能打掉,就生了。在这一过程中,工作也是会做的,就是放慢一点儿速度,放慢一点儿节奏。那时候,我把用脑子太多的工作避开一点儿,多做一点儿服务性的事,就是说要把时间安排好。按照生物节律,该干吗的时候干吗,这是不容你改变的。你改变不了的东西,就应该顺势而为。大儿子在日本上了幼儿园、小学。我们在小儿子2岁的时候回国了。

高效的时间安排让我既带了孩子,又出了成果

有了孩子也没影响我的工作。大学毕业以后5年,我就按最快时间提了工程师。因为当时别人没文章,就我有篇文章。这全在你对自己的安排。就是看孩子期间,你也可以看看书啊。我回国后也是这样,像我2000年开始组建课题组,到现在还不到10年,大家以为我是20年的课题组的成果。到今天我可以说是事业成功,研究员、博士生导师,在我们这个领域全国也没几个啊。

我觉得,带孩子是女人、母亲的天职。比如说,我和我爱人,他也是那么多事情,我也是那么多事情,但带孩子从来都是我的事儿,我觉得这很正常。我干什么都带着孩子,搞科研到哪儿都带着他,开会都带着。我都不让别人带。所谓自己带大的,它的关键词是晚上你要带他睡觉,不是交给阿姨,交给父母带。当然,我这个职业恰恰允许这样做,因为我搞科研,时间自由,尤其回国以后我是学科带头人,好多事儿有自主处理的权力。

这样做肯定要克服很大的困难。这几年,我的睡觉时间会超过6

小时，回国的前几年，我的睡觉时间绝对不会超过6个小时，常常是4个小时。除了家庭，孩子，研究，还有我的学生，13个研究生呢，加上实习生，我有十七八个学生呢。这些工作全是我的，我要改论文，我天天要改论文。

正是因为我的时间效率比较高，可以达到事半功倍的效果。所以，一定是合理规划，尽量安排好有效的时间，让它产生大的效率。尤其女的肯定是要多做的，就是所谓的努力啊。你不努力肯定更没戏。即使努力了，也要有效率。你必须这样，因为你能用的时间，跟男生比，只是人家的三分之二。他们可以天天耗在那里，但是咱们不行。像做饭时间和在家里打扫卫生的时间，我把它看做是一种运动的时间。这就是我的时间设计。

女人，必须到什么时候干什么事

说到工作和家庭的冲突，我没有感觉到，你只要把它合理安排，大概规划好就行。国内从教育等方方面面有时把人搞得思路很拧巴，尤其对女孩。她们既要承担社会压力，又要承受竞争的压力，加上自己年龄的压力。实际上从20岁到30岁这10年对女性的一生来讲，那真的是比黄金还要金贵。你看这10年，有的女生孩子也没生，老公也没抓住，就弄博士了，最后还啥也干不了。很多女孩一定要转变观念，到什么时候干什么事。你这一生打算结婚吗？打算结婚就按照结婚的谱儿走。

我年轻的时候目标很明确，我想为了孩子，工作成绩晚几年就晚几年。所以当孩子小的时候，一切都以孩子优先。当然，工作也是非常努力，因为我一直做研究，所以自己把自己的孩子带出来了，自己又把自己培养出来了。现在看来，收获非常之多。工作上，我是科学家，我现在手里培养出来的人，我的科研产出，那别人看了都吓一跳。我那两个儿子目前都是很优秀的，他们跟我的感情也特别好。我绝对是个成功的女人。

所以，女的不要把生孩子看成问题。你说我不结婚，我不生小孩，然后我就拿博士学位，到最后，博士学位可能也没拿好。我感觉，家庭和事业是没有什么大矛盾的。

访谈手记:

无疑,Q老师有着太强的个性,或者说是一种强者气质。同时,她也有着极其鲜明的观点——到什么时候做什么事儿。即便是座谈会上其他老师有些痛苦的叙说,她也不断插话和评论,认为:这在很大程度上是当事者自身并没有对人生有一个很好的规划。事实上,她强调:这是"80后"的通病——没有足够的责任感,过于强调问题,从而造成了当下的一系列问题。在她看来,问题从不是问题。

当然,她的这份强势来自于她卓有成绩的工作。她在座谈会上可以笑谈她的成果多得让单位的男同事恨不得从楼上一个个跳下去。与此同时,她在叙述的过程中不断强调两个儿子与她之间亲密无比的关系,展现她作为母亲、作为女人的成就。工作和家庭并不是相矛盾的,她显然把自己作为支撑这个看法最有力的依据,不断地展现她作为一个国家重点实验室主任和一位优秀母亲的成功。

对于她而言,实现这一切最重要的便是对自己有一个明确的规划以及异于常人的付出。所谓的规划,她讲到了自己从学舞蹈、到转学林业、再到就业、最后留学学习遥感、学成回国以至于到现在,都有着清醒的想法。即便是对于第一个儿子的出生,她也直言自己是打算好的,就是希望生完孩子再去留学。当然,她的付出也是相当艰辛——尽管她自己不认为这是艰辛的。多年来,她每天只有4个小时的睡眠时间,直到最近几年,方才能够有6小时睡眠时间。小儿子出生在日本,她和老公都尚处于读博期间,但是,她几乎没有谈起太多辛苦。她本人的性格是强势的。她也总是将成绩归功于自身的努力、规划和付出。不过,这份强势与她的家庭有着一定的关系。家庭和自身的条件养育了她争强好胜的性格以及优秀品质,而这份强势和优秀品质促使她自己要变得更优秀,不论是家庭,还是工作。

但是,我们也看到:凭借个人之力的成功是当事者异于常人的付出。而且,这样的成功在我们的访谈中是为数极少的。

(李汪洋①访谈并整理)

① 李汪洋,北京大学2010级女性学研究生。

受访人 D 北京某高校讲师,1981 年出生,北京人,博士学位,2007 年结婚,2010 年(29 岁)生育一女。

外力支持我顺利度过了孕哺关

从求学到成家:一帆风顺

我自己是挺顺利的,6 岁半上学,12 年中小学,加 4 年清华大学计算机本科,再加上在清华直博 5 年,27 岁毕业,算是挺省时间的就博士毕业了。我自己总结我真的算是运气比较好的,就是走到哪儿,总会遇到一些人对我帮助特别大。包括我在学校的导师和现在工作单位的老师。当年毕业的时候,正好这边的所长也是我的导师之一,她人特别好,主要也是这边儿研究方向和我比较合适,正好我做这个研究,就直接过来做了。到现在已经工作 3 年了。我们这儿工作氛围也很好,就是几个领导都很好,他们不会说你一年要硬性完成什么任务,因为你可能有一个长远的目标,要几年才出成果,也可能一直在积累。反正一步一步地走过来,我还算是挺顺的吧。

感情也是一样。我是北京人,我老公也是。我们俩比较简单,小时候家离得很近,就在一个小区。他也是清华计算机毕业的。我们两家父母都是老师,我婆婆、公公是老师,我妈是老师,我爸以前也是老师。我婆婆和我妈妈都退休了,公公还没退休。我在我同学里也算是结婚早的,26 岁吧,还在读书的时候结婚的。因为我老公是读完硕士就工作了,他工作之后我们就结婚了。他毕业之后去了公司,工资还是可以的。

意外怀孕但顺利生产

有孩子真不是准备要的,就有了,我们还没准备好呢,很无奈。有了就在犹豫要不要,综合权衡,各方面考虑呗。其实我还挺尴尬的,感觉 29 岁要孩子,挺早,算非主流吧。在我们同学中算早的,她们都没结婚呢。再说我当时刚工作一年多,没做贡献,就开始生孩子、休产假,觉得特别不好意思,所以还问了我们所长、副所长等几个老师。领导真的都特别好,说要孩子是特别正常的事儿,该要就要,年龄也不是特别小了,别为了工作不要孩子。老师都很支持我,我才决定要的。

另外,我妈那时候刚退休几个月。她原来是小学老师,55岁退休,身体还行,能帮帮我。之前真没想到,所以,我也是运气挺好的。我婆婆之前就退休了,我怀孕五六个月的时候,她就过来了跟我们一起住。到最后快生了,我妈退休了,就过来了。一直到生完孩子也是请我妈妈来带。我妈妈年轻一点儿,身体还可以,能够给我帮上不少忙。要不是我妈帮忙,我就转不开了。孩子小的时候还请过阿姨,现在孩子大了,硬朗了,白天就是我妈带。

住房狭窄与收入减少带来哺育期的经济压力

我的工资,刨出去房租、保险,就是那些公积金之类的,正常有4000多吧。生孩子的时候,就只有2000多啦。当时一发工资,哎哟,少了这么多。那个时候正好又是花钱的时候,反正就赶到一块儿啦。我当时还是觉得挺有压力。我当时还在想,我请一个阿姨帮忙,就得2000多,我那点儿工资还不够养阿姨呢。为了这事儿,我当时也去学校问了一下。因为我记得说,《劳动法》上说休产假不能扣钱的。不过,问的那人跟我说,咱们学校收入里很多都是津贴,像岗位津贴什么的,这些东西就是你上班才有,不上班就没有,如果是按照国家给的,就是一两千块钱。好在我老公在公司里收入好点儿。如果我们两个都在学校,就还挺吃力的。因为养一个孩子,即便不请月嫂,就请人帮帮忙,便宜的,也得2000多。还有像小孩儿的东西都特贵,前两天想给她买条小棉裤,就是那种里面有一层薄薄的棉花的小棉裤,都两三百,比我的棉裤还贵呢。

再说,我们还要租房子住。这也是一笔不小的开销。我们原来是住在学校分的公寓里,一个大通间,还有一个很小的厨房、一个很小的卫生间,三十几平方米。如果两个人没有孩子住,我觉得足够了。反正我要求不是很高。但有了孩子,还有老人帮忙带孩子,再请阿姨,真没法住。据我了解,学校和我年龄差不多的有孩子的,都是想办法到外面租房子。我是在生之前才租的,也在原来的公寓附近。因为我们家小孩儿在月子里的时候,需要人手,我婆婆她们来帮忙就住在那儿。我当时就想,能给我们换一个两居的其实就行了。

上班后吸奶也是个问题。你顶多能坚持六七个小时不喂奶,那还是最多、最多的。因为老那样胀奶不吸的话，以后奶就少了。但我们办公条件比较差，四个人一个房间。再说我们这边儿都是男生，也不能吸奶。我有几次实在是没办法了，上午也有事儿，下午也有事儿，只好借个会议室，提心吊胆的在里面吸奶，但还是有人来敲门。我认识的周围这些妈妈们，吸奶大部分都会遇到这种问题。我觉得，学校至少应该给一个房间，大家能吸奶。

发挥主观能动性，尽量减少孕哺对工作的影响

要说生孩子耽误工作，确实是耽误。像我这样刚工作，积累很少，中间生孩子又断了一段，还是影响挺大的。我这一年就没什么成果，要说有的话可能就是这么一个孩子，没太做什么东西。我这学期也没课。其实，我原本是想上课的，因为刚来不久，特别怕耽误工作。就是因为生孩子，上学期应该要上课，后来就没开课，让其他老师上的。所以，我上学期临生孩子之前，就交了个开课申请，是我原来已经准备好久的一门课。学院怕孩子刚出生有影响，就没批。这半年就又没上了，这样就一年都没课啦。另外，现在和以前比，精力上确实也是不够。一方面吧，有个小孩你经常得惦记着她，你要给她买衣服、买奶粉，然后，你还要想着吃多少合适啊？是不是吃这个撑着啦？这些事儿你要惦记着。另外一方面，精力上不够，时间上也不够，觉得特别困，体力上也减少了很多。带孩子挺辛苦的，我家宝宝一般是晚上12点醒一次，凌晨3点还得醒一次。工作时间肯定是比以前短了。我以前一届要带三个本科生，今年这届我就带了一个。

不过我也没落下太多。我还是挺要强的。我4月份生孩子，就算休假到9月1日吧，开学就回来上班了。我觉得怀孕期间多运动多锻炼，反而对小孩、对自己也有好处。所以，我怀孕的时候还是基本上坚持到学校上班。生之前一直到三十六七周吧，我还到学校来。因为我有学生，有本科生，得跟他们见面。生完休产假正好赶上暑假。放假之前，我还叫了两个学生到我们家附近见个面。我家宝宝40多天的时候，我还去参加了一个教学比赛。之前我准备了很久，到学校来拿教具什么的，那之后呢，学生要争取"推研"什么的也跑来找我。其实我在家也是一样有工作。暑假里学生事情处理的很多。虽然要带孩子，但时间是灵活的。我下午有时候三点多、四点多就回去了，回去之后呢,带孩子什么的,等她七八点钟睡觉之后,我又可以开始工作。最近,两篇论文都写好了,就准备投出去啦。所以,我想马上就有成果了。

我看好多书上也说,妈妈要有自己的工作,有工作对小孩来说,类似于榜样吧,有了孩子就有了好好工作的动力。因为你有经济压力。这很重要。少了我的工作,家里生活还是会有影响的。现在小孩儿支出很大,而且我还要租房子。你要好好工作,评职称,申请项目,这样你才能收入高。生孩子之后能好好工作,生孩子以后心情好,觉得好像是完成了一件大事啦。这个事儿是你早晚要做的,以后不用考虑这事儿啦,就比较踏实应付后面的事儿了。再说每天回家看看小朋友还是挺高兴的。

我现在觉得其实早要了小孩挺好的。因为你到三十几岁的时候,可能你职位高了,你要做的事情也更多了,责任也更大了,你那时候再去生孩子,影响可能也不一定会小。我现在的感觉是越来越好了,工作已经在朝着好的方向发展了。

访谈手记:

从访谈一开始,我们便感受到 D 老师身上满是初为人母的喜悦,以及她这个年龄段尚有的可爱之气。实际上,这与她的生活和工作经历有着莫大的关系。

在 D 老师的叙述中,我们看到的是一种顺利而简单的生活。正如她自己所说,她运气比较好,同时,她觉得自己的追求、要求也不高。首先,她的顺利涉及她的整个求学经历——清华的本科、硕博连读,她的恋爱经历——和老公青梅竹马、住在同一个小区、一块上下学,以及她现在的工作经历——单位的领导都特别关照她,包括要孩子这件事情,对于突然来临的孩子,领导的肯定和理解给了她很大的信心。

尽管她也面临着问题,主要是抚育孩子、房租等带来的经济压力,但这些并没有成为她特别纠结的方面。除了她所强调的运气好和要求不高以外,更重要的是她其实有着坚强的后盾,所以不会去特别惧怕这一类问题——她和她老公都是北京人,老公收入较高,父母

收入稳定，姥姥帮忙照看小孩，不仅没有后顾之忧，反而给予她莫大的支持。同时，D老师对于自己的工作和生活有着清楚的认知与规划，包括她关于工作的态度、小孩的教育，都很有自己的想法。所谓的顺利也是她自身努力的结果。所以，虽然是意料之外的怀孕，但是家庭、单位的支持使得她对于孩子的生养并没有太多的担忧。正是外在的支持帮助她赢得了所谓的顺利。

（李汪洋访谈并整理）

下　编

第七章　孕哺期对女性心理状态的影响

苏彦捷*

孕哺期即孕期和哺乳期。孕期也叫妊娠期，指从妇女受精后至胎儿娩出之间的一段时间，足月怀孕约为 280 天(40 周)。哺乳期是指产后产妇用自己的乳汁喂养婴儿的时期，就是开始哺乳到停止哺乳的这段时间，一般长约 10 个月至 1 年左右。对于女性来说，这是一个愉悦和挑战并存的时期。在这一时期女性经历怀孕、分娩和哺乳，身心要承受巨大的变化，社会角色在这一时期也发生重大的转变。孕哺期的女性不仅要面对身体形态的改变、潜意识的内在冲突以及初为人母所需的情绪调整，还要面临家庭关系的改变以及生育带来的经济以及社会关系方面的压力。孕哺期的女性孕育新生命同时也面临着巨大的挑战。

第一节　孕哺期女性的生理变化

孕哺期女性体内的激素和内分泌等会发生很大的波动，如在孕期会增加 5 倍的雌二醇以及 2.5 倍的血液皮质醇，这些变化随着孕期的不同而不同。① 并且皮质醇、孕激素和雌激素，在分娩之后会迅速

---

* 苏彦捷，北京大学心理学系教授。

① Monga, M., Creasy, R. K. Cardiovascular and renal adaptation to pregnancy [J]. *Maternal-fetal medicine: principles and practice. Philadelphia: WB Saunders*, 1994: 758—67.

下降。① 一方面激素会以很复杂的方式影响产前和产后的情绪和认知,②另一方面随着激素的波动女性大脑结构也会发生变化,塑造出"母亲般的大脑"(maternal brain),从而直接导致认知情绪以及行为方式的变化。③④

第二节 孕哺期对女性认知的影响

认知泛指全部认识过程的总称,包括知觉、注意、记忆、想象、思维等一系列心理活动。⑤

俗话说"生完孩子傻三年",这种在民间流传的观点与用轶事报告法和主观报告法得到的结论一致,生育会对女性的认知造成损害,表现为健忘、迷糊、方向障碍、阅读困难、学习困难等等。⑥⑦⑧

轶事报告法和主观报告法在研究早期中广泛使用,这种研究方法通常是让女性比较自己在孕哺期的某个时间段和非孕哺期的某些认知功能,确定生育是否对认知存在影响。如,在 Welch(1991)的研

---

① Crawley, R. A., Dennison, K., Carter, C. Cognition in pregnancy and the first year post-partum [J]. *Psychology and Psychotherapy: Theory, Research and Practice*, 2003, 76(1): 69—84.

② Heidrich, A., Schleyer, M., Spingler, H., Albert, P., Knoche, M., Fritze, J., Lanczik, M. Postpartum blues: Relationship between notprotein bound steroid hormones in plasma and postpartum mood changes [J]. *Journal of Affective Disorders*, 1994, 30(2):93—98.

③ Numan, M. Neural basis of maternal behavior in the rat [J]. *Psychoneuroendocrinology*, 1998, 13(1):47—62.

④ Rosenblatt, J. S., Mayer, A. D., Giordano, A. L. Hormonal basis during pregnancy for the onset of maternal behavior in the rat [J]. *Psychoneuroendocrinology*, 1998, 13(1): 29—46.

⑤ 车文博,当代西方心理学新词典 [D]. 长春市:吉林人民出版社,2001.

⑥ Brindle, P. M., Brown, M. W., Brown, J., Grif. th, H. B., Turner, G. M. Objective and subjective memory impairment in pregnancy [J]. *Psychological Medicine*, 1991, 21(3): 647—653.

⑦ Silber, M., Almkvist, O., Larsson, B., Uvnas-Moberg, K. Temporary peripartalimpairment in memory and attention and its possible relation to oxytocinconcentration [J]. *Life Sciences*, 1990, 47(1): 57—65.

⑧ Stark, M. A. Is it difficult to concentrate during the 3rd trimester andpostpartum [J]? *Journal of Obstetric, Gynecologic, and Neonatal Nursing*, 2000, 29(4): 378—389.

究中采用主观报告法，结果发现女性报告怀孕使她们的记忆能力和注意力的集中能力减退。①

轶事报告法和主观报告法是女性报告的感受和体验，有很大的主观性。后来用实验室实验法进行客观的测量。很多研究发现生育对女性的认知能力是没有影响的。现有的文献中，生育对认知影响的研究主要集中在记忆和注意力方面。

2.1　记忆

采用主观报告的方法几乎得到一致的结论：怀孕对女性的记忆能力产生损害。Brett 和 Baxendale(2001)的研究表明大概有 50%—80%的女性认为在这一阶段自己的记忆能力有所减退。但是用实验法对记忆进行客观的测量，得到的结果却是很不一致的。② 比如有一些研究就没有发现怀孕对记忆的损害作用。③④

很多研究者将记忆进行分类做进一步的探讨。有些研究结果显示，怀孕时期女性的记忆能力不但没有减退反而有所增强，比如 Buckwalter 等人比较了产后两年、孕晚期和孕早期女性的记忆，结果发现怀孕时期的记忆能力更好。⑤ 也有研究表明怀孕会对词汇偶然回忆(incidental recall)造成轻微的损伤，但是对于有意识去识记词汇

---

① Welch, J. Labouringbrains [J]. *British Medical Journal*, 1991.

② Brett, M., &Baxendale, S. Motherhood and memory: a review [J]. *Psychoneuroendocrinology*, 2001, 26 (4): 339—362.

③ Casey, P., Huntsdale, C., Angus, G., Janes, C. Memory in pregnancy. II: Implicit, incidental, explicit, semantic, short-term, working and prospective memoryInprimigravid, multigravid and postpartum women [J]. *Journal of Psychosomatic Obstetrics and Gynaecology*, 1999, 20 (3): 158—164.

④ McDowall, J., Moriarty, R. Implicit and explicit memory in pregnant women: Ananalysis of data-driven and conceptually driven processes [J]. *HumanExperimental Psychology*, 2000, (53): 729—740.

⑤ Buckwalter, J. G., Stanczyk, F. Z., McCleary, C. A., Bluestein, B. W., Buckwalter, D. K., Rankin, K. P., Goodwin, T. M. Pregnancy, the postpartum, and steroid hormones: Effects on cognition and mood [J]. *Psychoneuroendocrinology*, 1999, 24(1): 69—84.

的记忆不会造成影响。①② Griffth 和 Turner 对 39 名孕妇的外显记忆和内隐记忆进行测试。③ 外显记忆是让被试听十个单词然后让她们直接回忆,内隐记忆则是使用词干补全法来测试。结果显示孕妇和控制组女性的外显记忆没有显著差异,内隐记忆方面的表现却相对较差。但是在后来的研究中也使用类似的方法测量内隐记忆和外显记忆,却发现实验组和对照组的记忆没有显著差异。④ Rendell 和 Henry 综合了 1990 年到 2007 年的 14 篇文献,通过元分析发现,怀孕会对记忆的某些方面产生影响,特别是和执行控制(executive control)有密切关系的记忆,但不是全部的记忆。这种破坏作用会持续到产后。⑤ Onyper 对影响记忆的 11 个因素进行控制(包括工作记忆、执行控制)之后,没有支持这种观点,该研究发现怀孕几乎没有对记忆造成损害,而是智力的差异造成记忆任务上表现的差异。⑥ Cuttler 等人的研究也表明如果用主观报告的方法,孕期的女性会报告她们记忆减退,但是用客观指标来测量这种损害就不存在了。⑦ Cuttler 进一步认为这种差异是因为实验室测量的前瞻性记忆(prospective memory)

---

① Brindle, P. M., Brown, M. W., Brown, J., Grif. th, H. B., Turner, G. M. Objective and subjective memory impairment in pregnancy [J]. *Psychological Medicine*, 1991, 21(3): 647—653.

② Sharp, K., Brindle, P. M., Brown, M. W., Turner, G. M. Memory loss during pregnancy [J]. *British Journal of Obstetrics and Gynaecology*, 1993, 100(3):209—215.

③ Brindle, P. M., Brown, M. W., Brown, J., Griffith, H. B., Turner, G. M. Objective and subjective memory impairment in pregnancy [J]. *Psychological medicine*, 1991, 21(3): 647—653.

④ McDowall, J., Moriarty, R. Implicit and explicit memory in pregnant women: Ananalysis of data-driven and conceptually driven processes [J]. *HumanExperimental Psychology*, 2000, (53): 729—740.

⑤ Rendell, P.G., Henry, J.D. Prospective-memory functioning is affected during pregnancy and postpartum [J]. *Clinical and Experimental Neuropsychology*, 2008, 30(8): 913—919.

⑥ Onyper, S.V., Searleman, A., Thacher, P.V., Maine, E.E., Johnson, A.G. Executive functioning and general cognitive ability in pregnant women and matched controls [J]. *Clinical and Experimental Neuropsychology*, 2001, 32(9): 986—995.

⑦ Cuttler, C., Graf, P., Pawluski, J.L., Galea, L.A.M. Everyday life memorydeficits in pregnant women [J]. *Canadian Journal of Experimental Psychology*, 2001, 65(1): 27—37.

需要更多的努力加工(effortful processing),而努力加工不受怀孕的影响。但是如果是对日常生活的事件的前瞻性记忆进行测试的话,则怀孕仍然会损害记忆。有研究将记忆分为回忆和再认,相对于产后,怀孕对回忆会产生消极的影响,但是对再认没有影响。① Glynn 对怀孕晚期的女性进行词汇回忆测试,发现孕妇的表现比控制组差,作者认为记忆的损害和孕妇体内的荷尔蒙有关,比如,皮质醇水平很低同时雌二醇水平很高的孕妇表现会比其他激素水平状态的女性表现更差。②

除了实验任务以外,很多其他的因素似乎也会影响孕期女性记忆力的表现。初次怀孕的孕妇比有生育经历的孕妇在记忆任务上表现更差。③ 但是在另外的一些研究中,并没有类似的发现。④ 胎儿的性别会对孕妇认知情况产生影响,在工作记忆任务和空间任务中,腹中胎儿是男性的孕妇比胎儿是女性的孕妇表现会更好一些。研究中认为这也许是因为胎儿的性别的不同会对孕妇体内的激素产生不一样的影响。⑤

对于怀孕是否会影响记忆,由于记忆任务的不同,女性自身状态的不同,得出的结论也不一致。

2.2　注意

相对于生育对记忆影响方面的研究,较少有实验探讨生育对注意的影响,并且不同的研究者也得出不一致的结论。注意能力在很

---

① Mickes, L., Wixted, J. T., Shapiro, A., Scarff, J. M. The effects of pregnancy onmemory: Recall is worse but recognition is not [J]. *Clinical and Experimental Neuropsychology*, 2009, 31(6): 754—761.

② Glynn, L. M. Giving birth to a new brain: Hormone exposures of pregnancy influence human memory [J]. *Psychoneuroendocrinology*, 2010, 35(8): 1148—1155.

③ Brindle, P. M., Brown, M. W., Brown, J., Grif. th, H. B., Turner, G. M. Objective and subjective memory impairment in pregnancy [J]. *Psychological Medicine*, 1991, 21(3): 647—653.

④ McDowall, J., Moriarty, R. Implicit and explicit memory in pregnant women: Ananalysis of data-driven and conceptually driven processes [J]. *HumanExperimental Psychology*, 2000, (53): 729—740.

⑤ Vanston, C. M., Watson, N. V. Selective and persistent effect of foetal sex oncognition in pregnant women [J]. *Neuroreport*, 2005, 16(7): 779—782.

多认知的任务中有着非常重要的作用。获得新信息、照顾自己、学习新的技能和行为方式等等,都是对于孕哺期非常重要的事件,也需要女性更多的注意力。但是很多研究却发现孕哺期女性在很多需要注意的任务上表现得很差。①②

Buckwalter 等人用 Stroop 任务和连线测验(trial-making test)比较孕期和产后的注意能力,结果发现产后的成绩显著的好于产前。③ 也有研究用不同的测试任务发现,孕晚期的女性在分散注意和集中注意的任务上表现比其他怀孕时期要差。④

2.3 面部表情识别

情绪对个体的生存有着非常重要的作用。识别别人的表情对于个体来说是一种非常关键的技能,它代表着个体怎样对所处的环境进行知觉。从演化的角度来看,对情绪刺激和情绪信号更加敏感对孕妇自身有积极的作用。因为对环境中潜在威胁的警觉在这个时期非常重要。⑤ 现在的研究都用对面部表情识别任务来测量孕妇对环境中情绪线索的警觉。从怀孕初期到怀孕晚期,荷尔蒙的分泌是一个变化的过程。焦虑的状态对具有威胁性的面部表情(如恐惧和愤怒)的识别是有正性的作用。负性的情绪越严重则对具有威胁性的面部表情越敏感,并且这种趋势越到怀孕晚期表现越明显。

Anderson 的研究发现孕妇对面孔的识别明显敏感于控制组,这种

---

① Brindle, P. M., Brown, M. W., Brown, J., Grif. th, H. B., Turner, G. M. Objective and subjective memory impairment in pregnancy [J]. *Psychological Medicine*, 1991, 21(3): 647—653.

② Silber, M., Almkvist, O., Larsson, B., Uvnas-Moberg, K. Temporary peripartalimpairment in memory and attention and its possible relation to oxytocinconcentration [J]. *Life Sciences*, 1990, 47(1): 57—65.

③ Buckwalter, J. G., Stanczyk, F. Z., McCleary, C. A., Bluestein, B. W., Buckwalter, D. K., Rankin, K. P., Goodwin, T. M. Pregnancy, the postpartum, and steroid hormones: Effects on cognition and mood [J]. *Psychoneuroendocrinology*, 1999, 24(1): 69—84.

④ Crawley, R., Grant, S., Hinshaw, K. I. M. Cognitive Changes in Pregnancy: Mild-Decline or Societal Stereotype [J]. *Applied Cognitive psychology*, 2008, 22(8): 1142—1162.

⑤ Hahn-Holbrook, C., Holbrook, M. G. Haselton Parental precautionneurobiological means and adaptive ends [J]. *Neuroscience and Biobehavioral Reviews*, 2011, 35(4): 1052—1066.

优势特别表现在对自己种族男性面孔的识别上。在人类演化的漫长过程中,男性可能构成孕期女性的重大威胁。增强识别面孔能力,尤其是男性的面孔,可能起到一种自我保护的作用。① Annerine 等人的研究也有类似的发现。孕妇对于恐惧面孔的识别比控制组更加敏感,敏感度随着孕期的不同而有所变化,研究者认为这种变化主要源自激素变化的影响。②

第三节　孕哺期对女性情绪状态的影响

生育,通常被认为是一件值得庆祝的事情,它象征着人类的繁衍和生生不息,象征着希望和憧憬。而与这件事情联系最为密切的母亲似乎应该是充满欢乐和喜悦的。但是纵观对女性孕哺期情绪的研究,很少有对女性积极情绪的研究。大量的研究针对孕哺期的抑郁和焦虑进行探讨。这似乎使得孕哺期女性的情绪呈现一片灰色。在 Jarrah-Zedeh 的早期报告中,可以看到 50% 的孕妇存在下列问题:睡眠问题、情绪波动大、更加容易担忧和抑郁。③ 尽管存在着大量的负性情绪,有研究发现产后比产前女性有更加多的幸福感,但是该研究只是对比了女性在孕哺期幸福感的变化,没有和非孕哺期的女性做对比。④

3.1　孕哺期抑郁

抑郁是孕哺期情绪障碍中研究最多的一种,它的发生率非常高。美国的一项研究显示,在 2000 年有 205000 名女性被诊断为患有各种

---

① Anderson, M. V., Rutherford, M. D.. Recognition of Novel Faces After SingleExposure is Enhanced During Pregnancy [J]. *Evolutionary psychology*, 2011, 9(1): 47—60.

② Annerine, R., Christine, L. et al,. Selective attention to fearful faces during pregnancy [J]. *Progress in Neuro-Psychopharmacology & Biological Psychiatry*, 2012, 37(1): 76—80.

③ Jarrah-Zedeh, A., F., Kane, R. Van de Castale, et al. Emotional and cognitive changes in pregnancy and early puerperium [J]. *The British Journal of Psychiatry*, 1969, 115(524): 797—805.

④ Helga, S., Ann, L. E., Ragnhild, H. Well-being and sense of coherenceduring pregnancy [J]. *ActaObstetriciaetGynecologicaScandinavica*, 2004, 83(12):1112—1118.

程度的抑郁症，在所有住院就诊的女性中，7%是因为抑郁症。①

WHO预测，到2020年，不分年龄和性别，抑郁症将成为对人类健康危害最大的疾病之一，仅次于艾滋病。大量的研究表明女性比男性更容易抑郁。总的来说，女性抑郁的概率是男性的1.5到3倍。②女性激素的波动是造成这种性别差异的主要原因之一。由于和月经周期、怀孕、分娩等相关的类固醇和肽类激素浓度的变化是导致抑郁发生的重要因素，③在女性的整个生命历程中，生育期（15—44岁）是女性抑郁发生的高危时段，然而怀孕和初为人母又增加了抑郁的可能性，由此可见孕哺期是女性抑郁症发生的高峰期。④ 一个流行病学的大样本研究表明，生育期的女性比控制组的女性有更大的抑郁风险。⑤ 这个时期的抑郁不仅对女性自身，也对后代，乃至整个家庭产生重大和深远的影响。⑥⑦

3.1.1 产前抑郁

在怀孕期间，发生在女性中的抑郁叫做产前抑郁或妊娠期抑郁（antenatal depression）。其症状与普通的抑郁（general depression）相似，表现为情绪低落，失去生活的兴趣和乐趣，感觉内疚、低自尊，食

---

① Wang, S., Jiang, X., Jan, W., Chen, C. A. comparative study of postnatal depression and its predictors in Taiwan and mainland China [J]. *Am J ObstetrGynecol*, 2012, 189(5): 1407—1412.

② Goldman, L. S., Nielsen, N. H., Champion, H. C. Awareness, diagnosis, andtreatment of depression [J]. *Gen Intern Med*, 1999, 14(9): 569—580.

③ Young, E., Korszun, A. Psychoneuroendocrinology of depression Hypothalamic-pituitary-gonadal axis [J]. *The Psychiatric Clinics of North America*, 1998, 21(2): 309—323

④ Burke, K. C., Burke Jr, J. D., Rae, D. S., Regier, D. A. Comparing age at onset of major depression and other psychiatric disorders by birth cohorts in five US community populations [J]. *Arch Gen Psychiatry*, 1991, 48(9): 789—795.

⑤ O. Vesga-Lopez, C., Blanco, K., Keyes, M. Olfson, B. F., Grant, D. S. HasinPsychiatric disorders in pregnant and postpartum women in the United States [J]. *Arch Gen Psychiatry*, 2008, 65(7): 805—815

⑥ Goodman, S. H., Tully, E. Depression in women who are mothers [J]. *Women and depression: A handbook for the social, behavioral, and biomedical sciences*, 2006: 241—280.

⑦ O'Hara, M. W. Postpartum depression: Causes and consequences [J]. *Psychiatry*, 1995, 155(2): 303—304.

欲和睡眠受到干扰，精力缺乏，注意力难以集中。① 对产前抑郁的测量，最常使用的是医院抑郁焦虑量表(Hospital Anxiety and Depression-Scale)和爱丁堡抑郁量表(Epidemiological Studies Depression Scale)。

孕期抑郁在很长一段时间内被忽略，比如早期有研究指出，妇女在孕期被收入精神科的比率较低。② Gelder 在一本权威性的专业教科书《牛津精神病学教科书》也认为严重的精神障碍在孕期的发病率是很低的。③ 但是，随着对孕期的进一步了解，有人提出怀孕保护女性免于精神疾病困扰观念是错误的，导致这种错误观念的原因可能是因为孕期妇女忽略了就诊和治疗。④ 由于受到这种错误观念的误导，产前抑郁在近十几年才真正引起人们的重视，相对于产后抑郁，这方面的研究是相对缺乏的。

产前抑郁症发病率的各个研究之间存在着很大的差异。Lee 等人的研究发现 37.1% 的孕妇表现出抑郁症状。⑤ 美国一项大样本的研究发现产前抑郁的概率为 20%。⑥ 对不同的民族，不同的国家的大量研究发现，大约有 10%—20% 的孕妇饱受产前抑郁之苦。⑦ O'Hara 通过元分析发现产前抑郁的比率大概为 13%，被人们广泛接受。⑧ 另外产前抑郁在孕期的三个阶段发生率是不一样的，有研究表明孕期抑郁在整个孕哺期是持续降低的，在早期和中期的概率大概为

---

① Lee, D. T., Chung, T. K.. Postnatal depression: an update [J]. *Best Pract Res Clin. ObstetGynaecol*, 2007, 21(2): 183—191

② Kendell, R. E., Wainwright, S., Hailey, A. The influence of childbirth onpsychiatric morbidity [J]. *Psychol Med*, 1976, 6(2): 297—302.

③ Gelder, M. G., Gath, D., Mayou, R. Concise Oxford textbook of psychiatry [M]. *Oxford university press*, 1994.

④ Spinelli, E., Johansen, A. M. Tales of un-knowing: Therapeutic encounters from an existential perspective [M]. *London: Duckworth*, 1997.

⑤ Lee, A. M,, Lam, S. K., Lau, S. M. S. M., Chong, C. S. Y., Chui, H. W., Fong, D. Y. T. Prevalence, course, and risk factors for antenatal anxiety and depression [J]. *Obstetrics & Gynecology*, 2007, 110(5): 1102—1112.

⑥ Faisal-Cury, A., Menezes, P. R. Prevalence of anxiety and depression during pregnancy in a private setting sample [J]. *Archives of women's mental health*, 2007, 10(1): 25—32.

⑦ Bennett, H. A., Einarson, A., Taddio, A., et al. Prevalence of depression during pregnancy: systematic review [J]. *Obstetrics & Gynecology*, 2004, 103(4): 698—709.

⑧ O'hara, M. W., Swain, A. M. Rates and risk of postpartum depression—a meta-analysis [J]. *International review of psychiatry*, 1996, 8(1): 37—54.

15.5%,早晚期为11.1%,而在产后为8.7%。① 但是也有研究表明在孕早期和孕晚期相对于孕中期更为普遍,并呈现U型曲线。这方面还有待进一步的综合研究。②

孕期的女性是胎儿生长的环境,这时期心理生理的变化和状态都对胎儿造成影响,这种影响会持续到青春期乃至以后。对于女性自身,孕期抑郁使得女性没有能力照顾好自己。研究发现抑郁的孕妇更加容易营养不良,药物滥用,酗酒和使用毒品,并且会忽略产前就诊和检查。③ 这些不良的行为都会破坏孕妇的身体和心理健康。产前抑郁和由产前抑郁附带的一系列不良行为结果和情绪也会抑制胎儿的生长和发展。比如很多研究都发现抑郁的母亲所生的婴儿更多低体重、早产等等。④ 一个纵向研究显示,相对于产前没有抑郁的女性,抑郁的女性所生的孩子在11年后IQ得分更低,出现更多的注意力问题,数学能力方面也存在更多的缺陷。⑤ Hay的研究也表明抑郁母亲的孩子在青春期有更多暴力行为,这也和情绪管理有关系。⑥

很多因素可能预测产前抑郁,在前期的研究中可以发现,低龄、低收入、低教育水平、抑郁史、低自尊、低社会支持等因素都和高的产

---

① Felice, E., Saliba, J., Grech, V., et al. Prevalence rates and psychosocial characteristics associated with depression in pregnancy and postpartum in Maltese women [J]. *Journal of affective disorders*, 2004, 82(2): 297—301.

② Lee, A. M,, Lam, S. K., Lau, S. M. S. M., Chong, C. S. Y., Chui, H. W., Fong, D. Y. T. Prevalence, course, and risk factors for antenatal anxiety and depression [J]. *Obstetrics & Gynecology*, 2007, 110(5): 1102—1112.

③ Zuckerman, B., Amaro, H., Bauchner, H., Cabral, H. Depressive symptoms during pregnancy: relationship to poor health behaviors [J]. *American journal ofobstetrics and gynecology*, 1989, 160(5): 1107—1111.

④ Wolkind, S. Pre-natal emotional stress—effects on the foetus, in Pregnancy: A Psychological and Social Study [M]. Edited by: Wolkind S, Zajicek E. Academic Press: London. 1981. [M]. London:Wolkind S, Zajicek E, 1981.

⑤ Hay, D. F., Pawlby, S., Sharp, D., Asten, P., Mills, A., Kumar, R Intellectual problems shown by 11-year-old children whose mothers had postnatal depression [J]. *Journal of Child Psychology and Psychiatry*, 2001, 42(7): 871—889.

⑥ Hay, D. F., Pawlby, S., Angold, A., et al. Pathways to violence in the children of mothers who were depressed postpartum [J]. Developmental psychology, 2003, 39(6): 1083.

前抑郁联系在一起。①②③④ Bronwyn 和 Jeannette 等人用回归分析的方法发现低自尊、产前焦虑、低社会支持、不良认知方式、生活事件、低收入、曾被虐待都是对产前抑郁显著的预测因素。其中,产前焦虑、低自尊、社会支持对产前抑郁的影响因素最大。⑤ Kane 等人收集了 1980 年到 2008 年的 57 篇文献,进行综合研究发现,除了上述提到的影响因素以外,抑郁史、意外怀孕、家庭暴力、教育水平、单身母亲、婚姻关系与产前抑郁也关系密切。⑥

3.1.2 *产后抑郁*

产后通常被认为是充满压力的时期。分娩使得女性内分泌发生巨大的变化,这一时期荷尔蒙的变化非常显著,是心理疾病很容易发生的时期,其中最常见的就是抑郁症(generalized depression disorder)。根据其严重程度不同可分产后忧郁、产后抑郁和产后精神错乱。

产后忧郁(postpartum blue)是指在产后 7—10 天左右出现的一种情绪状态。常常表现为情绪不稳定、易怒、易流泪、疲劳、迷乱和人际过敏,或者有时病态的兴奋。⑦ 产后忧郁的发病机制是非常复杂的,

---

① Marcus, S. M., Flynn, H. A., Blow, F. C., et al. Depressive symptoms among pregnant women screened in obstetrics settings [J]. *Journal of Women's Health*, 2003, 12(4): 373—380.

② Bolton, H. L., Hughes, P. M., Turton, P. Incidence and demographic correlates of depressive symptoms during pregnancy in an inner London population [J]. *Journal of Psychosomatic Obstetrics & Gynecology*, 1998, 19(4): 202—209.

③ Ritter, C., Hobfoll, S. E., Lavin, J., Cameron, R. P., Hulsizer, M. R. Stress, psychosocial resources, and depressive symptomatology during pregnancy inlow-income, inner-city women [J]. *Health Psychology*, 2000, 19(6): 576.

④ Da Costa, D., Larouche, J., Dritsa, M., Brender, W. Psychosocial correlates of prepartum and postpartum depressed mood [J]. *Journal of Affective Disorders*, 2000, 59(1): 31—40.

⑤ Leigh B, Milgrom J. Risk factors for antenatal depression, postnatal depression and parenting stress [J]. *BMC psychiatry*, 2008, 8(1): 24.

⑥ Kane, F. J., Harman, W. J., Keeler, M. H., Ewing, J. A. Risk factors for depressive symptoms during pregnancy [J]. *Archives of women's mental health*, 2011, 14(2): 99—105.

⑦ Kane, F. J., Harman, W. J., Keeler, M. H., et al. Emotional and cognitive disturbance in the early puerperium [J]. The British Journal of Psychiatry, 1968, 114(506): 99—102.

目前没有明确的生理指标对产后忧郁进行很好的预测。产后忧郁一般被认为是非常普遍的,其发生率在各个文献中的报告不等,大约为25%—85 %。并且是短暂的,一般情况下不需要就医,但是产后忧郁是不能被忽略的,因为它能预测产后抑郁。①

产后抑郁和产后忧郁是不一样的。对于产后抑郁来讲,不仅仅是短暂的一段时间,它有可能持续到产后一年。产后抑郁多发生在产后4周到产后半年。根据美国精神病协会(American Psychiatric Association)的资料来看,产后抑郁和普通的抑郁症的诊断标准基本一致,比如抑郁的情绪、失去活动的兴趣和乐趣等。我们也应该看到产后抑郁也有它独特的表现,比如无法应付婴儿的感情需要,疲劳和烦躁。② 产后抑郁有专门的诊断量表,常用的量表为爱丁堡产后抑郁量表(EPDS),它有很好的信效度,另外一个临床上常用的量表是产后抑郁筛查量表(Postpartum Depression Screening Scale)。

产后精神错乱是一种严重的精神疾病,通常情况下在产后2周内发病。必须进行临床治疗。患产后精神错乱的女性表现出非常严重的抑郁、兴奋、混乱、失望感、羞耻感、妄想、错觉幻觉、说话急促、狂躁等症状。③ 但是产后精神错乱只有0.1%的发生概率。

产后抑郁因为其发病率广,对孕妇自身以及胎儿乃至整个家庭的影响很大,所以备受关注。一篇元分析,收录了2004年到2005年的研究共143篇,包括了40个国家的数据,结果表明产后抑郁的发生率在0%—66%之间,差异非常大。大家普遍认为的发生概率为6.5%—13%。④ 在不同的阶段,产后抑郁的发生率是不一样的,

---

① Chen, T. H., Lan, T. H., Yang, C. Y., et al. Postpartum mood disorders may be related to a decreased insulin level after delivery [J]. *Medical hypotheses*, 2006, 66(4): 820—823.

② Robinson, G. E., Stewart, D. E. Postpartum psychiatric disorders [J]. *CMAJ: Canadian Medical Association Journal*, 1986, 134(1): 31.

③ Brockington, I. F., Cernik, K. F., Schofield, E. M., Downing, A. R., Francis, A. F., Keelan, C. Puerperal psychosis. Phenomena and diagnosis [J]. *Arch Gen Psychiatry*, 1981, 38(7): 829.

④ Cantilino, A., Zambaldi, F. C., Lcena, T. Postpartum depression on Recife-Brazil: prevalence and association with bio-sociodemographicfactors [J]. *Bras Psiquiatr*, 2010, 59(1): 1—9.

Gavin 等人进行了充分的分析以后认为产后抑郁在产后前三个月的发病率是 19.2%，其中中度抑郁和严重抑郁的占 7.1%。[①] 从现在的研究结果来看，女性在产后一段时间内的抑郁症是比较普遍的。

和产前抑郁一样，产后抑郁对婴儿的认知、社会能力、情绪发展等方面都会造成负性的影响。影响不仅仅是表现在婴儿期，还会持续到幼儿、青少年甚至是成年期。[②③] 产后抑郁对母子的关系有很严重的破坏作用。相对于不抑郁的母亲，产后抑郁的母亲更少注视自己的孩子，婴儿发出的信号也更少被注意，对婴儿也会表现出更多负性的面部表情，并且反应平淡，活动水平低。[④] 有些抑郁的母亲甚至间断的完全和孩子脱离。[⑤] 对于母亲的这些行为反应，抑郁症母亲的孩子也相应的表现出较少的和母亲视线接触，更少的玩耍行为和积极情绪，更高的回避型行为，更多的睡眠和吵闹。抑郁症母亲和孩子之间的依恋也更多的表现为不安全依恋。[⑥]

甄别出哪些因素对产后抑郁产生影响是非常重要的一件事情。各个领域的研究者，从不同的角度对产后抑郁的影响因素进行积极的探索。从几篇元分析的文章中我们可以发现，有一些因素和产后抑郁联系非常密切：产前的抑郁和焦虑，产后忧郁，抑郁症史，生活事

---

① Gavin, N. I., Gaynes, B. N., Lohr, K. N., et al. Perinatal depression: a systematic review of prevalence and incidence [J]. Obstetrics & Gynecology, 2005, 106(5, Part 1): 1071—1083.

② Milgrom, J., Westley, D. T., Gemmill, A. W. The mediating role of maternal responsiveness in some longer term effects of postnatal depression on infant development [J]. *Infant Behavior and Development*, 2004, 27(4): 443—454.

③ Murray, L., Cooper, P. J. The impact of postpartum depression on child development. *International Review of Psychiatry*, 1996, 8(1): 55—63.

④ Field, . T, Hernandez-Reif, M., Feijo, L. Breastfeeding in depressed mother-infant dyads [J]. *Early Child Development and Care*, 2002, 172(6): 539—545.

⑤ Cohn, J. F., Matias, R., Tronick, E. Z., Connell, D., Lyons-Ruth, K. Face-to-face interactions of depressed mothers and their infants [J]. *New Directions for Child and Adolescent Development*, 1986, 1986(34): 31—45.

⑥ Martins, C., Gaffan, E. A. Effects of Early Maternal Depression on Patterns of Infant-Mother Attachment: A Meta-analytic Investigation [J]. *Journal of Child Psychology and Psychiatry*, 2000, 41(6): 737—746.

件,婚姻关系,社会支持。①②③ 另外一些因素和产后抑郁有一定的关系,但是相关度不高:经济状况、产科方面的因素(比如,有无并发症)、婴儿的气质。④ 还有元分析发现了家庭暴力和产后抑郁也有密切的关系。⑤

3.1.3 哺乳和产后抑郁

众多的研究发现,哺乳对母亲和婴儿有很多益处。哺乳能促进女性的身体健康,比如哺乳有助于减少胃肠道症状(胃部不适,腹泻,便秘等)和心血管症状(心动过速,心绞痛等),⑥哺乳的女性较少患2型糖尿病,特别是对于完全母乳喂养婴儿的母亲,患该病的可能性更小。⑦ 也有研究显示,应对生理上的压力,哺乳对其有缓冲作用。⑧

母乳喂养的婴儿也表现出更少的健康问题,免疫系统也更好,更加活跃、更多的容易型气质,更少吵闹,更加喜欢社交。⑨⑩⑪⑫ 并且

---

① O'hara, M. W., Swain, A. M. Rates and risk of postpartum depression—a meta-analysis [J]. *International review of psychiatry*, 1996, 8(1): 37—54.

② Beck, C. T. Predictors of postpartum depression: an update [J]. *Nursing research*, 2001, 50(5): 275—285.

③ Robertson, E., Grace, S., Wallington, T., Stewart, D.E. Antenatal risk factors for postpartum depression: a synthesis of recent literature [J]. *General hospital psychiatry*, 2004, 26(4): 289—295.

④ Beck, C. T. Predictors of postpartum depression: an update [J]. *Nursing research*, 2001, 50(5): 275—285.

⑤ Qian, W., Hong, L. C., Xu, J. X. Violence as a risk factor for postpartum depression in mothers: a meta-analysis [J]. *Archives of women's mental health*, 2012, 15(2): 107—114.

⑥ Mezzacappa, E. S., Guethlein, W., Katkin, E. S. Breastfeeding and maternal health in online mothers. *AnnBehav Med*, 2002, 24(4): 299—309.

⑦ Miller, A. R. The effects of motherhood timing on career path [J]. *Journal of Population Economics*, 2011, 24(3): 1071—1100.

⑧ Altemus, M., Redwine, L. S., Leong, Y., Frye, C. A., Porges, S. W., Carter, C. S. Responses to laboratory psychosocial stress in postpartum women [J]. *Psychsom Med.* 2001, 63(5): 814—821.

⑨ Jackson, K. M., Nazar, A. M. Breastfeeding, the immune response, and long-term health [J]. *Journal of the American Osteopathic Association*, 2006, 106(4): 203—207.

⑩ Cohn, J. F., Matias, R., Tronick, E. Z., Connell, D., Lyons-Ruth, K. Face-to-face interactions of depressed mothers and their infants [J]. *New Directions for Child and Adolescent Development*, 1986, 1986(34): 31—45.

⑪ VanDiver, T. Relationship of mothers' perceptions and behavior to the duration of breastfeeding [J], *Psychological Reports*, 1997, 80(3c): 1375—1384.

⑫ Worobey, J. Feeding method and motor activity in 3-month-old human infants [J]. *Perceptual and motor skills*, 1998, 86(3): 883—895.

哺乳对母子之间的依恋关系也有好处。① 母乳喂养的婴儿对母亲表现出更多的目光追随和身体接触，认知和运动能力的发展也更好，甚至更高的 IQ 得分。②③④⑤

综合各个研究结果来看，哺乳和产后抑郁的关系不是很明确。Warner 等人进行大样本研究发现，在产后 6 周到 8 周，哺乳和产后抑郁是没有关系的。⑥ 但是 Hannah 等人比较了产后 6 周哺乳的女性和用奶瓶喂养的女性在抑郁量表上的分数，结果表明用奶瓶喂养的母亲表现出更高的抑郁水平。⑦ Abou-Saleh 等人使用爱丁堡产后抑郁量表（EPSD）发现哺乳女性的 EPDS 分数有更少的得分。⑧ 同时也有研究者认为是抑郁降低了哺乳的概率，而并非是哺乳有抗抑郁的作用。Green 和 Murray 在英国的一个大样本研究测量了怀孕和产后 6 周的情况，表明孕期抑郁的女性更少哺乳。⑨ 有研究得到类似的结

---

① Cohn, J. F., Matias, R., Tronick, E. Z., Connell, D., Lyons-Ruth, K. Face-to-face interactions of depressed mothers and their infants [J]. *New Directions for Child and Adolescent Development*, 1986, 1986(34): 31—45.

② Kuzela, A., Stifter, C., Worobey, J. Breastfeeding and mother—infant interactions [J]. *Journal of Reproductive and Infant Psychology*, 1990, 8(3): 185—194.

③ Lavelli, M., &Poli, M. Early mother—infant interaction during breast- and bottle-feeding [J]. *Infant Behavior and Development*, 1998, 21(4): 667—683.

④ Gerrish, C. J., Mennella, J. A. Short-term influence of breastfeeding on the infants' interaction with the environment [J]. *Developmental Psychobiology*, 2000, 36(1): 40—48.

⑤ Hoffman, D. R., Birch, E. E., Birch, D. G., et al. Impact of early dietary intake and blood lipid composition of long-chain polyunsaturated fatty acids on later visual development [J]. *Journal of pediatric gastroenterology and nutrition*, 2000, 31(5): 540—553.

⑥ Warner, R., Appleby, L, Whitton, A., et al. Demographic and obstetric risk factors for postnatal psychiatric morbidity [J]. *The British Journal of Psychiatry*, 1996, 168(5): 607—611.

⑦ Hannah, P., Adams, D., Lee, A., Glover, V., Sandler, M. Links between early post-partum mood and postnatal depression [J]. *Br J Psychiatr*, 1992 60(6): 777—780.

⑧ Abou-Saleh, M. T., Ghubash, R. The prevalence of earlypostpartum psychiatric morbidity in Dubai: a transcultural perspective [J]. *ActaPsychiatr*. 1997, 95 (5), 428—432.

⑨ Green, J., Murray, D. The use of the Edinburgh Postnatal Depression Scale in research to explore the relationship between antenatal and postnatal dysphoria [J]. Perinatal Psychiatry: Use and Misuse of the Edinburgh Postnatal Depression Scale. Edited by Cox J. London, Gaskell, 1994: 180—198.

论，产前抑郁能预测哺乳的意愿。① 产后早期的抑郁症状也会影响女性之后的哺乳行为。②

3.2 孕哺期焦虑

焦虑开始发生的平均年龄是20岁早期。③ 这正是大多数女性开始生育的年龄。但是相对于孕哺期抑郁的大量研究相比，焦虑的研究非常有限。

3.2.1 孕期焦虑

焦虑被认为是一种紧张、焦急、忧虑、担心和恐惧等感受交织而成的一种复杂的情绪反应。④ 而孕期的焦虑是一种对于怀孕、分娩、婴儿健康紧密联系的焦虑状态。⑤ 孕期的女性有特殊的经历和感受，这时期的女性都表现出紧张和害怕。Light 和 Fenster 的研究表明孕期的妇女总是对将要发生的未知的事情感到忧虑：87%的孕妇为自己未出生的婴儿的幸福感到担忧，74%为分娩担忧，52%则担心生育使自己失去身体上的吸引力。⑥ 在 Sjögren 的研究中提到孕期女性害怕没有能力承受分娩的疼痛，以及对分娩失去控制感，担心自己今后的生活以及自己孩子的生活，也担心因为生育而带来的生活和事业上的改变。⑦

在早期的研究中，研究者对孕妇焦虑的测量使用的是一般焦虑

---

① Cooper, P. J., Murray, L., Stein, A. Psychosocial factors associated with the early termination of breast-feeding [J]. *Psychosom Res*, 1993, 37(2): 171—176.

② Hatton, D. C., Harrison-Hohner, J., Coste, S., et al. Symptoms of postpartum depression and breastfeeding [J]. *Journal of Human Lactation*, 2005, 21(4): 444—449.

③ Kessler, R. C., McGonagle, K. A., Zhao, S., et al. Lifetime and 12-month prevalence of DSM-III-R psychiatric disorders in the United States: results from the National Comorbidity Survey [J]. *Archives of general psychiatry*, 1994, 51(1): 8.

④ Spielberger, C. D. Manual for the State-Trait Anxiety Inventory STAI (Form Y) ("Self-Evaluation Questionnaire") [J]. 1983.

⑤ Levin, J. S. The factor structure of the Pregnancy Anxiety Scale. *J Health Soc Behavior*, 1991: 368—381.

⑥ Light, H. K., Fenster, C. Maternal concerns during pregnancy [J]. *American journal of obstetrics and gynecology*, 1974, 118(1): 46.

⑦ Sjögren, B. Reasons for anxiety about childbirth in 100 pregnant women [J]. *Journal of Psychosomatic Obstetrics & Gynecology*, 1997, 18(4): 266—272.

量表,如状态特质焦虑量表(State-Trait Anxiety Inventory)和显性焦虑量表(Manifest Anxiety Scale)。这些量表没有涉及对孕期这一特殊时期焦虑情况的测量。在20世纪70年代早期Burstein等人设计了妊娠焦虑量表(Pregnancy Anxiety Scale),该量表测试了和孕期相关的焦虑,包括三个方面:对怀孕本身的焦虑,对胎儿的焦虑,以及对分娩住院(hospitalization)的焦虑。① 后来有研究者对大量数据进行分析之后,将孕期的焦虑分为一种"普遍的焦虑"和五个"特殊的焦虑"(身体上的焦虑、有关胎儿的焦虑、分娩的焦虑、抚育幼儿的焦虑、婴儿喂养的焦虑),总之女性孕期特定焦虑的特点主要集中在对怀孕分娩和今后对后代的抚育上。

和孕期抑郁一样,孕期的焦虑在早期的研究中被忽视,对于孕期焦虑的研究数据也是很缺乏的。但是几乎所有的研究都表明,孕期焦虑很常见,甚至在孕期各个阶段出现的概率比抑郁更加普遍。② 通常认为焦虑在孕期发生的概率为11.4%,而在产后则下降到8%。③ 在整个孕期过程中抑郁和焦虑的发生率都是倒U型的曲线,在第二期较少的发生。④

女性孕期的焦虑也和更多的不健康行为联系在一起,比如更多的吸烟酗酒行为和忽略产期检查。这些行为本身可能就是焦虑的体现,也可能是孕妇为了应对焦虑而做出的反应,但是不管怎样焦虑和与焦虑相关的行为都对孕妇自身和胎儿产生不良的影响。早期的研究发现孕期的焦虑和胎儿的心率、胎动、婴儿期的气质有关系。⑤ 孕期的焦虑对儿童期的情绪也会造成影响,在控制了孕期抑郁症状之

---

① Burstein, I., Kinch, R. A., Stern, L. (1974). Anxiety, pregnancy, labor, and the neonate [J]. *American journal of obstetrics and gynecology*, 1974, 118(2): 195.

② Lee, A. M., Lam, S. K., Lau, S. M., et al. Prevalence, course, and risk factors for antenatal anxiety and depression [J]. *Obstetrics & Gynecology*, 2007, 110(5): 1102—1112.

③ Andersson, L., Sundström-Poromaa, I., Wulff, M., Aström, & M., Bixo, M. Depression and anxiety during pregnancy and six months postpartum: a follow-up study [J]. *ActaObstetGynecolScand*, 2001, 85(8): 937—944.

④ Lee, A. M., Lam, S. K., Lau, S. M., et al. Prevalence, course, and risk factors for antenatal anxiety and depression [J]. *Obstetrics & Gynecology*, 2007, 110(5): 1102—1112.

⑤ Van den, B. B. The influence of maternal emotions during pregnancy on fetal and neonatal behavior [J]. *Pre-Peri-Nat Psychol*, 1990.

后，发现孕期焦虑女性的孩子，在儿童期表现出更多的行为和情绪问题。① Heather 的研究也验证了该观点，他们对孕期女性吸烟、经济状态、抑郁等会对胎儿情绪造成影响的因素进行控制之后，发现孕期的焦虑会单独对婴儿的情绪产生影响。这也验证了孕期焦虑和孕期抑郁是两种不同的情绪障碍。②

对于产前焦虑的影响因素，缺少综合的全面的分析。Aktan 指出社会支持和孕期焦虑有非常大的关系。③ 低收入的女性的孕晚期的焦虑研究发现，社会支持对焦虑的预测作用很大。生活压力大和社会支持少的女性焦虑的风险也非常大。④

3.2.2 产后焦虑

产后焦虑是产后非常普遍的一种情绪障碍，甚至比产后抑郁更加普遍，Wenzel 等人的研究表明产后焦虑的发生率比抑郁的发生率要高至少三倍。⑤ 和产前焦虑一样，相对于产后抑郁，产后焦虑的研究仍然屈指可数，其中主要原因也是因为产后抑郁和产后焦虑是联系在一起的，人们经常混淆。⑥ 貌似经历产后抑郁的女性也同时经历着产后焦虑。但是我们还是要认识到，产后焦虑往往是单独的一种情绪障碍。⑦

---

① O'CONNOR, T. G., Heron, J., Golding, J., Beveridge, M., Glover, V. Maternal antenatal anxiety and children's behavioural/emotional problems at 4 years Report from the Avon Longitudinal Study of Parents and Children [J]. *The British Journal of Psychiatry*, 2002, 180 (6): 502—508.

② Heather, L. L., Carmen, R. B., Abbey, B. B. Correlates of anxiety symptoms during pregnancy and association with perinatal outcomes: a meta-analysis [J]. *Department of Psychology*, 2007, 196(5): 424—432.

③ Aktan, N. M. Social Support and Anxiety in Pregnant and Postpartum Women A Secondary Analysis [J]. *Clinical Nursing Research*, 2012, 21(2): 183—194.

④ Zachariah, R. Social support, life stress, and anxiety as predictors of pregnancy complications in low-income women [J]. *Research in nursing & health*, 2009, 32(4): 391—404.

⑤ Wenzel, A., Haugen, E. N., Jackson, L. C., et al. Anxiety symptoms anddisorders at eight weeks postpartum [J]. *Journal of anxiety disorders*, 2005, 19(3): 295—311.

⑥ Maser, J. D., Cloninger, C. R. Comorbidity of mood and anxietydisorders [M]. *American Psychiatric Pub*, 1990.

⑦ Brown, T. A., Campbell, L. A., Lehman, C. L., Grisham, J. R., Mancill, R. B. Current and lifetime comorbidity of the DSM-IV anxiety and mood disorders in alarge clinical sample [J]. *Journal of Abnormal Psychology*, 2001, 110(4): 585.

几乎没有专门的为产后焦虑制定的量表，通常使用一般焦虑（GAD）量表对产后焦虑进行测量。比较常用的是美国精神疾病诊断（DSM-IV）中的对焦虑测量的子量表，或者是贝克焦虑量表（Beck Anxiety Inventory）。

Wenzel认为在产后的六个月里面，焦虑发生的概率为6.1%—27.9%。[①] 对澳大利亚的大样本研究显示12.7%的女性表现出焦虑症状。[②] 和产后抑郁一样，产后焦虑会产生各种消极的影响，比如婴儿的气质，儿童期的情绪和行为，以及母子关系。[③④⑤] 关于产后焦虑对女性自身和婴儿发展的影响，很多研究都将产后焦虑和产后抑郁一起研究，很少有单独的研究。

有研究表明女性的人格特质、教育水平、抑郁史、收入水平都会预测产后时的焦虑状态，研究者特别强调了和压力（stress）联系在一起的事件对产后焦虑的作用非常大。[⑥] 社会支持对产后焦虑的预测作用非常大，这可能是社会支持能帮助女性应对生活压力。[⑦]

3.3　孕哺期女性情绪研究的不足与展望

对于大多数女性来说，孕哺期孕育了新生命，这个小生命也会给

---

① Wenzel, A., Haugen, E. N., Jackson, L. C., et al. Anxiety symptoms anddisorders at eight weeks postpartum [J]. *Journal of anxiety disorders*, 2005, 19(3): 295—311.

② Yelland, J., Sutherland, G., Brown, S. J. Postpartum anxiety, depression and social health: findings from a population-based survey of Australian women [J]. *BMC Public Health*, 2010, 10(1): 771.

③ Huizink, A. C., Mulder, E. J. H., Robles de Medina, P. G, et al. Is pregnancy anxiety a distinctive syndrome? [J]. *Early human development*, 2004, 79(2): 81—91.

④ O'CONNOR, T. G., Heron, J., Glover, V. Antenatal anxiety predicts child behavioral/emotional problems independently of postnatal depression [J]. *Journal of the American Academy of Child & Adolescent Psychiatry*, 2002, 41(12): 1470—1477.

⑤ Davis, E. P., Snidman, N., Wadhwa, P. D., et al. Prenatal maternal anxiety and depression predict negative behavioral reactivity in infancy [J]. *Infancy*, 2004, 6(3): 319—331.

⑥ Britton, J. R. Maternal anxiety: course and antecedents during the early postpartum period [J]. *Depression and anxiety*, 2008, 25(9): 793—800.

⑦ Yelland, J., Sutherland, G., Brown, S. J. Postpartum anxiety, depression and social health: findings from a population-based survey of Australian women [J]. *BMC Public Health*, 2010, 10(1): 771.

母亲带来幸福和快乐，同时女性要承担起作为母亲的责任。这一时期的主观幸福感、责任感、自尊、自我效能感方面似乎应该都会有所变化，但是这方面的研究非常有限。这一时期的心理状态几乎都集中在对孕哺期女性消极的心理状态的研究上，缺少对这一时期女性积极情绪情感状态的描述，因此很难了解孕哺期女性心理状态的全貌。

对于探索女性孕哺期的心理状态，跨文化的研究有着重要的意义。但是我们发现关于孕哺期抑郁和焦虑，几乎都是对发达国家的研究。有证据表明孕哺期抑郁的发生概率在发展中国家和发达国家之间的差异较大。①在 Goodman 的综述中发现，对非西方国家的数据研究显示，产后抑郁的发生率有很大的差异，为 0.5% 到 60% 之间。发展中国家产后抑郁的概率大约为 30%，并且产后抑郁持续时间相对较长。之后的研究也证明了产后抑郁的跨文化差异。② 对印度的研究发现抑郁的概率为 26.3%。对巴基斯坦女性的研究显示在整个孕哺期的过程中，有 57% 的女性一直处在抑郁状态中，这显著高于发达国家的水平。③ 所以对于发展中国家女性情绪的进一步研究和干预尤为重要。

第四节　孕哺期对女性职业发展的影响

随着时代的发展，女性的社会角色发生了很大的变化。越来越多的女性涌入劳动力市场，并在各行各业中发挥着重要的作用。在职业生涯中，女性必须面临生育对职业发展的影响。

---

① Halbreich, U., Karkunm, S. Cross-cultural and social diversity of prevalence of postpartum depression and depressive symptoms [J]. *Journal of affective disorders*, 2006, 91(2): 97—111.

② Goodman, J. H. Postpartum depression beyond the early postpartum period [J]. *Journal of Obstetric, Gynecologic, & Neonatal Nursing*, 2004, 33(4): 410—420.

③ Rahman, A., Creed, F. Outcome of prenatal depression and risk factors associated with persistence in the first postnatal year: Prospective study from Rawalpindi, Pakistan [J]. *Journal of affective disorders*, 2007, 100(1): 115—121.

4.1　生育是女性职业发展中的障碍

根据内容和任务的不同，职业发展被认为是由各个阶段组合而成的连续发展的过程。① 基于年龄阶段的经典职业发展模型成为职业发展的理论基础。② 这些理论背后的基本假设是，在不同的年龄阶段有不同的发展任务。但是女性在职业发展过程中，有着自身的特点，她们几乎都面对着"生育"这个特殊的障碍，因此早期的职业发展理论几乎只是适用于男性。③

4.1.1　女性职业发展中的"玻璃天花板"现象

上世纪 80 年代，Hymowitz 与 Schellhardt 发表在《华尔街日报》的一篇文章中提出女性在职业发展中存在着"玻璃天花板"效应。④ 这是一个形象的比喻，用来形容大多数女性在职业发展中遇到的困境：虽然没有研究者或组织机构明确指出女性由于自身的特点不适合或不能胜任高级别职位，但是存在看不见的"天花板"，阻碍女性在职场中爬到金字塔的顶端。高职位对于女性来说似乎近在眼前却又遥不可及。

不管是在发达国家还是在发展中国家，我们都能够看到，许多高素质的知识女性跻身于中层管理者行列，但是仍被排斥在高级别职位之外。一项美国的调查显示，1972 年女性主管在管理者中的比例为 18%，而到 2002 年这个比例上升到 46%，尽管女性管理者的数量有所增加，但是高层管理者中，女性的人数仍然是凤毛麟角。⑤ 头衔为

---

① Greenhaus, J. H., Collins, K. M. Shaw J D. The relation between work—family balance and quality of life [J]. *Journal of Vocational Behavior*, 2003, (63).

② Super, D. E. A life-span, life-space approach to career development [J]. *Journal of vocational behavior*, 1980, 16(3): 282—298.

③ Stamp, G. Some observations on the career paths of women [J]. *The Journal of applied behavioral science*, 1986, 22(4): 385—396.

④ Hymowitz, C., Schellhardt, T. D. The glass ceiling: Why women can't seem to break the invisible barrier that blocks them from the top jobs [J]. *The Wall Street Journal*, 1986, 24.

⑤ Hoobler, J. M., Wayne, S. J., Lemmon G. Bosses' perceptions of family-work conflict and women's promotability: Glass ceiling effects [J]. *Academy of Management Journal*, 2009, 52(5): 939—957.

“董事长”“CEO”“COO”“执行副总裁”等的高管中,女性只占到7%。①

4.1.2 生育影响女性职业发展轨迹

对各个国家的大量研究发现,女性职业发展有着特殊的轨迹。对于女性就业率和年龄之间的关系,比较典型的是“倒U”型和“M”型模式。“倒U型”模式是指在中年期就业率最高,生育后迅速就业,生育对职业发展的阻断时间非常短。② 这种模式在欧美国家居多。“M”模式其特点是女性婚前或生育前普遍就业,婚后或生育后暂时性的中断工作,日本女性职业发展的轨迹是比较典型的“M”型模式:在三十岁左右女性就业率大幅度下降。③ “M”型发展轨迹最能显示出生育对女性职业发展的影响。

女性生育高峰是就业率的低谷,孕哺期是一段持续一年到两年的时期,它会破坏女性职业生涯的连贯性,对职业发展造成阻断。④对于大多数女性来说,生育之后,对幼儿的抚养和教育是影响她们是否会去工作的重要因素。高薪和较短的工作时间是促使女性回去工作的重要因素。⑤ 在德国的一个大样本研究中,收集1975到2001年的数据,比较男性和女性在整个生命历程中找工作所用的时间。结果发现,生育年龄阶段(25—36岁),工作更替过程中,女性比男性再就业所用的时间更长。但是在更年轻和更大年龄阶段就没有这种差异。这表明生育使得女性损失更多的就业机会,也影响女性在劳动力市场中的流动。⑥

---

① Catalyst, inc. The Double-Bind Dilemma for Women in Leadership: Damned If You Do, Doomed If You Don't [M]. Catalyst, 2007.

② Klerman, J. A., Leibowitz, A. Child care and women's return to work after childbirth [J]. *The American Economic Review*, 1990, 80(2): 284—288.

③ Nakamura, J., Ueda, A. On the determinants of career interruption by childbirthamong married women in Japan [J]. *Journal of the Japanese and International Economies*, 1999, 13 (1): 73—89.

④ Whittington, L., Averett, S., Anderson, D. Choosing children over career? Changes in the postpartum labor force behavior of professional women [J]. *Population Research and Policy Review*, 2000, 19(4): 339—355.

⑤ Kunze, A., Kenneth R. T. Life-cycle patterns in male/female differences in job search [J]. *Labour Economics*, 2012, 19(2): 176—185.

⑥ Ibid., 176—185.

4.1.3　"motherhood penalty"的普遍存在

在不同的经济和文化背景下,普遍认为职业女性正经历着"motherhood penalty"或者"child penalty"即生育后的女性收入低于没有生育过的女性。①②③ 这种收入之间的差异有时候大于两性收入差距,并且这种差距随着年龄、受教育程度、工作经验,孩子数量的增加而增大。④

加拿大的研究也表明,有孩子的女性是没有孩子的女性收入的87.3%。⑤ 对比美国、英国和德国生育年龄女性的收入调查发现,孩子数量和女性收入负相关,每一个孩子使得女性收入减少9%—18%,这种效应的作用大小在各个国家之间也不同。对于美国和英国,这种效应主要是由于生育后的女性倾向于从事能够兼顾家庭和孩子(mother-friendly)的工作。⑥

根据女性离开岗位的时间长度不同,"motherhood penalty"的效应也不一样,离开时间越长对收入的负面作用越大,特别是因生育而中断职业生涯三年以上的女性和从来没有中断过职业发展的女性之间的收入差距更大。⑦

但是与此同时,有些研究者提出并不是生育直接导致女性收入的减少,在控制一些相关变量之后得出了不一样的结果。生育对于女性收入的消极作用不是一个持续的长期的过程。只是由于生育而

---

① Korenman, S. Neumark, D. Does marriage really make men more productive? [J]. *Journal of Human Resources*, 1991: 282—307.

② Waldfogel, J. The family gap for young women in the United States and Britain: Can maternity leave make a difference? [J]. *Journal of labor economics*, 1998, 16(3): 505—545.

③ Budig, M. J., England, P. The wage penalty for motherhood [J]. *American sociological review*, 2001: 204—225.

④ Zhang, X. Earnings of women with and without children [M]. Statistics Canada, 2009.

⑤ Phipps, S., Burton, P., Lethbridge, L. In and out of the labour market: long-term income consequences of child-related interruptions to women's paid work [J]. *Canadian Journal of Economics/Revue canadienned'économique*, 2001, 34(2): 411—429.

⑥ Gangl, M., Ziefle, A. Motherhood, labor force behavior, and women's careers: An empirical assessment of the wage penalty for motherhood in Britain, Germany, and the United States [J]. *Demography*, 2009, 46(2): 341—369.

⑦ Katherine, M. Employment after childbirth [M]. *Statistics Canada*, 1999, (75).

离岗对女性收入有影响,重新回到职场之后,这种影响就不存在了。[①②] 在控制了是否兼职等因素之后,收入之间是没有差异的。[③] Gupta 和 Smith 的研究也表明生育只是消耗了母亲的人力资源除此之外是没有消极作用的。[④]

有研究发现,对于二十岁到三十岁的女性,平均推迟一年的生育时间则增加 9% 的收入,同时工作时间会增加原来的 6%,这种效应对于受过高等教育从事管理工作的女性最显著。[⑤] Meyer 认为推迟生育并不是直接增加收入,而是通过延长受教育时间和早期工作经验使得收入增加。[⑥]

4.2 生育阻碍女性职业发展的原因

生育似乎是女性职业发展道路上的一块绊脚石。研究者们从女性自身的心理特点、性别偏见、角色冲突等各个角度对这个问题进行分析,主要的原因有以下几个:

首先,人们对"母亲"这一社会角色存在刻板印象和偏见。相对于没有生育孩子的女性,人们通常认为有孩子的女性缺少竞争力,对工作的责任心更低。[⑦⑧] 在职场中,这种歧视更加明显,招聘者和用人单位更倾向于认为怀孕的女性或者有孩子的母亲更加不符合招聘

---

① Albrecht, J. W., Edin, P. A., Sundström, M., et al. Career interruptions and subsequent earnings: a reexamination using Swedish data [J]. *Journal of Human Resources*, 1999: 294—311.

② Waldfogel, J. Understanding the"family gap" in pay for women with children [J]. *The Journal of Economic Perspectives*, 1998, 12(1): 137—156.

③ Dex, S., Joshi, H. Careers and motherhood: policies for compatibility [J]. *Cambridge Journal of Economics*, 1999, 23(5): 641—659.

④ Gupta, N. D., Smith N. Children and career interruptions: the family gap in Denmark [J]. *Economica*, 2002, 69(276): 609—629.

⑤ Miller, A. R. The effects of motherhood timing on career path [J]. *Journal of Population Economics*, 2011, 24(3): 1071—1100.

⑥ Meyer, C. S. Family focus or career focus: controlling for infertility [J]. *Social science & medicine*, 1999, 49(12): 1615—1622.

⑦ Correll, S. J., Benard, S., Paik I. Getting a Job: Is There a Motherhood Penalty? [J]. *American Journal of Sociology*, 2007, 112(5): 1297—1339.

⑧ Cuddy, A. J. C., Fiske, S. T., Glick, P. When professionals become mothers, warmth doesn't cut the ice [J]. *Journal of Social Issues*, 2004, 60(4): 701—718.

条件，能力更差，责任感更低。怀孕的女性，有孩子的女性不管是在真实生活中还是实验情境中都更难找到工作。①

其次，女性面临着更严重的社会角色冲突。人们对不同性别的要求和定位是不一样的。不同国家不同文化背景下，几乎人们都认为女性更应该照顾家庭，而男性更应该重视工作。② 所以职业女性面对更严重的家庭和工作的冲突，当女性忙完一天的工作回到家中，等待她的不是休息，而是繁忙的家务。生育使得这种冲突更加明显，女性要承担更多照顾孩子的任务，很多研究认为照顾家庭分散了女性的时间，导致了两种角色的冲突和压力。③ 为了缓解冲突很多女性选择时间更加灵活的职业或者兼职。④ 从而在很大程度上限制了她们的职业发展。

对突破了"玻璃天花板"的少数女性的研究表明，不生育或者延迟生育是应对角色冲突的一种有效策略。在美国的一项报告中显示，高层管理者或者年薪高于＄100,000的女性中，几乎一半没有生育孩子。⑤⑥ 有一些高职位女性正努力平衡家庭和工作的冲突，有研究发现那些被认为在家庭和事业上都很成功的女性更清楚自己的目标和优势，她们认为工作和家庭都很重要，她们将家庭和工作相融合而不是相对立。运用"优化策略"和"补偿策略"，更加灵活的管理时间，出色地在众多任务中转换。⑦

---

① Correll, S. J., Benard, S., Paik I. Getting a Job: Is There a Motherhood Penalty? [J]. *American Journal of Sociology*, 2007, 112(5): 1297—1339.

② Perrone, K. M., Webb, L. K., Blalock, R. H. The effects of role congruence and role conflict on work, marital, and life satisfaction [J]. *Journal of career development*, 2005, 31(4): 225—238.

③ Greenhaus, J. H., Beutell, N. J. Sources of conflict between work and family roles [J]. *Academy of management review*, 1985, (10).

④ Sigle-Rushton, W., Waldfogel, J., Sigle-Rushton, W., Waldfogel, J. Motherhood and women's earnings in Anglo-American, Continental European, and Nordic countries [J]. *Feminist Economics*, 2007, 13(2): 55—91.

⑤ Dye, J. L. Fertility of American Women: June 2004 [J]. *Current Population Reports*, 2005, 20: 555.

⑥ Hewlett, S. A. Executive women and the myth of having it all [J]. *Harvard business review*, 2002, 80(4): 66—73.

⑦ Cheung, F. M., Halpern, D. F. Women at the top: Powerful leaders define success as work + family in a culture of gender [J]. *American Psychologist*, 2010, 65(3): 182.

再次,女性自身的心理因素也阻碍职业的发展。根据 van Vianen 和 Fischer 的研究,女性可能有意识或者无意识地做"自我模式定位"。也就是说,她们总是和那些男性领导者进行比较,进而形成她们的职业追求。并且女性在职业发展上没有男性那样的雄心壮志,即使是有高追求的女性也认为工作与家庭冲突是职位晋升的一项障碍,往往会做出妥协。① 男性比女性期待更高的职位和薪水,往往将在职业中的成就看得比家庭更加重要,而女性恰好相反。②

第五节　我国对孕哺期女性心理状态的研究现状

相对于西方国家的研究,我国的研究方兴未艾。对于孕哺期女性心理状态的研究我国也主要集中在对情绪的探讨,对于这一时期女性认知方面的研究寥寥无几。

我国对女性情绪方面的研究也主要集中在孕哺期抑郁焦虑等负性的情绪上。和国外的研究相似,焦虑相对于抑郁的研究开始得较晚,对产前的研究也没有产后的研究资料丰富。纵观整个对孕哺期情绪的研究来看,我国的研究相对比较滞后,较多的文章仍然停留在对现象的描述上,缺少进一步深入的研究。虽然研究逐渐丰富,但是缺少对这些零散文献的综合与分析。

对于女性产前抑郁和焦虑的发生率,没有一致的结论。我国女性孕哺期抑郁和焦虑发生率变异比较大。比如有研究表明抑郁发生率为 4.68%,③而另外的研究则表明 38.4%,④另外一项对中国香港

---

① Vianen, A. E. M., Fischer, A. H. Illuminating the glass ceiling: The role of organizational culture preferences [J]. *Journal of Occupational and Organizational Psychology*, 2002, 75(3): 315—337.

② Lips, H., Lawson, K. Work values, gender, and expectations about work commitment and pay: Laying the groundwork for the "motherhood penalty"? [J]. *Sex Roles*, 2009, 61(9—10): 667—676.

③ 李晓姝, 于海, 张利平, 刘晓冬. 2005 年潍坊市部分城乡孕期妇女抑郁状态调查[J]. 预防医学论坛, 2010, 16(1): 9—10.

④ 胡绣华. (2011) 孕中期孕妇抑郁状况调查及影响因素分析[J]. 齐鲁护理杂志, 2011, 17(4): 55—56.

的研究表明6.4%的女性存在孕期抑郁。[①] 造成这种差异的原因可能和地域有关,因为在相关研究中都显示经济状态和孕哺期女性的抑郁和焦虑是有密切关系的,而我国各个地区之间的经济差异较大。

由于文化和国情的不同,我国的研究一方面借鉴国外已有的研究结果,另一方面也结合了自身的特点。比如在研究对产前抑郁影响因素这个问题上,我国的研究者不仅研究了受教育水平、年龄、收入等因素,也融入了很多与国情相关的有针对性的因素。比如,是否剖宫产,[②]是否与长辈同住等。[③] 结果发现这些带着中国国情特色的因素会对孕哺期女性的情绪发生作用。

对我国女性职业发展的研究表明,我国女性职业发展面临着与西方相似的困境,同时也存在着与西方不同的特点。随着改革开放的发展,越来越多的女性打破了"女主内,男主外"的传统观念,从家中走向社会。根据《人民日报》的消息,中国女性占据了45%的劳动力市场。中国女性的就业率持续增长,但是"玻璃天花板"效应仍然存在,我国女性仍然从事着层次低技术含量少的工作。[④]

有研究者认为工作和家庭之间的冲突对中国女性的影响不是特别明显。对于个人主义文化背景下的国家,在人们的观念中工作和家庭往往是对立的。过多精力投入到工作,则被认为是牺牲了家庭。但是在集体主义文化背景下的国家,工作被认为是个人为了家庭而付出的努力,是对家庭经济责任的承担。[⑤] 在集体主义文化下的中国,女性将工作和家庭的边界分得不是很明确,没有将两者完全对立。在中国香港的研究发现,有孩子的职业女性有更高的工作满意

---

① Qian, W., Hong, L. C., Xu, J. X. Violence as a risk factor for postpartum depression in mothers: a meta-analysis [J]. *Archives of women's mental health*, 2012, 15(2): 107—114.

② 郭宇雯. 61例社会因素剖宫产孕妇的术前心理因素分析 [J]. 安徽医药 2007,11(8): 730—731.

③ 胡成文. 文化水平、职业和生活环境对孕产妇心理健康的影响研究 [J]. 中国妇幼保健, 2008, 23: 3864—3868

④ 王丽. "玻璃天花板"效应成因及对策分析 [J]. 重庆科技学院学报(社会科学版), 2012, (7): 74—76.

⑤ Yang, N., Chen, C. C., Choi, J., et al. Sources of Work-Family Conflict: A Sino-US Comparison of the Effects of Work and Family Demands [J]. *Academy of Management Journal*, 2000, 43(1): 113—123.

度和个人幸福感。①

总之,在孕哺期女性的心理状态这个领域里,我国进行了一些颇有成效的研究,但是仍然需要更深入更全面的探索。同时如果不对我国已有文献进行综合分析,我们对中国孕哺期女性的心理状态只能管中窥豹。

第六节 小　　结

孕哺期女性的身体发生着巨大的变化,并且对女性心理的各个方面产生不可忽略的影响。国内外的研究者们从不同的维度进行了颇有成效的探索,使孕期女性的"面孔"从模糊变得渐渐清晰。怀孕会对女性认知的某些方面会产生影响,比如面部表情识别。但是对认知的另外一些方面是否有影响,结论尚不明确。对孕哺期女性情绪的探讨主要集中在抑郁和焦虑等负性情绪的研究上,综合各个研究结果来看,孕哺期是女性发生抑郁和焦虑等精神疾病的高危时段。孕哺期的抑郁和焦虑不仅对女性自己,对婴儿也有着深远的影响。很多因素对孕哺期的抑郁和焦虑有着预测作用,这对防止和干预孕哺期抑郁和焦虑有重要的意义。孕哺期女性不仅仅面临着身体和心理剧烈而迅速的变化,也要在短时间内适应角色的转变与冲突。同时由于生育给女性职业发展带来的消极影响,使得女性在职业发展的道路上步履蹒跚。总之,孕哺期对于女性的各个方面都是巨大的挑战,社会应该对这一时期的女性更多支持和关怀。

孕哺期对女性心理状态的影响是多方面的,要客观全面的呈现出这一特殊时期女性的心理状态,需要更加深入和全面的探讨和研究。

---

① Aryee, S., Fields, D., Luk, V. A cross-cultural test of a model of the work-family interface [J]. *Journal of management*, 1999, 25(4): 491—511.

第八章　我国针对孕产哺期的法律法规与政策变迁

马忆南　李代军*

针对妇女孕产哺期,我国已形成以《中华人民共和国宪法》为基础,以《中华人民共和国妇女权益保障法》为主体,包括国家各种单行法律、行政法规和政府各部门行政规章、地方性法规在内的一整套保护妇女权益和促进性别平等的法律体系,以及一系列政策性文件。

第一节　国家有关孕产哺期的法律与政策概况

宪法作为根本大法,对妇女享有的基本权利作出了规定。1954年《中华人民共和国宪法》第96条规定:"中华人民共和国妇女在政治的、经济的、文化的、社会的和家庭的生活各方面享有同男子平等的权利。婚姻、家庭、母亲和儿童受国家的保护。"

1982年《中华人民共和国宪法》第48条规定:"中华人民共和国妇女在政治的、经济的、文化的、社会的和家庭的生活等各方面享有同男子平等的权利。国家保护妇女的权利和利益,实行男女同工同酬,培养和选拔妇女干部。"第49条规定:"婚姻、家庭、母亲和儿童受国家的保护。"

《中华人民共和国妇女权益保障法》(1992年通过,2005年修正)

* 马忆南,北京大学法学院教授;李代军,北京大学法学院研究生。

作为保障妇女合法权益的基本法律，全面规定了妇女在政治、文化教育、劳动与社会保障、财产、人身、婚姻家庭等六大方面的权益保障。《中华人民共和国劳动法》(1994年通过)规定了男女就业权平等、同工同酬和对女职工的特殊劳动保护。《中华人民共和国母婴保健法》(1994年通过)则规定了孕产妇保健和婴儿保健。此外，《中华人民共和国婚姻法》(1980年通过，2001年修正)、《中华人民共和国职业病防治法》(2001年通过)、《中华人民共和国人口与计划生育法》(2001年通过)、《中华人民共和国劳动合同法》(2007年通过)、《中华人民共和国刑法》(1979年通过，1997年、1999年、2001年8月、2001年12月、2002年、2005年、2006年、2009年、2009年、2011年修订)、《中华人民共和国刑事诉讼法》(1979年通过，1996年、2012年修正)等法律也从不同的角度规定了对孕产哺期妇女的保护。除了法律，我国政府还制定了大量行政法规、规章及政策性文件，规范孕产哺期妇女的保护。

第二节　国家法律及政策对孕产哺期的具体规定

我国各种法律、法规、规章及政策性文件对孕期、产期、哺期妇女的保护性规定集中在以下几个方面：规定孕期、产期、哺乳期妇女禁忌从事的劳动；规定孕期、产期、哺乳期妇女的休息/哺乳时间；规定生育待遇；规定孕期、产期、哺乳期妇女的劳动保护设施。

2.1　孕期、产期、哺乳期妇女受特殊保护

1988年6月28日国务院通过，2012年4月18日废止的《女职工劳动保护规定》第4条规定："不得在女职工怀孕期、产期、哺乳期降低其基本工资，或者解除劳动合同。"

1992年通过，2005年修正的《妇女权益保障法》第26条规定："妇女在经期、孕期、产期、哺乳期受特殊保护。"第27条第1款规定："任何单位不得因结婚、怀孕、产假、哺乳等情形，降低女职工的工资，辞退女职工，单方解除劳动(聘用)合同或者服务协议。但是，女职工要求终止劳动(聘用)合同或者服务协议的除外。"

1994 年 7 月 5 日通过的《中华人民共和国劳动法》第 29 条第 3 款规定，女职工在孕期、产期、哺乳期内，用人单位不得依据本法第二十六条、第二十七条的规定解除劳动合同。

1995 年 7 月 18 日人事部发布的《国家公务员辞职辞退暂行规定》第 10 条规定，女性国家公务员在孕期、产期及哺乳期内的不得辞退。

国务院 1995 年 8 月 7 日颁布的《中国妇女发展纲要（1995—2000 年）》规定：坚决制止企业解除孕期、产期、哺乳期女职工的劳动合同、强迫女职工从事超强度劳动、违反男女同工同酬原则，保证女职工在不危害身心健康和生命安全的生产环境中工作。

2001 年《人口与计划生育法》第 26 条规定："妇女怀孕、生育和哺乳期间，按照国家有关规定享受特殊劳动保护并可以获得帮助和补偿。"

国务院 2001 年 5 月 22 日颁布的《中国妇女发展纲要（2001—2010 年）》规定：贯彻落实《中华人民共和国劳动法》等相关法律法规，禁止招工、招聘中的性别歧视。进一步落实女职工劳动保护政策，为女职工提供必要的工作和劳动条件，解决女职工在劳动和工作中因生理特点造成的特殊困难。指导各类用人单位把女职工特殊劳动保护条款纳入劳动合同和集体合同，健全和完善女职工特殊劳动保护措施，不断改善女职工劳动条件。加强对女职工特殊劳动保护法律法规和政策的宣传教育及培训，提高用人单位的法制意识和安全生产意识，提高女职工的自我保护意识。

国务院办公厅 2002 年 7 月 6 日发布的《人事部关于在事业单位试行人员聘用制度的意见》规定：受聘女职工在孕期、产期和哺乳期内的，聘用单位不得解除聘用合同。

2007 年 6 月 29 日通过的《中华人民共和国劳动合同法》第 42 条规定，女职工在孕期、产期、哺乳期的，用人单位不得依照本法第四十条、第四十一条的规定解除劳动合同。

2012 年 4 月 18 日国务院公布的《女职工劳动保护特别规定》第 5 条规定："用人单位不得因女职工怀孕、生育、哺乳降低其工资、予以辞退、与其解除劳动或者聘用合同。"

2.2 孕期、产期、哺乳期妇女禁忌从事的劳动

1988 年 6 月 28 日国务院通过,2012 年 4 月 18 日废止的《女职工劳动保护规定》第 7 条规定:“女职工在怀孕期间,所在单位不得安排其从事国家规定的第三级体力劳动强度的劳动和孕期禁忌从事的劳动,不得在正常劳动日以外延长劳动时间;对不能胜任原劳动的,应当根据医务部门的证明,予以减轻劳动量或者安排其他劳动。怀孕七个月以上(含七个月)的女职工,一般不得安排其从事夜班劳动;在劳动时间内应当安排一定的休息时间。”

1990 年 1 月 18 日劳动部颁布,2012 年 4 月 18 日废止的《女职工禁忌劳动范围的规定》第 6 条规定了怀孕女职工禁忌从事的劳动范围,第 7 条规定了乳母禁忌从事的劳动范围。

1994 年 7 月 5 日通过的《中华人民共和国劳动法》第 61 条规定:“不得安排女职工在怀孕期间从事国家规定的第三级体力劳动强度的劳动和孕期禁忌从事的劳动。对怀孕 7 个月以上的女职工,不得安排其延长工作时间和夜班劳动。”第 63 条规定:“不得安排女职工在哺乳未满 1 周岁的婴儿期间从事国家规定的第三级体力劳动强度的劳动和哺乳期禁忌从事的其他劳动,不得安排其延长工作时间和夜班劳动。”

1994 年 12 月 26 日劳动部发布的《违反〈中华人民共和国劳动法〉行政处罚办法》第 12 条规定,用人单位有下列侵害女职工和未成年工合法权益行为之一的,应责令改正,并按每侵害一名女职工或未成年工罚款三千元以下的标准处罚:安排女职工在哺乳未满一周岁的婴儿期间从事国家规定的第三级以上体力劳动强度的劳动和哺乳期禁忌从事的其他劳动及安排其延长工作时间和夜班劳动的。第 13 条规定,用人单位安排女职工在怀孕期间从事国家规定的第三级以上体力劳动强度的劳动和孕期禁忌从事的劳动的,应责令改正,并按每侵害一名女职工罚款 3000 元以下的标准处罚。

2001 年《职业病防治法》第 35 条规定,用人单位不得安排孕期、哺乳期的女职工从事对本人和胎儿、婴儿有危害的作业。

2002 年 4 月 30 日国务院通过的《使用有毒物品作业场所劳动保

护条例》第7条第2款规定,用人单位不得安排孕期、哺乳期的女职工从事使用有毒物品的作业。

2004年10月26日国务院《劳动保障监察条例》第23条规定,用人单位有下列行为之一的,由劳动保障行政部门责令改正,按照受侵害的劳动者每人1000元以上5000元以下的标准计算,处以罚款:安排女职工在怀孕期间从事国家规定的第三级体力劳动强度的劳动或者孕期禁忌从事的劳动的;安排怀孕7个月以上的女职工夜班劳动或者延长其工作时间的。

2012年4月18日国务院公布的《女职工劳动保护特别规定》附录,规定女职工在孕期禁忌从事的劳动范围:(一)作业场所空气中铅及其化合物、汞及其化合物、苯、镉、铍、砷、氰化物、氮氧化物、一氧化碳、二硫化碳、氯、己内酰胺、氯丁二烯、氯乙烯、环氧乙烷、苯胺、甲醛等有毒物质浓度超过国家职业卫生标准的作业;(二)从事抗癌药物、己烯雌酚生产,接触麻醉剂气体等的作业;(三)非密封源放射性物质的操作,核事故与放射事故的应急处置;(四)高处作业分级标准中规定的高处作业;(五)冷水作业分级标准中规定的冷水作业;(六)低温作业分级标准中规定的低温作业;(七)高温作业分级标准中规定的第三级、第四级的作业;(八)噪声作业分级标准中规定的第三级、第四级的作业;(九)体力劳动强度分级标准中规定的第三级、第四级体力劳动强度的作业;(十)在密闭空间、高压室作业或者潜水作业,伴有强烈振动的作业,或者需要频繁弯腰、攀高、下蹲的作业。

《女职工劳动保护特别规定》附录,规定女职工在哺乳期禁忌从事的劳动范围:(一)孕期禁忌从事的劳动范围的第一项、第三项、第九项;(二)作业场所空气中锰、氟、溴、甲醇、有机磷化合物、有机氯化合物等有毒物质浓度超过国家职业卫生标准的作业。

2.3 生育待遇、生育保险,孕产哺期妇女的休息/哺乳时间

1955年4月26日公布,1988年9月1日废止的《国务院关于女工作人员生产假期的通知》规定:女工人与女职员生育,产前产后共给假56日,产假期间,工资照发。女工人与女职员或男工人与男职员的配偶生育时,由劳动保险基金项下付给生育补助费,其数额为5市

尺红布,按当地零售价付给之;多生子女补助费加倍发给。此外,劳动保险基金对经济确有困难者在企业托儿所的婴儿给予伙食费补助。女工人与女职员怀孕,在该企业医疗所、医院或特约医院检查或分娩时,其检查费与接生费由企业行政方面或资方负担。

1988 年 6 月 28 日国务院通过,2012 年 4 月 18 日废止的《女职工劳动保护规定》第 9 条规定:"有不满一周岁婴儿的女职工,其所在单位应当在每班劳动时间内给予其两次哺乳(含人工喂养)时间,每次三十分钟。多胞胎生育的,每多哺乳一个婴儿,每次哺乳时间增加三十分钟。女职工每班劳动时间内的两次哺乳时间,可以合并使用。哺乳时间和在本单位内哺乳往返途中的时间,算作劳动时间。"第 11 条规定:"女职工比较多的单位应当按照国家有关规定,以自办或者联办的形式,逐步建立女职工卫生室、孕妇休息室、哺乳室、托儿所、幼儿园等设施,并妥善解决女职工在生理卫生、哺乳、照料婴儿方面的困难。"

劳动部 1988 年 9 月 4 日发布的《关于女职工生育待遇若干问题的通知》规定:女职工怀孕不满四个月流产时,应当根据医务部门的意见,给予十五天至三十天的产假;怀孕满四个月以上流产时,给予四十二天产假。产假期间,工资照发。女职工怀孕,在本单位的医疗机构或者指定的医疗机构检查和分娩时,其检查费、接生费、手术费、住院费和药费由所在单位负担,费用由原医疗经费渠道开支。女职工产假期满,因身体原因仍不能工作的,经过医务部门证明后,其超过产假期间的待遇,按照职工患病的有关规定处理。

1992 年通过,2005 年修正的《妇女权益保障法》第 28 条第 1 款规定:"国家发展社会保险、社会救助、社会福利和医疗卫生事业,保障妇女享有社会保险、社会救助、社会福利和卫生保健等权益。"第 29 条规定,国家推行生育保险制度,建立健全与生育相关的其他保障制度。

1994 年《中华人民共和国劳动法》第 62 条规定:"女职工生育享受不少于 90 天的产假。"第 73 条第 1 款规定,劳动者在生育情形下,依法享受社会保险待遇。

1994 年 12 月 14 日劳动部颁布的《企业职工生育保险试行办法》

第5条规定，女职工生育按照法律、法规的规定享受产假。产假期间的生育津贴按照本企业上年度职工月平均工资计发，由生育保险基金支付。第6条规定，女职工生育的检查费、接生费、手术费、住院费和药费由生育保险基金支付。女职工生育出院后，因生育引起疾病的医疗费，由生育保险基金支付；其他疾病的医疗费，按照医疗保险待遇的规定办理。女职工产假期满后，因病需要休息治疗的，按照有关病假待遇和医疗保险待遇规定办理。第7条规定，女职工生育或流产后，由本人或所在企业持当地计划生育部门签发的计划生育证明，婴儿出生、死亡或流产证明，到当地社会保险经办机构办理手续，领取生育津贴和报销生育医疗费。

1994年12月26日劳动部发布的《违反〈中华人民共和国劳动法〉行政处罚办法》第14条规定，用人单位违反女职工保护规定，女职工产假低于九十天的，应责令限期改正；逾期不改的，按每侵害一名女职工罚款三千元以下的标准处罚。

国务院2001年5月22日颁布的《中国妇女发展纲要（2001—2010年）》规定，普遍建立城镇职工生育保险制度，完善相关配套措施，切实保障女职工生育期间的基本生活和医疗保健需求。

2001年6月20日国务院公布的《母婴保健法实施办法》第30条规定："妇女享有国家规定的产假。有不满1周岁婴儿的妇女，所在单位应当在劳动时间内为其安排一定的哺乳时间。"

2004年10月26日国务院《劳动保障监察条例》第23条规定，用人单位有下列行为之一的，由劳动保障行政部门责令改正，按照受侵害的劳动者每人1000元以上5000元以下的标准计算，处以罚款：女职工生育享受产假少于90天的；安排女职工在哺乳未满1周岁的婴儿期间从事国家规定的第三级体力劳动强度的劳动或者哺乳期禁忌从事的其他劳动，以及延长其工作时间或者安排其夜班劳动的。

2012年4月18日国务院公布的《女职工劳动保护特别规定》第6条规定："女职工在孕期不能适应原劳动的，用人单位应当根据医疗机构的证明，予以减轻劳动量或者安排其他能够适应的劳动。对怀孕7个月以上的女职工，用人单位不得延长劳动时间或者安排夜班劳动，并应当在劳动时间内安排一定的休息时间。怀孕女职工在劳动时间内进行产前检查,所需时间计入劳动时间。"第 7 条规定:"女职工生育享受 98 天产假,其中产前可以休假 15 天;难产的,增加产假 15 天;生育多胞胎的,每多生育 1 个婴儿,增加产假 15 天。女职工怀孕未满 4 个月流产的,享受 15 天产假;怀孕满 4 个月流产的,享受 42 天产假。"第 8 条规定:"女职工产假期间的生育津贴,对已经参加生育保险的,按照用人单位上年度职工月平均工资的标准由生育保险基金支付;对未参加生育保险的,按照女职工产假前工资的标准由用人单位支付。女职工生育或者流产的医疗费用,按照生育保险规定的项目和标准,对已经参加生育保险的,由生育保险基金支付;对未参加生育保险的,由用人单位支付。"第 9 条规定:"对哺乳未满 1 周岁婴儿的女职工,用人单位不得延长劳动时间或者安排夜班劳动。用人单位应当在每天的劳动时间内为哺乳期女职工安排 1 小时哺乳时间;女职工生育多胞胎的,每多哺乳 1 个婴儿每天增加 1 小时哺乳时间。"第 10 条规定:"女职工比较多的用人单位应当根据女职工的需要,建立女职工卫生室、孕妇休息室、哺乳室等设施,妥善解决女职工在生理卫生、哺乳方面的困难。"

2.4 孕产哺期保健和母婴保健

1992 年通过,2005 年修正的《妇女权益保障法》第 51 条第 3 款规定:"国家实行婚前保健、孕产期保健制度,发展母婴保健事业。"

1993 年 11 月 26 日卫生部、劳动部、人事部、全国总工会、全国妇联发布的《女职工保健工作规定》详细列举了保健措施,包括:孕前保健(第 9 条),孕期保健(第 10 条),产后保健(第 11 条)和哺乳期保健(第 12 条)。

1994 年《母婴保健法》第 2 条第 1 款规定:"国家发展母婴保健事业,提供必要条件和物质帮助,使母亲和婴儿获得医疗保健服务。"第 14 条规定,医疗保健机构应当为孕产妇提供孕产期保健服务。孕产期保健服务包括母婴保健指导;孕妇、产妇保健;胎儿保健;新生儿保健。第 24 条第 1 款规定:"医疗保健机构为产妇提供科学育儿、合理营养和母乳喂养的指导。"

国务院 1995 年 8 月 7 日颁布的《中国妇女发展纲要(1995—2000

年)》规定,开展孕产妇系统保健。预防孕期、产期及产褥期母体和胎儿、围产儿常见疾病的发生。提高妇女健康教育覆盖率。针对妇女一生中不同时期的生理和心理特点,对处于女童期、青春期、生殖调节期、围绝经期、老年期的妇女分别进行健康教育,传播性科学知识、自我保健知识与育儿知识,促进妇女身心健康,发挥妇女在家庭保健方面的作用。

国务院 2001 年 5 月 22 日颁布的《中国妇女发展纲要(2001—2010 年)》规定,妇女在整个生命周期享有卫生保健服务,提高妇女生殖健康水平。保障妇女享有计划生育的权利。

2001 年 6 月 20 日国务院公布的《母婴保健法实施办法》第 18 条规定,医疗、保健机构应当为孕产妇提供若干医疗保健服务,包括为孕产妇建立保健手册(卡),定期进行产前检查;为孕产妇提供卫生、营养、心理等方面的医学指导与咨询;对高危孕妇进行重点监护、随访和医疗保健服务;为孕产妇提供安全分娩技术服务;定期进行产后访视,指导产妇科学喂养婴儿;等等。第 19 条规定,医疗、保健机构发现孕妇患有严重疾病或者接触物理、化学、生物等有毒、有害因素,可能危及孕妇生命安全或者可能严重影响孕妇健康和胎儿正常发育的,应当对孕妇进行医学指导和必要的医学检查。第 20 条还规定对孕早期接触过可能导致胎儿先天缺陷的物质的,初产年龄超过 35 周岁等情形的孕妇,医师应当对其进行产前诊断。第 28 条规定,医疗、保健机构应当为实施母乳喂养提供技术指导,为住院分娩的产妇提供必要的母乳喂养条件。

2001 年《人口与计划生育法》第 30 条规定,国家建立婚前保健、孕产期保健制度。

卫生部 2007 年 2 月 26 日发布的《孕前保健服务工作规范(试行)》规定了孕前保健服务内容、孕前保健服务实施。

2.5　其他保护

1980 年通过,2001 年修正的《婚姻法》第 34 条规定,女方在怀孕期间、分娩后一年内或中止妊娠后六个月内,男方不得提出离婚。

1992 年通过,2005 年修正的《妇女权益保障法》第 45 条规定,女方在怀孕期间、分娩后一年内或者终止妊娠后六个月内,男方不得提出离婚。

1979 年通过,1997 年、1999 年、2001 年、2001 年、2002 年、2005 年、2006 年、2009 年、2009 年、2011 年修订的《中华人民共和国刑法》第 49 条第 1 款规定,审判的时候怀孕的妇女,不适用死刑。第 72 条第 1 款规定,对于被判处拘役、三年以下有期徒刑的怀孕妇女,符合一定条件的,应当宣告缓刑。

1979 年通过,1996 年、2012 年修正的《中华人民共和国刑事诉讼法》第 65 条规定,人民法院、人民检察院和公安机关对怀孕或者正在哺乳自己婴儿的女性犯罪嫌疑人、被告人,采取取保候审不致发生社会危险性的可以取保候审。第 72 条规定,人民法院、人民检察院和公安机关对符合逮捕条件的怀孕或者正在哺乳自己婴儿的女性犯罪嫌疑人、被告人,可以监视居住。第 254 条第 1 款规定,对于被判处有期徒刑或者拘役的怀孕或者正在哺乳自己婴儿的女性罪犯,可以暂予监外执行。

第三节　有关孕产哺期的地方性法规与政策概况

我国 31 个省、自治区、直辖市均制订了《中华人民共和国妇女权益保障法》的实施办法,并于该法修订后及时修改完成其实施办法。

其他方面的立法,以几个地方为例,北京主要有:《北京市实施〈中华人民共和国母婴保健法〉办法》《北京市实施〈女职工劳动保护规定〉的若干规定》《北京市第八届人民代表大会常务委员会关于保护妇女儿童合法权益的决议》。天津主要有:《天津市实施劳动合同制度规定》《天津市实施〈中华人民共和国母婴保健法〉办法》《天津市实施〈女职工劳动保护规定〉办法》《天津市保护妇女儿童合法权益的若干规定》。江苏主要有:《江苏省劳动合同条例》《江苏省实施〈中华人民共和国母婴保健法〉办法》《江苏省女职工劳动保护办法》、《江苏省关于保护妇女儿童合法权益的若干规定》。陕西主要有:《陕西省〈女职工劳动保护规定〉实施办法》《陕西省实施〈中华人民共和国母婴保健法〉办法》《陕西省劳动人事厅关于对女职工哺乳期放假规定的通知》《陕西省人民政府关于进一步加强和改进妇女儿童工作的决定》。

此外，各个省、自治区、直辖市关于集体合同、生育保险、人口与计划生育管理、外来人口和流动人口计划生育管理、劳动和社会保障监察、企业工会、企业工资集体协商、劳动保护、劳动安全卫生、婚前医学检查、禁止非医学需要鉴定胎儿性别和选择性终止妊娠等的一些原则性规定也涉及对孕产期/哺乳期女性的保护。各个省、自治区、直辖市发布的妇女发展规划/纲要也有一些原则性规定。

第四节　检讨与建议

新中国成立以来，我国一直致力于女性权益保障和社会性别平等。多年来，政府和社会在保护孕产哺妇女权益方面作出了积极努力，并取得了巨大成就。但是仍然存在不足，还有很大的改进空间。

第一，法律和政策越来越重视政府和用人单位的义务，强调任何单位不得因结婚、怀孕、产假、哺乳等情形，降低女职工的工资，辞退女职工，单方解除劳动合同。这是很大的进步。但是有些法律规范重视原则性和倡导性规定，轻视惩罚和补偿措施，法律责任制度对违法者缺乏威慑力，违法成本低廉，而且缺乏监督机制，使法律的可操作性降低。

第二，虽然有些法律和政策提出为女职工提供必要的工作和劳动条件，解决女职工在劳动和工作中因生理特点造成的特殊困难。但从整体上看，我国法律对妇女劳动权益的保护仍主要局限于对妇女生理性别和作为弱势群体的保护，轻视对社会性别的平等权利和社会地位的保护。政府应更多地承担起促进有家庭责任的男女职工平等地就业和女职工劳动保护的责任；用人单位同样负有改善有家庭责任的劳动者的工作条件和女职工生育保护的责任。

第三，在现有立法中，保护多于赋权，保护性措施多于暂时特别措施。以保护妇女权利为目的，“保护”还是“赋权”，性质完全不同。例如，有关妇女禁忌从事的劳动的规定，可以体现为“自由选择”赋权模式，也可以体现为“禁止选择”保护模式。“禁止妇女从事某项工作”,属于对妇女的特殊保护,但保护的同时也肯定了妇女的弱势地位,加固了性别刻板印象,更重要的是,这样的规定是“男性化”的,它是假定妇女不知道保护自己的群体,显示出妇女在法律面前的被动性。如果将类似法律改为:“妇女有权知道(或雇主有义务告知)特定工作中存在的侵害妇女身体健康、生育能力或胎儿健康的可能性,妇女有权拒绝从事此类工作。”则是赋权性的法律规定,保障了妇女的自主决策权,并显示出妇女在法律面前的主动性。这样的法律就是加入了性别视角的法律。

我国现行立法中,有些保护性措施单纯强调或过分强调了妇女的生理特征,其结果并无益于促进两性平等,相反,有些保护措施事实上排斥了妇女的地位,限制了妇女的选择,拉开了男女两性之间的差距,巩固了原有的性别偏见。促进两性平等的法律中,真正能够发挥作用的是暂时的特别措施,立法中应当更多地考虑赋予女性更多的机会和选择权,而不是以保护为名限制女性、减少机会。

第四,劳动领域缺乏明确的反性别歧视的专门立法,缺乏处理就业歧视、就业不平等的专门机构。应尽快设立这样的机构。

第五,加快《生育保险条例》制定步伐,应制定一个全国统一的规范以便遵守。

第六,对相关的法律法规政策进行清理,与《妇女权益保障法》相违背的或不利于保护妇女生育权益的条款,要及时加以修正或废止。

第七,积极促进相关国际公约的批准工作。

第八,法律的实施和执行状况与法律法规的规定存在一定的差距。应加强法律的贯彻执行。

第九章　祖国大陆与港澳台地区孕哺期相关法律之比较

张　源*

中国香港、澳门、台湾和祖国大陆同宗同源，随着社会的发展，政治的进步，以及广大女性和妇女团体的不断努力，海峡两岸暨香港、澳门逐步形成和完善了具有各自特点的法律法规体系，以消除性别歧视，促进性别平等，维护女性权益。在就港澳台地区妇女怀孕、生育以及哺乳时期的地方法律作了地域性的梳理和时间性的发展脉络演变归纳的基础上，本章将拆解地域与时间的线性研究维度，选取与最广大女性切身利益最直接相关的“产假”规定作为研究的参照点，从六大不同角度，将海峡两岸暨香港、澳门的相关法律进行横向比较研究，以发掘各地法律的特点以及由此所反映出的当地生育文化环境与社会观照。根据比较研究的成果，本章的最后将对海峡两岸暨香港、澳门中的生育立法进行整体性的反思和建议。

本章中进行比较研究的各地法律，如无特别说明，主要是以下各项现行法律中与带薪产假相关的条款：2012 年 4 月 18 日国务院公布的《女职工劳动保护特别规定》；香港特区法例第 57 章《雇佣条例》的 III 部《生育保障》，即《雇佣条例》总编目的 12 至 15 条；澳门特区 2008 年颁布实施的《劳动关系法》（第 7/2008 号法律）；以及台湾地区 2008 年修订并更名的《性别工作平等法》。

---

* 张源，澳门大学兼职讲师。

第一节 女性享受带薪产假的条件

在某些发达国家,无论该名女子是否承担社会性的工作,只要她生育子女,国家就会资助她的生育行为,包括支付生产相关的费用,给予/或发放生育津贴给小孩或家长。当然,不工作的女性也就不涉及"产假"的问题。

本章中讨论的产假问题,指的是"带薪"产假,也就是身为母亲的女性同时也是受雇佣者的情况。因而在此就必然要先讨论,在正式法律条文中所规定的,哪些情况下,哪些人可以享受到有偿的生育假期。海峡两岸暨香港、澳门地区虽然都明文规定了女职工享有带薪产假,但是享有这项福利的条件却不尽相同。

祖国大陆和台湾地区的条件相同,原则上是所有女性员工,无论为雇主提供服务的时间长短,只要在职期间发生生育事实,就可以享受带薪休假。就算到职第一天就去医院生小孩,雇主也必须准许她休假并支付薪水。而香港和澳门地区从法律上避免了这种戏剧性事件发生的可能性,规定女员工必须按合同为雇主工作一定时间后才能享受带薪休假。香港规定是 40 周,而澳门的时间更长,为一年以上。

表 9-1 海峡两岸暨香港、澳门女性享受带薪产假条件之比较

项目 地区	享受带薪产假条件
祖国大陆	女职工
香港特区	1. 雇员在所订定的产假开始前已按连续性合约受雇满 40 星期 2. 给予雇主怀孕及准备放取产假的通知,例如向雇主出示证实怀孕的医生证明书 3. 向雇主递交医生证明书说明其预产期
澳门特区	劳动关系才满一年,或超过一年的女性雇员
台湾地区	女性受雇者

此外,香港法律还详细规定了雇员享有带薪假的另两个条件:给予雇主怀孕及准备休产假的通知,例如向雇主出示证实怀孕的医生证明书;以及由医生证明的预产期,以保证产假发生的事实和开始的时间。

从以上的规定来看，祖国大陆和台湾地区的条件比较宽松，更多地保障女性生育的权益和生育时间的不确定性。而香港和澳门的法令保障的是雇主与雇员之间的一种较为平衡的商业化的取予关系。

第二节　带薪产假的时间与休假实施方式

带薪产假的长度是最直接反映一个社会和文化对于生育和女性态度的指标，也是最直接关系到广大女性切身利益的现实问题。就单一法律条款上来比较，祖国大陆的带薪产假长达 98 天，大幅度超过香港的 70 天，以及澳门、台湾地区的 56 天。

表 9-2　海峡两岸暨香港、澳门带薪产假时间长度与休假方式之比较

项目 地区	产假长度	休假方式
祖国大陆	98 天	产前可以休假 15 天
香港特区	70 天（10 星期）	1. 雇员可选择在预产期前 2 至 4 星期开始放产假 2. 如雇员没有提出要求，或未得到雇主的同意，则须在预产期前 4 星期开始放产假 3. 如雇员在未开始放产假前已分娩，则以分娩日为产假开始的日期。在此情况下，雇员须在分娩后 7 天内将分娩日期通知雇主，并说明放 10 星期产假的打算
澳门特区	56 天	1. 其中四十九日必须在分娩后立即享受，其余日数可由女性雇员决定全部或部分在分娩前或分娩后享受 2. 如女性雇员拟在分娩前享受部分产假，须至少提前五日，将该意愿通知雇主
台湾地区	56 天（8 星期）	不明确

同时我们也应注意，分析某一地区女性特别是工作女性的生育环境状况，仅从带薪产假的长度来考量也是不全面的。下面我们具体看看这个女性员工一生中最长的假期，是如何实施的。

比较发现，除台湾地区在法律上缺乏明确的产假实施方法外，祖国大陆、香港、澳门都有不同的实施细则。澳门的规定较为严格:在为数本不多的56天产假中,要求49天必须在分娩后立即享受,其余日数可由女性雇员决定全部或部分在分娩前或分娩后享受。也就是说,不论孕妇身体情况如何,原则上须坚持工作,直到预产期的前一周方可休假。这对于高龄产妇,或带有孕期综合征的妇女来说是非常不人性化的规定。

相比之下,香港的规定则体现了人性化的考量,不但涉及预产期不准确的情况,还规定:在长达10周的带薪产假中,雇员可根据自己的情况选择在预产期前2至4星期开始放产假。如雇员没有提出要求,或未得到雇主的同意,则须在预产期前4星期开始放产假。相比澳门的产前一周放假和祖国大陆的产前两周放假的为期较短的硬性产前假的规定,香港的法令带有更强的合理性、可操作性和自主选择性。

第三节 额外带薪假期与非常规生育假期

额外带薪假期,指的是由于某种特殊需要,例如难产或一次生育多个子女,而给予产妇的附加产假时间。在海峡两岸暨香港、澳门的法律法规中,只有祖国大陆对这些情况做出了明确规定,再次体现了社会对女性生育的人性化关怀。祖国大陆的法律规定:难产者,增加产假15天,生育多胞胎的,每多生育1个婴儿,增加产假15天。

流产或者新生儿死亡的情况,也被纳入法律条文中,被称为"非常规生育"。由表9-3的比较中可见,香港对这些情况的讨论尚处于空白,也就是说,如果发生孕妇非自愿流产,或者新生儿意外死亡等令人遗憾的极端情况,尽管妇女在身心上可能受到极大的创伤,但是在法律上她并不会受到额外关照而享受更长时间的有偿假期。在现代社会中,发生这类情况,尤其是意外流产的情况,比例还是比较高的。

表 9-3　海峡两岸暨香港、澳门额外带薪产假与非常规生育假期之比较

项目 地区	额外带薪假期	非常规生育假期
祖国大陆	1. 难产的，增加产假 15 天 2. 生育多胞胎的，每多生育 1 个婴儿，增加产假 15 天	1. 怀孕未满 4 个月流产的，享受 15 天产假 2. 怀孕满 4 个月流产的，享受 42 天产假
香港特区	不明确	不明确
澳门特区	不明确	1. 如诞下死婴，享有五十六日的产假 2. 如属怀孕超过三个月的非自愿流产，视女性雇员的健康状况及根据适当证明的医生建议，享有最少二十一日至最多五十六日的产假 3. 如活产婴儿在女性雇员产假期间死亡，则该产假延长至婴儿死亡后的十日，且须保证该女性雇员至少享有总数为五十六日的产假
台湾地区	不明确	1. 妊娠三个月以上流产者，应使其停止工作，给予产假四星期 2. 妊娠二个月以上未满三个月流产者，应使其停止工作，给予产假一星期 3. 妊娠未满二个月流产者，应使其停止工作，给予产假五日

关于流产的情况，祖国大陆是以 4 月为界限的。怀孕不满 4 个月流产者，一律享有 15 天产假，而 4 个月以上流产者，一律享受 42 天产假。台湾和澳门则是以 3 个月为界限。澳门规定，怀孕三个月以上的流产，视具体情况和医生建议，可享受 21 天至 56 天假期。澳门的这个规定在时间方面比祖国大陆要长，但是同时也说明三个月内流产的孕妇在法律上是没有带薪产假的，这点并不人性化。

另一方面值得注意的是，澳门是唯一在法律条文中规定产死婴和产假期间新生儿死亡情况的。或许是出于某种文化上的避讳，华人社会较少提及这些极端的情况，但是澳门却从法律层面明确了这些情况的处理方法，并试图保护在这些极端状况下女性的利益。

台湾地区法律也是以三个月为界限，怀孕三个月以上而流产者，一律享受四周（即 28 天）产假，从总数上比祖国大陆和澳门少。但是

法律也详细规定了怀孕一个月和两个月的流产者,应停止工作,并享受5—7天产假。相对于澳门法律强调流产假是为"非自愿流产者"提供的,祖国大陆和台湾在法条上都模糊了自愿流产和非自愿流产的界限。

第四节　产假期间薪酬

如果说带薪产假的长度是一个社会对女性生育照护的重要指标,那么另一个重要的指标就是这个产假所带的薪酬究竟是多少。如果不考虑这个因素,那么带薪产假是否有和长度是多少也就失去了现实意义。

纵观海峡两岸暨香港、澳门的法律条文,我们发现祖国大陆和台湾地区对于女性休产假期间薪酬的具体发放办法是不明确的。也就是说,考虑到现代社会雇员薪酬体系的复杂性,员工薪水可能由基本工资,各种补贴,奖金,年底双薪等等多重部分组成,也可能有时薪,日薪,月薪等多重发放办法,女性员工休假期间实际能拿到的薪金是没有统一标准,也没有具体保障的。一方面,大多靠各个用人单位的内部政策,或者由单位领导个人说了算;另一方面,即使如法令规定的保留了基本工资,但该员工的基本工资可能只占其收入的一部分甚至比例很小,还是无法保障其收入,从而无法保障家庭的生育开销。在这样的条件下,最极端的情况就是带薪产假其实只是女员工生育期间不被解雇的一个承诺而已,并不能在收入上形成保障。

表 9-4　海峡两岸暨香港、澳门产假期间薪酬之比较

项目 地区	产假期间薪酬
祖国大陆	由生育保险基金支付生育津贴
香港特区	产假薪酬的每日款额相等于雇员在产假首天前 12 个月内所赚取的每日平均工资的五分之四。如雇员的受雇期不足 12 个月,则以该段较短期间计算
澳门特区	在产假期间的报酬按女性雇员在正常工作的情况下以相同期间及方式支付
台湾地区	不明确

与祖国大陆和台湾的情况相反,香港和澳门的法律对产假期间的员工薪水做出了比较明确的规定。澳门规定了薪酬计算的方法和发放方式:在产假期间的报酬按女性雇员在正常工作的情况下以相同期间及方式支付。而香港则明确了计算方式为:产假薪酬的每日款额相等于雇员在产假首天前 12 个月内所赚取的每日平均工资的五分之四。如雇员的受雇期不足 12 个月,则以该段较短期间计算。这个规定一方面从法律上保证女性员工休产假期间领取薪酬的数额,而另一方面,也将这个数额限制为该员工正常工资的五分之四,低于其原有的标准。这样一来,“带薪产假”在法律上就被固化为了“减薪产假”。

第五节　配偶福利

表 9-5　海峡两岸暨香港、澳门产妇配偶福利之比较

项目 地区	配偶福利
祖国大陆	没有全国统一法律规定和标准。某些地方法规有规定
香港特区	无明确规定
澳门特区	1. 男性因成为父亲或收养可合理缺勤两日 2. 因母亲在生产活产婴儿过程中或在产假期间死亡,婴儿之生父可合理缺勤十二个工作日
台湾地区	陪产假 3 天

配偶福利在本章中主要是指在产妇生产前后,其配偶所享受的休假权益。香港尚未见对产妇男性配偶休假的明确规定。而祖国大陆虽然在上海等少数经济较发达地区的地方性法规中有所提及,但是尚未见全国范围的法律条款认可配偶产假的合法性或规定具体的实施方法。台湾地区的法律明文规定生育者婚姻配偶可享有陪产假 3 天。而澳门的法令规定得更加细致。一方面,规定婴儿生父可有 2 天合理缺勤。另一方面即便没有发生女性生育的事实,而只是男性因收养小孩而成为了父亲,在这种情况下,也可享两天合理缺勤。此外澳门法律中还讨论了另两种可能造成新生儿母亲缺失的情况,一种是在生育过程中母亲产下婴儿但自己身故,另一种情况是母亲在生育后休产假期间

身故,则作为婴儿生父的男性可享12日的合理缺勤。

比较两岸暨香港、澳门关于产假长度以及具体实施办法的规定,我们可以发现澳门的法律更加细致,更加人性化,明确讨论了一些可能发生的极端情况下的具体措施。而值得注意的是,澳门法律对生育女性使用的是"产假",而对其配偶的休息使用的是"合理缺勤",两者是有所区别的;而与台湾的用词"配偶陪产假"也是有区别的。法律规定中只是认可了男性在成为父亲这一事实发生后(无论其配偶是否生产婴儿),他短期缺勤工作是合理的。而如果因孩子母亲的缺失而造成对父亲的更大需求,这一缺勤可以合理延长。由此看来澳门法律的这一条款更像是对男性父职的肯定,以及对一个孩子(婴儿或者一个符合领养条件的、可能年龄较大的孩子),需要父亲照料的肯定。相对的,在澳门法律中对于夫妻之间的关系的强调是弱化的,与其说是完全的"配偶福利",不如说是"父亲福利"更恰当。此外,不同于女性的"带薪产假",对男性配偶来说,无论是"陪产假"(台湾)还是"合理缺勤"(澳门),法律上都没有在此期间薪酬发放的明文规定。也就是说,在具体实施上,男性的休息权益和休息期间的收入可能因雇主方面的具体情况而有很大差异,并没有法律上的统一标准。

第六节 违规处罚

表9-6 海峡两岸暨香港、澳门产假违规处罚之比较

项目 地区	违规处罚
祖国大陆	用人单位有下列行为之一的,由劳动保障行政部门责令改正,按照受侵害的劳动者每人1000元以上5000元以下的标准计算,处以罚款:女职工生育享受产假少于98天的;安排女职工在哺乳未满1周岁的婴儿期间从事国家规定的第三级体力劳动强度的劳动或者哺乳期禁忌从事的其他劳动,以及延长其工作时间或者安排其夜班劳动的
香港特区	雇主不让怀孕雇员放产假,或不支付产假薪酬给雇员,最高可被罚款5万元
澳门特区	不明确
台湾地区	涉及产假等方面的《性别工作平等法》规定性别歧视罚款最高50万元

为评价某项法律的有效性和可操作性，法律本身是否规定了违规情况的处理办法，违规的处罚力度如何，都可视为具体的要素。就与产假相关的法律条款来说，祖国大陆、香港、台湾地区都规定雇主违规对待孕产妇将受到处罚（主要是以罚款的形式），并规定了罚款的上限。只有澳门对违规的处理尚未做出明文规定。

从罚款总额上看，台湾地区最高，规定如违反《性别工作平等法》中涉及产假的规定，将获最高50万元新台币罚款，相当于人民币约10万元。香港法律规定雇主不让怀孕雇员放产假，或不支付产假薪酬给雇员，最高可被罚款5万港元，约合人民币4万元。而祖国大陆的法律规定，有以下行为之一的单位，将被处以1000—5000元的罚款：(1) 女职工生育享受产假少于98天的；(2) 安排女职工在哺乳未满1周岁的婴儿期间从事国家规定的第三级体力劳动强度的劳动或者哺乳期禁忌从事的其他劳动，以及延长其工作时间或者安排其夜班劳动的。相比之下，祖国大陆对违规操作产假的处罚力度是相当弱的。

第七节　反思与建议

将海峡两岸暨香港、澳门围绕带薪产假的相关规定进行横向对比之后，我们或许可以看到，针对女性生育的法律各有长短，各有特点，并无巨大差异或明显的优劣之分。有人从普遍意识（common sense）出发，认为祖国大陆的法令一定是最滞后的，这种想法经不起学术研究的仔细推敲。带薪产假的长度就是一个最好的例子。祖国大陆的法律规定的产假为98天，是时间最长的。充分显示了整个社会对于女性生育的肯定和关爱。

通过对休假条件、产假时间、休假期薪酬、配偶福利、违规处罚等项目的微观比较，可见海峡两岸暨香港、澳门的法律中，有的在休假长度上更多保护女性的利益；有的在重视保护女性雇员利益的同时，也争取兼顾平衡雇主方利益；有的在一些极端但很可能出现的情况上作了具体的规定；有的对于配偶权益给以明确的保护；而有的注重违规处罚的力度，以确保法令实施的有效性。然而我们也发现各地法律都因忽视某个具体的方面而尚缺乏系统严密性。因此我们建议,各地法律可以互相借鉴,取长补短,建设符合当地实际情况特征而又保护妇女生育权利,维护社会整体利益和发展稳定的健全有效的法律体系。

首先,建议将对妇女生育权力的肯定和女性生育对整个社会生产,尤其是不局限为人口再生产的贡献进行清晰的现代阐述,并以法律的形式固定下来。由于中国特殊的社会历史背景,几千年的封建社会男尊女卑的传统观点仍然遗留在现代社会中,男性的社会性劳动的价值得到肯定,被宣扬为“文明”的缔造者;而女性照顾男性、小孩和老人的家内劳动,尤其是生育工作,长期以来被认为是“自然”的,天生的,而遭到社会范围的漠视和贬抑。另一方面,中国近几十年来推行的计划生育基本国策,仿佛也带来一种悖论式的副作用,那就是在家庭内部对独生子女生育和教养的过度重视和在社会生产领域中对人口生产和家庭和谐的冷漠。一个单位的领导,可能当自己的独子出生时极尽能事,出钱出力,找到最好的医院和月嫂,买最贵的婴儿奶粉,力求创造最好的条件,不让孩子输在起跑线上。而当孩子成长起来需要督导和关爱的时候,也正是他工作繁忙力争上游的时候。不但自己无暇照顾小孩和家庭,在单位里他深知养育小孩在时间精力上的消耗,因而削减女性员工招聘比例,重用男性在职员工,甚至假期还偶有安排加班,同时牺牲自己和员工们的家庭时间。从几千年前率众治水,三过家门而不入的大禹开始,这样的领导,现实中不在少数。如果其领导的团队取得了一定的成绩,那么很可能被冠以“责任心强”“大公无私”“干劲高”“刻苦努力”等光环。然而在民主与法制的,公民意识、性别意识觉醒的当今社会,隐藏在这光环之下的性别歧视,以及夫职、父职的缺失应该被识别和批评。

无论当今社会科技如何日新月异,工业、农业、军事以及高科技产业如何迅猛发展,人类“文明”的发展,归根结底是“人”的发展,脱离了一个个单体所组成的人类的整体,而去谈论人类文明,只会是幻想中的乌托邦。除了对文明这一“男性话语”的社会生产方面的巨大贡献以外,在人类本身的再生产和发展方面,女性的贡献是特殊而卓越的。需要对女性的生育工作进行客观的肯定和充分的保护。这既是对人类文明的终极肯定与保护,也是社会文明发展高阶段的具体体现。

人类文明发展观为女性生育的社会观照提供了理论基础,然而在现实操作中,需要在家庭、社会,尤其是处于两者之间的雇佣机构的层面上进行意识形态的建构。家庭是社会生产的最小单位,因而家庭内部对孕哺期女性提供切实的支持和照顾,对女性的生育工作有着直接的影响,应该被列入立法讨论的对象,并且确立违规处罚的措施。而在雇用单位的层面上有些雇主将女性员工的生育权益,如带薪休假,哺乳时间等与他们的生产盈利对立起来;有某些其他雇员也利用女性同事孕哺期间对其进行恶意竞争打压。我们认为,要缓解这种利益对抗,最根本的方式是要让雇佣单位认识到,从长远利益出发,女性的生育贡献也是一种具有重要价值的社会生产,因而与雇用单位的利益是一致的,应该受到尊重和肯定。而解决这种利益对抗最有效的方式就是,将雇主与雇员之间现有的金钱利益圈打断,形成新的利益关系。例如,由国家或地方财政而不是雇主对孕哺期女性进行经济上的补贴,以肯定和支持女性人口生产的社会意义和贡献;与此同时,给予雇用单位一定的财务补贴以补偿其因失去一位得力劳动力的暂时损失。通过第三方政府和社会的介入可以淡化雇主与雇员之间因生育利益而产生的二元矛盾对立,从而既有效地支持了社会和人口生产,也调和了基层矛盾,同时降低了女性雇用率低和向上流动性低的不合理社会现实的可能性。

其次,为加强法律的合理性与人性化,建议在立法上跳出社会的传统禁忌,尽可能全面地讨论各种可能发生的情况,并作出细致的规定,为执法过程中“有法可依”奠定基础。例如,难产,小产,新生儿畸形,母亲生育时的不同年龄,产假期间新生儿意外疾病或死亡,母亲意外疾病或死亡,父亲因故缺席或身故等等各种可能的情况,是否都应该纳入考量的范围,而不是一刀切。与此同时,为了加强法律的有效性,建议在详细界定可能出现的情况的同时,紧跟以违规处罚的规定和标准,在执法过程中做到执法必严,违法必究,以确保建立起系统、全面、合理、有效的一套法律体系,对女性生育起到切实的保护和保障作用。

最后，关注的重点放在对女性生育的实际物质保障上。通过对海峡两岸暨香港、澳门的比较分析我们发现，各地的法律条文中要么对带薪产假所带之薪缺乏明确规定，即使规定了具体数额的，如香港法律，也只是在实际上将“减薪产假”合法化而已。实际情况是，相对于医疗护理费用，营养品和婴儿的衣食照料等各项费用，生产前后正是家庭中经济开销最大的时期之一。而大部分休带薪产假的女性，实际的收入却都比正常工作的情况有不同程度的减少。我们呼吁，社会应通过立法的形式，在关注产假休息时间的同时，也能切实保障产假期间的总收入不低于甚至高于女性员工的日常收入，这样所谓的带薪产假的意义才能真正体现出来。这个方法的贯彻实行，离不开政府和用人单位对女性生育价值的真正肯定，以及在经济层面上的切实支持。

以上我们围绕“带薪产假”这一直接关系职业女性生育和工作环境的核心问题，从六大方面将海峡两岸暨香港、澳门的法律规定展开了系统全面的比较研究。以此为基础，我们对海峡两岸暨香港、澳门的生育文化环境做出了法律条文层面上的比较和反思，并从完善立法的角度给出了几点建议。为了能更好的了解现实层面中的状况，未来的研究工作还有待进一步将各地的法律条文与实际实施情况、实际违约处罚情况进行对比；将不同职业领域，不同年龄与身体状况的生育女性在孕哺期的需求和经验与法律现有的规定进行对照研究；将中国与世界其他国家和地区的相关立法和社会生育环境进行相互参照和改进。通过学科研究和社会活动的不断互动，一步步健全法律与社会的整体机制，建立尊重和保障女性生育的法律体系与社会文化。

第十章　日本针对孕哺期的国家特殊政策①

周　云*

怀孕、生产、哺育是当今大多数女性一生中至少会经历一次的生活事件。在这一特殊时期中不仅孕产妇自身需要做生理、心理乃至日常生活的各种准备，国家对她们也有一些特殊的政策，保证孕产妇能够安全和健康地孕产。孕哺期意味着家庭、生育、工作等多项内容的交织，其中有惊喜与期待，包含着幸福；也会有无奈的矛盾。本章关注日本在人口发展速度停滞不前、人口总量逐年减少、国家期待生育水平有所回升的背景下有关妇女孕哺期特殊需求的国家政策。然而本章的目标不是评论相关政策对人口发展的影响，而是聚集于：(1) 日本针对孕产妇特殊需求的现行国家政策及其基本内容；(2) 主持相关国家政策的政府机构及其工作重点；(3) 国家对相关政策落实的考查。研究整体将展现日本对妇女特殊需求政策的特点，促进中日两国有关妇女特殊需求领域的相互了解。第一，说明日本厚生劳动省对孕产妇孕哺期间健康保健的作用。第二，讨论作为雇主或工作单位对落实孕哺期国家政策的责任，或者相关政策的具体内容。第三，利用日本政府最新公布的2010年的调查资料，简明介绍日本政府眼中的孕哺期国家政策的贯彻状况，特别是其评判政策落实的角

---

① 本文大部分内容曾发表在《山东女子学院学报》，2013，2：44—49。

* 周云，北京大学社会学系教授。

度。第四,对整体孕哺期国家特殊政策的总结与评论。研究资料主要来自日本厚生劳动省的官方网站及其这一政府机构委托管理的相关网站。

第一节　监督孕哺期政策落实的政府部门

作为日本政府部门之一的厚生劳动省是监督、管理和落实有关孕哺期国家政策的政府机构。其工作目标是推动增强社会福祉、社会保障和公共卫生,改善工作环境,推进职业稳定和人才培养等。省内下设多个局,与孕产妇相关政策关系密切的单位是“雇用均等·儿童家庭局”。这个部门的职责之一就是向雇主、女职工和医务人员宣传政府有关孕产妇法律规定,敦促雇主守法,鼓励各单位在实际工作中使用含有医生对女职工孕哺期健康指导内容的“孕产妇健康管理指导事项联络卡”。为做好相关工作,厚生劳动省在各都道府县的劳动局还配置了孕产妇健康管理指导医师,培训各工作单位的职工健康管理医师,完善孕产妇健康管理体制①。为更好宣传政府有关孕产妇的政策,2007 年厚生劳动省委托财团法人女性劳动协会建立了宣传网站 www. bosei-navi. go. jp,为每位孕产妇提供怀孕初期、怀孕期间、产前产后和育儿方面的注意事项和相关政策信息。2010 年又推出了方便群众利用的网络手机版 www. bosei-navi. jo. jp/mobile。

为帮助各单位落实相关法律政策的规定,厚生劳动省委托建立的上述网站还专门设有一栏,帮助各单位自查守法现状。各工作单位可自行登陆相关网站,根据有关《劳动基本法》和《男女雇用机会均等法》对工作单位要求一栏的具体 14 个问题回答“是”或“否”②。如果回答与法规有抵触,网页会自动弹出“没有按照法律规定承担其工作单位的义务。请参见各问题的相关链接,尽早修正”的文字。同时会弹出错误回答的问题,在其下方给出法规的内容,也就是单位应该执行的内容。工作单位可自我判断自己工作是否达标的另外一个内

① 内阁府男女共同参与白皮书,2011,http://www. gender. go. jp/whitepaper/h23/zentai/top. html 14 页。

② http://www. bosei-navi. go. jp/shindan/step1.

容是“单位环境的调整”①,对15个问题做“是”或“否”的回答。如若回答与内设答案不一致,网上则会显示“单位还有调整环境的空间,请参照各问题的相关链接进一步调整环境”的文字。

第二节　从工作单位的角度看政策

工作单位需要遵守的孕哺期相关政策主要体现在三个法律中:《劳动基本法》(1947年实施、1999年修订)、《男女雇用机会均等法》(1986年实施)和《育儿·护理休假法》(1992实施,最新于2010年修改实施)。这些法律中关于孕产妇的内容是孕产妇应该享受的待遇,同时也是工作单位应该遵守或提供方便的内容。

*《劳动基本法》*第64—67条集中规定了有关孕产妇的内容。包括孕产妇不得从事对怀孕、生产和哺乳有害的工作。如妇女要求产前6周和产后8周内休假,工作单位应予批准。怀孕期间如若孕妇提出调换轻担工作则应予以调换。雇主不得在孕产妇产前和产后休假及其之后的30天内辞退该员工(第19条)。此外,孕产妇有要求时,应控制孕产妇非常规劳动时间、工作时间外、休假日以及夜间的工作。有不到1岁幼儿的妇女可要求每天两次各至少30分钟来照看幼儿②。这些内容涉及产前产后假、工作内容及时间和强度、以及哺乳期间的具体规定。

*《男女雇用机会均等法》*规定,禁止雇主因怀孕、生产而辞退女员工;任何解雇怀孕及生产不到1年女员工的决定都属无效。雇主不得因女员工怀孕、生产或依据《劳动基本法》提出请假或实际休假,或曲解厚生劳动省的其他规定而辞退孕产妇或对她做出其他不利的决定(第9条),单位要保证孕产期的孕检时间(第12条),对孕产妇有弹性工作时间的照顾(第13条)③。《均等法》晚于《劳动基本法》出台,

---

① http://www.bosei-navi.go.jp/shindan/step2.

② 厚生劳动省 都道府县劳动局雇用均等室,2011,男女雇用機会均等法のあらまし http://www.mhlw.go.jp/general/seido/koyou/danjokintou/dl/danjyokoyou_a.pdf,5页。

③ 厚生劳动省 都道府县劳动局雇用均等室,2011,男女雇用機会均等法のあらまし http://www.mhlw.go.jp/general/seido/koyou/danjokintou/dl/danjyokoyou_a.pdf,27—28页。

其内容与后者有所重叠，然而在口气或表达形式上更有一种细化和强调有关内容的作用，进一步提醒雇主要保证孕产期女职工的利益。

为进一步解释这一法律，厚生劳动省也根据自己工作经验列举出违反《男女雇用机会均等法》的一些例子。除解雇或辞退外，还有特定雇用时期内不续签合同；提前已规定续签合同的最多次数，现实中却减少续签次数；变更劳动合同内容，要求孕产妇辞职或从正式职工转岗至临时工等非正式员工类别；降级；恶化其就业环境；以不利条件要求孕产妇回家待命；减薪或扣奖金；不以工作能力、仅以怀孕生产期间对单位贡献的大小作为升迁的依据等①。这种具体的解释使单位（也包括个人）更清楚自己合法的行为，避免违法。

现行的《育儿·护理休假法》（2010年4月1日实施）的宗旨是加强其他“工作与家庭共同发展”的政策。相比前两则法律，这一法律的中心内容更加紧密围绕孕产妇本身和婴幼儿的利益。法律对孕产妇与雇主相关的内容包括雇主有义务缩短养育不到3岁子女雇员的工作时间（如每天工作6小时）；若本人有要求则应免除其分外工作、免除加班。有未上小学子女的雇员每年可因照顾子女休假5天；有两人以上学前子女的雇员每年可休假10天。如果父母双方都休育儿假，他们可在婴儿1岁2个月中休1年的育儿假。为鼓励男性也休“产假”、参与到子女的养育中，子女出生8周内休过假的父亲过后还可再申请育儿休假。此外，这一法律还废除了专职主妇（夫）的配偶不可休育儿假的一些制度。当然，雇主只对在其工作单位连续工作一年以上且在其子女1岁之后仍会继续雇用的员工提供上述各种育儿方便②。关于休假期间的工资问题，这一法律规定要支付相当于员工休假前40%的工资，国库负担支付其中八分之一的休假工资③。

工作单位针对孕产妇的具体工作：政府希望各单位落实有关孕产妇特殊需求的政策法规。首先各工作单位平日要利用各种途径

① 厚生劳动省 都道府县劳动局雇用均等室，2011，男女雇用機会均等法のあらまし http://www.mhlw.go.jp/general/seido/koyou/danjokintou/dl/danjyokoyou_a.pdf，28页。

② 厚生劳动省 都道府县劳动局雇用均等室，2010，改正育児・介護休業法のあらまし http://www.mhlw.go.jp/topics/2009/07/dl/tp0701-1o.pdf。

③ 厚生劳动省 改正育児・介護休業法について http://www.mhlw.go.jp/english/policy/affairs/dl/05.pdf。

(如单位的内网、印刷资料等)大力宣传员工可享受的各种孕产期政策,通过宣传让员工知道一旦怀孕自己需要向单位有所说明以及要说明什么,让员工知道与孕产期健康检查和各类休假的相关信息。表10-1中的内容也是单位需要宣传的内容,让每个相关人明确了解针对不同假期的国家政策。从表10-1中可知,日本的产前产后假是不带薪的假期;但国家对每次分娩都有一次性补助的政策,资金出自健康保险。产后假的育儿假期间也是不带薪的假期,但国家会帮助支付各类保险的费用。"雇用保险"还会为休育儿假的职工支付一定比例的补贴。每次孕检也会发生请假与工资的问题。有的单位希望为利用上班时间孕检的雇员扣除带薪休假天数。厚生劳动省认为如果这是单位单方面的要求就不合理、不应准许;但如果是孕妇员工自己提出的则应该准许①。

表10-1　有关孕产假、育儿假的信息

	工资	支付来源	支付额度
产前产后休假	无		
其他:生产补助金	有	健康保险	标准日收入的2/3
一次性分娩费	有	健康保险	42万日元(2011年4月开始执行)
育儿假	无(但免交健康保险和厚生年金保险)		
其他:	有	雇用保险	40%休假前的工资

资料来源:根据http://www.bosei-navi.go.jp/common/pdf/2_1.pdf中的信息整理。

一旦收到员工怀孕的信息,工作单位对孕产妇则发生不同的义务和责任。无论在怀孕的哪个阶段,雇主都有义务缩短孕妇的上班时间、提供休假、改变工作环境等。针对怀孕初期的员工,雇主有义务根据《男女雇用机会均等法》保证孕产妇(怀孕中及产后1年内的女性)有充足时间做健康检查。所谓充足,具体而言就是需要单位为孕妇留出健康检查本身、接受医生保健指导、在医疗机构待诊以及往

① http://www.bosei-navi.go.jp/ninshin/ninshin.html.

返医疗机构所需的时间。同时也要保证孕妇的基本孕检次数(见表10-2)。而产后1年内的检查则因生产的复杂状况而有不同检查次数的差别。但只要医生认为有需要并提出建议,单位则有义务给予产妇足够的身体检查时间。

对怀孕期间的员工,雇主需要根据上述《男女雇用机会均等法》的第13条,保证怀孕员工上班时间有弹性,如避开上下班高峰时间工作(前后错开30—60分钟)、每天减少30—60分钟的上班时间、允许孕妇利用拥挤程度低的线路[①]。保证怀孕员工上班中能小歇。例如延长上班期间的休息时间、增加休息次数、改变休息时间段等。政府想到的具体措施包括在可休息的场所放置长椅,为站立工作的孕妇在工作场所旁放置休息椅,有条件的单位最好设立孕妇可平躺的休息室。此外,相关单位还应该有应对孕期和产后有关症状的措施。例如,不让孕妇搬、提重物,不跑需要大量步行的外勤,不做需要全身运动、需经常上下楼的工作,不做压迫腹部等需保持不自然体态的工作。针对孕产妇的一些突发问题,雇主应及时与孕妇医生联络,要求提供指导;或与单位内保健工作人员交流,做出必要的决定。

表10-2 常规必要孕检次数的分布

妊娠周数	必须孕检的次数
0—23周	每4周1次
24—35周	每2周1次
36周至生产	每周1次

根据 http://www.bosei-navi.go.jp/common/pdf/2_1.pdf 内容整理。

此外,政府也要求各类单位有"孕产妇健康管理"系统[②]。《男女雇用机会均等法》规定各单位都有责任建立这一管理系统。哪怕现在单位内没有孕产妇,单位也应从长计议建立起这一制度[③]。这一系统要求雇主或工作单位一般事务主管、人事负责人以及单位保健医

① 这条规定还可能与月票费用有关。有的工作单位为员工提供月票,但公司会根据员工家与公司之间的距离以及所能乘坐的最佳交通线路来提供优惠月票。超过最佳线路的费用则需要员工自己支付。

② www.bosei-navi.go.jp/about/.

③ http://www.bosei-navi.go.jp/faq/faq02.html#q1.

生有责任共同为雇员在孕期和产后可安心继续工作做一些实事，包括调整工作负担和完善劳动环境。根据政府的解释[①]，工作单位也受益于“孕产妇健康管理系统”。理由是现在很多生过孩子的妇女都希望继续工作。如果工作单位依法为孕产妇职工提供易于工作的职场环境，实际上也是在为全体职工创造一个舒适的工作环境。在这种环境下，员工会发挥出更大的劳动意愿，有利于单位的工作。如果孕产妇产后继续工作，单位就能留住这些熟练的职工，保证人才不流失。此外，这一系统的另外一大好处是单位可以全面掌握职工因孕产所需要的休假时间，提前做好休假期间的工作安排，防止职工临时短缺。对没有建立“孕产妇健康管理”系统的工作单位，政府会提出健全的要求，但没有具体的处罚措施。最严重的处理是公布这类企业的名单。

第三节　2010 年贯彻孕哺期有关国家政策的现状

自从 1992 年日本实行《育儿休假法》后，厚生劳动省就开始关注休假的趋势与特点。尽管产前产后假为不发工资的假日，但多数产妇会主动休这两段假期。由于产后 6 周假是每位产妇必须休的假期，所以产前产后假的统计不如育儿假利用程度更可说明政府政策的贯彻情况，或者政府政策的普适度、惠及度和帮助年轻父母的有效度。根据 2011 年厚生劳动省出版的“2010 年雇用均等基本调查”[②]结果，受雇于企业（“事業所”）的女性育儿假休假率达到了 83.7%，男性为 1.38%，两者都比 2009 年的同类调查数据有所下降，但总体上休假率[③]自 1996 年开始都显示出上升趋势（见图 10-1）。图 10-1 显示的是有生产经历的男女利用育儿假的状况。这种变化在一定程度上受法律法规的影响。没有法律法规时，人们可能很少考虑休假；或即使

---

① http://www.bosei-navi.go.jp/faq/faq02.html#q3.

② 厚生劳动省，2011“平成 22 年度雇用均等基本调查结果概要”，http://www.mhlw.go.jp/stf/houdou/2r9852000001ihm5-att/2r9852000001iz9v.pdf。

③ 育儿休假率的计算公式为：调查时点时已经开始休假（含已经提出申请）的人数／调查前一年度中生过孩子的人数。

想休假也没有法律对个人利益的保护。现行的《育儿·护理休假法》的前身是《育儿休假法》。这一法律实施的头几年里,休假的男女比例都比现在低。男性的休假比例几乎可以忽略不计,女性的比例也仅有近50%;有一半的产妇休完产假后没有再休育儿假。但有了法律近20年后,女性休假率提高了34个百分点,近84%的产妇会休育儿假。女性育儿假休假率达到了政府设定的80%的目标,但男性则离政府设定的2020年达到13%的目标①还有很大的距离。

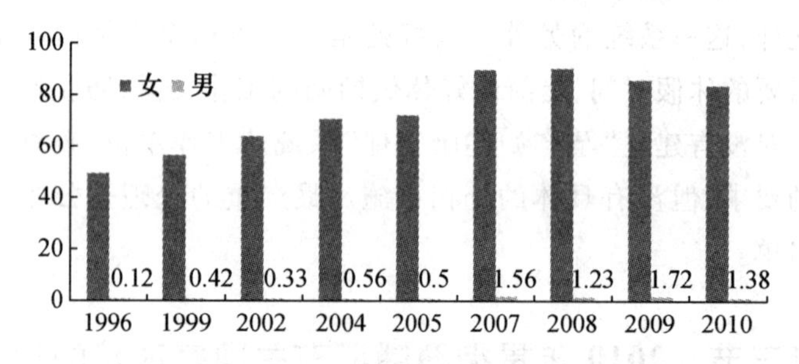

图 10-1　日本男女育儿假休假比例(%),2010

2010年绝大多数休过育儿假的妇女都会重返原来的工作岗位(92.1%),相比2008年有3.4个百分点的提高。而休过育儿假的男性则近100%的都会重返工作岗位②。女性多是在子女10—12个月(32.4%)、12—18个月(24.7%)大时重返工作岗位。男性的休假则主要集中在子女不满1个月时;子女不到1岁就开始工作的比例高达81.3%。这种休假方面的性别差异也是法律政策规定的结果之一。

同一"雇用均等基本调查"关注的育儿休假问题还包括按企业人数规模分的建有育儿休假制度的企业比例③,这些企业还记录了育儿假的长短、休假次数、孕产妇申请休假方式、工作单位针对申请回复方式以及工作单位为养育子女的职工提供各种方便的相关比例(如

① http://www.gender.go.jp/english_contents/pamphlet/women-and-men11/index.html 第8页。

② 厚生劳动省,2011"平成22年度雇用均等基本调查结果概要",http://www.mhlw.go.jp/stf/houdou/2r9852000001ihm5-att/2r9852000001iz9v.pdf 5—6页。

③ 有关不同类别的企业设立育儿假的比例以及政府对企业的奖励内容可参见胡澍根据更早资料的论述(胡澎.性别视角下的日本妇女问题[M].北京:中国社会科学出版社,2010:115)。

缩短上班时间、免除额外工作以及工作单位内育儿设施或支援资金等)。表10-3列出的是有各种育儿优惠政策的工作单位的职工休过育儿假后重回工作岗位后享受其他育儿优惠的比例。仅从比例上看,近55%的女性利用了单位内的托儿设施,36%的女性上班时间比以前短,20%的女性工作负担没再加重。相当一部分女性利用错时上下班的方便(17.8%),领到单位的一些育儿补贴(14.4%)。相对女性,男性也可享受到一些育儿优惠政策,但利用的类别少于女性。他们最主要利用的是弹性工作时间,在孩子有需要时适当调整工作时间。男性选择利用过这项政策的比例高于女性35个百分点。这种差距虽可解释为针对男性的育儿政策选项少,但如此踊跃利用的比例还是说明现有政策受到欢迎,对有幼儿的家庭有所帮助。

表10-3　育儿假后重返工作岗位的职工为带小孩利用单位各种方便政策的男女比例(%,可多选,2010年)

	有政策的单位重返工作职工总比例	缩短工时	免除额外工作	因用育儿服务而采用弹性工作时间	上下班错时	工作单位的托儿设施	补助育儿所需费用
女	100.00	35.5	19.8	21.2	17.8	54.4	14.4
男	100.00	1.1	—	56.2	—	—	14.9

资料来源:“2010年雇用均等基本调查”原表17,http://www.mhlw.go.jp/stf/houdou/2r9852000001ihm5-att/2r9852000001iz9v.pdf。

第四节　小　　结

如同其他国家一样,日本政府十分重视孕哺期妇女的特殊需求;有相应的法律政策,也有专门的政府机构负责管理和落实这些政策。厚生劳动省中的“雇用均等·儿童家庭局”就承担了这一重要工作。其工作内容不仅包括政策的制定,也包括法律政策的宣传、政策落实途径的建立与疏通,以及政策落实现状的监管和及时公布。特别应该提出的是厚生劳动省在做出相关法律法规规定后,往往会十分缜密地落实这些法律法规。具体的落实表现在统一政策针对对象定义、统一具体措施的内容(如对怀孕周数的定义、对健康检查所需时间的定义以及对各种怀孕异常状态下不同对策的统一定义)。此外，针对每次政策调整,政府都会利用各种途径(如宣传画、网页、单页传单)宣传政策的变化,特别是新政策的要点以及与其以往政策的不同点。在宣传形式上注意繁简结合,有简单的图示表达方式,有针对图示的较为细致的文字解释,也有以政府工作中常见问题为依据进行问答式的案例解释。从政策出台到落实的完整系统保证了有利于孕产妇生产与工作法律法规的贯彻。

这些政策的落实需要各工作单位的支持与协助。从本文的解释和分析可以看出政府对工作单位的期待和要求很高。包括要求单位有专人负责孕产妇的健康管理工作。这些人要熟知国家法律政策内容,有责任落实这些政策,也有义务向单位领导报告本单位政策落实状况以及提醒和改正本单位工作的不足。保证让单位明确自己对本单位孕产妇职工的责任与义务。然而政府在严格要求的同时,也为单位做好这项工作提供很多方便或帮助。例如相关资料及详细解释的提供,自查遵法状况系统的建立,工作提升空间可能路径的提示，横向相关指标比较的发布等。使工作单位在感到工作任务或担子压力的同时可获得上级主管部门更多实际帮助和指导。据此更好地完成单位内孕产妇相关工作。

日本政府对孕产妇孕哺期各项政策法规的详细规定及其内容的宣传和执行,说明国家对经历孕哺期这一特殊时期妇女的身心健康的关心,也有促使孕产前后女职工继续工作的含义在其中。然而从日本人口数量和结构变化的角度解释这些政策,使人更有一种全社会动员起来为生育的妇女本人及其家庭尽可能减负、提供帮助或方便的感觉。生育或依靠生育带来人口数量的增加受到全社会的欢迎。因此孕哺期相关的特殊政策是一项一举多得的国家政策。从个人层面上看,这些法律法规保护了妇女的健康,维护了她们的权益，促进了她们各自家庭的良好发展。从社会层面上看,除有全民健康的考虑因素外,也更有单位留住各类所需劳动力,同时提高生育水平的潜在期望。个人的生育已不仅仅是个人的行为,也被赋予了对社会发展有所贡献的含义,因此需要社会动员起来帮助孕产妇。

在社会总动员的过程中,男性也被推入育儿的中心区。男性参与孕哺不再是一个简单、空泛的与男女平等发展相关的口号，而是相关法律中要求的一项内容。法律中有具体的妻子处于孕哺期的丈夫优惠政策。目前利用这些政策的男性还不是很多（例如休育儿假的男性比例极低），但政府已经设定了中长期的努力目标。政府也在其相关部门大力鼓励男性休育儿假和利用其他育儿弹性工作时间的政策。在这样的大环境下，预计男性对子女、家庭的观念将有所转变，两性社会、家庭的劳动分工会有所变化。因此，日本孕哺期国家法律政策对推动性别平等发展也具有重要作用。总之，日本针对女性特殊需求的孕哺期国家法律政策在内容、执行和监管途径以及性别平等意识方面都有我们可借鉴与学习之处。

第十一章　美国职业妇女孕哺期状况调查分析

苑莉均*

关于在职父母生育休假的政策规定在世界各国的差异很大。一般而言,西欧的所有国家目前都向育龄母亲提供至少3个月到1年的带薪休假(父亲也有较短时间的育儿参与假)①。美国这方面的政策对带薪问题采取否定态度,而且对此期间的其余福利并不明示(多数私有企业自行决定福利政策),但联邦政府确实建立了一项"家庭医疗假期法令 FMLA 1993"来规定休假期的最高限定,以此提供12个星期之间的雇佣保护性育儿假期(parental leave)。从常识来理解此案,公共舆论认为这当然是针对妇女的产假和哺乳期的需要,但根据个人情况的不同,每个母亲可以选择适合自己的低于12个星期的一段假期。如果我们考虑女性和男性相比因为历史、文化方面根深蒂固的影响已经具有同等职业上的工资差别,继续选择适当的育儿假期去照顾子女,必然会加大性别之间在职业或专业上的机会的不平等。本调查将立意于挖掘生育或抚育婴儿的妇女在这些选择中的经验和反省,并从各个声音和视角中观察、分析和反思此法令有关的问题并做出改进建议。

---

* 苑莉均,美国得克萨斯州立大学教授。

① Ruhm, Christopher J. Policy Watch: The Family and Medical Leave Act. [J] *Journal of Economic Perspectives*. 11.3 (1997): 175—186. *JSTOR*. 20 Mar. 2012.

第一节　调查方法论

我们的调查方法采取个人非正规访谈的形式，然后以小组报告和分析访谈结果。所访问的对象必须是有过生育和哺乳经验的职业妇女，通过她们对相关问题的叙述、感受、回忆和反省来了解每个母亲在此期间的事实经历、遇到的困难和解决的途径。这些叙事启发了我们进行分析和提出建议，以便更深入地探究女性在这个育儿阶段的经历怎样影响她们的职业或专业的发展进程。这一叙事的方法力求原汁原味，不添加调查者的猜测、预测或抽象概括，以避免先入为主的主观判断。根据赫尔德的观点："科学的目标是描述或解释和预测从第三人称视角所看到的自然世界的情况。道德的目标有根本的区别：我们寻求道德的建议，从第一人称视角出发的自觉道德代理人选择如何生活和如何行动时，我们应该怎么生活，我们应该做什么"；"如果我们想叙事，其要点可能是，我们应当不去试图把一个类型减少到另一个、或把各类型减少到一个基本的原类型。"①也就是说，我们尽可能避免本质主义的范式论而采取多元性的包容体现，即尽可能呈现我们访谈到的每位经验者的情况。鉴于美国对正式个人访谈事项的严格法律控制和繁琐的文件要求，我们的非正式访谈不涉及任何个人信息，例如名字、地址、雇主和家庭成员等。

第二节　"家庭医疗假期法令 FMLA 1993"简要介绍

"家庭医疗假期法令 FMLA 1993"的前奏始于 20 世纪 70 年代末的一系列法规改革。关于怀孕妇女的"反对歧视怀孕妇女法"建立于 1978，第一次从法规上向妇女提供在职安全保证，保证不受因怀孕导致的解雇。经过 15 年之后才出现了联邦政府颁布的更具体的"家庭医疗假期法令 FMLA 1993"，但此法规同欧洲和世界上许多国家相比，大概落后了几十年的进程。尽管此法规定了母亲可使用 12 个星

① Held, Virginia. *The Ethics of Care: Personal, Political, and Global*, Oxford University Press 2006:73—74.

期之间的雇佣保护育儿假期，由于所附加的条件和育儿假期的无报酬，它对初生婴儿的母亲和父亲的帮助很小。值得注意的是，其附带条件至少有三个，第一是雇员必须达到50名以上的公司或企业才能接受此项法规；第二是这些雇员必须居住在距离工作地点方圆75英里以外；第三则是要求计划育儿假期的雇员必须在前一年工作高达1250小时（参考 www.dol.gov/whd/fmla/）。由于各种限制，雇员中仅有不到一半的人符合条件并可能享受育儿假期。

第三节　访谈结果与分析

我们分为8组，每组可以1、2或3人，每人至少访问2名母亲，最后以组和个人共同报告和分析。

3.1　A组

本组提出，瑞典和挪威是世界上提供最佳父母生育休假的国家，包括母亲可享受1年以上带薪假，父亲也有资格参与享用。相比之下，美国是唯一的一个大国没有强制法律来提议新生儿父母的带薪育儿假，但只有“家庭医疗假期法令 FMLA 1993”应对生育休假问题。虽然此法只限定母亲或父亲都可以享受12个星期的无薪假，但雇主有权决定如何补偿休假人的收入。同时，根据此法规定，育儿假的概念可以延伸至领养父母等情况。

访谈人A1选择3位单身母亲访谈，有的母亲结婚几年后离异，这3位母亲的经验有所不同。

被访人1担任某医疗办公室管理人职位，她31岁怀孕生第一胎，生育6周后将婴儿送育儿室而回到工作岗位。她后来一共生育3个孩子，每天大约用9小时照顾孩子们，她的工作没有大的变化。“我感到自责，刚生了孩子不久就要去工作，我记不清当时有多少不眠之夜和压力。自责是最大的问题。”但她从不放弃专业目标。她还很庆幸所在的社会环境对她的支持。她很担心一直未婚却有3个子女，好在人们比过去更支持单身妇女，同事们很关心她，也很帮助她。另外她面临的最大负担是孩子的看护费用，她的工资较高，有时候还得到孩子生父和家庭的资助，但她还是希望公司方面应当资助幼儿保育。

被访人2在25岁怀孕，当时她一边为某公司做咨询员一边读学位，同时她正与有家暴行为的丈夫离婚。她在家休假18个月哺育初生儿，但情感抑郁推向极端。当她回到工作时，她很难恢复状态正常应对一切。她感觉自己缺少搞好两方面的能力，既对工作负责又对孩子足够关心，所以更不必提及自己的社交生活。她可以使用单位的幼儿服务机构，她也希望找机会参加专业培训和会议，雇主能承担这些费用。然而，这些活动多发生在育儿中心下班之后，她很难脱身去参与活动。在讨论这些问题时，她又陷入抑郁状态。

被访人3在她21岁时生育第一胎，男友比她大20岁。生育前因两人关系破裂她回到父母家中，由于父母帮助抚养婴儿，她开始在军事基地餐厅作管理。再婚后她又生一胎，随丈夫搬迁失去工作后成为家庭主妇，又生了第三个孩子，在此期间她还帮助养育妹妹的两个孩子。等到所有孩子们已长大，她已经41岁，她重返旧业，参与职业培训和各种会议，向自己的职业目标奋进。

访谈人A2访问了两位女教授，一位已婚，另一位单身，两人都在大学任教。

被访人4在35岁时生第一胎，当时正在争取终生教职的6年之内。她很勇敢地问系主任“在这里工作允许我生育吗?”她得到了肯定的回答和支持。在怀孕期间，她和所有同事和领导保持着良好关系，她的形象也受到尊重。她通过谈判而得到生育休假保护，甚至得到带薪休假6周。更使她欣慰的是，孩子出生后不太久她被批准进入终生教职行列。除了系里领导和同事的支持之外，她得到丈夫的巨大参与和协作。她陈述道，孩子出生后成为第一重要事件，这以后的3年她未能发表任何研究论文，常常感到自责和为了完成两种角色而忧虑的疲惫不堪。好在丈夫也在家中工作，可以在她外出时看护婴儿。她还雇用了一名学生小时工帮忙。可以说，她的怀孕和工作提升两不误的情况几乎是完美的。

被访人5的状况则不同:她在27岁生育第一个孩子时是单身，从情感和资金两方面一个人为婴儿负责，压力很大。当时居住纽约市开销很大，尽管她在华尔街和哥伦比亚大学都有临时工作，还有写作研究资助并做临时教授,但她还是不能维持生存。她说道,"我认为对于一个国家来说最重要的考虑和投资就是儿童们的福祉,因此也是母亲们的福祉。"政府必须认识这一重要性并照顾所有需要照顾的母亲,特别是单身的母亲和孩子们。

A组从5位被采访的情况作出简要总结:她们共同考虑的问题是照顾婴儿和坚持工作之间的平衡,这种平衡需要得到丈夫、家人和所雇单位的支持,不仅感情方面而且资金方面,还有儿童关护中心的便利,这些中心应得到政府的帮助,以减轻母亲因昂贵的看护费导致的焦虑和抑郁压力。

3.2 B组由3人组合,共访谈了6人,这些人的情况各异

访谈人B1叙述了被访人6和被访人7的怀孕和领养的经历。

被访人6已婚,25岁怀孕时是1994年,"家庭医疗假期法令FMLA 1993"已执行。她有12个星期的育儿假期,但上班一天后她不能忍受见不到婴儿所以立刻辞职。生育之前她从未想过变成家庭妇女,但生育了第一个孩子后她将全部时间用于育儿并且感到快乐。生完两个儿子并等到他们都进入上学年龄后,她又回到学校继续学习和工作。她认为如果把孩子送儿童关护中心,那里昂贵的费用与她上班的报酬几乎抵消。

被访人7的情况则不同,她领养第一个儿子时是1968年,"家庭医疗假期法令FMLA 1993"还未出现,但她的雇主允许她休假两个星期去办好领养手续。她在学校里任职,白天忙在学校几乎见不到儿子,儿子也不知自己的母亲是谁。当学年结束后她还是辞职回家与领养儿子建立感情,后来她和丈夫又领养了第二个孩子。孩子们成长中她开办了自营职业,半天工作,另半天理家。她强调关护儿童和家务劳动耗费巨大的时间和精力。

访谈人B2介绍了被访人8和被访人9的怀孕和哺乳的经历。

被访人8有两个孩子,从事艺术和艺术史教学。第一个孩子出生时她休假了7个月,但第二个出生后她只休假3周时间,为了坚持哺乳,她在办公室间歇时使用挤奶器来备奶。她的丈夫可做近一半的家务和三分之一的看护孩子,但她还是倍感工作的压力。她尽可能

缩减社会活动,多找空余时间和孩子们共处。她不仅感到工作和关怀孩子的双重压力,而且要担忧自身研究项目的发展。她认为"家庭医疗假期法令 FMLA 1993"很不合理:她自己的经验会验证这一点。生第一个孩子时她休假 7 个月而不是 12 周,其结果是不带薪假造成财务缺乏和压力增加。由于此原因生第二个孩子时她选择只休假 3 周,但丈夫单位有更好的父母生育政策;他带薪休假了 6 周来参与育儿。当然,真正完好的政策应当是母亲得到足够的哺乳时间。她说道:"我想母亲整个工作在实践上和多少时间投入上、以及更深层的视而不见的重要方面都反映了某些不公正的因素。"她认为妇女需要公正概念的帮助,配偶之间的公正必须离开以性别分配的传统工作。社会和工作环境、有薪的产假和方便的儿童关护中心,所有这些协调一起才能帮助妇女在抚养孩子的阶段同时维持自身的职业发展。

被访人 9 也有 2 个孩子。第一个出生在 1986 年,当时她休假 4 周,但还需要至少两个月哺乳时间。"由于工作时只能在公共卫生间使用挤奶器,冰箱里也放不下所有的奶瓶子",她最后还是辞退了办公室的工作。孩子几岁后她又回到岗位。第二个孩子出生时,她利用积累的休假日来顶替产假日,所以可得到带薪育儿假期。这样做是因为她在前几年工作极其辛苦,经常替不能到位的同事加班。她对"家庭医疗假期法令 FMLA 1993"表示不满,觉得不公平。

访谈人 B3 报告了被访人 10 和被访人 11 的怀孕和哺乳的经历。

被访人 10 在 20 岁时怀孕,怀第二个孩子是 25 岁,两个孩子都不大时她又回学校读书。她有临时性工作但不能享受"家庭医疗假期法令 FMLA 1993"。好在她得到了父母和男友的部分支持,即使如此,她经历了严重的产后抑郁症。她认为怀孕妇女最需要得到支持,尤其是工作地点的日托儿所,没有托儿所的支持,情况就会恶性循环:母亲只能加倍工作以支付雇人看护孩子的昂贵费用。

被访人 11 结婚后 23 岁生第一个孩子。当时她还要照顾丈夫前任婚姻中的两个孩子。她的单位允许她休 6 周的无薪育儿假期,她只能在自己卡车上挤奶,再带回去喂孩子。由于工作和家务的过度疲劳,她得了产后抑郁症,半年内每天离家去上班都在哭泣。她相信,妇女需要的是工作以外的一个强有力的帮助网络,比如丈夫、家人、朋友和邻居等，但她却未能进入这样的帮助网络。

B组访谈人总结这6位被访者的情况，评论说生育妇女中很多人不能得到配偶和单位的全力支持和帮助。“家庭医疗假期法令 FMLA 1993”的规定和执行对产妇和哺乳期的母亲帮助甚小，导致很多母亲受到产后抑郁症的折磨。我们的生育政策必须反省这些问题。

3.3 C组2位访谈人报告了4位被访人：其中只有1人能够使用“家庭医疗假期法令 FMLA 1993”，另3人不符合。

被访人12有2个孩子，一个2岁，另一个5个月，她本人30岁，已婚，全家都健康。她大学毕业后找到全职工作，怀孕时先休假了4周，产后又可休假8周。她第二次产后休假12周。由于单位医疗保险能涵盖10周产假费用，她这两次孕产期都很幸运，她和丈夫都没觉得负担过重。她每周工作32小时，周二和周四可在家照顾孩子，另3天雇了一位保姆带孩子。她坚持母乳，每天上班前或在班上挤奶；工作环境中都是妇女，她没有感到挤奶不方便。她的单位有一间洁净的挤奶室供母亲使用；同事们和雇主都有育儿经验，也很同情新生儿母亲。她说她的文凭使她可找到更高层的职业，但她喜欢现在的工作环境；她唯一希望的是工作地点能提供儿童日托所。

被访人13有3个孩子，她本人24岁，但不是计划生育的。她共结婚3次，由于只有临时工作不能享用“家庭医疗假期法令 FMLA 1993”。生前两个孩子时她还在高中读书，第3个孩子出生后她休假2个月之后又找到临时工作，孩子白天由祖母看护。她每天上班前挤奶，或在工作间的小仓库里挤好，再由家人或亲戚带回去喂孩子。幸运的是她单位的同事都是女性，老板也养育了3个孩子；大家都理解工作和哺乳的难处，这减轻了一点她的困难。

被访人14单身，有一个2岁的孩子，她本人25岁。她在女子体育馆做临时的瑜伽教练，无资格享用“家庭医疗假期法令 FMLA 1993”；怀孕时她只能辞去教练工作，另找了办公室临时助理的工作。孩子出生6周后她又找到瑜伽教练的工作；她的父母帮助她看护婴儿。她工作的体育馆里，妇女们都把孩子带来，大家轮班看护；她也加入了集体看护；那里甚至专有一室为母亲挤奶使用。她喜欢她的工作环境，但希望她的孩子能有更好的医保待遇。

被访人15，当她第一个孩子13岁时，她第二次怀孕，已经过了40岁。她是一名绘图设计师，为一个小公司服务；由于公司规模小，不足50人，她不能享用"家庭医疗假期法令FMLA 1993"。她与雇主达成协议，休假了5个月后回来继续工作。她担心婴儿有可能感染上自己的疾病，所以选择非母奶喂养。她表示还是希望和婴儿多呆些时间，并希望单位能提供儿童日托所。

C组的调查说明了4位中有3位母亲不能使用"家庭医疗假期法令FMLA 1993"；公司雇员必须超过50人的规定限制了很多母亲不能再回原工作岗位。虽然这几人很幸运地经协商或其他关系又找到同样工作，她们却未必可能得到连续工作的福利待遇。

3.4　D组访谈了4位母亲，其中最大的55岁，最小的22岁

被访人16已经55岁，有1个孩子，早已与丈夫分居。她在牙科做了多年洗牙专科护理，当孩子出生时休假了6周后回到岗位。孩子4岁前她主要自己承担家务和照顾婴儿；虽然无丈夫却得到母亲和兄弟姊妹的帮助。由于她是合同专科服务，有固定服务时间，又同时受雇于几个牙科诊所，所以母乳喂养很短。她产后患有轻度抑郁症；作为单身母亲，几乎没有社交生活，工作完成后都忙于看护孩子。她提出建议：社会和单位应当向单身母亲多给予协助，不要让照顾婴儿的任务落在单身家长一人身上。她的孩子的父亲没有给她多少帮助，致使她的压力过大。她希望工作地点应建立儿童日托所来减轻母亲的负担。

被访人17比较年轻，已婚，生有一子。她丈夫工作，她在家带孩子，怀孕前在社区学院上课。她母乳喂养孩子有1年时间。提到养育孩子和做家务的辛苦，她说："我的工作是每周7天，每天24小时；丈夫下班回家后可以休息；我做母亲的活永远不会结束；从孩子出生到3岁，我从来不能睡足觉或有自由闲暇时间。"她讲到自己喂奶时很受折磨，调整了3个月疼痛有所减轻；因为周围总有家人的鼓励和帮助，她才没有陷入精神抑郁。她产后再没有回到原工作地点，因为那里没有儿童日托所。当问到妇女养育孩子时最需要什么时，她回答说做母亲很艰辛，她们需要情感方面的支持、家人和社会的具体帮助。

D组访谈人1从上面两人的经历看出母亲的艰辛,这在50岁和22岁的不同年龄段感受都是一样的。工作单位和社会环境应当参与母亲对婴儿的关怀,特别在提供喂奶和日托的便利方面给予投资。

被访人18是小学四年级老师,已婚,她和丈夫计划生育,28岁生第一个孩子,两年后又生了第二个女儿。她生了第一个女儿后面临许多难题:丈夫正读医学院最后一年实习期,她的家庭在休斯敦,而工作在圣安东尼奥市。她休假了6个月以便母乳喂养,又依靠婆婆的帮助,看护孩子到3岁。她和别的母亲一样地感觉没有社会交往和朋友聚会,但还是未能看到孩子成长点滴,例如第一次迈开腿走路。她很希望工作地点有儿童日托所。

被访人19在25岁结婚后遭遇家庭暴力,生育了孩子后经济上依靠丈夫。她休假6周母乳喂养,然后回单位工作;她发现工作时挤奶很困难,很希望那里有日托所来帮助母亲。

D组访谈人2总结说被访人18和19都说明新生儿母亲需要比6周更多的时间来调整母乳喂养等问题,产假必须保证更长的期间,工作地点配备婴儿看护室是对母乳喂养最大的帮助。

3.5 E组报告了4位(20—23)被访人的情况,这些具体状况和分析交织在一起。访谈内容是通过母乳喂养、婴幼儿医疗条件和儿童关护问题三个方面进行的

关于"家庭医疗假期法令 FMLA 1993"的政策:被访人20说道,"依据FMLA我休假了12周,我将以前积攒的所有应休的假日全用来交换了产假,我多休了3周,我的工作得到了保护。"

关于母乳喂养:被访人21说道,"我知道工作中不可能喂奶,所以选择休假5个月给孩子喂奶。上班后我不能再挤奶或离开去喂奶。"

关于减轻母亲带孩子的负担:被访人22说道,"州政府必须为有孩子的母亲提供更多的服务。我希望官员们通过这样一个法律,即要求本州雇主发给休产假的母亲们工资,否则的话,妇女们就不该怀孕。"被访人23说道,"州政府要规定和帮助建设儿童日托中心,以便让母亲又工作又照看孩子。"

E组访谈者总结说被访人20、21和22都说明,这些母亲从第一手经验得到的母性思考,州政府和法律有责任关心新生儿,关心新生儿给母亲们造成的不成比例的过重负担。

3.6 F组由一人承担,访谈人访问了两位母亲(24和25)

被访人24大学教育系文凭,已婚,做办公室助理。她生第一个孩子时29岁,由于休假了6—9个月,未能回到原岗位,但找到了临时工作。她母乳喂养了9个月后改成代乳粉,当时得到家人的很多帮助。丈夫工资较高,因此她没有觉得"家庭医疗假期法令 FMLA 1993"对她有太多影响;她休假时间长是因为家里经济稳定和婴儿需要。她给第二个孩子喂奶时间是6个月,随后找到全职固定职位,并且有提升机遇。她理解自己的情况并不需要FMLA,但是妇女整体应受到产假的法律保护。

被访人25也有大学文凭,已婚,32岁,做护理医师。她怀孕后和雇主协商可以休假4个月,甚至带薪休假。她还享受了送孩子到医院内部儿童日托所的福利;她利用午休来母乳喂孩子。这一切使她很容易地适应了日常的工作和关护婴儿两不误;她回到岗位不久甚至还得到了工资提级。工作单位系统的支持使她没有像许多母亲一样因负担过重而患产后抑郁症状。

F组的总结是:以上两位被访人的经历具有优越性质;她们得到了一般母亲得不到的奢华的支持和充实的资金的协助;经济稳定对产妇休假时间至关重要,而经济稳定是和教育资历相互关联的。她们的职业发展并未受到怀孕和母乳喂养所带来的负面影响。

3.7 G组由一人承担,共访谈了4人

被访人26在生育前读了两年大学技术信息专业。她因为生第一个孩子而辍学在家,靠丈夫一人挣工资养家,资金总是不足,刚够支付两个孩子的医疗保险。她开始继续求学,读计算机本科以便毕业后好找工作。她希望能有更多可用的资源使她能继续学习、工作和做好母亲。

被访人27生育了两个孩子,都在"家庭医疗假期法令 FMLA

1993"之前,她有护理专业文凭,她和丈夫都有工作,生育第一个孩子时可以应对困难。她生第二个孩子时辞职在家1年母乳喂养孩子;这时丈夫工作地点较远,家务活基本上由她承担。由于经济允许,她可以送孩子们到工作地点的日托所。最近,她被提升为某医药研究公司的行政执行官。

被访人28在基督教大学读书期间未婚怀孕,被迫离校观察1年;后来完成了学业,还取得两科硕士文凭。她共生育4个孩子,生第4个时她辞职1年带孩子;回到教学工作后支持丈夫完成硕士学业。虽然她和丈夫分担家务,但她是主要的既工作又持家带孩子的贡献者。

被访人29挣工资比丈夫多,夫妻商议由父亲在家做家务而母亲每天上班。两个孩子相继出世,母亲考虑资金的需要,只休假3周时间;工作地点没有挤奶的环境,她只能中断母乳喂养而改用代乳品。她忙于工作和养家,未能如愿地追求超过高中毕业的文凭。

3.8 H组两位访谈人共访问了6人(30—35)

她们报告了这6人的经历所触及的共同问题,即这些访谈人面对母乳喂养婴儿时的障碍,而这些障碍体现了家务育儿和职业工作的双重身份冲突。她们称冲突表现为3种:时间冲突、压力冲突和行为冲突。

基于时间的冲突:6位被访者(年龄都在19到33岁);都经历了工作时间和用于育儿和家务的时间的冲突;6人中有5人表示家务责任过于繁重,仅有3人说自己丈夫分担了一部分家务负担。6人中有一人不满意她的配偶。4人明确说出当回到工作岗位上就担心或"忧虑"自己的孩子,孩子的奶够吃不够吃等。

基于压力的冲突:回到工作岗位的喂奶母亲常常得不到工作环境的支持,那里不提供"私密的挤奶室"和必要的奶瓶卫生条件。这些哺乳母亲因哺乳的障碍而紧张、疲倦和感到负罪。6人中有4人承认具有这些压力,有2人由压力导致抑郁。

基于行为的冲突:6人中有一位是自我开业的诊疗师,她可以调整工作时间和哺乳时间,让两种行为互不干扰。其余被访人都要依从工作单位的时间安排而不能自我调整。有一位只能辞职回家去坚持哺乳;另一位说到在工作时挤奶的重重困难,最终只好放弃哺乳而改用代乳品喂养。这些母亲需要工作时间的弹性安排才能给孩子更长时间和更好质量的母乳。

H组总结说政府关于儿童抚育和母亲产假的政策应当进行根本的转变。政府和雇主都要参与哺乳项目的发展活动,并研究以上各种冲突之间的联系和减少冲突的具体措施。

第四节　总结与思考

以上各组对35位母亲做了非正式访谈:关于她们怀孕、生育和哺乳与她们职业进展的经验。从她们不同的经验事实和反省中各组访谈人都做了简要的小结。我再集中进一步汇总,并从以下五个方面来扩展我们的分析:工作与家务的冲突、对育儿母亲的惩罚和母亲的抑郁症、儿童日托所的必要性、对母亲哺乳的再思考,以及超越"家庭医疗假期法令 FMLA 1993"的反思。

4.1　工作与家务的冲突

从被访谈的35人的经验事实获知,几乎所有的被访人都在不同程度上经历了休育儿假、母乳喂养和返回工作岗位上感到的双重负担和压力。有些人得到丈夫、家人和工作环境的更多一些帮助,她们的压力和忧虑减轻了;有的人则很少得到这些具体的帮助。得不到帮助的人,特别是单身女性,她们更易于患抑郁症。生养下一代的母亲们面临双重负担的冲突和压力:既要完成关怀照顾初生儿的家庭责任,又要完成自己的职业训练和发展的责任。她们在两种压力之间寻求一定的平衡:有时不得不临时放弃一个方面而更多地顾及另一方面;因为若想同时做好双重工作这对母亲的要求过分艰难,而要求双方面都完美对母亲也不公正。

从被访人的教育基础和职业岗位观察,她们越是高学位,工作职位和环境越是比较宽松和易于安排育儿假期:例如学院教授和护理医师或从事行政工作的几位母亲,她们的育儿假期较长,工作地点多有儿童日托所,为母亲回归岗位上继续哺乳提供了便利。相比之下,在小公司任职或没有全时固定工作的母亲们多数都经历了较短的产假和哺乳期更多的艰难;有的母亲甚至不得不放弃职业。另外一个因素是经济状况往往决定休假的长短:资金充足的家庭有可能雇佣保姆或小时工,这会减轻一些母亲的家务负担。尽管如此,我们的访谈人基本上都是中产或中产以下阶层的家庭;这一阶层在美国占有全体人民的60%至70%。这些母亲的声音有很大的典型意义,而她们几乎无一对"家庭医疗假期法令 FMLA 1993"的法规感到满意。

最大的不满意是针对"家庭医疗假期法令 FMLA 1993"的不带薪育儿假期。这个法规似乎将母亲生育视为私人的责任而不是全社会应参与的责任;这和欧洲许多福利国家的看法和做法形成鲜明对比。这一认识方面的偏差使美国所有母亲在最需要帮助的时候却得不到政府和社会整体的真实意义的资助和关怀。有学者指出:"美国的家庭在结合全时工作和做父母的双重责任时遇到挑战,因为社会上仅存在很少的儿童日托设备,更没有带薪父母假的国家政策"①。"家庭医疗假期法令 FMLA 1993"作为开始,仅能起到母亲可选择育儿假期而不会丢失工作的作用,但不能对母亲给予经济上的援助。无薪育儿假期在观念上还是歧视妇女的生育贡献,并且加深了母亲回归岗位后的双重责任的冲突和压力,也不利于进一步深入挖掘双重工作冲突的实质性原因和改变进程。

4.2 对育儿母亲的不良后果和母亲的抑郁症

从被访谈的35位母亲的情况来看,很多母亲在双重责任的压力下产生自责和对婴儿的"有罪"感。有罪感是因为迫于经济压力不能继续在家母乳喂养,以利婴儿身心健康发展。这些母亲为了完成双重角色的任务和责任已经身心疲惫,无暇照顾自身,而且基本上切断与原来同龄朋友、伙伴的社会交往和娱乐活动。她们与同龄女子相比更需要得到家人和社会各方面的理解、体贴和具体的帮助,否则,某些母亲很可能因压力过重而导致抑郁症状。这时候丈夫的关心和共同分担家务尤其重要。传统的社会观念往往忽视丈夫参与、承担

① Percheski, Christine. Opting Out? Cohort Differences in Professional Women's Employment Rates from 1960 to 2005, [J] *American Sociological Review*, 2008, Vol. 73 [June: 498].

繁琐家务劳动的责任；很多母亲也往往依从传统指派给母亲的家务责任而不要求丈夫平等参加家务工作。被访谈的所有人中仅一人公开批评丈夫做家务很少；绝大多数母亲当陷入工作和家庭冲突时总是自责，对婴儿产生“有罪”感。这同社会职业环境中对育儿母亲的不良后果（child penalty）是一致的①。这显然说明社会规范对母亲的不公正；而依从社会传统的不公正的角色僵化才会使母亲陷入自责，甚至抑郁成疾。改正不公正的惩罚不应当是让妇女回归家庭的单一角色，而是要提倡男女共同分担家务；社会整体当然有责任帮助父母抚育幼儿，包括改善父母产假政策和投资兴办公共的儿童日托中心。

4.3　儿童日托所的必要性

我们的 35 名被访人都赞同州政府应帮助解决婴幼儿看护费用问题：建立儿童日托所是对母乳喂养的必要援助。如果母亲休产假时间很短，其缺陷不仅在于母亲身体的恢复，更在于母亲很难调整母乳喂养的时间。一般而言，每个孩子都需要几个月甚至 1 年的母乳。如果母亲上班而工作地点没有日托所，母亲挤出的奶会因放置时间长而不新鲜，还可能有卫生质量的担忧。建立儿童日托中心不仅帮助上班母亲坚持母乳喂养，而且可能适当减轻母亲的双重工作的冲突和压力。更重要的是，儿童日托所是一个政治上提高男女平等的社会机构。在美国，人们常常认为，公共儿童日托中心是蓝领阶层最需要的福利，而中上阶层更注意发展私营的儿童学前教育中心，投资让孩子尽早得到智力发展。我们所访谈的母亲们基本上是中产或中产以下阶层的家庭。她们全都表示了支持儿童日托所的意愿。

美国著名社会正义理论家罗尔斯提出②，美国社会应允许有差异的个人具有机会的平等、允许个人创造巨大的财富，但这些巨额财富必须倾向于帮助社会底层群，其目标是人们自愿选择共同受益，也就是说人人会同意在一个贫富差距能被接受的社会中共同生活，即共同受益。支持儿童日托中心也就是支持母亲，减轻母亲的双重工作

---

① Percheski, Christine. Opting Out? Cohort Differences in Professional Women's Employment Rates from 1960 to 2005, [J] *American Sociological Review*, 2008, Vol. 73 [June: 510].

② Rawls, John. *A Theory of Justice*, Harvard University Press, 1971.

负担和压力,提高性别平等的社会理想。

4.4 对母亲哺乳的再思考

母乳喂养对婴儿的身心发展具有不容置疑的优良效果:美国有24个州具有与母乳喂养相关的立法;2010年政府通过的医疗改革法也提倡雇主应提供合理的工作间歇和私人房间以便母亲挤奶、喂奶。从我们的被访谈人的总体情况看,现实中兑现这些倡导的差距还很大,但公众支持母亲哺乳的呼声很高;有的母亲因返回工作而停止喂奶的会导致自责和"有罪"感。另一方面,我们从其中一位被访谈人的情况得知,她因自己身体原因选择不给孩子母乳喂养。这一反例启发我们对母亲哺乳做进一步反思。斯科托尔斯基曾指出有的母亲因身体治疗而不能正常哺乳:她在哺乳时痛苦难堪①。斯科托尔斯基提出女性主义关怀伦理学启发我们认识母亲哺乳的实践应当是互惠性质的:母亲不应当只哺乳自己的孩子或者婴儿只有一个母乳供奶,如果母亲们能共同承担哺乳、甚至成立母亲奶库来帮助哺乳困难的母亲和婴儿,这样能使社区内所有母亲和婴儿共同受益②。这虽然带有理想化的因素和其他的问题,但能够帮助我们深入探索母亲哺乳的理论和实践。我倾向于赞同斯科托尔斯基描述的社区母亲共同承担哺乳的激进母性理想并逐步落实到现实生活,使所有的母亲不至于在想要哺乳婴儿但身不由己的两难情况下得不到援助。

4.5 超越"家庭医疗假期法令 FMLA 1993"的反思

我们的访谈结果表明,由于"家庭医疗假期法令 FMLA 1993"的许多限定,这一法规并不覆盖做临时工的妇女和处于社会底层群体的母亲,能依据此法而受益的母亲数量有限。美国这样一个居世界领先地位的大国对妇女孕哺期具体困难的忽略和漠不关心使世人惊叹:从哲学角度来深究这一深层的对母性经验进行反思研究的漠视

---

① Skitolsky, Lissa. Tables From the Tit: The Moral and Political Implications of Useless Lactational Suffering. In: *Philosophical Inquiries into Pregnancy, Childbirth, and Mothering: Maternal Subjects.* (Eds) Sheila Lintott and Maureen Sander-Staudt, Routledge 2012:66.

② Ibid., 73—74.

和排除的原因必定会启发我们更深入理解性别分化的社会机制如何影响和加强了孕哺期妇女的两难和因此造成的抑郁症。有的哲学家指出①,因为生育和为母的经验是在特定的社会境况中形成、分享和具有一定的局限性,高度性别分化的社会机制阻碍了男性对母亲经验的切身观察和体验并且吸收其价值观。他建议母亲经验应当向男性开放并鼓励他们加入和参与关于这些人类宝贵经验的深刻反思。我赞同这一看法并认为男女必须共同开发孕哺课题。既然孕哺不只是母亲或女性的生物性质的问题而是全人类的重要责任,从调查分析中看到了孕哺经验对母亲和父亲不同的负担、影响和后果所造成的进一步社会性别分化,这些都说明了最根本的改变应当从社会机制开始,推行并落实到具体政策。孕哺课题的重要意义就体现在呼吁男女同时参与孕哺以便适应性别平等理想的进程;具有母亲和父亲共同参与的孕哺和育儿才能更好地培养具有性别平等意识的下一代新人。

① Shaw, Joshua. Why Don't Philosophers Tell Their Mothers' Stories? Philosophy, Motherhood, and Imaginative Resistance. In: *Philosophical Inquiries into Pregnancy, Childbirth, and Mothering: Maternal Subjects.* (Eds.) Sheila Lintott and Maureen Sander-Staudt, Routledge 2012: 149.

第十二章　研究型大学男女科学家的工作与家庭冲突及其预测因素分析①

〔美〕Mary Frank Fox, Carolyn Fonseca, JinghuiBao *
周　云　译**

第一节　研究目标

工作与家庭被认为是成人生活中最中心的两件事情②③④⑤。工作和家庭也是最为“贪婪”的制度。两者都对时间和精力有需求，要

---

① 本文原文发表在 *Social Studies of Science*, 41(5): 715—735. Copyright 2011 (sage-pub.);征得作者和出版社同意，现译成中文在本书中刊用。

* Mary Frank Fox，就职于美国佐治亚理工学院公共政策学院；Carolyn Fonseca，就职于美国佐治亚理工学院；JinghuiBao，就职于中国交通银行。通讯作者：mary. fox@ pubpolic. gat-ech. edu

** 周云，北京大学社会学系教授

② Bailyn L (2003) Academic careers and gender equity: Lessons learned from MIT. *Gender, Work, and Organizations* 10: 137—153.

③ Jacobs J and Gerson K (2004) *The Time Divide: Work, Family, and Gender Inequality*. Cambridge: Harvard University Press.

④ Kanter RM (2006) Beyond the myth of separate worlds. In: Pitts-Catsouphes M, Kosseck EE, and Sweet S (eds) *The Work and Family Handbook: Multi-Disciplinary Perspectives, Methods, and Approaches*. Mahwah, New Jersey: Lawrence Erlbaum Associates, Publishers, xi—xiii.

⑤ Moen P (1992) *Women's Two Roles: A Contemporary Dilemma*. New York: Auburn House.

求人们有很强的忠诚度，使人们无法投入其他领域①。因此，工作和家庭会相互干扰；一方在时间和特殊行为方面的要求导致另外一方无法担负起自己的责任②③。其结果是个人因工作上的责任与家庭的责任产生矛盾。

工作和家庭的矛盾可以用迪克海姆的理论④来解释，也就是当工作相关的劳动分工开始扩张就会带来制度碎片化的风险，给个人制造出矛盾。当前社会理论也强调工作和家庭不仅相互影响，也相互冲突，从不同和矛盾的角度冲击着人们的行为⑤。最近几十年来工作和家庭之间不断增加的冲突的部分原因是劳动力人口的变化，也就是妇女即在家里也在家外工作⑥⑦。这些变化反映出自 19 世纪早期到 20 世纪中叶美国和其他许多工业化国家流行的男主外、女主内的家庭“分割领域”模式开始瓦解⑧⑨。

本文着重研究美国研究型大学男女科学家的工作和家庭冲突问题。研究目标为：(1)工作和家庭之间的双向冲突；(2)与弱度冲突相比，利用家庭、学术级别以及系/所这些关键因素可预测强烈冲突；

---

① CoserLA (1974) *Greedy Institutions: Patterns of Undivided Commitment*. New York: Free Press.

② Byron K (2005) A meta-analytic review of work-family conflict and its antecedents. *Journal of Vocational Behavior* 67: 169—198.

③ Greenhaus J and Beutell N (1985) Sources of conflict between work and family roles. *The Academy of Management Review* 10: 76—88.

④ Durkheim E (1933[1893]) *The Division of Labor in Society*, translated by G. Simpson. New York: Free Press.

⑤ Dubin R (1976) Work in modern society. In: Dubin R (ed) *Handbook of Work, Organization, and Society*. Chicago: Rand-McNally, 5—36.

⑥ Frone MR (2003) Work-family balance. In: Quick JC and Tetrick LE (eds) *Handbook of Occupational Health Psychology*. Washington, D. C.: American Psychological Association, 143—162.

⑦ Frone MR, Russell M, and Cooper ML (1992a) Antecedents and outcomes of work-family conflict: Testing a model of work-family interface. *Journal of Occupational Health Psychology* 77: 65—78.

⑧ Moen P (1992) *Women's Two Roles: A Contemporary Dilemma*. New York: Auburn House.

⑨ Moen P and Roehling P (2005) *The Career Mystique*. Lanham, Maryland: Rowman& Littlefield Publishers, Inc.

(3)冲突模式的性别差别(或趋同)。本研究利用来自9个研究型大学(两个领域)有终身教职女教师的资料以及采用分层随机概率抽样收集的计算机、工程和理科六个专业的男性教师信息开展分析研究。这9所大学在全国特别是理科/工程领域名列前茅。系统抽样是本研究的一个正面和不同寻常的特点。但研究结果不一定能推广至非研究型大学的研究人员群体。

我们根据科学家的问卷回答来测量工作—家庭冲突的强度。很多研究包括“美国中年发展国家调查”(the US National Survey of Midlife Development)和“美国国家多重疾病调查”(the US National Comorbidity Survey),都从雇员的回答(包括工作的责任和预期对家庭或其他非工作领域的影响程度)来研究工作—家庭冲突①②。然而,我们这项关于工作—家庭冲突的研究分析的是人们自己对两者相互干扰的看法上的回答。我们没有收集类似投入各种活动的时间的资料。③

早期关于工作—家庭冲突的研究或是分析家庭压力对工作的影响,或是工作压力对家庭的影响④,其中更多关注前者⑤。近期的研究更强调工作—家庭的双向冲突,分析相比工作对家庭的影响,家庭

---

① Bellavia G and Frone M (2005) Work-family conflict. In: Barling J, Kelloway EK, and Frone M (eds) *Handbook of Work Stress*. Thousand Oaks, California: Sage Publications.

② Schieman S, Milkie M, andGlavin P (2009) When work interferes with life: Work-nonwork interference and the influence of work-related demands and resources. *American Sociological Review* 74: 966—988.

③ 当经历和报告冲突之间有一个简短间隙时,分析个人报告的工作—生活冲突会有一定的优点(Grzywacz et al., 2002)。

④ Greenhaus J and Beutell N (1985) Sources of conflict between work and family roles. *The Academy of Management Review* 10: 76—88.

⑤ Frone MR (2003) Work-family balance. In: Quick JC and Tetrick LE (eds) *Handbook of Occupational Health Psychology*. Washington, D. C.: American Psychological Association, 143—162.

对工作的影响会有怎样不同的模式①②③④⑤。所以我们有必要区分两种冲突,因为已有经验研究发现两者构造不同(尽管相关)⑥⑦⑧⑨⑩。

很少有研究利用跨专业和机构的系统抽样方法,专门分析科学家面临的工作—家庭冲突问题⑪,最近一项针对工业研究和发展界的科学家和工程师的工作—家庭冲突的文章属于例外⑫。这类研究的缺乏程度令人吃惊,而科学界却是一个具有启发性的例子,原因有三。首先,科学(包括工程)工作对人的要求高,易形成给非工作领域

---

① Anderson S, Coffey B, and Byerly R (2002) Formal organizational limitations and informal workplace practices: Links to work-family conflict, and job-related outcomes. *Journal of Management* 28: 787—810.

② Byron K (2005) A meta-analytic review of work-family conflict and its antecedents. *Journal of Vocational Behavior* 67: 169—198.

③ Frone MR (2003) Work-family balance. In: Quick JC and Tetrick LE (eds) *Handbook of Occupational Health Psychology*. Washington, D. C.: American Psychological Association, 143—162.

④ Frone MR, Russell M, and Cooper ML (1992a) Antecedents and outcomes of work-family conflict: Testing a model of work-family interface. *Journal of Occupational Health Psychology* 77: 65—78.

⑤ Kelloway KE, Gottlieb BH, and Barham L (1999) The source, nature, and directions of work and family conflict: A longitudinal investigation. *Journal of Occupational Health* 4: 337—346.

⑥ Bellavia G and Frone M (2005) Work-family conflict. In: Barling J, Kelloway EK, and Frone M (eds) *Handbook of Work Stress*. Thousand Oaks, California: Sage Publications.

⑦ Frone MR, Russell M, and Cooper ML (1992a) Antecedents and outcomes of work-family conflict: Testing a model of work-family interface. *Journal of Occupational Health Psychology* 77: 65—78.

⑧ Frone MR, Russell M, and Cooper ML (1992b) Prevalence of work-family conflict. *Journal of Occupational Behavior* 13: 723—729.

⑨ Grzywacz J, Almeida D, and Mc Donald DA (2002) Work-family spillover and daily reports of work and family stress in the adult labor force. *Family Relations* 51: 28—36.

⑩ Netemeyer R, Boles J, and McMurrian R (1996) Development and validation of work-family conflict and family-work conflict scales. *Journal of Applied Psychology* 81: 400—410.

⑪ 女科学家们自己的叙述(Monosson, 2008)、对学术界的叙述(Bassett, 2005)以及对单独机构的多项研究(Stollen et al., 2009)都讨论了科学界的工作—家庭冲突。有些学术机构在不断采取措施和出台政策以更好地支持人们协调工作和家庭生活(Bracken et al., 2006)。

⑫ Post C, DiTomaso N, Farris G, and Cordero R (2009) Work-family conflict and turnover intentions among scientists and engineers working in R&D. *Journal of Business and Psychology* 24: 19—32.

带来潜在冲突的环境。人们对科学(和学术)领域的标准期待是一位理想的科学家应该以工作为主,少有工作之外的兴趣或责任,要一心一意地做研究①②。

第二,对科学界的专业人士,工作角色对个人身份十分重要。早在20世纪初期,科学曾被理想化为一种“职业”。马克斯·韦伯(Weber)将科学描绘成一种“激情”和“欲望”,只有那些全身心投入到工作中的人们才可能被称为有“个性”。③ 过去的一些研究都发现科学家和工程师有强烈的工作认同,特别是有博士学位、就职于研究型大学的人们④⑤⑥⑦⑧⑨⑩。

科学家们一般在很年轻时就认同和投入到工作中。继续接受研究生教育的人们通常在他们青少年时就立志从事科学事业⑪。从事科学事业不断地形塑他们的自我表达,灌输给他们一种个人的价值

① Bailyn L (2003) Academic careers and gender equity: Lessons learned from MIT. *Gender, Work, and Organizations* 10: 137—153.

② Ward K and Wolf-Wendel L (2004) Academic motherhood: Managing complex roles in research universities. *The Review of Higher Education* 27: 233—257.

③ Weber M (1946[1919]) Science as a vocation. In: Gerth HH and Mills CW (trans. and ed) *From Max Weber: Essays in Sociology*. New York: Oxford University Press, 129—156.

④ Bailyn L and Schein E (1976) Life/career considerations as indicators of quality of employment. In: Biederman AD and Drury TF (eds) *Measuring Work Quality for Social Reporting*. New York: Wiley),151—168.

⑤ Faulkner W (2007) Nuts and bolts and people: Gender-troubled engineering identities. *Social Studies of Science* 37: 331—356.

⑥ Hall DT and Lawler EE (1970) Job characteristics and pressures and integration of professionals. *Administrative Science Quarterly* 15: 271—281.

⑦ Lawler EE, Hall DT (1970) The relationship of job characteristics to job involvement, satisfaction, and intrinsic motivation. *Journal of Applied Psychology* 54: 305—312.

⑧ McKelvey B and Sekaran U (1977) Toward a career-based theory of job involvement: A study of scientists and engineers. *Administrative Science Quarterly* 22: 281—305.

⑨ Sonnert G and Holton G (1995a) *Gender Differences in Science Careers*. New Brunswick, New Jersey: Rutgers University Press.

⑩ Sonnert G and Holton G (1995b) *Who Succeeds in Science? The Gender Dimension*. New Brunswick, New Jersey: Rutgers University Press.

⑪ Fox MF and Stephan PE (2001) Careers of young scientists: Preferences, prospects, and realities by gender and field. *Social Studies of Science* 31: 109—122.

体现在学术成就的观念[1][2]。那些投入到科学研究的人们从来都积极响应来自工作的要求，因为学术上的成就和回报对他们至关重要[3][4][5]。因此，科学就像一个机构，其中的个体对"工作的奉献度"高[6][7]，工作要求人们的时间和注意力、塑造人们的愿望和期望、带来与其他责任（包括家庭）之间的紧张。

第三，学术科学界的回报与评估标准增加着工作的强度、刺激着人们对成功的渴望。这一领域推崇优秀的工作文化的后果是要长时间的工作和不断出成果，那些在研究部门级别高的人员更是如此[8][9]。同时，科学成果的评估标准被看做是"既绝对又主观"[10]。也就是说评估标准会是模糊的；评估过程可推断；而资源和奖励的分配

① McKelvey B and Sekaran U (1977) Toward a career-based theory of job involvement: A study of scientists and engineers. *Administrative Science Quarterly* 22: 281—305.

② Sharone O (2004) Engineering overwork: Bell-Curve management in a high tech firm. In: Epstein CF and Kalleberg AL (eds) *Fighting for Time: Shifting Boundaries of Work and Social Life*. New York: Russell Sage, 191—218.

③ Frone MR (2003) Work-family balance. In: Quick JC and Tetrick LE (eds) *Handbook of Occupational Health Psychology*. Washington, D. C.: American Psychological Association, 143—162.

④ Greenhaus J and Beutell N (1985) Sources of conflict between work and family roles. *The Academy of Management Review* 10: 76—88.

⑤ McKelvey B and Sekaran U (1977) Toward a career-based theory of job involvement: A study of scientists and engineers. *Administrative Science Quarterly* 22: 281—305.

⑥ Blair-Loy M (2003) *Competing Devotions: Career and Family Among Women Executives*. Cambridge: Harvard University Press.

⑦ Blair-Loy M (2004) Work devotion and work time. In: Epstein CF and Kalleberg AL (eds) *Fighting for Time: Shifting Boundaries of Work and Social Life*. New York: Russell Sage, 282—316.

⑧ Hermanowicz J (2003) Scientists and satisfaction. *Social Studies of Science* 33: 45—73.

⑨ Hermanowicz J (2009) *Lives in Science: How Institutions Affect Academic Careers*. Chicago: The University of Chicago Press.

⑩ Fox MF (1991) Gender, environmental milieu, and productivity in science. In: Zuckerman H, Cole J, and Bruer J (ed) *The Outer Circle: Women in the Scientific Community*. New York: W. W. Norton, 188—204.

依据主观评判①②。

在这种情况下，人们对学术地位的渴望可能被放大，促使自己奔向优秀哪怕要按着时常不可形容的标准。尽管人们不满工作不断增加着的工作小时，但长时间的工作（特别是每周工作 60 个甚至更多小时）常与研究生产力相关、被看做是一种有价值的产出③。当这种努力奋斗和优秀的标准横行或被理想化，工作被科学家当做首要任务，与家庭产生矛盾。

基于全国一般人口的概率样本④和区域概率样本⑤的一些研究发现，男女在家庭对工作和工作对家庭冲突方面的水平相似。另外一些研究发现女性的工作—家庭冲突程度更高⑥⑦。我们假设在本研究的科学界其冲突的水平有性别差异，女性的工作—家庭冲突程度比男性强。因为一系列的研究已经说明性别影响人们如何协调工作与个人角色，影响人们能够（和/或期望）保持工作和家庭边界的程

---

① Fox MF (1991) Gender, environmental milieu, and productivity in science. In: Zuckerman H, Cole J, and Bruer J (ed) *The Outer Circle: Women in the Scientific Community*. New York: W. W. Norton, 188—204.

② Long JS and Fox MF (1995) Scientific careers: Universalism and particularism. *Annual Review of Sociology* 21: 45—71.

③ Jacobs J and Winslow S (2004) Overworked faculty: Job stresses and family demands. *The Annals of the American Academy of Political and Social Science* 596: 104—129.

④ Frone MR (2000) Work-family conflict and employee psychiatric disorders. *Journal of Applied Psychology* 85: 637—661.

⑤ Frone MR, Russell M, and Cooper ML (1992a) Antecedents and outcomes of work-family conflict: Testing a model of work-family interface. *Journal of Occupational Health Psychology* 77: 65—78.

⑥ Boulis AK, Jacobs J (2008) *The Changing Face of Medicine: Women Doctors and the Evolution of Health Care in America*. Ithaca, New York: ILR Press.

⑦ Jacobs J and Gerson K (2004) *The Time Divide: Work, Family, and Gender Inequality*. Cambridge: Harvard University Press.

度[1][2][3][4][5][6][7]。研究结果说明，哪怕女性已有很高的事业成就，她们还是比男性花更多的时间承担与家庭相关的事务和责任[8]，因此会经历更多的工作—家庭冲突。[9]

如前所述，本研究用来预测工作—家庭冲突的关键因素有：(1) 家庭，(2) 学术级别(高资历或低资历)，(3) 系和学校。我们假设，家庭特点——婚姻、有无小孩、配偶的职业、对家庭收入的贡献以及子女照料——会从以下几方面影响到工作—家庭冲突。

婚姻和有无子女(特别是有无特殊年龄的子女)与家庭对工作产生冲突有关；相比男性，这对女性的影响更大。婚姻和有学前或上学子女会要求人们对家庭有更多的投入，常规情况下会要求女性投入更多(或者更明显)[10]。此外，女教师(如同其他女性)还要承担因怀

---

① Boulis AK, Jacobs J (2008) *The Changing Face of Medicine: Women Doctors and the Evolution of Health Care in America*. Ithaca, New York: ILR Press.

② Colbeck CL (2006) How women and men faculty with families manage work and personal roles. In: Bracken SJ, Allen JK, and Dean DR(eds) *The Balancing Act: Gendered Perspectives in Faculty Roles and Work Lives*. Sterling, Virginia: Stylus Publishing, 31—50.

③ Gutek B, Searle S, and Klepa L (1991) Rational versus gender-role explanations of work-family conflict. *Journal of Applied Psychology* 76: 560—568.

④ Jacobs J and Gerson K (2004) *The Time Divide: Work, Family, and Gender Inequality*. Cambridge: Harvard University Press.

⑤ Jacobs J and Winslow S (2004) Overworked faculty: Job stresses and family demands. *The Annals of the American Academy of Political and Social Science* 596: 104—129.

⑥ Moen P (1992) *Women's Two Roles: A Contemporary Dilemma*. New York: Auburn House.

⑦ Moen P and Roehling P (2005) *The Career Mystique*. Lanham, Maryland: Rowman& Littlefield Publishers, Inc.

⑧ Boulis AK, Jacobs J (2008) *The Changing Face of Medicine: Women Doctors and the Evolution of Health Care in America*. Ithaca, New York: ILR Press.

⑨ 因为女性会比男性更看重家庭；也可能女性对工作—家庭冲突的感觉比男性更为尖锐(也就是更强烈)，哪怕控制了用于家庭和工作上的时间差别。现在还没有数据分析这种可能性。

⑩ Boulis AK, Jacobs J (2008) *The Changing Face of Medicine: Women Doctors and the Evolution of Health Care in America*. Ithaca, New York: ILR Press.

孕和生产带来的身体和精神上的负担[①][②]。女教师还可能将照料子女看作是“个人问题”(如一项研究中被访的教师用“我的问题”或“我的冲突”来表述),而不认为这是一个更广的、社会带来的问题[③]。这类经历可能反过来强化她们的工作—家庭冲突。

不单纯是婚姻,婚姻类别可能与工作—家庭冲突有关。与教授或学术界以外的科学家/工程师结婚可能会降低工作—家庭冲突出现的可能性,因为他们的职业非常相近。这种配偶职业的相似性会给工作和家庭的需求带来潜在的一致性或相互理解[④][⑤]。此外,家庭收入状况,特别是家庭收入主要贡献者的状况能够影响到工作—家庭冲突。因为收入主要贡献者可能会有要在单位努力工作的经济压力,这种压力会与其他家庭投入(不限于经济)有矛盾[⑥]。

与工作—家庭冲突的“资源和政策”效应研究[⑦][⑧]一致的是,正面的子女照料选项可能会降低(而不是增加)工作—家庭冲突产生的可能性。这种效果可能对女性的作用更大,因为她们对家庭有更多的

---

① Grant L, Kennelly I, and Ward K (2000) Revisiting the gender, marriage, and productivity puzzle in scientific careers. *Women's Studies Quarterly* 28: 62—83.

② Wolf-Wendel LE and Ward, K (2006) Academic life and motherhood: Variations by institutional type. *Higher Education* 52: 487—521.

③ Gatta ML and Roos P (2004) Balancing with a net in academia: Integrating family and work lives. *Equal Opportunities International* 23: 124—142.

④ Creamer E (2001) *Working Equal: Couples as Collaborators*. New York: Routledge.

⑤ Fox MF (2005) Gender, family characteristics, and publication productivity among scientists. *Social Studies of Science* 35: 131—150.

⑥ MacDermid S, Harvey A (2006) The work-family conflict construct: Methodological implications. In: Pitt-Catsouphes M, Kossek E, and Sweet S (eds) *The Work and Family Handbook: Multi-Disciplinary Perspectives, Methods, and Approaches*. Mahwah, New Jersey: Lawrence Erlbaum Associates, Publishers, 567—586.

⑦ Hecht LM (2001) Role conflict and role overload: Different concepts, different Consequences. *Sociological Inquiry* 71: 111—121.

⑧ MacDermid S, Harvey A (2006) The work-family conflict construct: Methodological implications. In: Pitt-Catsouphes M, Kossek E, and Sweet S (eds) *The Work and Family Handbook: Multi-Disciplinary Perspectives, Methods, and Approaches*. Mahwah, New Jersey: Lawrence Erlbaum Associates, Publishers, 567—586.

责任①②。

学术级别是一种地位资源，级别低的人比级别高的人自主性弱、工作稳固性差。因此，男女助理教授比副教授/教授更可能报告有工作—家庭冲突的问题。

工作—家庭冲突也应该从学术科学家工作的系和学校的角度来考虑，例如研究领域、系里评估的透明度、系内环境、学校类型（公立或私立）。对科学家的研究显示这些因素非常重要，因为与非科学研究单位的教师相比，科学领域的教师在系里工作，他们的业绩与机构的工作团队、工作实践以及工作环境紧密相连③。机构的一些做法会通过"规范"对家庭责任的期待而塑造针对工作—家庭冲突的回答④。因此，例如，透明的评估能让人们感到奖励机制公平，是基于个人的表现而不是其他一些外来因素（非成就依据）。透明的评估可以减少人们认为来自工作单位的惩罚纯粹是因为生养小孩，而非实际的工作成就⑤。系所的工作环境，外加例如公平性、助人、包容也都影响到学术界科学家感受到工作—家庭冲突的水平。因为系所环境反映的是非正式工作单位的特点，与工作—家庭冲突相关联⑥。学科（以计算机、理科、工程院系为代表）能够反映出科学院系对工作—家庭冲突的潜在影响。最后，学校类别（私立/公立）与冲突也非常有关；私立大学在制定父母休假、双职工雇佣计划以及生活过渡各种政策上

① Boulis AK, Jacobs J (2008) *The Changing Face of Medicine: Women Doctors and the Evolution of Health Care in America*. Ithaca, New York: ILR Press.

② Jacobs J and Gerson K (2004) *The Time Divide: Work, Family, and Gender Inequality*. Cambridge: Harvard University Press.

③ Fox MF and Mohapatra S (2007) Social-organizational characteristics of work and publication productivity among academic scientists in doctoral-granting departments. *The Journal of Higher Education* 78: 542—571.

④ Amelink C and Creamer E (2007) Work-life spillover and job satisfaction of married/partnered faculty members. *Journal of Women and Minorities in Science and Engineering* 13: 317—332.

⑤ Ibid. ,330.

⑥ Anderson S, Coffey B, and Byerly R (2002) Formal organizational limitations and informal workplace practices: Links to work-family conflict, and job-related outcomes. *Journal of Management* 28: 787—810.

更有余地，因为私立大学更少受到国家相关政策的限制①。

第二节　研究方法

2.1　数据

我们所用的数据是通过邮寄问卷获得的。它们来自计算机、(各类)工程和其他六类科学领域(生物/生命科学、化学、地球/大气、数学、心理学)有终身教职的教师，分布在9所研究型大学。其中包括1所2002年3月进行过基线调查的大学和2003年4月进行的8所"同类机构"的调查。根据第一所大学的声誉和在全国学术地位我们确定了其他8所大学为"同类机构"。因此所研究的这些大学都在全国名列前茅，特别是在科学和技术领域。在我们开展问卷调查时，这些大学都被"卡内基大学分类"归为研究一类和研究活动密集型大学。这些学校并不代表美国所有大学。它们代表的是拥有授予博士学位资格、在科学/工程领域位于前列、拥有大量联邦政府资助的研究项目的学校。这在研究科学和工程领域是一个非常重要的组群，因为这些学校在培养博士生以及从事和促进科学研究方面拥有影响。

本研究按学科(以系为代表)选出9所大学有终身教职的男女教师。我们首先从第一所大学获取所有教员的名单，再全面搜索其他8所大学的计算机、工程和其他6个科学领域的网站。在第一所大学按学科调查了所有符合条件的女教师(68人)和分层随机抽样的男教师(148人)。在其他8所大学，我们也按学科调查了所有相关女教师共437人(生命科学和心理学采用了抽样方法)以及分层随机抽样的528名男性相关教师。因此，本研究的一个特点是几乎包括了所有女教师(除了8所大学的两个学科)，并在已知和规定的人群中利用分层随机抽样方法确定要调查的男教师。

---

① Riskin E, Lange SE, Quinn K, Yen J, and Brainard S (2007) Supporting faculty during life transitions. In: Stewart AJ, Malley JE, and LaVaque-Manty D (eds) *Transforming Science and Engineering: Advancing Academic Women*. Ann Arbor, Michigan: The University of Michigan Press, 116—132.

2002—2004年间我们送出了1154份问卷，其中25份送至不符合条件的教师，或是他们已离开了院系、退休或已去世。有765人填写了问卷，整体回复率达到了66.2%（不含不合条件的个体）。工程学科的回复率达到了67.4%，比计算机（64.5%）和理科（65.5%）的回复率略高。女性的回复率为67.8%，比男性的65.2%略高。

因变量。我们通过两个问题来评估工作—家庭冲突，也就是回答者回答相关问题的程度：(1) 家庭责任干扰工作；(2) 工作责任干扰家庭。回答类别为四分制："没有"，"很少"，"有些"，"非常"。将家庭对工作的冲突和工作对家庭的冲突并列起来的这种设计可以从两个层面比较人们的回答。

在下面的分析中，我们将工作—家庭冲突的类别分成了两分类变量，将"有些"或"非常"与"很少"或"没有"的冲突相比较。之所以这样做是因为从概念上说我们关注的是冲突是"有些/非常"还是"很少/没有"。以往的研究在讨论冲突时也用过这类方法，对我们的研究有借鉴作用。①

自变量。我们通过以下变量来评估家庭特点：婚姻状况、配偶职业、对家庭收入的贡献、家中有无小孩、孩子的年龄以及自述的子女照料选项的影响。

我们将婚姻状况的初次婚姻或再婚与其他类别相比较（未婚、与伴侣同住但未婚、离婚或分居、丧偶）。配偶职业的分类方法是有配偶的人群其配偶是否是大学教师或是否受雇其他理科/工程领域。我们比较的角度是比较与教师或理科/工程领域人结婚的人和没有与学术或理科/工程领域的人结婚的人。我们感兴趣的是其配偶不在学术领域或相近领域的一些人②。

我们将家庭收入的贡献分类成主要贡献者（=1），将其与唯一或同等贡献者（=0）或次要贡献者（=-1）相比较。这里考虑到家里只

---

① 男女合计、通过了自变量分析的样本中，13%报告说家庭"没有"影响工作、33.6%"很少"、40.6%"有些"、12.8%"非常"影响工作。有6.3%的人报告说工作"没有"影响家庭、17%"很少"、44.9%"有些"、31.8%"非常"影响家庭。

② Fox MF (2005) Gender, family characteristics, and publication productivity among scientists. *Social Studies of Science* 35: 131—150.

有其一人的“唯一收入来源者”，而“主要收入者”则指家中有两个人，暗指有工作—家庭冲突。有无子女被分成了两类：有无6岁以下小孩和有无6—18岁小孩。子女照料选项对工作有积极影响的回答为1、消极回答的为-1、没有影响的为0。

*学术级别*是通过现在学术级别的一个问题来评估。级别是一个虚拟变量，教授/副教授为1，助教授为0。这一变量用来衡量资历的深浅，因为：(1) 传统上教授/副教授属于资深或高资历类别，助教授属于低资历类别；(2) 两类高资历的级别往往是终身教职；(3) 以往分析理科男女教师的研究分析就利用了这种分类。因此如果以此分类，我们的研究就可以与以往的研究相比较。此外，在其他一些调查中，男性更可能有资深级别，特别在教授级别上。我们的研究发现，相比较66%的男性为教授，39%的女性是教授；20%的男性和26%的女性是副教授；14%的男性和36%的女性是助教授。

*系/校特点*是通过学科、机构类别、所反映的评估透明度以及系内环境来评估的。学科被分类成理科和工程类（作为比较的学科为计算机）。机构类别为虚拟变量，私立机构为1，公立机构为0。评估的透明度也是虚拟变量；针对本单位有关工资、升级方面评估透明度的回答为“非常”或“有些”的定为1，“略有”或“完全没有”透明的回答定为0。系内环境指问题回答者对各自所在院系的目标、价值和做法的看法①。对大多数熟悉高等教育的人们来说，院系环境具有“表面效度”，被认为是将单位气氛概念化的一种合理方法②。

本研究我们利用问卷中的问题测量院系环境，回答要按五点量表来回答八个双相问题：正式—非正式、无聊—激动人心、无助—有助、缺乏创造力—有创造力、不公平—公平、没有竞争—有竞争、有压力—无压力、缺乏包容性—有包容性。因子分析判断出三层结构，代表这8个层面上的关系。第一层代表了“同事院系环境”，由有助、公

---

① Reichers AE, Schneider, B (1990) Climate and culture: An evolution of the constructs. In: Schneider B (ed) *Organizational Climate and Culture*. San-Francisco: Jossey-Bass, 5—39.

② Peterson M and Spencer, M (1990) Understanding academic culture and climate. In: Tierney W (ed) *Assessing Academic Culture and Climates*. San Francisco: Jossey-Bass, 3—18.

平和有包容性来反映。第二层代表了“激励院系环境”，由非正式、激动人心和有创造力说明。第三层代表了“没有竞争/无压力院系环境”，特点就是没有竞争和没有压力。这些问题之间的相关性及其因子列在了表 12-1 中。

表 12-1　院系环境的维度：相关结构的相关矩阵和因子载荷

变量								
学校特征								
正式—非正式	1.000							
无聊—激动人心	0.312	1.000						
无助—有助	0.267	0.554	1.000					
缺乏创造力—有创造力	0.255	0.745	0.615	1.000				
不公平—公平	0.107	0.311	0.449	0.338	1.000			
有竞争—没有竞争	0.081	-0.107	0.008	-0.132	-0.092	1.000		
有压力—无压力	0.157	0.016	0.206	0.007	0.062	0.529	1.000	
缺乏包容性—有包容性	0.170	0.412	0.566	0.421	0.543	0.047	0.178	1.000
因子载荷（方差最大旋转法）								
院系	-0.119	0.397	0.657	0.461	0.835	-0.057	0.148	0.813
有激励	0.751	0.759	0.513	0.714	0.017	-0.040	0.068	0.192
无竞争/无压力	0.226	-0.145	0.100	-0.173	-0.048	0.863	0.855	0.135

基于几层结构中的相关项目，我们形成了未加权的级别，用来说明相关变量回答的均值。[①] 对同事院系环境级别的可靠性检验获得了克隆巴赫系数 0.765，激励院系环境的系数为 0.704，没有竞争/无压力院系环境的系数为 0.695。这些信度足以证明回归模型中包括这些级别的合理性。

2.2　分析方法

为预测工作—家庭冲突，我们在两个模型中采用了 logistic 回归

---

①　我们使用未加权的级别的原因有两个。首先，与各个结构相关的因子载荷没有显示出太大的差异。第二，未加权的因子得分强调的是变量的分组，强调特殊因子而不是相关变量之间的微小差异。

分别分析了男女科学家的家庭对工作的干扰和工作对家庭的干扰。回归模型反映出因变量(将“有些”或“非常”与“很少”或“没有”相比较)和自变量(家庭特点、高/低资历、院系特点)之间的关系。模型中进行了男女区分,因为我们要比较自变量与工作—家庭冲突有怎样的性别差别。

Logistic 回归模型中标出了对数发生比(log odds)或自变量对两个因变量的预测值。因此,我们对 logistic 回归方程系数的解释是一个问题中每改变一个单位的指标的对数发生比的差异。模型没有假定自变量之间有任何特定的因果顺序。我们更关注工作-家庭冲突与本文所选自变量之间的关系在男女科学家中有怎样的不同强度和形式。

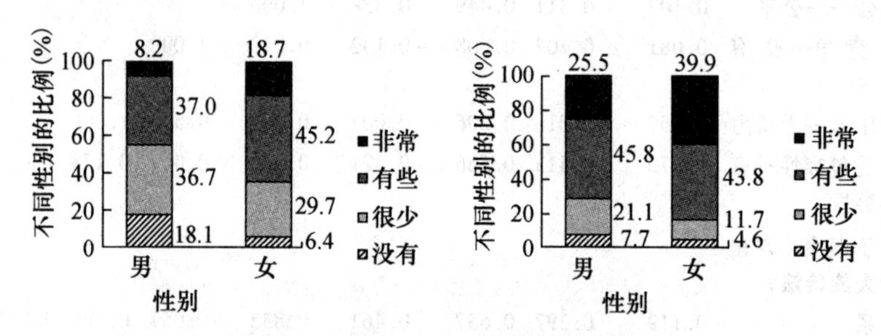

图 12-1 按性别分干扰类型的水平分布

第三节 研究结果

3.1 分性别的工作—家庭干扰描述性分析

科学家工作和家庭之间的冲突是双向的:家庭对工作的干扰和工作对家庭的干扰。然而在人们的回答中,更多人认为工作影响到自己的家庭,而不是相反(图 12-1)。具体而言,76.7%的科学家认为工作“有些”或“非常”影响到家庭;而 53.4%的人认为家庭“有些”或“非常”影响到工作。男女科学家都认为有工作—家庭冲突,因此冲突并不仅仅是一个“女性的问题”。

然而,针对两种冲突的回答上有明显的性别差异;在家庭对工作(而不是工作对家庭)有影响的回答上男女差别更大。女性针对家庭对工作有影响的回答均值为2.76，而男性的均值为2.35（四点量表）（图12-2）。而有关相反方向的冲突回答，女性认为工作影响家庭的均值是3.19，男性为2.89（图12-2）（有关家庭特征的描述性统计分析表格见本文的附录P379）。

3.2　家庭干扰工作的模型

Logistic模型显示了家庭特征、级别、院系变量对两种工作—家庭冲突的合集影响，其中区分了男女科学家。模型1（表12-2）显示在控制了其他变量情况下，每个自变量对家庭冲突工作的两分因变量（"非常"或"有些"与"很少"或"没有"相比较）的对数发生比。针对预测的结果，每个自变量的变化概率都标注在表中的括号（表12-2）。对模型的分析集中在有显著影响的一面，但对某些不显著的影响也有说明。

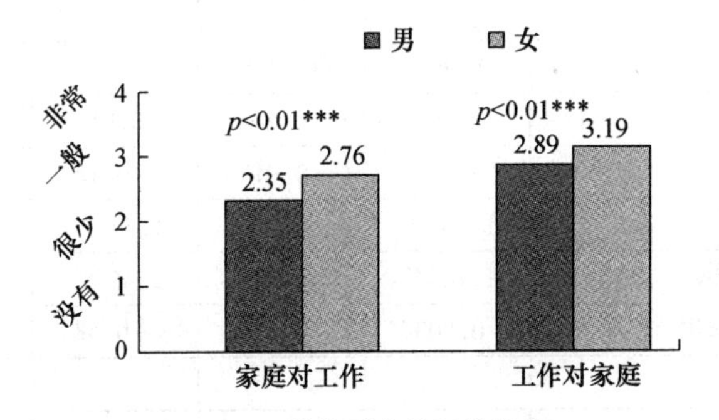

图12-2　按性别分的干扰均值

男性。根据模型1中男性的分析结果我们发现下列家庭特点可显著预测到家庭对工作有影响：结婚（对数发生比0.76，$p<0.05$）；有6岁以下小孩（对数发生比1.0，$p<0.01$）；有6—18岁的小孩（对数发生比1.14，$p<0.01$）。此外，有照料孩子正面选项时冲突要少一些（对数发生比-0.80，$p<0.05$）。其他家庭特点（对家庭收入的贡献、与另外一个领域的教授或科学家/工程师结婚）对家庭是否影响工作没有任何作用。

对于男性来说，资深学术地位（教授或副教授，而不是助教授）并不影响到家庭与工作之间冲突发生的可能性。在院系变量方面，有一种院系环境可说明差异，也就是在"无竞争/无压力"的院系。当院系环境越来越“无竞争/无压力”,家庭干扰工作的可能性就越来越小(对数发生比 -0.32, $p<0.05$);而其他类别的院系变量(其他环境、领域、院系评估透明度、公立/私人院校)并不影响男性有无家庭对工作的干扰(表 12-2)。

女性。对女科学家,家庭对工作干扰的趋势则不相同(表 12-2)。有 6 岁以下子女(对数发生比 1.42, $p<0.01$)和 6—18 岁子女(对数发生比 1.46, $p<0.01$)明显增加家庭干扰工作的可能性。然而,如果我们控制了其他自变量,其他家庭特征则没有任何的影响作用。

表 12-2　分性别家庭影响工作的 Logistic 回归模型 1

	男		女	
	系数	变化概率	系数	变化概率
家庭特征				
已婚	0.76**	(0.177)	0.32	(0.071)
配偶工作	0.33	(0.082)	0.01	(0.003)
主要贡献者	-0.07	(-0.017)[a]	-0.16	(-0.035)[a]
6 岁以下子女	1.00***	(0.245)	1.42***	(0.262)
6-18 岁子女	1.14***	(0.278)	1.46***	(0.274)
子女照料选项	-0.803**	(-0.177)[a]	-0.48	(-0.102)[a]
地位				
学术级别	-0.08	(0.019)	0.53*	(0.116)
院系特点				
工程	-0.51	(-0.126)	-0.02	(-0.005)
理科	-0.18	(-0.045)	0.46	(0.098)
私人机构	0.49*	(0.121)	0.27	(0.056)
同事院系环境	-0.01	(-0.002)[a]	-0.27*	(-0.057)[a]
有激励环境	-0.06	(-0.015)[a]	-0.23	(-0.049)[a]
无竞争/无压力环境	-0.32**	(-0.079)[a]	-0.04	(-0.009)[a]
评估透明度	-0.26	(-0.064)	-0.30	(-0.061)

（续表）

	男		女	
	系数	变化概率	系数	变化概率
案例数	365		282	
常数项	-1.777		-0.857	
Nagelkerke **伪** R^2	0.237		0.293	

注:(1) 显著水平:*** $p<0.01$, ** $p<0.05$, * $p<0.10$;(2) [a]变化概率 ± 均值;(3) 对照组为计算机科学;(4) 因变量分类:“有些”或“非常”类干扰 =1,“很少”或“没有”类干扰 =0。

此外,资深学术地位对家庭干扰工作的机制显示出男女差别。有资深学术地位的女科学家的工作更可能受到家庭的影响(对数发生比 0.53, $p<0.10$),而男性则不受地位资深与否的影响。院系特征方面,“同事院系环境”对女科学家的影响最大。当女科学家认为环境越来越“同事”,家庭对工作的干扰就越来越少(对数发生比 -0.27, $p<0.10$)。然而在这个模型中“同事”环境是对女性影响最大的环境因素,其影响力要比对影响男性最大的“无竞争/无压力”因素的作用弱。其他院系变量对家庭干扰女性工作不产生任何作用(表 12-2)。

3.3　工作影响家庭的模型

男性。模型 2 展示的是工作—家庭冲突的另外一面——工作影响家庭的 Logistic 模型(表 12-3)。对于男性来说,与模型 1 中相同的家庭特征(表 12-2)能够预测到这类冲突的发生。也就是有 6 岁以下子女时工作影响家庭(对数发生比 1.58M, $p<0.01$),有 6—18 岁子女时也一样(对数发生比 1.19, $p<0.01$)。当人们拥有积极影响作用的子女照料选项时,工作影响家庭的可能性就会降低(log odds -1.41, $p<0.01$)。

与模型 1 一样,学术地位的高低不影响到冲突会否出现。就院系特点,两个变量明显影响到工作会否与家庭冲突:“无竞争/无压力”的院系环境和院系评估的透明度。因此,当人们报告说院系环境越来越“有竞争和有压力”,工作给家庭带来的矛盾就越多;或者反过来说,当院系环境越来越“竞争少和压力小”时,冲突出现的可能性则在降低(log odds −0.44，$p<0.01$)。当评估的透明度越高时，工作对家庭的影响就越小(log odds −1.11，$p<0.05$)。学科领域没有任何影响；公立还是私立学校也没有影响。

表 12-3 分性别工作影响家庭的 Logistic 回归模型 2

	男		女	
	系数	变化概率	系数	变化概率
家庭特征				
已婚	0.30	(0.054)	0.55	(0.061)
配偶工作	0.45	(0.070)	−0.28	(−0.029)
主要贡献者	−0.02	(−0.003)[a]	0.45	(0.046)[a]
6 岁以下子女	1.58***	(0.198)	0.52	(0.049)
6−18 岁子女	1.19***	(0.184)	1.34***	(0.116)
子女照料选项	−1.41***	(−0.240)[a]	−0.20	(−0.021)[a]
地位				
学术级别	0.65	(0.124)	−0.96***	(−0.089)
院系特点				
工程	−0.14	(−0.024)	0.86	(0.086)
理科	−0.47	(−0.082)	0.50	(0.050)
私人机构	0.16	(0.026)	0.75*	(0.072)
同事院系环境	−0.02	(−0.004)[a]	−0.01	(−0.001)[a]
有激励环境	−0.10	(−0.018)[a]	0.02	(0.002)[a]
无竞争/无压力环境	−0.44***	(−0.076)[a]	−0.55***	(−0.056)[a]
评估透明度	−1.11**	(−0.148)	−0.36	(−0.037)
案例数	365		282	
常数项	0.803		1.078	
Nagelkerke 伪 R^2	0.260		0.220	

注：(1) 显著水平：*** $p<0.01$，** $p<0.05$，* $p<0.10$；(2) [a] 变化概率 ± 均值；(3) 对照组为计算机科学；(4) 因变量分类："有些"或"非常"类干扰 =1，"很少"或"没有"类干扰 =0。

女性。模型 2 也显示了针对女科学家的工作对家庭影响的 logistic 模型分析结果；其中只有一个家庭特征能够预测冲突会否出现，也就是有无 6—18 岁子女(对数发生比 1.34，$p<0.01$)。学术级别的高低明显能够预测出女性科学家会否遇到工作对家庭有干扰的问

题。然而在这个模型中影响方向与模型1的方向相反。在模型2中，副教授和教授受影响的可能性更低(对数发生比 -0.96, $p<0.01$)，助教授更可能因其学术级别而遭遇更强的工作干扰家庭的可能性。

在院系特征方面,两个因素可明显预测女科学家会否遇到工作干扰家庭的问题。在私立学校工作的女科学家其工作更可能影响到家庭(对数发生比0.75, $p<0.10$);院系被认为拥有无竞争/无压力的环境,其可能性则会降低(对数发生比 -0.55, $p<0.01$)。其他类别的院系环境不产生任何影响。

第四节　讨论与总结

以上各种研究结果对我们中心研究问题有什么意义?研究结果说明男女科学家工作和家庭的冲突达到了什么水平?

参加这项研究的学术界科学家们报告说有来自家庭对工作产生的干扰,工作对家庭也产生干扰。无论男女科学家,(相比反向冲突)来自工作对家庭的冲突更为强烈,女性平均值为3.19、男性为2.89。冲突属于中度水平,但女性的更高一些("3"相当于四点量表"有些"的水平)。家庭对工作的影响要低一些,平均来看女性的均值为2.76,男性的为2.35("2"相当于四点量表"很少"的水平)(见图12-2)。

利用区域和全国一个或多个机构中雇员概率样本的调查[①]和其他一些雇员的调查[②③],也都发现工作对家庭的影响要更大——这说明区分两类(或方向)冲突的重要性。工作对家庭的更大干扰很可能反映出更宽泛的一个问题,也就是美国在国家层面强调工作压倒其

① Frone MR (2003) Work-family balance. In: Quick JC and Tetrick LE (eds) *Handbook of Occupational Health Psychology*. Washington, D. C.: American Psychological Association, 143—162.

② Gutek B, Searle S, and Klepa L (1991) Rational versus gender-role explanations of work-family conflict. *Journal of Applied Psychology* 76: 560—568.

③ Jacobs J and Gerson K (2004) *The Time Divide: Work, Family, and Gender Inequality*. Cambridge: Harvard University Press.

他爱好①②。相比家庭角色，工作角色与人们在正式组织和美国社会分层系统中的位置相关③。因此，负面制裁（在个人和机构层面）可能会促使雇员拒绝家庭影响工作。相比之下，更少的负面制裁会防止个人将工作问题带回家④。在排名前列的研究型大学的学术科学家中更可能流行这种模式；对这类科学家，工作就是一种重要的生活方式，单位对他们的要求和期望也很高⑤。

人们反映的工作和家庭冲突水平上有性别差异。女性比男性报告家庭对工作以及工作对家庭有更大的影响。然而如上所述，针对家庭对工作干扰的回答上男女差别更大。这与其他一些研究结果一致，也就是女性经历更强的家庭对工作的冲突，从事高层次工作的女性也不例外⑥。

针对一些关键特点（家庭、学术级别的高低、院校，也是本研究的重点），本研究的结果有什么更广的意义或含义？这些特点如何预测相关研究型大学女性会否经历工作—家庭冲突（相比较男性）？我们的研究有什么出乎意料的结果？值得一提的预测男女不同的因素似乎集中在三方面：婚姻、不同年龄的子女以及学术级别高低的影响。这些差异不一定非常明显或值得考虑。

第一，在本研究的男女科学家群体中，婚姻并不明显增加或减少工作影响家庭的可能性。然而，已婚明显增加了男性，而不是女性的

---

① Frone MR (2003) Work-family balance. In: Quick JC and Tetrick LE (eds) *Handbook of Occupational Health Psychology*. Washington, D. C.: American Psychological Association, 143—162.

② Jacobs J and Gerson K (2004) *The Time Divide: Work, Family, and Gender Inequality*. Cambridge: Harvard University Press.

③ Schieman S, Milkie M, andGlavin P (2009) When work interferes with life: Work-nonwork interference and the influence of work-related demands and resources. *American Sociological Review* 74: 966—988.

④ Kelloway KE, Gottlieb BH, and Barham L (1999) The source, nature, and directions of work and family conflict: A longitudinal investigation. *Journal of Occupational Health* 4: 337—346.

⑤ Hermanowicz J (2009) *Lives in Science: How Institutions Affect Academic Careers*. Chicago: The University of Chicago Press.

⑥ Boulis AK, Jacobs J (2008) *The Changing Face of Medicine: Women Doctors and the Evolution of Health Care in America*. Ithaca, New York: ILR Press.

家庭影响工作的可能性。如何解释这种特殊的模式？这一模式可能与男性的配偶更可能在家中扮演“社会管理者”角色有关[①][②]。这说明工作在科学领域的男性更可能有一位管理着社会约定和活动的太太，这些活动与科学研究没有关系、不太可能与其产生矛盾。也可能对于拥有研究型大学高级别位置的男性，结婚会增强他们回答家庭干扰工作的可能性。[③] 有无这种可能性则需要进一步的研究。

第二，有无6岁以下子女或有无上学年龄的子女(6—18岁)对本研究中的男女科学家在工作干扰家庭问题上有相似的影响。然而在工作干扰家庭问题上，有6岁以下小孩更可能增加男性，而不是女性经历这类冲突的机会。这一研究结果与其他针对年幼子女对工作—家庭冲突的研究结果不同[④]，也与我们的直觉相反，因为通常人们认为年幼小孩更会需要女性的照顾。我们该如何解释这种结果？

有学龄前子女同时保有科学领域终身职位的女性[⑤]可能会找到一些途径来调整她们的工作模式，从而降低工作给家庭带来的影响。这种可能性得到以往研究的支持，也就是有学龄前子女的女科学家会十分在意自己如何安排研究相关活动的时间[⑥]；有年幼小孩的女科学家在工作管理上会采用“有纪律的选择”[⑦]。有学龄前子女且拥有终身职位的男性科学家可能更少有意安排自己的工作，因此有小孩就会增加工作干扰家庭的可能性。这些可能性也需要进一步的研究。

第三，相比男性，学术级别对女性的工作影响家庭问题有更为敏感和意想不到的关系。相比较低学术级别(助教授)，拥有更高的学

---

① DeVault M (1999) Comfort and struggle: Emotion work in family life. *Annals of the American Academy for Political and Social Sciences* 561: 52—63.

② Di Leonardo M (1987) The female world of cards and holidays. *Signs* 12: 440—453.

③ 也可能配偶的社会管理会减少男性科学家的家庭责任，从而减少家庭干扰工作的可能性。

④ Bellavia G and Frone M (2005) Work-family conflict. In: Barling J, Kelloway EK, and Frone M (eds) *Handbook of Work Stress*. Thousand Oaks, California: Sage Publications.

⑤ 本研究在抽样设计时考虑到了在计算机、工程或六种科学领域之一有终身职位的科学家。

⑥ Fox MF (2005) Gender, family characteristics, and publication productivity among scientists. *Social Studies of Science* 35: 131—150.

⑦ Cole J and Zuckerman H (1987) Marriage, motherhood, and research performance in science. *Scientific American* 255: 119—125.

术级别(教授/副教授)可预测女性而不是男性会面临工作—家庭冲突。级别对女性的这种影响要看冲突的类型和方向。拥有更高学术级别会降低工作给家庭带来矛盾的可能性,但会增加家庭给工作带来矛盾的可能性。这是一个出乎意料的结果,有必要引起注意。

有关高学术级别增加家庭干扰工作可能性的研究结果与女性如何处理家庭和工作关系带来的挑战的访谈资料相一致。① 对女性的访谈发现,女性会利用她们相对多的职业经验来"强化自己的家庭角色"。对于拥有更高学术级别的女性来说家庭越来越干扰工作的模式可能也说明年老父母和其他家庭成员有照料需求②。美国已是一个老龄社会,65 岁及以上的老年人口在不断增加,老年人的照料负担常不成比例地落在女性肩上③。然而本研究没有涉及照料老年人的资料。

工作对资深女科学家家庭干扰的模式也可能反映出学术级别对科学界女性影响的复杂性。本研究所发现的高学术级别带来更强家庭干扰工作的这种表面异常的模式也出现在其他一些研究中,从助教授升至副教授和教授并不一定会缓解女科学家的个人和学术负担(Members of the First and Second Committees on Women Faculty in the School of Science, 1999)。④

本研究显示的男女其他模式也值得说明。学科领域对男或女科学家关于工作干扰家庭问题上没有任何影响。因此,学校可能没有必要出台针对不同学科领域科学家的工作—家庭政策,尽管不同学科领域在其他方面(如工作实践中)并不一定相同。

此外,当控制其他变量后,是否与教授或其他职位的科学家/工程师结婚预测不了家庭对工作或工作对家庭有无干扰。与其他的教授或学术界外的科学家结婚可能涉及配偶职业相对"同步"模式的问

---

① Stone P (2007) *Opting Out*? Berkeley: University of California Press.

② Marks NF (1996) Caregiving across the lifespan: National prevalence and predictors. *Family Relations* 45: 27—36.

③ Ibid. ,27—36.

④ 学术级别对家庭干扰工作的影响也可能与以下因素有关:资深级别的女性人数少(特别是在工程、物理和计算机领域)、工作对她们的要求以及她们所承担的其他责任。原因有待进一步的研究。

题，这会强化双方对科学工作的性质和需求的共同理解①。然而，在本研究中这一变量并没有降低工作—家庭冲突出现的可能性。

对于男女科学家，无竞争/无压力的院系环境是最能预测工作家庭冲突的院系环境因素。竞争和压力小的院系环境可以降低男性科学家的家庭对工作的干扰，降低男女工作给家庭带来矛盾的可能性。长期以来竞争被看作是科学群体中的特有病和功能特征，引发和反映出强烈的研究活动②③④⑤⑥。然而这种竞争的特性出现在研究群体层面，而非院系层面。当人们认为院系层面缺少竞争，就可能减少教师间的紧张关系，这又会降低工作给家庭带来冲突的可能性（如本研究所示）。院系环境对工作—家庭冲突的影响应持续得到研究关注。

在多类职业中，工作—家庭冲突与对工作不满意、工作怠倦、心理上的苦恼有关⑦⑧。针对工业科学家特别是工程师的一项研究表明，工作干扰家庭可引发人们对工作的不满、引起人们调换工作的想法⑨。尽管本项研究无法衡量不满、怠倦、工作成果和苦恼，但我们建议行政部门应努力建构学术和院系一级的环境来减少工作—家庭冲突，这都会有助于留住人才和提高工作满意度。当然，这也需要更多

---

① Fox MF (2005) Gender, family characteristics, and publication productivity among scientists. *Social Studies of Science* 35: 131—150.

② Becher T (1990) Physicists on physics. *Studies in Higher Education* 15: 3—20.

③ Gaston J (1974) *Originality and Competition in Science*. Chicago: University of Chicago Press.

④ Hagstrom W (1974) Competition in science. *American Sociological Review* 39: 1—18.

⑤ Stephan P (1996) Economics of science. *Journal of Economic Literature* 24: 1199—1235.

⑥ Zuckerman H (1978) Theory choice and problem choice in science. *Sociological Inquiry* 48: 65—95.

⑦ Kelloway KE, Gottlieb BH, and Barham L (1999) The source, nature, and directions of work and family conflict: A longitudinal investigation. *Journal of Occupational Health* 4: 337—346.

⑧ Netemeyer R, Boles J, and McMurrian R (1996) Development and validation of work-family conflict and family-work conflict scales. *Journal of Applied Psychology* 81: 400—410.

⑨ Post C, DiTomaso N, Farris G, and Cordero R (2009) Work-family conflict and turnover intentions among scientists and engineers working in R&D. *Journal of Business and Psychology* 24: 19—32.

的研究。

本研究结果带来的对组织行动的其他启示是有无子女的影响问题。如研究资料所示，科学家家中有小孩会增加工作—家庭冲突，但冲突的强度与小孩的年龄、工作—家庭干扰的方向以及科学家的性别有关。在家庭干扰工作的情况下，有6岁以下和学龄子女可以预测男女科学家都会有家庭影响工作的经历。而在工作影响家庭的情况下，有两类子女的男性科学家会经历工作影响家庭；对于女性，只有有学龄子女才会影响到家庭。这些研究结果说明，如果我们有课外小组活动、有针对学龄儿童"假期"的项目以及学前儿童照料项目就可能降低工作—家庭冲突。

以往研究发现，工作—家庭冲突带来研究生、博士后科学家和刚起步科学家的流失①②③，因为他们感到"超负荷"、"多要求"和"受干扰"。如果有这种流失，那么只有最执著的研究人员才能从事最高级别的科学事业，能在研究型大学里成为全职的终身学术科学家，如本研究接触的这些科学家。本研究中人们报告的工作—家庭冲突问题值得关注，但如果我们能够找到那些因为工作—家庭冲突早早离开科学领域的人们会更为有意义。持续研究科学家在接受教育和培训期间以及个人事业发展期间工作—家庭冲突带来的问题将会增进我们了解科学界工作—家庭冲突的广度和复杂性。

附录：

表12-4　家庭变量的描述性统计分析，分性别

家庭特征	男	女
已婚，头婚或再婚(%)	84.9	69.3
配偶＋职业(学校教师或理科/工程领域)(%)	18.6	49.1

---

① Long JS (1987) Discussion: Problems and prospects for research on sex differences. In: Dix LS (ed) *Women: Their Underrepresentation and Career Differentials in Science and Engineering*. Washington, D.C.: National Research Council, 163—169.

② National Research Council (1998) *Trends in the Early Careers of Life Scientists*. Washington, D.C.: National Academy Press.

③ Xie Y and Shauman K (2003) *Women in Science: Career Processes and Outcomes*. Cambridge: Harvard University Press.

（续表）

家庭特征	男	女
对家庭收入的贡献(%)		
唯一或同等贡献者	56.7	74.2
主要贡献者	41.6	19.1
次要贡献者	1.6	6.7
有6岁以下子女(%)	16.7	28.3
有6—18岁子女(%)	34.8	31.4
育儿(%)		
积极的回答	3.0	4.9
消极的回答	13.4	29.3
无影响的回答	83.6	65.7

第十三章　性别平等:在生物科技与纳米科技领域①

〔美〕Laurel Smith-Doerr *　朱逸杉　译**

仅有少数女性参与科学研发是科学研发中最明显的一种不平等现象。尽管传统一直如此,一些组织正在试图阻止未来仍有这种不平衡。本章作者分析了女性在纳米科技的研究和生产中可能占有的位置,从女权主义理论角度和美国生物科技过去经验的角度审视这些发展。作者发现,我们对女性参与纳米科技研发或生产的情况所知甚少。但由于纳米科技与物理科学和工科的联系以及女性在生命科学和生物科技中相比物理科学的略高参与度,我们可以推测女性在纳米科技中的参与度会略低。此外,生物科技的创业企业没有鲜明的等级组织特征,这种自由的环境使得女性在其中得以发挥她们的才能,而纳米科技的企业鲜有这种环境。作者提出了纳米科技形成阶段一系列可研究的问题,如纳米科技可如何为广阔社会服务、与交叉学科、专利申请以及权威的关系。我们已经非常了解一些组织架构可促进女性的参与,因此研究纳米科技中的组织架构可促使有

---

① 本文原文发表在 *Nanotechnology and the Challenges of Equity. Equality and Development*. Yearbook of Nanotechnology in Society 2;征得作者和出版社同意,现译成中文在本书中刊用。

* Laurel Smith-Doerr, 社会科学研究所所长,美国马萨诸塞大学,社会学系。电子邮件:lsmithdoerr@ soc. umass. edu。

** 朱逸杉,北京大学医学部乔治健康研究所。

关组织和基金会更早采取有利于女性的干预措施。

第一节　引　　言

长久以来,相比同领域的男性科学家,女性科学家人数少、晋升难、工资也较男性低。平权法案推出之后,女性科学家仍然没有争取到在其领域的平等……尽管女性在生物科学领域占有重要的地位(在相关最高级别教育中也如此)、在社会科学和行为科学中人数也多,但美国女性从未在物理学中形成重要力量。

上述的引文似乎比较准确地描绘了女性在科学、技术、工学和数学(STEM)中的地位。这段引文摘自1976年的一篇文章,作者是研究科学事业领域趋势的先驱研究者Betty Vetter。"平权法案"这个词或许提示着我们这篇文章是在30多年前出版的,当时国家就已经实施了促进女性参与科学研究的政策。这些年来有无数的学术著作就这方面政策提出许多建议,例如麻省理工大学(1999)和其他大学的报告以及美国国家研究委员会(NRC)和美国国家科学院(2007)的报告。

尽管有长期以来系统的努力以试图拓宽女性和少数族裔在STEM领域的参与,但她们在相关领域和工作场所的参与率几乎没有增加。在部分领域,其参与率甚至在减少。工程行业全国少数民族行动委员会(NACME)和科学与技术专业委员会2008发布的一份报告显示,自平权法案进行干预以来,非洲裔美国人在工程学领域的参与率降低了10%。而在2000年,非洲裔美国人工程师仅占所有工程师的5.7%。过去十年中,完成工学学位的各种族和族裔的大学生比例都在降低,但拉丁裔降低的程度更大。2005年拉丁裔大学生中只有4.2%完成了工学学位。美国国家科学委员会科学与工程指标显示(2008),1985年获得计算机科学学位的女性占所有获得该学位人数的40%,而2006年这一比例降低了将近一半,只略高于20%。

在STEM领域公平和平等性上的倒退不仅仅是政策的倒退,也是人们意识的倒退。在生命科学中,人们本应在癌症战争的第二百年,即1976年,赢得这场战争。然而生物科学家认为这一失败是因为我们仍不明白癌症的发生原因。同样,STEM中的公平性始终没有进展或许能够说明关键的问题是我们缺少对阻碍公平参与的障碍的基本科学知识。

本章利用女权主义理论,为在纳米科技领域理解性别和女性公平性提供一个有用的视角。本文主要说明组织层面的社会进程,并展示利用女权主义理论可搭建一个更好的基本知识平台,以便更好地理解不公正。纳米科技还处于其发展早期,这似乎是研究STEM中不公正的一个极好领域。

本章着重比较纳米科技和生物科技。通过分析这两个新兴发展领域(相对更为成熟的STEM领域)的潜在相似性可以展示不同理论的应用。纳米科技和生物科技是两个宽泛的领域,其中包含了多种科技知识、组织成员和产品。纳米科技一般是由小规模工作模式构成,而生物科技是有目的地规划生物过程和基因物质。生物科技的发展由20世纪70年代晚期发现DNA重组开始,纳米科技则更是在20世纪90年代晚期在原子层面操控物质的技术发展后而产生的。"美国国家纳米科技启动计划"估计,现今全球范围有大约20,000名工作人员工作在纳米科技领域(http://www.nano.gov/html/facts/faqs.html)。"生物科技产业组织"报告指出,2006年美国有180,000工作人员工作在生物科技领域(http://bio.org/speeches/pubs/er/statistics.aspa)。因此,比起发展更完善的生物科技领域,纳米科技领域的问题大多集中在初级阶段。但两个领域均为高科技领域,需要高学历的科学家和工程师来发展新产品和新流程。

本章从描述其他STEM领域尤其是生物科技领域女性参与现状开始,目的是引出一个有依据的研究议程以研究纳米科技领域的公平问题。以下部分运用了社会学和科学、技术与社会(STS)的理论和研究。

第二节　性别平等的理论角度

纳米科技提供了一个有趣的研究语境——它承诺开发新兴和创

新的科技产业;其中会有性别平等吗?为了理解纳米科技中的性别平等是如何与其他STEM领域的性别平等类似或不同,我们需要对过去的研究发现做一个简短的总结。本章对不公平的定义与Cozzen的定义类似①:它是对不公平或不公正分配的一个描述性词语。我们需要注意,解决STEM领域中的性别不平等可以促进不公正的消失。为了理解不公正为何如此长久地存在,社会科学考虑了微观和宏观层面的分析,这包括中层或者组织层面的分析。下面列出了各种角度的理论。如同女权主义,这些角度在不断变化,且很难被分类②。尽管如此,由于通过不同方式研究女权主义理论的各种假设、议题和方法十分有益,我们将主要分析两大女权主义类别。自由女权主义试图理解对于未被充分代表的科学和工程领域的人群在个人和组织层面存在不公平现象的原因,该流派通常使用标准的社会科学方法。一些更加批判性的理论,有时也被称为"激进女权主义"理论,采用新马克思主义、多元文化和科学研究的女权主义视角。这类理论批判性地看待不平等的宏观和父权语境,分析中多使用实验性和基于行为/参与式的方法。

2.1　自由女权主义理论

2.1.1　组织层面的角度

着重于组织层面的研究结果显示,科学工作的语境与性别公平有关。例如,Fox和Mohapatra③发现,女性在有创造性且令人激动的学术环境中更有生产力,尽管这种环境的影响不能代替性别融合的研究组所产生的正面影响。女性同时跟进多个项目也会更有生产力。通过分析生物科技学术和工作领域组织的不同,我发现比起领

---

① Cozzens, Susan E. 2007. Distributive justice in science and technology policy. *Science and Public Policy* 34(2): 85—94.

② Tong, Rosemarie. 2008. *Feminist theory: A more comprehensive introduction, third edition*. Boulder, CO: Westview Press.

③ Fox, Mary Frank, and Mohapatra, Sushanta. 2007. Social-organizational characteristics of work and publication productivity among academic scientists in doctoral-granting departments. *Journal of Higher Education* 78(5): 542—71.

域的不同，组织形式的不同对公平有更大的影响：网络式的组织比等级式的组织更有助于公平①。

Powell② 在数个维度对比了网络式和等级式组织。等级式组织的主要交流模式是通过常例，而网络式组织的交流主要通过建立关系。在等级式组织中，冲突通过权力等级来解决，网络式组织则是通过信誉来解决冲突。等级式组织在交流中语言正式，而网络式组织则相反。网络式组织更加开放，给予集体福利，而不是根据标准给予个人提拔。

根据其他研究，我将生物科技公司形容为注重研究、以营利为目的，注重人类治疗而非农业或其他方面的公司③④。这些生物科技公司代表着网络式组织，与大型药物公司和大学这类等级式组织相反。不仅女性科学家在网络式生物科技公司更有机会成为权威⑤，在生物科技公司的女性在产生专利方面也有更加公平的结果。这与学术和大型药物公司中专利方面的性别差距形成鲜明对比⑥。

一项对美国 2000 多名生命科学家的研究发现，女博士在生物科技公司中拥有领导地位的可能性比在更等级式的学术和大型药物公司中高出接近 8 倍⑦。该研究对小部分人的访谈数据显示，等级式组

① Smith-Doerr, Laurel. 2004. *Women's work: Gender equity v. hierarchy in the life sciences*. Boulder, CO: Lynne Rienner Publishers.

② Powell, Walter W. 1990. Neither market nor hierarchy: Network forms of organization. *Research in Organizational Behavior* 12:295—336.

③ Powell, Walter W., Kenneth W. Koput, and Laurel Smith-Doerr. 1996. Interorganizational collaboration and the locus of innovation: Networks of learning in biotechnology. *Administrative Science Quarterly* 41: 116—45.

④ Zucker, Lynne G., Michael R. Darby, and Marilynn B. Brewer. 1998. Intellectual human capital and the birth of U. S. biotechnology enterprises. *American Economic Review* 88: 290—306.

⑤ Smith-Doerr, Laurel. 2004. *Women's work: Gender equity v. hierarchy in the life sciences*. Boulder, CO: Lynne Rienner Publishers.

⑥ Whittington, Kjersten Bunker, and Laurel Smith-Doerr. 2008. Women inventors in context: Gender disparities in patenting across academia and industry. *Gender & Society* 22(2): 194—218.

⑦ Smith-Doerr, Laurel. 2004. *Women's work: Gender equity v. hierarchy in the life sciences*. Boulder, CO: Lynne Rienner Publishers.

织对改善提拔过程中的公平性的作用比网络式组织小,这是因为等级式组织缺乏集体奖励,缺乏协作选择,也更缺乏透明度。比起依靠组织间协作的研究开发的组织,等级式组织这种更加正式的权威结构似乎更容易将不公平性掩盖起来。尽管等级式组织在有足够透明度的情况下可对性别公平有促进作用(如①②),这种组织依然缺乏协作选择。在科学家可自由选择长期与好同事在各种科学组织中协作并选择不与没有贡献的同事继续协作的环境中,女性可做好她们的工作③。在海外出生的生命科学家在生物科技产业中也能找到更多的创业机会④。

各种个人选择的理论如果不将组织这种大环境考虑进去的话,就会导致在女科技工作者这个话题中产生偏见。请想想"油管"这个理念。油管模型的基本理念是说,科学事业的轨迹像一个长管。顺着这根管子,是学术科学事业的各个阶段。比如开始时是在本科选择 STEM 领域的专业,之后在 STEM 领域读研究生并获取博士学位、做博士后、做通往终身教授道路上的助理教授、终身副教授、最终成为 STEM 领域中的终身教授。对于女性来说,她们在油管中流动的过程中会被"滤掉",导致极少数女性最终成为教授。这个模型被认为可以解释为何教授中女性的百分比很小。

"油管"作为一个有用的比喻,可以使人们注意到 STEM 各领域中女性和少数族裔与男性所占比例的差异。这个比喻被用于说明支持促进平等一系列政策的正当性。但是,从社会科学研究中我们得知,当我们考虑科学领域中女性的所有数据时,油管并不是一个有用

---

① Fox, Mary Frank, and Mohapatra, Sushanta. 2007. Social-organizational characteristics of work and publication productivity among academic scientists in doctoral-granting departments. *Journal of Higher Education* 78(5): 542—71.

② Reskin, Barbara F. and Debra Branch McBrier. 2000. "Why not ascription? Organizations' employment of male and female managers." *American Sociological Review* 65: 210—233.

③ Smith-Doerr, Laurel. 2004. *Women's work: Gender equity v. hierarchy in the life sciences*. Boulder, CO: Lynne Rienner Publishers.

④ McQuaid, James, Laurel Smith-Doerr, and Daniel J. Monti. 2009. Expanding entrepreneurship: Women and foreign-born founders of New England biotechnology firms. *American Behavioral Scientist* forthcoming.

的理论模型①。首先,油管理论既不能涵盖离开又回归学术领域的女性,也不能涵盖那些在拿到终身教职之前为兼职教授的人们②。在生命科学领域一直都有很多女博士、博士后、甚至助理教授;但在生命科学领域有终身教职且资深的女性比例依然很低。1983 年,生命科学领域的女博士后占所有博士后的 35%,但 25 年后资深教职中女性比例依然没有达到 35%③。在"油管"中部储备有足够的女性作为领导。

针对歧视女性科学家的一些研究显示,女性被动从"油管"中流失的现象并不能准确地解释女性为什么不能在 STEM 领域的事业中晋升。例如,2005 兰德的一项关于 NIH 研究经费决定的研究发现,女性研究者得到 63 美分资助的同时,男性研究者能得到 1 美元④。这项研究控制了事业方面的因素,例如年龄、教育、机构和项目基金的类别。因此,STEM 事业的一个关键问题是,有证据显示女性科学家得到的使她们能够全力进行研究的机会比她们的男性同事要少。另一项瑞典的研究也显示,在他们的"医学研究委员会"面前,衡量女科学家成就的标准与男性不一样。为获取一个重要的奖金,女博士需要发表的文章数是男性同事的 2.5 倍,也就是需要多发表 10 篇同行评议文章,只有这样才能获得与男性相同的主观排名⑤。这些研究及其他研究都显示,女性科学家在争取研究资源时面临着系统性歧视。往好里说,"油管"理论能够部分解释女性科学家比例过少的现象;往

① Schiebinger, Londa. 1999. *Has feminism changed science*? Cambridge, MA, Harvard University Press.

② Wolfinger, Nicholas H., Mary Ann Mason, and Marc Goulden. 2009. Stay in the game: Gender, family formations and alternative trajectories in the academic life course. *Social Forces* 87(3): 1591—1621.

③ National Science Board. 2008. *Science and engineering indicators 2008*. Arlington, VA: National Science Foundation. http://www.nsf.gov/statistics/seind08/ (last accessed January 25, 2009).

④ Hosek, Susan D., Amy G. Cox, Bonnie Ghosh-Dastidar, Aaron Kofner, Nishal Ramphal, Jon Scott, and Sandra H. Berry. 2005. *Gender differences in major federal external grant programs*. Santa Monica, CA: RAND Corporation. TR-307-NSF-2005.

⑤ Wenneras, Christine and Agnes Wold. 1997. Nepotism and peer review in science. *Nature* 387: 341—3.

差里说,这一理论误导人们理解 STEM 领域不公正的过程。

油管比喻无法解释不同的组织类别中存在的不公平现象。油管理论存在的一个问题是,它假设一个庞大的个人选择模式不受社会环境所影响。我们需要进一步的研究,通过发展理论和方法来更好地理解动态的个人、组织和文化是如何持续给 STEM 领域的公平带来障碍。

2.1.2　社会心理学的角度

在个人和社会心理学的层面,基于心理学对认知偏差的实验(大多在实验室中)显示,不同性别、年龄、教育程度、种族和其他人口学特征的人群中均有男性中心的偏见。例如,一项研究对一组男女教员样本进行了随机分组①。研究者向他们提供了相同的个人简历,唯一一个区别在于一组人得到的简历的人名为男性,另一组则相反。有着男性人名但内容完全相同的简历比有着女性人名的简历平均被人们列为更理想的候选人。一系列社会心理学研究显示在对教师候选人的评价上有持续的偏见②。能力较弱的男性被评为“有潜力”,而能力较强的女性被描述为“简历写得很好”。发表过许多合作文章的男性被认为有合作精神,而有相似背景的女性则被认为她们需要证明可以自己独立写文章。

这种男女科学家都有的偏向男性的隐含偏见导致了对女性科学家的系统性歧视。一个关于高能物理的研究就提供了众多偏见例子中的一例③。在一个费米实验室的研究组中,即 RUN II Dzero,Towers④发现女博士后比她们的男同事平均高产,但她们获得会议发言的机会仅有男同事的三分之一。由于每位大物理合作组的成员都列在了

---

① Steinpreis, Rhea E., Katie A. Anders, and Dawn Ritzke. 1999. The impact of gender on the review of the curricula vitae of job applicants. *Sex Roles* 41: 509—28.

② Valian, Virginia. 1998. *Why so slow? The advancement of women*. Cambridge, MA: MIT Press.

③ Towers, Sherry. 2008. A case study of gender bias at the postdoctoral level in physics, and its resulting impact on the academic career advancement of females. ArXiv Working Paper 0804.2026v3 (April 19), http://arxiv.org/PS_cache/arxiv/pdf/0804/0804.2026v3.pdf (last accessed January 15, 2009).

④ Ibid.

文章上,会议发言能帮助我们分辨出有助理教授潜质的博士后。在这个例子里,女性在实验和发表文章中的生产力相较于男性被低估,而男性得到的奖励比他们的付出要多。

2.1.3 人口学角度

一些研究包含了人口学中关于家庭和生命周期的分析。有许多控制了家庭地位的关于男女生产力的社会学研究。例如 Zuckerman 和 Cole① 发现,尽管女性发表文章的数量少于男性,但已婚女性比未婚女性发表的文章数多,生育并不会降低文章发表速度。最近 Xie 和 Shauman② 提出,当控制了研究领域、机构种类和教员提拔的程度,生产力的性别差异就会消失。当然,STEM 领域和美国其他生产领域一样,都有一定的性别隔离。如 Vetter③ 所说,女科学家更可能工作在生物或社会科学领域,而不是物理或工程领域。女科学家相比她们的男同事更可能在教学机构和非终身制的职位上工作。美国以外国家生产力上的性别差异程度有所不同,但 14 个国家女研究者文章发表份额在过去 10 年中并没有增加④。

尽管人们对两性的家庭分工期待有所改变,但男女家务劳动分工的实际改变更缓慢一些。从一项对教员的研究来看⑤,男性教师报告每周花在家务上的时间与美国男性平均水平一样(10 小时),女性教师比起男性教师"仅仅"多花 50% 的时间;美国家务劳动的平均性别差为女性比男性多花 100% 的时间用于做家务。这类研究结果似与另一个研究结果相关,Ginther 和 Kahn 的研究显示⑥,单身女科学

---

① Zuckerman, Harriet and Jonathan R. Cole. 1984. The productivity puzzle: Persistence and change in patterns of publication of men and women scientists. *Advances in Motivation and Achievement* 2: 217—58.

② Xie, Yu, and Kimberlee A. Shauman. 2003. *Women in science: Career processes and outcomes*. Cambridge, MA: Harvard University Press.

③ Vetter, Betty M. 1976. Women in the natural sciences. *Signs* 1(3): 713—20.

④ Frietsch, Rainer, Inna Haller, Melanie Funken-Vrohlings, and Hariolf Grupp. 2009. Gender-specific patterns in patenting and publishing. *Research Policy* 38: 590—9.

⑤ Suitor, Jill, Dorothy Mecom, and Ilana S. Feld. 2001. Gender, household labor, and scholarly productivity among university professors. *Gender Issues* 19:50—57

⑥ Ginther, Donna K., and Shulamit Kahn. 2006. Does science promote women? Evidence from academia 1973—2001. *NBER Working Paper Series*, No. W12691.

家在其事业的各个阶段都比单身男科学家优秀,这是因为单身女性可把花在家务上的时间更多用于工作。最近的人口学研究发现与20世纪70年代和20世纪80年代的研究结果①不同,原来的研究认为母职不会负面影响女科学家。而现今,女科学家有小孩会成为其升职的阻碍,但对成为父亲的科学家来说,这反而会促进他们的升职②。

现今,美国的男女博士生离开科学和工程领域的可能性都比原先高,这是因为研究事业对时间的要求非常高。一项针对加州大学系统的研究生的调查分析了研究生的事业目标成为博士生后是如何改变的,其中女性计划成为研究型教授的比例由开始的39%降至27%,而男性的相同计划的比例由45%降至36%③。需要注意的一点是,男性在接触到其导师的生活方式后依然决定成为研究型教授的比例(36%)几乎与女性在未接触到其导师的生活方式时决定的比例一样(39%)。女性回答者比她们的男性同学更想离开学术"快速轨道",认为家庭牺牲太大是主要原因。

2.2 批判性女权主义角度

上述研究属于大框架下的"自由派女权主义"理论范畴;这些研究通常试图去理解科学与工程中未被充分代表的人群获取公正时在个人层面和机构层面遇到的阻碍。一些更加批判性的理论,有时也被称为激进女权主义的理论,则来自新马克思主义理论、多元文化以及科学研究的女权主义角度,并对宏观和父系社会体系中的不平等采取批判性思考④。一般来说,这些批判性思考关注性别不平等与其

---

① Zuckerman, Harriet and Jonathan R. Cole. 1984. The productivity puzzle: Persistence and change in patterns of publication of men and women scientists. *Advances in Motivation and Achievement* 2: 217—58.

② Ginther, Donna K., and Shulamit Kahn. 2006. Does science promote women? Evidence from academia 1973—2001. *NBER Working Paper Series*, No. W12691.

③ Mason, Mary Ann, Marc Goulden, and Karie Frasch. 2009. Why graduate students reject the fast track. *Academe Online* (January-February) http://www.aaup.org/AAUP/pubsres/academe/2009/JF/Feat/maso.htm (last accessed January 21, 2009).

④ Rosser, Sue V. 2006. Using the lenses of feminist theory to focus on women and technology. In *Women, gender, and technology*, ed. Mary Frank Fox, Deborah Johnson, Sue V. Rosser, 13—46. Champaign, IL: University of Illinois Press.

他不公平现象的共通性，如不同肤色、残疾、同性恋工作人员以及其他少数族裔经历的不平等现象。

2.2.1 社会主义和多元文化的女权主义角度

Tong 对女权主义理论的回顾①区分了马克思主义、激进主义、社会主义、多元文化以及全球化/后殖民时代的女权主义。在她的分类中，马克思主义女权主义认为资本主义是女性遭受不平等待遇的根本来源，激进派女权主义认为父权制是不平等的根源，社会主义女权主义认为父系社会的资本主义是一条必须被铲除的双头蛇，以使性别公平成为现实。Hartmann 更早的一项研究②阐述了社会主义/马克思主义/激进派的思想："在资本主义之前，父系社会的建立使得男性掌控了女性和儿童在家庭内的生产资源……男性由此学到了等级式组织的技巧和掌控方法"。

最近，批判性角度的女权主义理论的发展认为，过去的社会主义女权主义视角对多元文化和全球化的问题没有足够的敏感性。Tong③ 提出，尽管多元文化和全球化/后殖民时代的女权主义都看到了女性之间的差别，她仍将多元文化和全球化分开看待。因为多元文化的分析重点在同一区域或同一国家内部女性之间的区别（例如美国不同种族的女性），而全球化的分析重点在于因殖民时代导致的贫富国家之间的女性差距。以 Mohanty④ 的文章为例，这篇文章提出，根据女性和男性气质在世界各地如何被种族化，弹性的"军队/监狱/网络/企业的复杂"工作将边缘化群体利用更为复杂的途径再次殖民化。这类关注女性间差别的女权主义与过去的社会主义女权主义的一个共同特点是它们都对父系社会体系的资本主义有强烈的批

---

① Tong, Rosemarie. 2008. *Feminist theory: A more comprehensive introduction, third edition*. Boulder, CO: Westview Press.

② Hartmann, Heidi. 1976. Capitalism, patriarcy, and job segregation by sex. *Signs* 1 (3): 137—69.138

③ Tong, Rosemarie. 2008. *Feminist theory: A more comprehensive introduction, third edition*. Boulder, CO: Westview Press.

④ Mohanty, Chandra Talpade. 2003. *Feminism without borders: Decolonizing theory, practicing solidarity*. Durham, NC: Duke University Press.

判态度。

2.2.2　女权主义科学/技术研究

科学和技术研究的目的是探索科学和技术的对象是如何被建构的,并将这个构建过程如何与构建者的特征相辅相成进行理论化。因此,女权主义科学和技术研究将科技过程和产品进行精密分析,不仅分析谁在做工作,还分析工作过程和产品是否在性别上有差异。

科学和技术的角度也是自省的。例如 Wajcman 的"科技女权主义"提出,科学和技术研究的方法可能是这种研究不注意性别问题的主要原因①。想想 Latour 在其著作中描述的阿拉密斯②:尽管标题预示着"爱",但在讨论技术热爱部分时却没有讨论男子气概的建构。男子气概被看作是热爱机械的重要原因,特别是有关火车,Latour 在书中讨论的失败了的轻轨系统。以机构为中心的方法,如行为者网络理论,往往会遗漏性别的作用,因为这种研究重点在于谁在科技网络之中,而不是谁不在这个网络之中(如女性,有色人种,残疾人群)。哈拉维在讨论她的研究时提到了一个与她类似的女权主义科技论点:

> 这既不是恐惧科技,也不是热爱科技,这是在试图批判性地理解科技现实。这是在探索人们是如何处于物质符号化的科技系统之中,在这种系统中人们有哪些并应该有哪些责任、乐趣、工作、休闲③。

这类批判性理论的问题可应用在纳米科技领域公平问题的研究中。

---

① Wajcman, Judy. 2004. *TechnoFeminism*. Cambridge: Polity.

② Latour, Bruno. 1996. *Aramis or the love of technology*. Cambridge, MA: Harvard University Press.

③ Haraway, Donna. 2004. Cyborgs, coyotes, and dogs: A kinship of feminist figurations. In *The Haraway reader*, 321—32. New York: Routledge..

第三节　不同理论视角的汇合

以上所有对性别公平的研究角度都包含了本章的一个中心假设:性别是社会建构的。性别并不是一个必不可少的特征,对于每个男性或女性来说也不尽相同。即便如此,本章仍然将重点放在性别上,因为这对了解对于各种文化定义的人群的不公平趋势很重要。社会建构对人们和对科技均有实质性的影响。研究性别与研究其他被文化定义的人群一样重要,这包括了种族、民族、国籍、残疾以及社会阶级。幸运的是,本书其他章节涉及了对这些人群在纳米科技中和公平平等问题上的思考。

针对科学领域性别不公平的两种基本理论分析的一种有启发的理解方法是将这两种理论分别叫做机构式和建构式,或自由女权主义和批判性女权主义,或结构式和文化式。当然这两种理论方法是由两个相对分离的研究群体发展出来的①。本章希望说明,将这两种看起来不兼容的理论分析方法融合在一起不仅是可能的,也是有用的。在分析这两个宽泛的女权主义角度时,比起判断哪一个角度比另一个角度更好,这里将说明更重要的问题是自由女权主义对取消影响公平的障碍的看法是否可以和科技研究的批判性女权主义的观点进行融合。为了分析纳米科技领域中的科技性别化,我们转看类似新兴技术领域(例如生物科技领域)中性别化的一些特征。针对纳米科技领域中的性别问题,我们需要考虑如何衡量纳米科技的生产率,纳米企业中的领导力,以及纳米科技中用户设计者的参与率。根据以上要求,表 13-1 分析了新兴科技领域中(包括纳米科技和生物科技)的四个层次,其中包括营利性企业的雇佣,领域的交叉学科研究,专利申请以及科技工作中的权威性。表 13-1 也分析了性别问题是如何与这四个层面产生联系的。

---

① Thompson, Charis. 2008. Stem cells, women, and the new gender and science." In *Gendered innovations in science and engineering*, ed. Londa Schiebinger. Stanford, CA: Stanford University Press, 109—30.

表 13-1　有关新兴技术领域(如纳米科技和生物科技)性别平等的观点和研究

新兴科技领域的层面	自由女权主义/组织/结构焦点	批判性女权主义/科技/文化焦点	合并自由和批判性女权主义的可能性	在纳米科技公平性研究中的应用
实业	女性在实业和学术界中机会的对比。一些研究有重大的社会益处(如女性为何选择生物科技——社会正义)。如 Rayman 2001; Smith-Doerr and Croissant, 2009, 从女权主义角度分析大学—实业的关系:融合了性别理论、知识和资本(未发表)	资本主义系统的本质就是不平等/父权制——其与市场的紧密联系导致女性劳动力的边缘化和贬值。如 Hartman, 1976; Metcalfe and Slaughter, 2008	两种观点的根本冲突可能在于资本主义系统中的机会与社会主义者的批评	两种理论合并的可能性很小,但在新兴领域(如纳米科技领域)更有可能找到不同形式的营利机构;有可能比较不同纳米机构针对公平的不同技术和目标
交叉学科领域	女性更可能进行交叉学科(ID)研究——这究竟有利还是有弊,有哪些种类;作为交叉学科研究组中的专家还是个体进行交叉学科研究。如 Rhoten and Pfirman, 2007; Jacobs and Frickel, 2009	女性的位置是外人/多任务者/跨界者,与交叉学科有亲缘关系;交叉学科领域的等级,类似女性研究,导致女性被边缘化,而交叉学科研究中心有很多资源。如 Keller 1992; Hammonds and Subramanian, 2003	重叠——交叉学科和性别问题在许多层面上有联系	纳米科技公平性研究可以对比由专家组成的研究组和个人进行纳米科技的交叉学科研究,以及其他类别和所处不同事业位置的交叉学科,以发现哪种形式最为公平并有利于创新
专利申请	科学商业化中有性别差异。如 Ding, Murray and Stuart, 2006; Whittington and Smith-Doerr, 2005; Meng and Shapira, Ch. 2	学术资本主义(AC)改变了知识资助、探求和获利的本质。如 Mohanty, 2003; Slaughter and Rhoades, 2004; Croissant and Restivo, 2001	有一定冲突,但对学术资本主义的抵触或对发明质量的强调可能是性别差异的来源	不止是针对纳米专利申请/引用次数的性别对比,也可加入更多对发明内容以及女性对商业化抵触的定性测量

（续表）

新兴科技领域的层面	自由女权主义/组织/结构焦点	批判性女权主义/科技/文化焦点	合并自由和批判性女权主义的可能性	在纳米科技公平性研究中的应用
权威	学术领域的权威差别以及巨大的等级;网络式的生物科技更能保证公平性。如 Smit-Doerr, 2004; Eaton, 1999; Whittington and Smith-Doerr, 2008	科技政治中的假设,创造科技产物的同时产生了性别不平等。如 Wajcman, 2004; Oldenziel, 1999	重叠——女性在科技领域中缺乏资源和具有多方面的不利影响	纳米领域的公平性研究可以同时研究组织的类别和科技产物的类别对性别公平的影响

尽管表 13-1 简化了两个复杂的理论分析角度,但这个表仍然向我们展示了如何在新兴技术领域的基本特征中比较自由和批判性女权主义理论的应用。表格中的引文是为了阐释自由和批判性分析角度是如何应用在四个层次中的,而不是为了提供该方面研究的全面文献列表。在考虑这些理论是如何应用于例如纳米科技的新兴科技领域中时,我们也可以考虑是否可以将两种女权主义理论分析方法在该议题中进行合并。表 13-1 的最后一列提供了一些关于纳米领域公平性研究的具体例子,这些例子都是将两种理论观点进行了整合。

表 13-1 的第二行描述了从自由/组织和批判性/科技研究的两个角度对女性在例如纳米科技的新兴科技实业领域工作的现状。自由/组织的角度认为,女性在实业中的工作机会可为她们提供项目机会,为更广大范围的人群创造利益。这至少在生物科技领域是真实的。比起在学术实验室中工作,女性对在生物科技公司中的工作更感兴趣。这是因为在公司中她们有机会进行阻止艾滋病和癌症扩散的人类疾病治疗的研究①。而由新马克思主义衍生出来的批判性女权主义角度对资本主义市场与实业科技的联系更加感兴趣,这个角度认为这种联系的根本是不公平和父权制,并且导致了女性工作的

① Rayman, Paula M. 2001. *Beyond the bottom Line: The search for dignity at work*. New York: Palgrave.

边缘化和贬值。若考虑在营利性科研机构工作时,这两种女权主义角度可能很难融合在一起。尽管两种角度在此融合的可能性不大,但在新兴的诸如纳米科技的科研领域研究者更可能发现很多不同种类的营利性机构。因此,女权主义研究者在未来的研究中可以从可替代技术和更为社会公共目标的角度分析纳米科技组织中不同层面上的平等。自由和批判性女权主义角度都会对这种研究有所帮助。

表 13-1 的第三行描述了诸如纳米科技的新兴科技领域的交叉学科性质,以及这种性质的性别意义。从自由女权主义的角度来说,问题在于女性做交叉学科科学工作的可能性是否比男性大,以及这究竟有好处还是有坏处①。由于纳米科技是一个交叉学科领域,并随着时间的推移交叉程度越来越大,这种情况可能促进了女性的参与。交叉学科科研工作的形式也是一个问题:作为交叉学科研究组中的专家或个人独自完成交叉学科研究分别对男女科学家有什么好处和坏处?交叉学科的工作很难由同行来评价,女性和未被充分代表的少数族裔也经常面临双重标准,以致如果他们的研究是交叉学科性质,他们更难获得有利的评价②。从批判性女权主义的角度来看,女性作为处于科学研究边缘的外人导致女性往往要承担交叉学科的工作,这从 Keller 对 Barbara McClintock 事业的自传性分析中可看出③。

有关研究领域,从女性科学研究④以及交叉学科研究⑤可看出,女性化的交叉学科(例如女性研究)往往被边缘化且缺乏资金,而由男性科学家领导的交叉学科研究中心却具有丰富的资源。对此,两种女权主义角度的分析有很多相似之处。交叉学科和性别归类在许多层面都有很深的联系,因此应当对新兴科技领域从各个角度进行

---

① Rhoten, Diana and Stephanie Pfirman. 2007. Women in interdisciplinary science: Exploring preferences and consequences. *Research Policy* 36: 56—75.

② Lamont, Michele. 2009. *How professors think: Inside the curious world of academic judgment*. Cambridge, MA: Harvard University Press.

③ Keller, Evelyn Fox. 1983. *A feeling for the organism: The life and work of Barbara McClintock*. New York: W. H. Freeman.

④ Hammonds, Evelynn and Banu Subramanian. 2003. Conversation on feminist science studies. *Signs* 28 (3): 923—44.

⑤ Jacobs, Jerry and Scott Frickel. 2009. Interdisciplinarity: A critical assessment. *Annual Review of Sociology* 35: 43—65.

研究。例如,从自由派女权主义的角度研究纳米科技公正性时可以比较专家团队和个体做交叉学科研究的区别。批判性女权主义的研究可分析其他类型的交叉学科研究和人们对女性研究人员获得纳米科技主流外的边缘研究职位的看法。

表13-1的第四行描述了新兴科技领域的专利申请情况。在诸如纳米科技的新兴领域中,研究往往处于发展中的前期阶段,因此专利是这个阶段最明显且能数量化的产品。关注组织性的有关生物科技方面的研究发现,学术领域中申请专利的男女数量具有很大差异①②③。收录在本书(*Nanotechnology and the Challenges of Equity. Equality and Development.*)中的一项研究显示,在纳米科技专利数据库中女性和男性发明者的比例为1:9(排除了不能辨别性别的发明者)。2002年至2006年,每17%的纳米科技专利中至少有一位女性发明者。

批判性女权主义对学术和实业中专利申请和科学商业化的分析认为,这种新型学术资本主义可能会改变人们追求知识的本质,并且改变进行健康问题学术研究的受益者④。这些观点之间有一定矛盾(专利申请的公正和新马克思主义的对科学商业化的批判)。但女性科学家更注重申请专利的质量而非数量的研究似乎暗示⑤⑥,专利申请中的性别差异是由于女性科学家抗拒学术商业化而导致的。这个

---

① Ding, Waverly W., Fiona Murray, and Toby E. Stuart. 2006. Gender differences in patenting in the academic life sciences. *Science* 313:665—67.

② Whittington, Kjersten Bunker, and Laurel Smith-Doerr. 2008. Women inventors in context: Gender disparities in patenting across academia and industry. *Gender & Society* 22(2): 194—218.

③ Murray, Fiona and Leigh Graham. 2007. Buying science and selling science: Gender differences in the market for commercial science. *Industrial and Corporate Change* 16: 657—89.

④ Metcalfe, Amy Scott, and Sheila Slaughter. 2008. The differential effects of academic capitalism on women in the academy. In *Unfinished agendas: New and continuing gender challenges in higher education*, ed. Judith Glazer-Raymo, 80—111. Baltimore, MD: Johns Hopkins University Press.

⑤ Whittington, Kjersten Bunker, and Laurel Smith-Doerr. 2005. Gender and commercial science: Women's patenting in the life sciences." *Journal of Technology Transfer* 30: 355—70.

⑥ McMillan, G. Steven. 2009. Gender differences in patenting activity: An examination of the US biotechnology industry. *Scientometrics* 80 (3): 683—91.

发现预示着对学术资本主义的批判和女性在大学中的较少专利数的原因有重合。

表 13-1 第五行的主题是关于权威性。在生物科技领域，新近组成的关注人体健康治疗方法的网络式组织的独立公司比更等级化的实业和学术领域更加有益于性别公平①②。那么在纳米领域是什么样的呢？关于纳米科技的组织形式研究似乎更侧重于讨论未来研究的问题而非现实情况。例如，Macnaughten 等人提出在新兴纳米科技中是否存在潜在的不公平的管理和全球化的不公平的问题③。这个问题是这样提出的："什么样的新机构和组织形式能够解决这些初期的、全球性的担忧、冲突和民主愿望？"一些对纳米科技实业的初步研究显示，比起特意建立网络以使这一领域有计划地发展，新兴纳米公司已经是现有大型公司、大学、职业组织和政府基金组织的组织间和非正式网络的产物④⑤。如果这些大学—实业网络倾向于跟随生物科技的发展模式，那么未来将出现现有等级化的纳米科技公司和依靠网络发展起来的新工业公司之间的分歧。如果分歧真的发生，纳米科技领域的性别问题将很可能延续生物科技中性别问题的发展，即网络式组织为女性科学家提供更多跨越性别阻碍的机会。批判性女权主义将更注重不同环境下的科技过程和产品。在本研究中，不明显的等级和吸纳更多女性科学家可带来不同的项目和产品。女权主义的这两个角度（更偏向结构和和更偏向科学文化）都认为，等级化的环境导致了科学领域中女性和未被充分代表的少数族裔缺乏研究

---

① Smith-Doerr, Laurel. 2004. *Women's work: Gender equity v. hierarchy in the life sciences*. Boulder, CO: Lynne Rienner Publishers.

② Whittington, Kjersten Bunker, and Laurel Smith-Doerr. 2008. Women inventors in context: Gender disparities in patenting across academia and industry. *Gender & Society* 22(2): 194—218.

③ Macnaughten, Phil, Matthew Kearns and Brian Wynne. 2005. Nanotechnology, governance and public deliberation: What role for the social sciences? *Science Communication* 27: 1—24.16

④ Meyer, Alan D., Vibha Gabha, and Kenneth A. Colwell. 2005. Organizing far from equilibrium: Non-linear change in organizational fields. *Organization Science* 16: 456—73.

⑤ Libaers, Dirk, Martin Meyer, and Aldo Geuna. 2006. The role of university spinout companies in an emerging technology: The case of nanotechnology. *Journal of Technology Transfer* 31: 443—450.

资源,而这会对新兴的纳米科技领域带来毁灭性影响。

2009 年初期,关于女性参与纳米科技领域的研究十分少。会议论文中有一些这样的研究;公开发表的文章中也有几篇讨论未来女性在纳米科技领域中可能面对的问题。例如,Bainbridge① 一个关于公众对待纳米科技态度的调查发现,62% 的男性对纳米科技有正面看法,而仅有 48% 的女性有相同看法。他由此认为,女性对例如纳米科技的工学领域的兴趣比男性要小,女性加入这一领域的可能性也将和其他 STEM 领域的趋势相近。

2006 年 12 月的 *Development* 特刊中,不少学者讨论了性别和纳米科技的相关问题;这些问题大多是从未来用户的角度上提出的,并且聚焦在生育和残疾方面的伦理问题。例如,在这份特刊中 Hans② 提出了一项质疑,认为南半球的发展中国家的人们往往被忽视他们的健康和人权,在这些地方为身有残疾的女性使用纳米科技会否有道德上的问题。③ 提出,纳米生物科技(纳米维度的生物和非生物研究的合并)使女权主义者产生了担心,这些人认为纳米生物科技可能会改变"女性如何感受这个世界,她们的选择,以及她们的工作",最大的改变方面可能在于女性健康和生育、农业/食品和环境问题。

但是我在研究中未能发现提供女性在纳米科技领域工作数据的文献。本书(*Nanotechnology and the Challenges of Equity. Equality and Development.*)中 Meng 和 Shapira 所著章节是一个关于纳米科技领域专利申请的实证研究,这也是这方面的第一篇研究。整体来说,这方面的研究还需要很多补充,更需要进一步发展。尽管本章提出了一个实证研究的架构,即通过不同的女权主义视角研究新兴科技领域的四个关键特征,但研究者仍需要做许多研究设计和数据收集的工作。

---

① Bainbridge, William Sims. 2002. Public attitudes toward nanotechnology. *Journal of Nanoparticle Research* 4: 561—70.

② Hans, Asha. 2006. Gender, technology and disability in the south. *Development* 49 (4): 123—7.

③ Harcourt, Wendy. 2008. Heading blithely down the garden path? Some entry points into current debates on women and biotechnologies. In *Women in biotechnology*, ed. Francesca Molfino and Flavia Zucco, 35—69. Springer.

第四节　讨论与总结

以纳米科技为背景研究 STEM 中的不平等可发展出很多方法。正如 Cozzen 和其同事所提出①，纳米科技仍处于发展初期，社会科学家可及早观察这一领域的发展，甚至通过自己的研究结果对纳米科技的发展进行形塑并促进其发展。

本章的重点是对作为 20 世纪晚期主要在美国兴起的产业生物科技和纳米科技的相似性和互补性做对比分析。其他研究公正的方法也可用于考虑纳米科技和生物科技的区别。纳米科技和生物科技的起源非常不同。尽管两个领域都有交叉学科的性质，生物科技属于生命科学而纳米科技起源于物理科学。

纳米科技和生物科技由于起源不同导致之间的紧张气氛可作为未来研究的一个方向。纳米科技主要是由物理学家（最著名的即是费曼 1960 年的讲座）和材料工程师开发的领域。纳米科技的兴起（也就是“nano-hype”）导致在 20 世纪晚期的全球，特别是美国，对生物科技的关注渐渐转向纳米科技领域。当时，生命科学被认为是探索人体健康的重要组成部分，而 NIH 的预算也得到了极大的增加。相反，物理学在 20 世纪初关于核物理的发现到 20 世纪末已经不被关注，例如超导超级对撞机项目的失败改变了 20 世纪 80 年代到 21 世纪初期对科学资金投入的优先领域。普通人心目中的科学由大物理变成了大生物（例如人类基因组项目）。但随着 21 世纪前 10 年纳米科技的兴起以及 NIH 基金 2006 年开始减少，如果有相应的由生物科技至纳米科技的基金转向或公共关注的转向，这将意味着由基于生命科学的应用（当然一些生物学家参与了纳米科技的发展）转向基于物理的科技。这种转向对性别也有影响。自 20 世纪 70 年代以来，生物科学中女性的参与度一直比由男性主导的物理科学要高②。我们

---

① Cozzens, Susan, Isabel Boragaray, Sonia Gatchair and Dhanaraj Thakur. 2008. Emerging technologies and social cohesion: Policy options from a comparative study. Paper presented at Prime-Latin America Conference, Mexico City, September.

② Traweek, Sharon. 1995. Bodies of evidence: Law and order, sexy machines, and the erotics of fieldwork among physicists. In *Choreographing history*, ed. Susan Leigh Foster, 211—28. Bloomington: Indiana University Press.

需要研究生物科技与纳米科技之间的紧张关系，关注女性参与率高和低的领域。

如果我们把研究重点放在生物科技和纳米科技的公正性的区别上，并且发现生物科技中女性研究者的比例比纳米科技中多，那么研究不同领域环境对女性研究者的影响将是一个重要的研究问题。将女性自我选择参加与生命和生物相关的科学领域作为解释是片面的①。个人的事业决定必须放在更宽泛的文化背景和机会的结构中分析。Molfino 和 Zucco 认为②，女性对生物科技的贡献的主要原因并非她们对生物的偏爱，而是因为她们处理"复杂问题"的经验。新兴科技领域如生物科技(以及纳米科技)都是复杂的科技领域。在简单的解释无法应对不确定性、矛盾性和紊乱的科技环境中，"女性加入了解决问题的行列，用她们对待矛盾状态的丰富经验试图解决这些问题……和男性不同，她们曾更多面对他人的索取，在自己的选择中缺乏个人主义，这不是因为她们缺乏自主性，而是因为她们被浸泡于关系中"③。Ridgeway 关于性别框架的理论认为④，文化为科学领域增加了一些规范，给男性和女性参与研究和管理发出了一些什么是适宜的信号。工学和物理科学一直被认为具有男子气概，而生物科学则更加中性。Rigdgeway 认为这就是文化框架，与 Smith-Doerr⑤ 和 Whittington/Smith-Doerr⑥ 的生物科技组织的灵活性使得女性在生命科学领域的机会多于工程学和物理科学的这一发现相似。

计算机科学中的证据可帮助我们理解纳米科技如何能够在非生命科学领域为女性研究者提供更多的参与机会。20 世纪 80 年代，专

---

① Schiebinger, Londa. 1999. *Has feminism changed science*? Cambridge, MA, Harvard University Press.

② Molfino, Francesca and Flavia Zucco, eds. 2008. *Women in biotechnology*. Springer.

③ Ibid. ,27.

④ Ridgeway, Cecilia L. 2009. Framed before we know it: How gender shapes social relations. *Gender & Society* 23: 145—60.

⑤ Smith-Doerr, Laurel. 2004. *Women's work: Gender equity v. hierarchy in the life sciences*. Boulder, CO: Lynne Rienner Publishers.

⑥ Whittington, Kjersten Bunker, and Laurel Smith-Doerr. 2008. Women inventors in context: Gender disparities in patenting across academia and industry. *Gender & Society* 22(2): 194—218.

业为计算机科学的女性占该专业的30%—40%,男性与女性在计算机科学相关工作中的薪水差别很小,许多女性涌入这一领域①。当计算机的机构结构的文化框架发生了变化——在编码或“黑客入侵”的耗损工作中很少有时间/空间的界限、又进入“男性极客”文化时——导致越来越少的女性被纳入这一领域。公平不在于根据有漏洞的“生命科学偏好”的理论吸引女性参与纳米和生物科技领域,而在于在这些领域广泛避免男性倾向、使这些领域性别中立、对外来人开放并且有组织灵活性的文化特征。

读者除了需要注意本章主要讨论的是纳米科技和生物科技的相似性而非差异性,也需要注意以下几点。第一,本章并没有包括所有关于科学和工程学领域中女性和性别公平的研究。本章更注重新兴科技领域与更加完善的科技工作领域的区别。本章也注重了社会学和科技与社会流派关于STEM领域性别公平的文献。第二,本章强调找到自由和批判性女权主义的共同点的重要性,而一些社会科学家将辩称这两个角度从根本上是不同的,并且无法消除这种差异。本章并不是在要求人们忽略这些差异,而是论述了寻找这两个角度的结合(或者不结合)在分析诸如生物科技和纳米科技等新兴科技领域公平性问题上的价值。最后,本章没有提供新的实证研究数据,而是对本领域的一个回顾。这种对STEM领域公平性的研究回顾和架构起纳米科技领域性别平等的研究计划对数据收集可能有好处。

哪些人被纳入科学研究组织和这些组织生产出的科技产品之间有本质的联系。这个观点是两种女权主义流派——自由派/机会均等和批判性/性别构建——都能接受的。谁在科技领域中工作对结果是否平等十分重要,我们如何研究纳米科技和性别平等的问题也很重要。发展关注结构和文化是如何被赋予性别的理论,以及发展相应的研究方法的各种努力都将取得成果。这可通过成立由定性和定量专家组成的女权主义研究小组来进行。这种社会科学的研究成

① Wright, Rosemary and Jerry A. Jacobs. 1994. Male flight from computer work: A new look at occupational resegregation and ghettoization. *American Sociological Review* 59(4):511—36.

果如果从初期开始就被纳米科技领域所采纳①,可能会使纳米科学家思考他们研究设计组的多元化,从而对纳米科技的发展产生积极影响。这种影响是不分世界南北的。

本章的一个直接的政策意义是纳米科技研究从项目开始时就该吸纳社会科学家。美国国家科学基金会资助的"纳米科学与工程中心"以及"社会纳米科技中心"都呈现了好的开始。但随着美国和其他国家的研究的扩大,社会科学家的作用也应当被重视起来。本章认为政策应当决定哪些纳米科技和社会科学家应当被纳入。研究者应当包括能够解决公平性问题的女权主义和批判性学者。公平性问题的解决不只是分析女性的参与率,而且应当分析纳米科技的发展过程和产品中的公平性问题。本章的一个间接性政策意义是在纳米科技领域创造公平性环境的同时寻找新的组织形式可能会创造新的性别公平的机会。这些组织形式将不同于以往的等级鲜明的组织形式,对研究的支持也将不仅来自传统的大学。

我们仍有很多问题没有解决,但要优先在新兴纳米科技领域开展严谨的性别平等研究。我们可以明白什么样的政策改变能够最有效地阻止不公平的发生或者从组织内部孕育公平。我们也可明白是否有些社会进程是需要外界对公司和大学施加社会运动压力才能完成的。综合各种理论角度来分析组织和科技变化的环境将使我们更加理解长久以来存在的不公平,以及我们如何才能达到公平。简单来说,我们需要通过研究发现纳米科技领域中要有怎样的社会、组织和科技的行为来确保未来三十年的STEM领域的女性与过去三十年不同。

① Guston, David H. and Daniel Sarewitz. 2002. Real-time technology assessment. *Technology in Society* 24:93—109.

附录　女科技工作者孕哺两期对职业发展的影响研究调查问卷

问卷序号　□□□□

单位编码　□□

亲爱的女科技工作者：

您好！

为了解女科技工作者孕哺两期的职业发展状况，分析孕期和生产哺乳期对女科技工作者学术成长和职业发展的影响，提出相关社会政策建议，中国女科技工作者协会委托北京大学中外妇女问题研究中心和中国科协发展研究中心共同设计了本问卷，组织开展此次调查。

我们诚恳地希望您认真填答所列问题，确保各项信息的准确性。您提供的各项信息只用于研究。我们承诺依据中华人民共和国《统计法》对您的个人信息予以严格保密，保证您的利益不会受到任何损害。

谢谢您的支持与合作！

“女科技工作者孕哺两期对职业发展的影响研究”课题组

2011 年 11 月

问卷填写说明

请在填答问卷前仔细阅读此说明

第一，问卷填写时一定要字迹工整，不要连笔写，以免看不清。

第二，请最好使用蓝色圆珠笔填写。填写年龄、年、月、日及次数等时，要填写阿拉伯数字，数字要写得清晰，写在横线上。

第三，请注意提示，有的问题需要您跳答，有的问题需要您选答。

第四，本问卷的问题选用画圈的方式填写。请在被选答案序号上画圈，不要用√，

以免混淆答案。如，问题111 您现在的职称是：

如果被调查者现在无职称，则圈1。即：

① 无职称　（2）初级　（3）中级　（4）副高级　（5）正高级

第五，如无特别说明和标注，均为单选题。单选题请在相应选项的序号上画圈“○”；多选题请按卷面提示填写，在每个选中的答案序号上画圈“○”

第六，对于填写错误的选项，用一斜杠即／删掉。比如，如果某问题的答案应为1，但错圈了2，则进行如下删改：将②变成 ②，然后将1变成①，并将1填入后面的码框中。如果错将一个正确的选项删掉，则用一个大圈将其圈起来如：②。

第七，需要填写文字和数字的问题请按要求填写。

第八，问卷右侧一栏中的方框由调查员填写。

第九，问卷填写完后请务必再检查一遍，以便发现漏项、错填等问题，及时更正。

一、个人基本情况

101. 您的年龄是:	(1) 25—30岁　(2) 31—35岁 (3) 36—40岁　(4) 41—45岁 (5) 46—50岁　(6) 51—55岁 (7) 56岁及以上		□
102. 您现在工作地点为:	(1) 直辖市、省会城市 (2) 市(地)级城市　(3) 县、乡(镇)		□
103. 您的民族是:	(1) 汉族　(2) 回族　(3) 壮族 (4) 瑶族　(5) 朝鲜族　(6) 满族 (7) 蒙古族　(8) 其他(请注明)____		□
104. 您的政治面貌是:	(1) 群众　(2) 中共党员 (3) 民主党派		□
105. 您的最高学历是:	(1) 博士研究生　(2) 硕士研究生 (3) 大学本科　(4) 大学专科 (5) 中专/中技　(6) 高中及以下		□
106. 您的最高学历所学的专业是:	(1) 理学　(2) 工学　(3) 农学 (4) 医学　(5)人文社会科学 (6) 其他(请注明)____		□
107. 您接受最高学历教育的毕业时间是:	____年__月	□□□□□□	
108. 您参加工作的时间是:	____年__月	□□□□□□	
109. 您现在的工作单位类型是:	(1) 科研院所　(2) 转制院所 (3) 高等院校　(4) 医疗卫生机构 (5) 国有企业　(6) 三资企业 (7) 民营企业 (8) 其他(请注明)____		□
110. 您属于哪类专业技术人员?	(1) 工程技术人员 (2) 卫生技术人员 (3) 农业技术人员 (4) 科学研究人员 (5) 教学科研人员 (6) 其他(请注明)____		□
111. 您现在的职称是:	(1) 无职称　(2) 初级　(3) 中级 (4) 副高级　(5) 正高级		□

（续表）

112. 您现在行政职务的级别是：	(1) 无行政职务 (2) 一般管理人员 (3) 中层管理人员(部门领导) (4) 高层管理人员(单位领导)	□
113. 您目前的健康状况：	(1) 很好 (2) 较好 (3) 一般 (4) 较差 (5) 很差 (6) 说不清	□
114. 您目前的婚姻状况是：	(1) 未婚 (2) 已婚 (3) 离婚 (4) 丧偶	□
115. (a) 您生第一个孩子时您丈夫的职业是：	(1) 干部/管理人员 (2) 专业技术人员(如科研人员、教师、医生、工程师等) (3) 职员 (4) 工人 (5) 军人 (6) 文艺工作者 (7) 自主经营/自我雇佣 (8) 其他(请注明)____	□
115. (b) 您生第一个孩子时您丈夫的职务级别是：	(1) 无行政职务 (2) 一般管理人员 (3) 中层管理人员(部门领导) (4) 高层管理人员(单位领导)	□

二、孕哺期状况

201. 您的初婚年龄是：	(1) 小于22岁 (2)23—25岁 (3) 26—28岁 (4)29—31岁 (5) 32—34岁 (6)35岁及以上	□
202. 您认为要孩子的最佳年龄段是：	(1) 小于22岁 (2) 23—25岁 (3) 26—28岁 (4) 29—31岁 (5) 32—34岁 (6) 35岁及以上	□
203. 您要第一个孩子的年龄是：	(1) 小于22岁 (2) 23—25岁 (3) 26—28岁 (4) 29—31岁 (5) 32—34岁 (6) 35岁及以上	□
204. (a) 您选择要第一个孩子的时间时，主要考虑因素是：	(1) 工作 (2) 家庭支持 (3) 经济条件 (4) 身体状况 (5) 顺其自然 (6) 其他(请注明)____ 【注：如果您选择的是(2)、(3)、(4)、(5)或(6)，请直接回答205题】	□

（续表）

204.（b）如果要第一个孩子时主要考虑的是工作因素，您主要考虑的是：	（1）趁着没工作先生孩子 （2）工作稳定后再要孩子 （3）工作初有成效后再要孩子 （4）其他（请注明）____		□
205. 您是否因工作忙或进修学习而推迟生育？	（1）是　（2）否		□
206.（a）怀孕七个月后至生产前，您每天的工作时间变化是：	（1）工作时间缩短 （2）工作时间延长 （3）工作时间没变化		□
206.（b）怀孕七个月后至生产前您是否曾为工作加班？	（1）未曾加班 （2）偶尔加班 （3）经常加班		□
207. 怀孕期间是否有过因工作而不能定期产检：	（1）是　（2）否		□
208. 离分娩还有多长时间您开始全休而不再工作了？	（1）有临产征兆　（2）一周左右 （3）半个月至一个月 （4）一个月至两个月 （5）两个月及以上 （6）其他（请说明）____		□
209. 在您生育第一个孩子期间，您丈夫的状态是：	（1）除自己工作时间外全身心投入家务 （2）能帮助做一部分家务 （3）工作忙很少帮助做家务 （4）基本帮不上忙 （5）不太关心家里的事		□
210. 在您生育第一个孩子期间，丈夫休带薪陪护假的时间为：	（1）没休假　（2）少于 3 天 （3）3—7 天　（4）8—14 天 （5）15 天及以上		□
211. 生育第一个孩子时您产假休息多长时间？	（1）少于 45 天　（2）45—90 天 （3）91—180 天　（4）181—365 天 （5）多于 365 天		□
212. 您给第一个孩子喂母乳多长时间？	（1）没喂母乳　（2）少于 60 天 （3）61—180 天　（4）181—365 天 （5）多于 365 天		□

（续表）

213. 生育休假期间您的岗位工作是如何安排的？	（1）领导调整了工作安排，由他人代替 （2）自己安排由同事临时代替 （3）暂时中断手中的工作 （4）部分工作带回家干 （5）其他（请注明）____		□
214. 生育休假期间，您若有正在负责的研究课题是如何安排的？	（1）全部由别人暂时代替 （2）自己接着干 （3）一部分由别人代替 （4）移交给别人承担 （5）没有遇到这种情况 （6）其他（请注明）____		□
215. 产假结束后至孩子1岁前，上班时您如何解决喂奶问题？	（1）上班中间回家哺乳 （2）挤奶下班后带回家 （3）中断母乳喂养 （4）其他（请注明）____		□
216. 产假结束后至孩子3岁前，白天主要由谁照顾孩子：	（1）本人　（2）丈夫 （3）父母或公婆　（4）保姆 （5）托幼机构　（6）其他亲属 （7）其他（请注明）____		□
217. 产假结束后至孩子3岁前，您每天用于孩子和家务上的时间大约是：	（1）1—2小时 （2）2—3小时 （3）3小时及以上		□
218. 孩子3岁前，您平均每天的工作时间是：____小时 说明：平均每天的工作小时数写在上边____上。再填写右边问题。	与生育前相比： （1）增加了____小时 （2）减少了____小时 （3）和原来差不多		□□ □ □□
219. 孩子3岁前，您感觉自己的工作负荷和怀孕前相比：	（1）减少很多　（2）略有减少 （3）差不多　（4）略有增加 （5）增加较多		□
220. 您怎样评价自己孕哺期间的工作业绩？	（1）比怀孕前好 （2）和怀孕前没什么特别变化 （3）不如怀孕前　（4）明显下滑 （5）说不清楚		□

（续表）

221.（a）孕哺期您是否有过精神抑郁的症状？	（1）有过　（2）未曾有 （3）说不清 【注：如果您的选择是（2）或（3），请直接回答222题】	□
221.（b）如果您曾有过精神抑郁，请问延续了多少时间？	____个月	□
221.（c）您的抑郁情绪是通过什么方式缓解的？ （右边各项若"有"圈"1"，"没有"圈"0"）	（1）看医生 0. 没有　1. 有 （2）与家人交流 0. 没有　1. 有 （3）与朋友交流 0. 没有　1. 有 （4）自我排解 0. 没有　1. 有 （5）锻炼身体 0. 没有　1. 有 （6）其他（请注明）____ 0. 没有　1. 有	（1）□ （2）□ （3）□ （4）□ （5）□ （6）□
222. 生育以后您感觉自己在与人交往方面是否有变化？： （右边各项若"是"圈"1"，"否"圈"0"）	（1）没有明显变化 1. 是　0. 否 （2）更愿意和别人交流 1. 是　0. 否 （3）对人对事更容易宽容 1. 是　0. 否 （4）不太愿意交流 1. 是　0. 否 （5）参加社交活动的兴趣减少 1. 是　0. 否 （6）参加社交活动的兴趣增加 1. 是　0. 否 （7）脾气急躁常常没有耐心 1. 是　0. 否 （8）比较孤僻 1. 是　0. 否 （9）说不清 1. 是　0. 否 （10）其他（请注明）____ 1. 是　0. 否	（1）□ （2）□ （3）□ （4）□ （5）□ （6）□ （7）□ （8）□ （9）□ （10）□

三、孕哺与职业发展

301. 怀孕前您从事的主要工作是：	(1) 基础研究 (2) 应用/开发研究 (3) 设计 (4) 科技管理 (5) 技术推广 (6) 中介服务 (7) 科学普及 (8) 研究辅助/技术辅助 (9) 临床/医疗 (10) 教学科研 (11) 生产 (12) 一般行政管理 (13) 其他(请注明)		□
302. 休完产假回到工作岗位时，您对工作的最明显感觉是：	(1) 竞争激烈，要加倍努力 (2) 很快恢复正常状态 (3) 工作衔接有些吃力 (4) 有距离感，力不从心 (5) 其他(请注明)____		□
303. 休完产假回到工作岗位后，您对自己的职业规划有什么期待和想法？	(1) 重新更好地规划自己的职业发展 (2) 没有更多想法，继续做好原来工作 (3) 希望减少工作量 (4) 希望调换到更轻松的工作岗位 (5) 希望调换到收入更多的工作岗位 (6) 希望做全职妈妈 (7) 其他(请注明)____		□
304. (a) 您的工作岗位是既搞业务又搞管理吗？	(1) 是 (2) 不是 【注：如果您选择 2 请直接回答 305】		□
304. (b) 如果您的工作是业务和管理双重角色，那么在孩子 3 岁前您的选择是：	(1) 两种角色都不放弃，且都要做好 (2) 放弃业务工作只搞管理 (3) 放弃管理工作一心一意搞业务 (4) 都不放弃，但差不多就行了		□

（续表）

305. 您是否因生育而耽误了以下机会？ （右边各项若“是”圈“1”,“否”圈“0”）	（1）出国进修　1. 是　0. 否 （2）职称/职务晋升　1. 是　0. 否 （3）短期培训　1. 是　0. 否 （4）承担核心工作　1. 是　0. 否 （5）申请课题　1. 是　0. 否 （6）其他（请说明）　1. 是　0. 否	（1）□ （2）□ （3）□ （4）□ （5）□ （6）□
306. “怀孕至孩子3岁前”您对职务和职称晋升有什么期望：	（1）无所谓,顺其自然 （2）暂时放下 （3）非常期待	□
307. “怀孕至孩子3岁前”您晋升过职务和职称吗？	（1）没晋升过　（2）晋升过	□
308. “怀孕至孩子3岁前”您的工作成果产出与怀孕前相比有没有变化？	（1）没有　（2）有减少 （3）有增加　（4）说不清 【注：如果您选择的是（1）、（3）或（4），请直接回答310题】	□
309. 如果工作成果产出有所减少，您认为原因是什么？ （右边各项若“有”圈“1”,“没有”圈“0”）	（1）工作岗位变动 0. 没有　1. 有 （2）工作精力分散 0. 没有　1. 有 （3）负担加重，精力不足 0. 没有　1. 有 （4）需要一段时间调整 0. 没有　1. 有 （5）属于正常规律 0. 没有　1. 有 （6）其他（请注明）____ 0. 没有　1. 有	（1）□ （2）□ （3）□ （4）□ （5）□ （6）□
310.（a）您在“怀孕至孩子3岁前”参加一月以内短期业务培训情况是：	（1）1—2次　（2）3—4次 （3）5次及以上　（4）没参加过	□
310.（b）您在“怀孕至孩子3岁前”参加一月以上业务进修情况是：	（1）1次　（2）2次 （3）3次及以上　（4）没参加过	□

（续表）

311. 您在“怀孕至孩子3岁前”参加培训/进修时间最长的一次是________	________天	□
312. 您在“怀孕至孩子3岁前”参加过哪些培训？ （右边各项若“有”圈“1”，“没有”圈“0”）	(1) 自身业务知识的补充和提高 0. 没有　1. 有 (2) 自身业务能力的训练 0. 没有　1. 有 (3) 幼儿哺育、健康、早教 0. 没有　1. 有 (4) 根据兴趣进行多方面培训 0. 没有　1. 有 (5) 其他（请注明）____ 0. 没有　1. 有	(1) □ (2) □ (3) □ (4) □ (5) □
313. 您在“怀孕至孩子3岁前”有过海外访学/交流/考察经历吗？	(1) 没有 (2) 原计划有，但因怀孕/哺乳而取消 (3) 有过一次 (4) 有过两次及以上	□
314. 在“怀孕至孩子3岁前”，您进行海外访学/交流/考察时间最长的一次是：	________天	□
315. 在“怀孕至孩子3岁前”，您觉得申请课题/项目与怀孕前相比有什么变化吗？	(1) 基本和以前一样 (2) 比以前更难获得 (3) 不想太累，放弃申请 (4) 没有变化	□
316. 在“怀孕至孩子3岁前”，您负责或参与的研究课题和数量是： （请先在所选项目的序号上画“○”，再在“____”上填写具体数字）	(1) 国家级研究项目： 负责____项，参与____项 (2) 省部级研究项目： 负责____项，参与____项 (3) 地市级研究项目： 负责____项，参与____项 (4) 本单位自立的项目： 负责____项，参与____项 (5) 其它单位委托项目： 负责____项，参与____项 (6) 国际合作项目： 负责____项，参与____项	(1) □□，□□ (2) □□，□□ (3) □□，□□ (4) □□，□□ (5) □□，□□ (6) □□，□□

（续表）

317. 在“怀孕至孩子3岁前”您作为负责人或参与者完成的研究成果情况？ （请先在所选项目的序号上画“○”，再在“____”上填写具体数字）	（1）SCI、SSC、EI论文：第一或通讯作者____篇，参与者____篇 （2）国内一级/核心学术期刊论文：第一或通讯作者____篇，参与者____篇 （3）专利：第一作者____件，参与者____件 （4）论著：专著/合著____本，译著____本，主编____本 （5）研究报告主要撰写者____份，参与者____份 （6）其它（请注明）________，主要撰写者____份，参与者____份	（1）□□，□□ （2）□□，□□ （3）□□，□□ （4）□□，□□ （5）□□，□□ （6）□□，□□
318. “怀孕至孩子3岁前”您主持/参与课题、项目遇到的主要困难是： （从右边7项中圈选1—3项您认为最主要的困难）	（1）要工作还要照顾家庭孩子，比以前辛苦，体力下降 （2）由于时间、精力不够，影响参加学术交流和相关活动 （3）精力分散导致工作效率比以前低 （4）兼顾事业和家庭，心理压力较大 （5）基本没什么困难 （6）机会减少 （7）其他（请注明）____	第一，□ 第二，□ 第三，□
319. 孕哺期对您职业发展若有影响，您认为主要源自哪些方面？ （从右边7项中圈选1—3个您认为最主要的因素）	（1）自己的兴趣和热情逐渐转向家庭和孩子 （2）事业和家庭的双重压力 （3）传统偏见使自己得不到应有的重用 （4）自觉心力不足而放弃拼搏和竞争 （5）对孩子早期教育的社会服务不足 （6）经济压力加大 （7）其他（请注明）____	第一，□ 第二，□ 第三，□
320. 您觉得怀孕和哺育孩子对您成功申请课题负面影响是否明显？	（1）很明显　（2）比较明显 （3）不太明显　（4）不明显 （5）没有负面影响	□

（续表）

321.（a）有了孩子后，单位对您的工作有无建议或者调整？	（1）没有 （2）建议承担更多工作 （3）不再让承担更多工作 （4）建议调换岗位 （5）其他（请注明）________	□
321.（b）单位对您的工作调整您认为是不是因为有了孩子？	（1）是 （2）不是 （3）说不清	□
322. 您认为自己在孕哺两期处理家庭和事业关系时最突出的问题是什么？	（1）孩子的看护和早期教育很牵扯精力，常常妨碍自己较好完成工作 （2）工作竞争压力更大了，常常因为工作无法更多地照顾孩子和家庭 （3）家庭的和谐和支持不够 （4）相关保障措施不足 （5）社会服务体系不健全 （6）其他（请注明）___________	

四、政策与环境

401.《劳动法》和相关政策中关于女职工生育/产假的下列规定您了解那些？ （右边各项若“了解”圈“1”，“不了解”圈“0”）	（1）产假不少于90天，其中产前假15天，产后假75天； 1. 了解 0. 不了解 （2）难产者增加15天，多胞胎每多生一个婴儿增加15天； 1. 了解 0. 不了解 （3）经本人申请、单位批准，哺乳假6个半月 1. 了解 0. 不了解 （4）晚育（24周岁）产妇享受晚育假30天，其配偶可享受护理假3天 1. 了解 0. 不了解	（1）□ （2）□ （3）□ （4）□

（续表）

402. 您生育和哺乳期间是否按规定享受休假？	(1) 基本按规定享受休假 (2) 由于工作需要休假少于规定期限 (3) 因怕落伍，自愿减少规定期限 (4) 因自身情况休假多于规定期限 (5) 记不清了	□
403. 以您个人的情况看，您觉得以上的休假政策规定是否合适？	(1) 休假时间足够了 (2) 休假时间基本合适 (3) 休假时间不够 (4) 说不清	□
404. 您休产假期间的收入和产前收入有何差异？	(1) 和产前收入一样多 (2) 是产前收入的50%及以下 (3) 是产前收入的50%—70% (4) 是产前收入的70%及以上	□
405. 若产假期间收入有减少，主要减少了哪些收入？ （右边各项若“有”圈“1”，“没有”圈“0”）	(1) 岗位津贴　　0. 没有　1. 有 (2) 奖金　　0. 没有　1. 有 (3) 课题费　　0. 没有　1. 有 (4) 补贴　　0. 没有　1. 有 (5) 其他（请注明）0. 没有　1. 有	(1) □ (2) □ (3) □ (4) □ (5) □
406. 您认为以下现行的政策是否合理的： （右边各项若认为“合理”圈“1”，“不合理”圈“0”）	(1) 任何单位不得因结婚、怀孕、产假、哺乳等情形，降低女职工的工资。 1. 合理　0. 不合理 (2) 产假期间的生育津贴按照本企业上年度职工月平均工资计发，由生育保险基金支付。 1. 合理　0. 不合理 (3) 妇女怀孕、生育和哺乳期间，按国家有关规定享受特殊劳动保护并可以获得帮助和补偿。 1. 合理　0. 不合理 (4) 公民实行计划生育手术，享受国家规定的休假；地方人民政府可以给予奖励。 1. 合理　0. 不合理 (5) 公民晚婚晚育可以获得生育假的奖励或者其他福利待遇。 1. 合理　0. 不合理	(1) □ (2) □ (3) □ (4) □ (5) □

（续表）

407. 在孕哺期间，您的工作单位提供或具备以下哪些便利条件：（右边各项若"有"圈"1"，"没有"圈"0"）	（1）单位有哺乳室，方便喂孩子 0. 没有　1. 有 （2）单位有挤奶室 0. 没有　1. 有 （3）单位照顾，孕哺期减少工作量 0. 没有　1. 有 （4）单位有托儿所，方便3岁以下幼儿入托 0. 没有　1. 有 （5）弹性工作时间 0. 没有　1. 有	（1）□ （2）□ （3）□ （4）□ （5）□
408.（a）您所在单位提供的有关孕产期间的待遇有：（右边各项若"有"圈"1"，"没有"圈"0"）	（1）单位给予的产假多于国家规定的产假 0. 没有　1. 有 （2）发放补贴 0. 没有　1. 有 （3）发放生育津贴 0. 没有　1. 有 （4）提供托幼设施 0. 没有　1. 有 （5）单位领导和同事的探望 0. 没有　1. 有 （6）男性可休护理假 0. 没有　1. 有 （7）增加了婴儿补助 0. 没有　1. 有 （8）其他（请注明）____ 0. 没有　1. 有	（1）□ （2）□ （3）□ （4）□ （5）□ （6）□ （7）□ （8）□
408.（b）对上述单位提供的待遇 【注：请将选择答案的题序（带括弧的序号）写在横线上。】	您最满意的是____ 您最不满意的是____	□ □

（续表）

409. 您是否认同对目前我国市场化的托幼机构的下列看法？ （右边各项若认同则圈“1. 是”，不认同则圈“0. 否”）	（1）总体比较好，能满足需要 1. 是　0. 否 （2）价格普遍过高 1. 是　0. 否 （3）资质好的不多 1. 是　0. 否 （4）对幼儿教育和管理水平不高 1. 是　0. 否 （5）规模和分布还不能满足需要 1. 是　0. 否 （6）其他（请注明）____ 1. 是　0. 否	（1）□ （2）□ （3）□ （4）□ （5）□ （6）□
410. 您认为孕哺两期对女性的职业发展有影响吗？	（1）完全没有影响 （2）有正面影响 （3）有负面影响　（4）说不清	□
411. 您认为在孩子3岁前女性最需要得到的生活上的帮助是： （从右边6项中圈选1—3项您认为最需要得到的生活上的帮助）	（1）工作单位设立哺乳或挤奶室 （2）工作单位设立托儿所 （3）保障生育津贴、托儿补助等发放 （4）保障孕产期工资待遇不降低 （5）增加配偶的带薪陪护假时间 （6）其他（请注明____）	第一 □ 第二 □ 第三 □
412. 您认为孕哺期女性最需要得到哪些工作上的支持和帮助？ （从右边9项中圈选1—3项您认为最需要得到的工作上的支持和帮助）	（1）保留原工作岗位 （2）给予平等的晋升、培训和交流机会 （3）改善工作条件 （4）给予更多的激励机制 （5）放宽项目申报和评奖准入门槛 （6）延长科研课题结题时间 （7）课题经费给予适当倾斜 （8）专门设立女性科研项目 （9）其他（请注明）____	第一 □ 第二 □ 第三 □

413. 根据您在孕哺期的经历体会和对国内外情况的了解，您对国家进一步完善相关政策有何建议？（请写在下边）

____

____

____

调查到此结束，谢谢您的支持！

复查记录：

调查指导员检查时间：____年____月____日，签名：________

复查查及编码时间：____年____月____日，签名：________

数据录入记录：

第一遍录入时间：____年____月____日，录入员签名：________

第二遍录入时间：____年____月____日，录入员签名：________

参考文献

[1] Bailey, L. 2001, "Gender Shows: First-Time Mothers and Embodied Selves." *Gender and Society*, 15(1).

[2] Bain, O. and Cummings, W. 2000, "Academe's Glass Ceiling: Societal, Professional Organization, and Institutional Barriers to the Career Advancement of Academic Women." *Comparative Education Review*, 44(4).

[3] Bassett RH (2005) *Parenting and Professing: Balancing Family Work with an Academic Career* Nashville: Vanderbilt University Press.

[4] Bracken SJ, Allen J, and Dean DR (eds) (2006) *The Balancing Act: Gendered Perspectives in Faculty Roles and Work Lives.* Sterling, Virginia: Stylus Publishing.

[5] Croissant, Jennifer and Sal Restivo, eds. 2001. *Degrees of compromise: Industrial interests and academic values.* Albany: SUNY Press.

[6] Ding, Waverly, Toby E. Stuart, Fiona Murray. 2007. Commercial science: A new arena for gender differences in scientific careers? Berkeley, CA, University of California. Unpublished manuscript available at: http://www.haas.berkeley.edu/faculty/papers/ding7.pdf (last accessed 22 January 2009).

[7] Eaton, Susan C. 1999. Surprising opportunities: Gender and the structure of work in biotech firms. *Annals of the New York Academy of Sciences* 869: 175—89.

[8] Etzkowitz, H., Kemelgor, C., and Uzzi, B. 2000, *Athena Unbound: The Advancement of Women in Science and Technology.* Cambridge: Cambridge University Press.

[9] Feynman, Richard P. 1960. There's plenty of room at the bottom: An invitation to enter a new field of physics. *Engineering and Science* (February). Available at: http://www.zyvex.com/nanotech/feynman.html (last accessed 22 January 2009).

[10] Firestone, Shulamith. 1970. *The dialectic of sex*. New York: Farrar, Straus and Giroux.

[11] Form, W. H. and Miller D. C. 1949, "Occupational Career Pattern as a Sociological Instrument ." *American Journal of Sociology*, 54(4).

[12] Fox, Mary Frank, Carol Colatrella, David McDowell, and Mary Lynn Realff. 2007. Equity in tenure and promotion: An integrated institutional approach. In *Transforming Science and Engineering*, ed. Abigail J. Stewart and Jane E. Malley, 170—86. Ann Arbor: University of Michigan Press.

[13] Frone MR, Yardley J, and Markel K (1997) Developing and testing a model of the work-family interface. *Journal of Vocational Behavior* 50: 145—167.

[14] Goffman, E. 1959, "The Moral Career of the Mental Patient ." *Psychiatry*, 22 (1).

[15] Harding, S. 1986, *The Science Question in Feminism*, New York: Cornell Univ Press.

[16] Keller, Evelyn Fox. 1992. *Secrets of life, secrets of death: Essays on language, gender and science*. New York: Routledge.

[17] Lindberg, D. L. 1996, "Women's Decisions about Breastfeeding and Maternal Employment." *Journal of Marriage and Family*, 58(1).

[18] Margolis, Jane and Allan Fisher. 2002. *Unlocking the clubhouse: Women in computing*. Cambridge, MA: MIT Press.

[19] Massachusetts Institute of Technology. 1999. A study on the status of women faculty at MIT. *The MIT faculty newsletter*, XI (4).

[20] Members of the First and Second Committees on Women Faculty in the School of Science (1999) A study of the status of women faculty in science at MIT. *The MIT Faculty Newsletter* 11(4) (March). Available at: http://web.mit.edu/fnl/women/women.html (accessed 8 June 2011).

[21] MonossonE (2008) *Motherhood: The Elephant in the Laboratory—Women Scientists Speak Out*. Ithaca, NY: Cornell University Press.

[22] NACME. 2008. *Confronting the "new" American dilemma, underrepresented minorities in engineering: A data-based look at diversity*. White Plains, NY. http://206.67.48.105/NACME_Rep.pdf (last accessed January 25, 2009).

[23] National Academies of Science, Engineering and Medicine. 2007. *Beyond bias and barriers: Fulfilling the potential of women in academic science and engineering*. Washington DC, National Academies Press.

[24] Oakley, A. 1974, *Woman's Work: The Housewife, Past and Present*, New York: Pantheon Books.

[25] Oldenziel, Ruth. 1999. *Making technology masculine: Men, women and modern machines in America 1870—1945*. Amsterdam University Press.

[26] Pere, M. 1994, *The Discourses of Science* . Chicago: University of Chicago Press.

[27] Queneau, H. and Marmo, M. 2001, "Tensions between Employment and Pregnancy: A Workable Balance." *Family Relations*, 50(1).

[28] Slaughter, Sheila and Gary Rhoades. 2004. *Academic capitalism and the new economy: Markets, state, and higher education*. Baltimore, MD: Johns Hopkins University Press.

[29] Smith-Doerr, Laurel and Jennifer Croissant. 2009. A feminist approach to university-industry relations: Integrating theories of gender, knowledge and capital. Unpublished manuscript. Boston University, Boston, MA. [30] Stollen SL, Bland C, Finland D, and Taylor A (2009) Organizational climate and family life:How these factors affect the status of women faculty at one medical school. *Academic Medicine* 84: 87—94.

[31] Valentine, P. D. 1982, "The Experience of Pregnancy: A Developmental Process." *Family Relations*, 31(2).

[32] Watson,T. J . 1995, *Sociology, Work and Industry* , Routledge. [33] White, B. 1995, "The Career Development of Successful Women." *Women in Management Review*, 10(1).

[34] 埃尔德,葛小佳.变迁社会中的人生[J].中国社会科学季刊,1998,24.

[35] 艾莉斯·马利雍·杨.像女孩那样丢球:论女性身体经验[M].台北:商周出版,2007.

[36] 安东尼·吉登斯.现代性的后果[M].南京:译林出版社,2000.

[37] 安娜.女性工作家庭冲突的分析研究[J].山西经济管理干部学院学报,2009,17(1):11—13.

[38] 澳门特区《劳动关系法》(第7/2008号法律)

[39] 北京大学法学院妇女法律研究与服务中心,www.woman-legalaid.org.cn。

[40] 北京大学法学院妇女法律研究与服务中心.中国妇女劳动权益保护理论与实践——从法律援助和公益诉讼的视角[M].北京:中国人民公安大学出版社,2006.

[41] 陈璧辉.职业生涯理论述评[J].应用心理学,2003,2.

[42] 陈国清、张婷姣、万青云.对中国科学基金制的若干思考[J].科技管理研究,2000,1.
[43] 陈晰.职业女性生涯规划的难点与对策[J].人才资源开发,2009(6):87—89.
[44] 慈勤英.关于女职工生育期劳动权益保护的探讨[J].人口学刊,2002,2:35—40.
[45] 慈勤英.关于女职工生育期劳动权益保护的探讨[J].人口学刊,2002,132(2):35—40.
[46] 董晓媛.照顾提供、性别平等与公共政策——女性主义经济学的视角[J].人口与发展,2009,15(6):61—68.
[47] 杜学元,陈金华.论家务劳动对女性职业发展的影响及解决对策[J].中华女子学院山东分院学报,2010,90(2):35—37.
[48] 反歧视法律资源网,www.fanqishi.com。
[49] 冯颖.职业女性角色、工作家庭冲突与工作生活质量的关系研究[D].浙江大学硕士论文。
[50] 各省、自治区、直辖市人民代表大会常务委员会网站和人民政府网站。
[51] 郭小红.中年女性择业关怀[J].改革与理论,1999(3):57—58.
[52] 何国祥.科技工作者的界定与内涵[J].科技导报,2008,12.
[53] 贺正时.谈谈当今中国家庭的几个热点问题[J].湖南社会科学,1995(5):71—72.
[54] 黄玲莉,彭光辉.制约高校女性体育教师职业发展的若干因素调查[J].吉林体育学院学报,2007,23(6):36—37.
[55] 黄秋梅,苏穗.女性职业生涯发展的制约因素与建议[J].创新,2009(10):82—84.
[56] 黄宇.女权主义视野中的女性生育权[J].兰州学刊,2007,167(8):100—103,156.
[57] 纪萍萍.妻子·母亲·发明家[J].中国发明与专利,2006(6):20.
[58] 金难.女科技工作者发展的障碍[J].中国科技论坛,1995(5):2—3.
[59] 靳豆豆.转型期职业女性面临的生育困惑[J].中共郑州市委党校学报,2007,86(2):107—108.
[60] 李乐旋,温柯.国外促进女性参与科技的政策措施综述及启示[J].中华女子学院学报,2008,20(6):75—80.
[61] 李明舜,林建军.妇女法研究[M].北京:中国社会科学出版社,2008.
[62] 李全喜.女性科技工作者职业发展因素的三维解析[J].科学学与科学技术

管理,2009,12.
[63] 林建军.妇女法基本问题研究[M].北京:中国社会科学出版社,2007.
[64] 林晓珊.城市职业女性妊娠期的工作与生活:以身体经验为中心[J].中华女子学院学报,2011,2.
[65] 刘明辉.女性劳动和社会保险权利研究[M].中国劳动社会保障出版社,2005.
[66] 刘思达.职业自主性与国家干预——西方职业社会学研究述评[J].社会学研究,2006,1.
[67] 龙立荣、方俐洛.职业发展的整合理论述评[J].心理科学,2001,4.
[68] 罗伯特·K.默顿.科学的规范结构[J].林聚任译,哲学译丛,2000,3.
[69] 罗斯玛丽·帕特南·童.女性主义思潮导论[M].艾晓明等译,武汉:华中师范大学出版社,2002.
[70] 曼纽尔·卡斯特.认同的力量[M].夏铸九、黄丽玲译,北京:社会科学文献出版社,2003.
[71]《女职工劳动保护特别规定》(2012年4月28日中华人民共和国国务院令第619号公布)
[72] 皮埃尔·布迪厄.反思社会学引论[M].李猛、李康译,北京:中央编译出版社,1998.
[73] 全国妇联权益部.保障妇女儿童权益的法律法规汇编[M].北京:中国妇女出版社,2003.
[74] 宋少鹏."回家"还是"被回家"?——市场化过程中"妇女回家"问题讨论与中国社会意识形态转型[J].妇女研究论丛,2011,4.
[75] 孙立平."自由流动资源"与"自由活动空间"——改革以来中国社会结构变迁研究[J].探索,1993,1.
[76] 台湾地区《性别工作平等法》
[77] 谭琳、杜洁等.性别平等的法律与政策:国际视野与本土实践[M].北京:中国社会科学出版社,2008.
[78] 谭琳,姜秀花.妇女/性别理论与实践——〈妇女研究论丛〉(2005—2009)集萃(上册)[M].北京:社会科学文献出版社,2009.
[79] 田本淳.基层妇幼保健健康教育培训教材[M].北京:北京大学医学出版社,2001.
[80] 佟新.职业生涯研究[J].社会学研究,2001,1.
[81] 王俊.遮蔽与再现:学术职业中的性别政治[M].武汉:华中师范大学出版社,2011.

[82] 吴国盛.科学与人文[J].中国社会科学,2001,4.
[83] 西蒙娜·德·波伏娃.第二性[M].陶铁柱译,北京:中国书籍出版社,1998.
[84] 香港特区法例第57章《雇佣条例》的III部《生育保障》
[85] 彦文.论科技工作者之定义[J].科协论坛,2003.
[86] 袁锦秀.妇女权益保护法律制度研究[M].北京:人民出版社,2006.
[87] 约翰·齐曼.知识的力量——对科学和社会关系史的考察[M].徐纪敏、王烈译,长沙:湖南出版社,1992.
[88] 张廷君、张再生.女性科技工作者职业生涯发展模式——基于天津的调查[J].妇女研究论丛,2009,5.[89] 中国妇女网,www. women. org. cn。
[90] 中国妇女研究网,www. wsic. ac. cn。
[91] 中华女性网,www. china-woman. com。
[92] 中华人民共和国人力资源和社会保障部,www. mohrss. gov. cn。
[93] 中山大学妇女与性别研究中心,gendercenter. sysu. edu. cn。